普通高等教育"十一五"国家级规划教材

全国高等职业教育规划教材

机 械 制 造 基 础

第 2 版

主　编　苏建修

副主编　张学良

编　著　李　璐　　钱同仁　　夏丽英

盛定高　　梁沙岩　　刘靖岩

阿不都外力·阿不力米提

主　审　孙希羚

机 械 工 业 出 版 社

本书是根据全国高等职业技术教育机电类教材编审委员会审定的"机械制造基础"课程的教学基本要求编写的。

全书共分十四章，内容主要包括：机械工程材料、金属材料的成形、非金属材料的成形、快速成形技术、测量技术基础、金属切削原理、金属切削加工、精密加工与特种加工、机械加工质量、机械加工工艺规程的制定、机床夹具、典型零件加工工艺、机械产品装配工艺及现代制造技术简介等。

本书为高职高专机电类专业教材，也可作为有关院校相近专业的教学用书，并可供从事机械制造方面的工程技术人员参考。

图书在版编目（CIP）数据

机械制造基础/苏建修主编 . —2 版 . —北京：机械工业出版社，2006.3
（2022.1 重印）
ISBN 978-7-111-08293-4

Ⅰ. 机… Ⅱ. 苏… Ⅲ. 机械制造 Ⅳ. TH

中国版本图书馆 CIP 数据核字（2006）第 012118 号

机械工业出版社（北京市百万庄大街 22 号 邮政编码 100037）
策划编辑：胡毓坚 责任编辑：曹帅鹏 版式设计：张世琴
责任校对：李秋荣 责任印制：邰 敏
北京富资园科技发展有限公司印刷
2022 年 1 月第 2 版第 15 次印刷
184mm×260mm · 24.5 印张 · 608 千字
标准书号：ISBN 978-7-111-08293-4
定价：49.90 元

出 版 说 明

　　根据《教育部关于以就业为导向深化高等职业教育改革的若干意见》中提出的高等职业院校必须把培养学生动手能力、实践能力和可持续发展能力放在突出的地位，促进学生技能的培养，以及教材内容要紧密结合生产实际，并注意及时跟踪先进技术的发展等指导精神，机械工业出版社组织全国近 60 所高等职业院校的骨干教师对在 2001 年出版的"面向 21 世纪高职高专系列教材"进行了全面的修订和增补，并更名为"全国高等职业教育规划教材"。

　　本系列教材是由高职高专计算机专业、电子技术专业和机电专业教材编委会分别会同各高职高专院校的一线骨干教师，针对相关专业的课程设置，融合教学中的实践经验，同时吸收高等职业教育改革的成果而编写完成的，具有"定位准确、注重能力、内容创新、结构合理和叙述通俗"的编写特色。在几年的教学实践中，本系列教材获得了较高的评价，并有多个品种被评为普通高等教育"十一五"国家级规划教材。在修订和增补过程中，除了保持原有特色外，针对课程的不同性质采取了不同的优化措施。其中，核心基础课的教材在保持扎实的理论基础的同时，增加实训和习题；实践性较强的课程强调理论与实训紧密结合；涉及实用技术的课程则在教材中引入了最新的知识、技术、工艺和方法。同时，根据实际教学的需要对部分课程进行了整合。

　　归纳起来，本系列教材具有以下特点：

　　（1）围绕培养学生的职业技能这条主线来设计教材的结构、内容和形式。

　　（2）合理安排基础知识和实践知识的比例。基础知识以"必需、够用"为度，强调专业技术应用能力的训练，适当增加实训环节。

　　（3）符合高职学生的学习特点和认知规律。对基本理论和方法的论述要容易理解、清晰简洁，多用图表来表达信息；增加相关技术在生产中的应用实例，引导学生主动学习。

　　（4）教材内容紧随技术和经济的发展而更新，及时将新知识、新技术、新工艺和新案例等引入教材。同时注重吸收最新的教学理念，并积极支持新专业的教材建设。

　　（5）注重立体化教材建设。通过主教材、电子教案、配套素材光盘、实训指导和习题及解答等教学资源的有机结合，提高教学服务水平，为高素质技能型人才的培养创造良好的条件。

　　由于我国高等职业教育改革和发展的速度很快，加之我们的水平和经验有限，因此在教材的编写和出版过程中难免出现问题和错误。我们恳请使用这套教材的师生及时向我们反馈质量信息，以利于我们今后不断提高教材的出版质量，为广大师生提供更多、更适用的教材。

机械工业出版社

前　言

本书是根据全国高等职业技术教育机电类教材编审委员会审定的"机械制造基础"课程的教学基本要求编写的。

本教材在修订编写时，着重考虑了以下几个问题：

(1) 充分保持原教材的主体框架，在保证基础知识和基本内容的基础上，删除了一些陈旧的、不常用的内容，增加了新的、先进的基础知识，以扩大信息量，开阔读者视野；

(2) 在内容的叙述上，尽量多用图、表来表达叙述性的内容；

(3) 删除了一些理论性较强的计算与公式推导，使教材内容深入浅出、重点突出、层次分明；

(4) 在编写过程中注重理论联系实际，并多用典型实例分析，以培养学生的综合实践能力；

(5) 每章后均附有习题与思考题，以利学生加强、巩固学习内容，掌握基本内容与要点。

本教材的参考学时数为150学时，主要分三大部分内容：(1) 工程材料及其成形，包括常用金属材料、非金属材料、功能材料、理想材料及纳米材料，工程材料的成形与快速成形技术。(2) 普通切削加工与超精密加工原理、机床、刀具及机床夹具，包括金属切削原理，金属切削加工技术，机床、刀具及机床夹具，精密加工、超精密加工与特种加工。(3) 机械加工质量分析与控制及其基本测量技术，包括测量技术基础、机械加工质量、机械制造工艺规程制定、典型零件加工工艺及装配工艺分析。最后，本书还对现代制造技术中的计算机辅助设计与制造、柔性制造系统和计算机集成制造系统进行了简介。

参加本书编写的有苏建修 (编写绪论、第3章、第4章、第12章、第13章、第14章)、李璐 (编写第1章)、钱同仁 (编写第2章)、夏丽英 (编写第5章)、张学良 (编写第6章、第8章)、盛定高 (编写第7章)、梁沙岩 (编写第9章)、刘靖岩 (编写第10章)、阿不都外力·阿不力米提 (编写第11章)。

全书由河南科技学院苏建修教授主编，孙希羚担任主审。

本书在编写过程中，参考了有关教材、手册等资料，并得到众多同志的支持和帮助，在此一并表示衷心的感谢。

由于编者水平有限，书中难免存在一些缺点和错误，恳请广大读者批评指正。

为了配合本书的教学，机械工业出版社为读者提供了电子教案，读者可在www.cmp-book.com上下载。

编　者

目　　录

X

绪　　论

机械制造基础是一门研究材料加工工艺的综合性技术学科，它是发展国民经济的重要基础学科之一。随着全球经济一体化进程的加快和中国加入 WTO，我国的工业发展在受到越来越大的竞争压力和严峻挑战的同时也得到了难得的机遇。

我国的机械制造业是在 1949 年以后才逐步建立和发展起来的，50 多年来，我国的机械制造技术和材料加工工艺等都有了很大的发展，已经建成了机械制造、冶金、交通运输、石油化工、航空航天、精密仪表等许多现代化的工业生产基地，为工业、农业、科技、国防提供了大量的机械产品和设备，为我国国民经济的发展做出了巨大的贡献。然而，由于我国的机械制造工业长期在计划经济体制下运行，与工业发达国家相比，还存在着阶段性的差距，主要表现在机械产品品种少、档次低、制造工艺落后、装备陈旧，专业生产水平低，技术开发能力不够强，科技投入少，管理水平落后等。随着世界各国都把提高产业竞争力和发展高技术、抢占未来经济制高点作为科技工作的方向，我国也明确提出要振兴机械工业，使之成为国民经济的支柱产业。我国的机械制造工业除了要不断提高常规机械生产的工艺装备和工艺水平外，还必须研究开发优质高效精密装备与工艺，为高新技术产品的生产提供新工艺、新装备；同时加强基础技术研究，消化和掌握引进技术，提高自主开发能力，形成常规制造技术与先进制造技术并进的机械制造工业结构。

现代科学技术突飞猛进，材料、能源、信息技术、生物技术等日新月异，各种功能材料、功能梯度材料、新型复合材料、超导材料、纳米材料、生物材料及理想材料等相继出现，极大地丰富了材料工业，同时也为机械制造业提供了发展的机会，各种新型的材料加工工艺及先进制造技术也随之源源不断地出现，极大地推动了科学技术和国民经济的发展。随着生产的发展和科学实验的需要，许多部门，尤其是国防工业部门要求的尖端产品向高精度、高速度、高温、高压、大功率、微型化等方向发展，零件的形状越来越复杂，精度要求越来越高，表面粗糙度要求越来越低。所有这些要求迫使人们去探索新的加工方法和测量方法，相继出现了如化学机械加工、电化学加工、超声波加工、激光加工、超精密研磨与抛光、纳米加工等特种加工、超精密加工技术及复合加工技术。同时也出现了像原子力显微镜、扫描电子显微镜等先进的测试技术。这些技术的进步大大提升了机械制造技术的能力。

修订版《机械制造基础》包括了机械制造过程中的大部分内容，主要有机械工程材料、金属材料与非金属材料的成形技术、快速成形技术、测量技术基础、金属切削原理与刀具、金属切削机床与夹具、机械制造工艺及装配工艺、机械加工质量、超精密加工与特种加工及现代制造技术简介等。本次修订增添了一些新的内容，如功能材料、理想材料及纳米材料、非金属材料及快速成形；并将精密加工与特种加工单独列出来作为一个独立的章节，经过对原有内容进行整合与改进，使内容更加丰富精练，通俗易懂。

第1章 机械工程材料

1.1 金属的晶体结构与结晶

化学成分不同的金属材料具有不同的性能，如低碳钢比高碳钢具有较好的塑性、韧性，而硬度却低得多。但是，即使是成分相同的金属，采用不同的加工工艺或在不同的状态下，它们的性能也可以有很大的差别。例如，两块碳钢中的碳的质量分数均为 0.8%，硬度为 20HRC，如将其中的一块加工成刀具并进行热处理，其硬度可达 60HRC 以上。产生性能差异的原因，从根本上讲，是由于金属材料内部的组织结构不同。

1.1.1 金属的晶体结构

1. 晶体结构的基本概念

固态物质按其原子排列的特征，可分为晶体和非晶体两种。非晶体的原子在空间呈短程有序排列，如玻璃、沥青、松香等。晶体的原子则是长程有规则地、按一定几何形状排列的，如金刚石、石墨及一切固态的金属与合金。晶体具有一定的熔点，并具有各向异性的特征。晶体中原子排列如图 1-1a 所示。

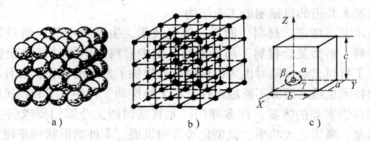

图 1-1 金属晶体结构示意图
a) 晶体中原子排列 b) 晶格 c) 晶胞

为了描述晶体中原子排列的规律，人为地将原子看做一个点，再用假想的线条把各点连结起来，可得到一个空间格子，称为晶格，如图 1-1b 所示。晶格中，各线条的交点称为结点，各种方位的原子层称为晶面。

从晶格中选取一个能完全反映晶格排列特征的最基本的几何单元，称为晶胞，如图 1-1c 所示。实际上整个晶格就是由许多相同的晶胞在空间重复堆积而成的。晶胞的大小和形状常以晶胞的棱边长度 a、b、c 和棱边夹角 α、β、γ 来表示。棱边长度称为晶格常数，其长度单位为 nm（纳米，$1nm = 10^{-9}m$）。若 $a = b = c$，$\alpha = \beta = \gamma = 90°$，则此晶格称为简单立方晶格。

2. 常见的金属晶格类型

金属的晶体结构类型很多，但绝大多数金属的晶格属于如图 1-2 所示的三种晶格类型。

（1）体心立方晶格。如图 1-2a 所示，它的晶胞是一个立方体，在立方晶胞的八个顶点和中心各有一个原子、属于这种晶格的常见金属有铬、钨、钼、钒和α-Fe等。

（2）面心立方晶格。如图1-2b所示，它的晶胞是一个立方体，在立方晶胞的八个顶点和六个面的中心各有一个原子。具有这种晶格的常见金属有铝、铜、镍、银和γ-Fe等。

（3）密排六方晶格。如图1-2c所示，它的晶胞是六棱柱体，在棱柱体的十二个棱角上和上下两个面的中心各有一个原子，此外在柱体中间还有三个原子。具有这种晶格的常见金属有镁、锌、铍等。

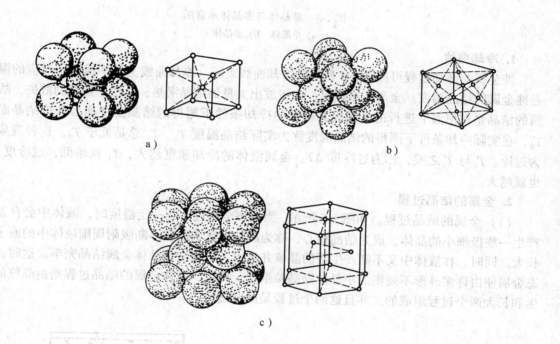

图 1-2　常见的金属晶格类型

a) 体心立方晶格　b) 面心立方晶格　c) 密排六方晶格

3. 金属的实际晶体结构

如果一块晶体，其内部晶格方位完全一致，这个晶体就是"单晶体"，如图1-3a所示。实际上，常用的金属材料中，除非专门制作，都不是单晶体，即使在一块很小的金属中也包含着许许多多的小晶体，每个小晶体的内部，晶格方位都是基本一致的，而各个小晶体之间，彼此的方位却不相同，如图1-3b所示。由于其中每个小晶体的外形多为不规则的颗粒状，故通常把它们叫做晶粒。晶粒与晶粒之间的界面叫做晶界。显然，为了适应两个晶粒之间不同晶格方位的过渡，晶界处原子的排列总是不规则的。这种由多晶粒组成的晶体结构称为多晶体。

1.1.2　金属的结晶

金属的结晶是指金属从液态转变为固态晶体的过程。

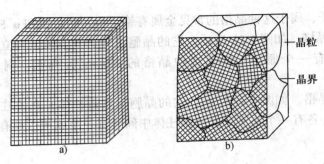

图 1-3　单晶体与多晶体示意图

a) 单晶体　b) 多晶体

1. 冷却曲线

纯金属的冷却过程可用图 1-4 所示的冷却曲线表示。冷却曲线上水平线段所对应的温度是纯金属的结晶温度。金属在结晶时，由于放出大量的结晶潜热，补偿了热量的散失，故金属的结晶是在恒温下进行的。在极其缓慢的冷却条件下测得的结晶温度称为理论结晶温度 T_0，在实际冷却条件下测得的结晶温度称为实际结晶温度 T_1。T_1 总是低于 T_0，这种现象称为过冷。T_0 与 T_1 之差，称为过冷度 ΔT。金属液体的冷却速度越大，T_1 就越低，过冷度 ΔT 也就越大。

2. 金属的结晶过程

（1）金属的结晶过程。如图 1-5 所示，当液态金属过冷到一定温度时，液体中会自发地产生一些极细小的晶体，成为结晶核心，称为晶核。这些晶核不断吸附周围液体中的原子而长大。同时，在液体中又不断产生新的晶核并长大，直至全部液体金属结晶完毕。这时，固态金属便由许多外形不规则的小晶体即晶粒组成。所以，液体金属的结晶过程是由晶核的产生和长大两个过程组成的，并且这两个过程是同时进行的。

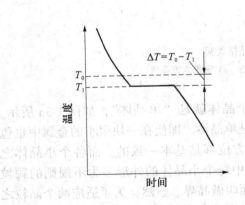

图 1-4　金属的冷却曲线

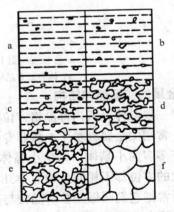

图 1-5　金属结晶过程示意图

（2）细化晶粒的措施。由于多晶粒是由许多不同的晶核长成的晶粒所组成的，因此晶粒的大小会对金属的力学性能产生很大的影响。一般情况下，金属晶粒越细，金属的强度越高，塑性、韧性越好。从金属结晶的过程可知，每一个晶粒是由一个晶核成长形成的，那么在一定体积内所形成的晶核数目愈多，则结晶后的晶粒就愈细小。生产上常采用以下措施来细化晶粒：

1）增加过冷度。增加过冷度能使晶核形成速度大于长大速度，使晶核数量相对增多。

2）进行孕育处理。在液态金属结晶前，加入一些难熔的固态物质，这些难熔的微粒，起着非自发结晶核心的作用，从而使晶核数目增多，晶粒变细。

（3）金属的同素异构转变。多数金属在凝固后的晶格类型保持不变，但某些金属，如铁、锰、钛、锡等，凝固后在不同的温度下，有着不同的晶格类型。这种金属在固态下的晶体结构随温度发生变化的现象称为同素异构转变。

图 1-6 是纯铁的冷却曲线，它表示了纯铁的结晶和同素异构转变，其转变过程如下：

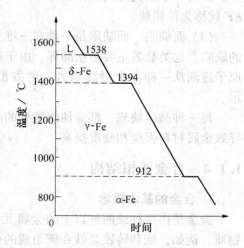

图 1-6　纯铁的同素异构转变

$$L \xrightarrow{\quad} \underset{\text{体心立方晶格}}{\delta - Fe} \xrightarrow{1394℃} \underset{\text{面心立方晶格}}{\gamma - Fe} \xrightarrow{912℃} \underset{\text{体心立方晶格}}{\alpha - Fe}$$

同素异构转变实质上也是一种结晶过程，同样遵循结晶的基本规律，因而称为二次结晶。

1.1.3　晶体缺陷

在实际的金属晶体中，由于结晶和其他加工等条件的影响，内部总是存在着大量原子排列不规则的区域，称为晶体缺陷。根据晶体缺陷的几何特点，可分为三类。

（1）点缺陷。点缺陷是一种在三维空间各个方向上尺寸都很小的缺陷。最常见的是晶格空位和间隙原子，如图 1-7a 所示。

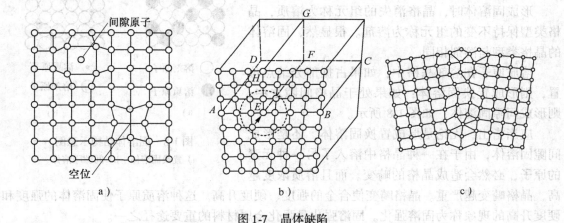

图 1-7　晶体缺陷

a）点缺陷示意图　b）刃型位错示意图　c）晶界缺陷示意图

（2）线缺陷。线缺陷是一种在三维空间的两个方向的尺寸很小而另一个方向的尺寸相对较大的缺陷。晶体中的线缺陷通常是指各种类型的位错。位错是晶体中一层或几层原子排错了位置而形成的一种缺陷。最常见的一种是刃型位错，如图 1-7b 所示。在晶面 ABCD 的上方，多出一个垂直方向的晶面 *EFGH*，使晶体上下两部分沿着 *EF* 线产生原子错排的现象，*EF* 就称为位错线。

（3）面缺陷。面缺陷是一种在三维空间的一个方向上尺寸很小而另两个方向上尺寸很大的缺陷。这类缺陷主要是指晶界。由于相邻晶粒间的晶格方位显著不同，而晶界处实际上是原子逐渐从一种方位过渡到另一种方位的过渡层，故该处原子排列不规则，如图 1-7c 所示。

每一种晶体缺陷，都会使缺陷处的晶格产生畸变。晶格畸变使晶体塑性变形抗力增大，导致金属材料强度和硬度提高。

1.1.4 合金的相结构

1. 合金的基本概念

合金是由两种或两种以上的金属元素（或金属与非金属元素）组成的具有金属特性的物质。例如，钢和铸铁是铁和碳组成的合金，黄铜是铜与锌组成的合金。

组成合金的最基本的、独立的物质称为组元。由两个组元组成的合金称为二元合金。由若干给定组元可以配制成一系列成分不同的合金，构成一个合金系。

在金属或合金中，凡是成分相同、结构相同，具有相同的物理和化学性能，并与该系统其他部分有界面分开的物质部分，称为相。例如，钢在液态时为一个相，称为液相；钢在结晶过程中，则有液相和固相两个相。

2. 合金的相结构

合金在熔化状态时，若各组元能相互溶解成为均匀的溶液，就只有一个相。在冷却结晶过程中，由于各组元间作用不同，在固态下可具有不同的相。合金的组成相可分为固溶体和金属化合物两种基本类型。

（1）固溶体。一个组元的原子均匀地溶入另一个组元的晶格中所形成的晶体称为固溶体。

形成固溶体时，晶格消失的组元称为溶质，晶格类型保持不变的组元称为溶剂。很显然，固溶体的晶格类型与溶剂相同。

溶质原子在溶剂晶格中，如果占据部分结点位置，则形成置换固溶体；如果处于晶格间隙之中，则形成间隙固溶体，如图 1-8 所示。

应当指出，无论是形成置换固溶体，还是形成间隙固溶体，由于在一种晶格中溶入了另一种元素的原子，必然会造成晶格的畸变。而且溶质浓度越

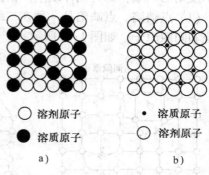

○ 溶剂原子　　　　• 溶质原子
● 溶质原子　　　　○ 溶剂原子

　　a)　　　　　　　　b)

图 1-8　固溶体结构示意图
a）置换固溶体　b）间隙固溶体

高，晶格畸变越严重。晶格畸变使合金的强度、硬度升高。这种溶质原子使固溶体的强度和硬度升高的现象称为固溶强化。固溶强化是强化金属材料的重要途径之一。

（2）金属化合物。金属化合物是合金组元间相互作用而形成的一种具有金属特性的新相，其晶格类型和性能完全不同于组成它的任一组元，一般可用分子式表示其组成。

金属化合物具有熔点高、硬度高、脆性大的特点。因此，当合金中出现金属化合物时，通常能提高合金的强度、硬度和耐磨性，但会降低合金的塑性和韧性。

1.1.5　合金的组织

将金属或合金制成金相试样，借助于金相显微镜，看到的试样内部各组成相晶粒的大小、方向、形状、排列状况等的构造情况，称为显微组织，通常简称为组织。组织是决定金属材料性能的主要因素。

在工业合金中，除了少数为单相固溶体组织外，大多数是由几种固溶体，或固溶体与金属化合物组成的组织。这种由几个相组成的组织称为机械混合物。在机械混合物中，各组成相仍保持各自的晶体结构和性能，而整个混合物的性能则取决于各组成相的性能及各组成相的形状、数量、大小和分布状况。

1.2　铁碳合金

铁碳合金是以铁和碳为主要组成元素的合金，是现代工业中应用最广泛的金属材料。不同成分的铁碳合金在不同温度下具有不同的组织，因而表现出不同的性能。

1.2.1　铁碳合金的基本组织

铁碳合金在液态时可以无限互溶，在固态时碳能溶解于铁的晶格中，形成间隙固溶体。当碳的质量分数超过铁的溶解度时，多余的碳便与铁形成化合物 Fe_3C。此外，还可以形成由固溶体与 Fe_3C 组成的机械混合物。因此，铁碳合金的基本组织有以下五种。

1. 铁素体

铁素体是碳溶于 α-Fe 所形成的间隙固溶体，用符号 F 表示。铁素体保持 α-Fe 的体心立方晶格，其显微组织如图 1-9 所示。

碳在 α-Fe 中的溶解度很小，在 727℃ 时，最大溶解度为 0.0218%，而在室温时降低为 0.0008%。因此，铁素体的性能与纯铁基本相同，即强度、硬度较低（约为 50～80HBS），韧性、塑性好（延伸率 δ 为 30%～50%）。

2. 奥氏体

奥氏体是碳溶于 γ-Fe 所形成的间隙固溶体，用符号 A 表示。奥氏体仍保持 γ-Fe 的面心立方晶格，其显微组织如图 1-10 所示。

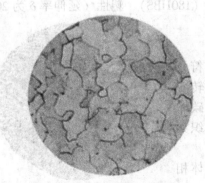

图 1-9　铁素体的显微组织

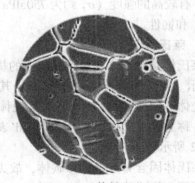

图 1-10　奥氏体的显微组织

奥氏体的溶碳能力比铁素体大得多。在1148℃时，碳在γ-Fe中的溶解度最大，可达2.11%，随着温度下降，奥氏体的溶碳能力逐渐减小，在727℃时，降至0.77%。

奥氏体的强度、硬度不高，塑性、韧性良好。其硬度约为170～220HBS，塑性为40%～50%，是多数钢种在高温进行压力加工时要求的组织。

3. 渗碳体

渗碳体是铁和碳所形成的具有复杂晶体结构的金属化合物，用其分子式Fe_3C表示。渗碳体中碳的质量分数为6.69%。

渗碳体的硬度很高，可达800HBW，而塑性、韧性很差，几乎等于零。渗碳体的熔点约为1227℃。

渗碳体在钢中总是与铁素体等固溶体组成机械混合物，其形态有片状、粒状（球状）、网状和细板状。渗碳体的数量、形状、大小和分布状况对铁碳合金的性能有很大影响。

4. 珠光体

珠光体是由铁素体和渗碳体组成的机械混合物，用符号P表示。珠光体的平均碳的质量分数为0.77%。在珠光体中，渗碳体以片状分布在铁素体基体上，其显微组织如图1-11所示。

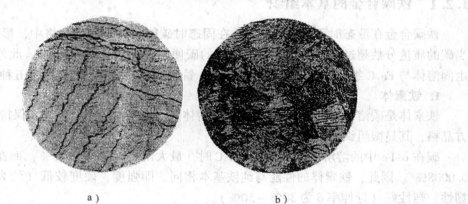

a)   b)

图1-11 珠光体显微组织

a) 15000×　b) 400×

由于珠光体是由硬的渗碳体和软的铁素体相间组成的混合物，所以其力学性能介于两者之间，有较高的强度（σ_b约为750MPa）、一定的硬度（180HBS）、塑性（延伸率δ为20%～30%）和韧性。

5. 莱氏体

莱氏体是奥氏体和渗碳体组成的机械混合物，用符号Ld表示。莱氏体缓冷到727℃时，其中的奥氏体将转变成珠光体。因此，727℃以下的莱氏体由珠光体和渗碳体组成，称为低温莱氏体，用符号Ld′表示。其显微组织如图1-12所示。

莱氏体因含有大量的渗碳体，故力学性能与渗碳体相近，即硬度高、脆性大。

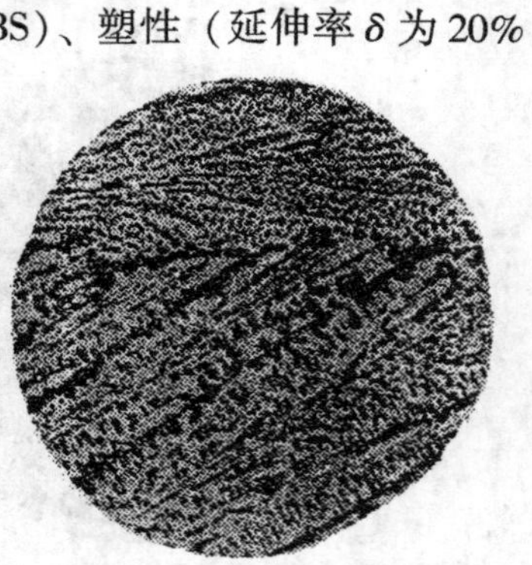

图1-12 低温莱氏体显微组织（250×）

1.2.2 铁碳合金相图

铁碳合金相图是表示在极其缓慢的加热或冷却条件下，不同成分的铁碳合金，在不同的温度下所具有的状态或组织的图形，因此也称为铁碳平衡图或状态图。它对于钢铁材料的选用，对于钢铁材料热处理及热加工工艺的制定，都有重要的指导意义。

由于碳的质量分数大于5%的铁碳合金力学性能极差，工业上无实用价值，故铁碳合金相图上仅 Fe-Fe$_3$C 部分有实用意义。图1-13 是简化的 Fe-Fe$_3$C 相图。图中 w_C 表示碳的质量分数。

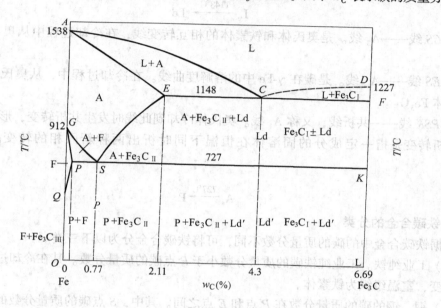

图 1-13　简化的 Fe-Fe$_3$C 相图

1. Fe-Fe$_3$C 相图的分析

Fe-Fe$_3$C 相图的组元是 Fe 和 Fe$_3$C。其纵坐标表示温度，横坐标表示成分。相图中的每个点表示某种成分的铁碳合金在某个温度时的组织、状态或相。

（1）Fe-Fe$_3$C 相图的主要特性点。相图主要特性点的温度、成分、含义如表1-1所列。

表 1-1　Fe-Fe$_3$C 相图的主要特性点

符号	温度/℃	w_C（%）	说　明
A	1538	0	纯铁的熔点
C	1148	4.3	共晶点
D	1227	6.69	渗碳体的熔点
E	1148	2.11	碳在 γ-Fe 中的最大溶解度
G	912	0	α-Fe、γ-Fe 同素异构转变点
P	727	0.0218	碳在 α-Fe 中的最大溶解度
S	727	0.77	共析点
Q	600	0.0057	碳在 α-Fe 中的溶解度

（2）Fe-Fe$_3$C 相图的主要特性线。

1）ACD 线——液相线。在此线上方，铁碳合金是均匀液相，用符号 L 表示。液态合金冷却到 AC 线开始结晶出奥氏体；冷却到 CD 线开始结晶出一次渗碳体 Fe$_3$C$_I$。

2）AECF 线——固相线。在此线下方，铁碳合金全部结晶成固相。

3）ECF 线——共晶线。液态合金冷却到此线都会发生共晶转变，形成莱氏体。

共晶转变是指一定成分的液相在恒温下同时结晶出两个固相的转变。其转变式为：

$$L_c \xrightarrow{1148℃} Ld$$

4）GS 线——A$_3$ 线。是奥氏体和铁素体的相互转变线，在冷却过程中从奥氏体中析出铁素体。

5）ES 线——A$_{cm}$ 线。是碳在 γ-Fe 中的溶解度曲线。在冷却过程中，从奥氏体中析出二次渗碳体 Fe$_3$C$_{II}$。

6）PSK 线——共析线，又称 A$_1$ 线。奥氏体冷却到此线时发生共析转变，形成珠光体。

共析转变是指一定成分的固溶体在恒温下同时析出两种新固相的转变。其转变式为：

$$A_s \xrightarrow{727℃} P$$

2. 铁碳合金的分类

根据铁碳合金中的碳的质量分数不同，可将铁碳合金分为以下三类。

（1）工业纯铁。工业纯铁碳的质量分数小于 P 点碳的质量分数。其在冷却过程中不发生共析转变，室温组织为铁素体。

（2）钢。钢的碳的质量分数在 P 点和 E 点之间。其中，S 点碳的质量分数的钢称为共析钢；碳的质量分数在 S 点以左的钢称为亚共析钢；碳的质量分数在 S 点以右的钢称为过共析钢。

此外，常根据碳的质量分数把钢分为低碳钢（$w_C < 0.25\%$）、中碳钢（w_C 在 0.25% ~ 0.6% 之间）和高碳钢（$w_C > 0.6\%$）。

（3）白口铁。白口铁的碳的质量分数大于 E 点碳的质量分数。白口铁在冷却过程中都要发生共晶转变，室温组织中都有低温莱氏体。

3. 钢的结晶过程和组织转变

（1）钢的结晶过程。钢在 AC 线以上时为液相，冷却到 AC 线开始结晶出奥氏体。结晶过程中的 AC 线和 AE 线之间，液相和奥氏体共存。随着温度下降，液相减少，奥氏体增多。冷却到 AE 线，结晶完毕。AE 线以下，钢的组织为单相奥氏体。

（2）钢的组织转变。

1）共析钢的组织转变。共析钢组织在 AE 线到 A$_1$ 线之间为单相奥氏体，冷却到 A$_1$ 线时发生共析转变，形成珠光体。在 A$_1$ 线以下，共析钢的组织为珠光体。

2）亚共析钢的组织转变。亚共析钢的组织从 AE 线到 A$_3$ 线之间为单相奥氏体，冷却到 A$_3$ 线开始析出铁素体。随着温度下降，铁素体逐渐增多，奥氏体逐渐减少。冷到 A$_1$ 线，剩余的奥氏体转变为珠光体。A$_1$ 线以下，共析钢的组织为铁素体和珠光体。亚共析钢中碳的

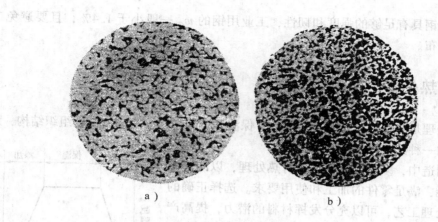

图 1-14　亚共析钢的显微组织

a) 20 钢（200×）　b) 45 钢（200×）

质量分数越高，组织中珠光体越多，铁素体越少。亚共析钢的显微组织如图 1-14 所示。

3）过共析钢的组织转变。过共析钢的组织从 AE 线到 A_{cm} 线之间为单相奥氏体，冷却到 A_{cm} 线开始沿晶界析出二次渗碳体。随着温度下降，二次渗碳体逐渐增多。冷到 A_1 线，奥氏体转变为珠光体。在 A_1 线以下，过共析钢的组织为珠光体和二次渗碳体。过共析钢随着碳的质量分数的增加，组织中二次渗碳体数量也增加。当 $w_C > 0.9\%$ 后，二次渗碳体则呈网状分布，其显微组织如图 1-15 所示。

图 1-15　过共析钢的显微组织（450×）

1.2.3　钢的成分、组织、性能之间的关系

钢的成分、组织、性能之间有着密切的关系。随着碳的质量分数的增加，亚共析钢中珠光体增多，铁素体减少，因而钢的强度、硬度上升，塑性、韧性相应下降。共析钢全部由珠光体组成，故强度、硬度比亚共析钢高，塑性、韧性则较低。过共析钢随着碳的质量分数的增加，珠光体减少，二次渗碳体增多，因而硬度升高，塑性、韧性下降；少量的二次渗碳体能使强度继续升高，而网状渗碳体由于削弱了晶粒间的结合力，使强度迅速下降。碳钢性能与 w_C 的关系如图 1-16 所示。

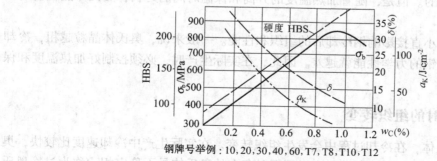

钢牌号举例：10，20，30，40，60，T7，T8，T10，T12

图 1-16　钢的力学性能与 w_C 的关系

为了保证钢具有足够的强度和韧性，工业用钢的 w_C 一般小于 1.4%，且要避免二次渗碳体呈网状分布。

1.3 钢的热处理

钢的热处理是将钢在固态下进行加热、保温和冷却，以改变钢的内部组织结构，从而获得所需性能的一种工艺方法。

在机械制造中，多数零件都需进行热处理，以改变金属材料的性能，满足零件的加工和使用要求。选择正确的和先进的热处理工艺，可以充分发挥材料的潜力，提高产品质量和使用寿命，增加机械加工效益，降低成本。

热处理过程可用热处理工艺曲线表示，如图 1-17 所示。

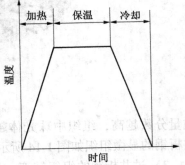

图 1-17　热处理工艺曲线

1.3.1 钢在加热时的组织转变

热处理时，对钢加热的目的通常是使组织全部或大部分转变成细小的奥氏体晶粒。

在极其缓慢的加热条件下，钢的组织转变按 Fe-Fe$_3$C 相图进行，即共析钢、亚共析钢、过共析钢分别加热到临界温度 A_1、A_3、A_{cm} 就能获得单相奥氏体。但在实际生产中加热速度比较快，相变的临界温度要高些，分别用 A_{c1}、A_{c3}、A_{ccm} 表示。因此，在实际加热条件下，共析钢要加热到 A_{c1} 以上温度才全部转变成奥氏体；亚共析钢加热到 A_{c1} 以上，组织为铁素体和珠光体，加热到 A_{c3} 以上，组织为奥氏体；过共析钢加热到 A_{c1} 以上，为奥氏体和二次渗碳体，加热到 A_{ccm} 以上，为奥氏体。

1. 奥氏体的形成

珠光体向奥氏体的转变是通过生核、长大的过程来完成的。首先，在铁素体和渗碳体的交界面上生成奥氏体晶核，然后通过原子的扩散，奥氏体不断成长；同时，又有新的晶核在生成并成长。保温一段时间后，珠光体就全部转变成奥氏体。

2. 奥氏体晶粒的长大

由于在铁素体和渗碳体的交界面上产生的奥氏体晶核很多，由珠光体开始转变成的奥氏体晶粒总是比较细小的。但是，随着加热温度的升高和保温时间的延长，奥氏体晶粒会逐渐长大。

奥氏体晶粒的大小直接影响钢冷却后的组织和性能。一般来说，奥氏体晶粒越粗，冷却后钢的组织就越粗，钢的力学性能就越差。因此，在实际生产时，必须控制好加热温度和保温时间。

1.3.2 钢在冷却时的组织转变

加热得到的奥氏体，在冷却过程中会发生组织转变。在实际生产中冷却速度比较快，奥氏体要在 A_1 以下的温度才发生转变。A_1 以下暂时存在的奥氏体是不稳定相，称为过冷奥氏体。过冷奥氏体的转变方式有等温转变和连续冷却转变两种，如图 1-18 所示。

1. 过冷奥氏体的等温转变

过冷奥氏体的等温转变规律可以用图来说明。每一种钢都有一个等温转变图。共析钢的等温转变图如图 1-19 所示。根据其形状，常简称为 C 曲线。

在图 1-19 中，纵坐标为过冷奥氏体的等温温度，横坐标用对数坐标标出时间。图中 C 曲线上面的水平线是 A_1 线，它表示奥氏体和珠光体的平衡温度，即铁碳相图中的 A_1 温度。A_1 温度线以上是稳定的奥氏体区。C 曲线下面的水平线叫做 M_S 线，它是以极快的冷却速度连续冷却时，测得的过冷奥氏体开始转变为马氏体的温度点的连接线，在其下面的水平线表示马氏体转变终了温度，称为 M_f 线，一般都在室温以下。故 $M_S \sim M_f$ 是马氏体转变区。在 $A_1 \sim M_S$ 之间，是过冷奥氏体等温转变区。该区中，左边的 C 曲线为奥氏体转变开始线，其左方是过冷奥氏体区；右边的 C 曲线为奥氏体转变终了线，其右方为转变产物区；两条 C 曲线中间为过冷奥氏体和转变产物共存区。

（1）过冷奥氏体的高温转变产物。过冷奥氏体在 $A_1 \sim 550℃$ 范围内的转变为高温转变，转变产物为珠光体。在 $A_1 \sim 650℃$ 范围内等温转变得到粗片状珠光体，硬度约 20HRC。在 $650 \sim 600℃$ 范围内等温转变得到细片状珠光体，称为索氏体，用符号 S 表示，硬度约 30HRC。在 $600 \sim 550℃$ 范围内等温转变得到极细片状珠光体，称为托氏体，用符号 T 表示，硬度约 40HRC。

（2）过冷奥氏体的中温转变产物。过冷奥氏体在 $550℃ \sim M_S$ 范围内的转变为中温转变，转变产物为贝氏体。贝氏体由铁素体和非片层状碳化物组成。在 $550 \sim 350℃$ 范围内得到的是上贝氏体，用符号 $B_上$ 表示，其显微组织为羽毛状，如图 1-20a 所示。上贝氏体的硬度约 45HRC，强度和韧性都不高，生产上很少使用。在 $350℃ \sim M_S$ 范围内得到的是下贝氏体，用符号 $B_下$ 表示，其显微组织为针状，如图 1-20b 所示。下贝氏体的硬度约 55HRC，有较高的强度和韧性，生产上应用较多。

2. 过冷奥氏体的连续冷却转变

实验表明，按不同冷却速度连续冷却时，过冷奥氏体的转变产物接近于其冷却曲线与 C 曲线相交温度范围所发生的等温转变的产物。所以，过冷奥氏体的连续冷却转变产物可用 C

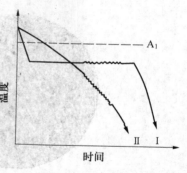

图 1-18 过冷奥氏体的转变方式
Ⅰ—等温转变 Ⅱ—连续冷却转变

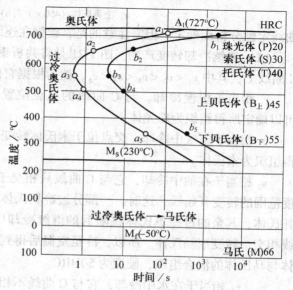

图 1-19 共析碳钢的等温转变图
。—转变开始 ·—转变终了

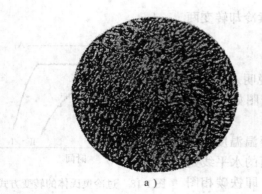 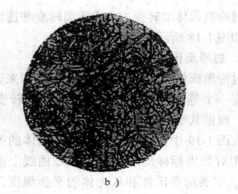

图 1-20　贝氏体显微组织

a) 上贝氏体（450×）　　b) 下贝氏体（300×）

曲线定性分析而确定。但需注意的是，碳钢在连续冷却中，不能形成贝氏体。

（1）连续冷却转变产物。图 1-21 是将共析钢的各种不同冷却速度的冷却曲线画在它的 C 曲线上，其中 $v_1 < v_2 < v_3 < v_4 < v_5$，然后根据它们的交点位置便可确定所得组织。

v_1 相当于缓慢冷却，与 C 曲线的交点位置靠近 A_1，可以确定所得组织为珠光体。

v_2 相当于空气中冷却，交点位于索氏体转变范围，所得组织为索氏体。

v_3 相当于在油中冷却，它与 C 曲线只相交于 550℃ 温度范围的转变开始线，这时，一部分过冷奥氏体要转变为托氏体，其余的过冷奥氏体在随后的继续冷却中又与 M_S 线相交，转变成马氏体。所以，冷至室温后得到的是托氏体与马氏体的混合组织，硬度为 50HRC。

v_4、v_5 相当于在水中冷却，它与 C 曲线不相交，而直接冷到 M_S 线才发生转变，所得组织为马氏体，硬度在 60HRC 以上。

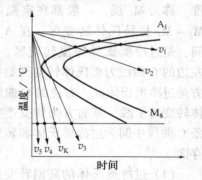

图 1-21　连续冷却转变产物的定性分析

v_k 与 C 曲线相切，它是所有的奥氏体被冷却到 M_S 以下全部转变成马氏体的最小冷却速度，称为临界冷却速度。

（2）马氏体转变。当冷却速度大于 v_k 时，奥氏体很快被过冷到 M_S 以下，γ-Fe 便转变成 α-Fe，但由于转变温度低，碳原子已失去扩散能力，原来溶解在奥氏体中的碳便全部保留在 α-Fe 中，形成碳在 α-Fe 中的过饱和固溶体，称为马氏体，用符号 M 表示。

马氏体中碳的质量分数越高，硬度值越大。马氏体的组织形态主要有板条

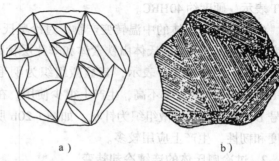

图 1-22　马氏体组织示意图

a) 片状（$w_C > 1.0\%$）　　b) 板条状（$w_C < 0.2\%$）

状和片状（针状）两种，如图 1-22 所示。当奥氏体中 $w_c < 0.2\%$ 时，马氏体的形态为板条状，又叫做低碳马氏体。因其碳的质量分数低，硬度不高，通常为 35 ~ 45HRC，但有高的强度和韧性，同时还具有许多优良的工艺性能。当奥氏体中 $w_c > 1.0\%$ 时，马氏体的形态为片状，又叫做高碳马氏体。因其碳的质量分数高，故硬度高、韧性低而脆性大，须经回火后才能使用。

马氏体只有在 M_s ~ M_f 范围内的连续冷却过程中才能不断形成，冷却停止，转变便终止。由于很多钢的 M_f 在 0℃以下，而淬火冷却却通常只冷到室温，故奥氏体向马氏体的转变不能完全进行到底，总有一部分奥氏体未能转变而被保留下来，即残余奥氏体。且随着钢中碳的质量分数增加，淬火后残余奥氏体量增多，如果要消除残余奥氏体，可把钢继续冷却到 M_f 以下。

1.3.3　钢的退火与正火

退火和正火是应用非常广泛的热处理工艺。在机器零件或工模具等工件的制造过程中，经常作为预备热处理，安排在铸造或锻造之后，切削加工之前，用以消除前一工序所带来的某些缺陷，并为随后的工序作好准备。

1. 退火

将钢加热到适当的温度，保持一定时间，然后缓慢冷却的热处理工艺，称为退火。常用的退火方法有完全退火、球化退火和去应力退火。

（1）完全退火。完全退火是将工件完全奥氏体化，保温后缓慢冷却，获得接近平衡状态组织的退火工艺。

完全退火主要用于亚共析钢。其加热温度为 A_{c3} +（30 ~ 50）℃，保温后，缓慢冷却。

完全退火的目的是细化晶粒，提高钢件的力学性能；消除内应力，防止钢件变形；改善某些钢的切削加工性能。

过共析钢不采用完全退火，因为过共析钢完全奥氏体化后，在缓慢冷却中会析出网状渗碳体，使钢的力学性能变差。

（2）球化退火。球化退火是使钢中碳化物球状化的退火工艺。

球化退火主要用于共析钢和过共析钢。其加热温度为 A_{c1} +（20 ~ 30）℃，保温后缓慢冷却，获得球状珠光体组织。

在球状珠光体中，渗碳体呈球状小颗粒均匀分布在铁素体基体上，使得其硬度比片状珠光体更低，有利于改善高碳钢件的切削加工性。

如果过共析钢中有较多的网状渗碳体，应先进行正火后，才能进行球化退火。

（3）去应力退火。为了消除铸造件、锻压件和焊接件内存在的残余应力而进行的退火工艺，称为去应力退火。

去应力退火通常将工件加热到 500 ~ 650℃，保温足够时间后随炉缓冷至 200 ~ 300℃，出炉空冷。由于加热温度低于 A_1，钢的组织不发生改变。

2. 正火

将钢加热到 A_{c3} 或 A_{ccm} 以上 40 ~ 60℃，达到完全奥氏体化，然后在空气中冷却的工艺，称为正火。

正火的目的是细化晶粒，调整硬度，消除网状渗碳体，为淬火、球化退火等作好组织准备。通过正火细化晶粒，钢的韧性可显著改善。对于低碳钢，可提高硬度以改善切削加工性。

由于正火钢件的强度比退火钢件高，有些性能要求不高的零件正火可作为最终热处理。

1.3.4 钢的淬火与回火

钢的淬火与回火是紧密相连的两个工艺过程，只有相互配合才能收到良好的热处理效果。一般来说，淬火加回火常作为最终热处理。

1. 淬火

将钢加热到 A_{c3} 或 A_{c1} 以上某一温度，保持一定时间，然后以适当速度冷却，获得高硬度马氏体或贝氏体组织的热处理工艺，称为淬火。

淬火通常是为了获得马氏体，再配合适当的回火，使钢件具备良好的使用性能，充分发挥材料的潜力。其主要目的是：

1）提高各类零件或工具的力学性能。例如，提高工具、轴承等的硬度和耐磨性，提高弹簧的弹性极限，提高轴类零件的综合力学性能等。

2）改善某些特殊钢的性能。例如，提高不锈钢的耐蚀性，提高高锰钢的耐磨性等。

（1）淬火加热温度。

亚共析钢的淬火加热温度一般为 A_{c3} + （30 ~ 50）℃。将亚共析钢加热到此温度，可获得细小的奥氏体，淬冷后则获得细小的马氏体。如果加热到 A_{c1} ~ A_{c3} 之间，将获得铁素体和奥氏体，淬冷后，铁素体保留在组织中，会降低淬火钢的硬度。

共析钢和过共析钢的淬火加热温度一般为 A_{c1} + （30 ~ 50）℃。将过共析钢加热到此温度，组织为奥氏体和少量的渗碳体，淬火后，获得马氏体和渗碳体组织，渗碳体能提高钢的硬度和耐磨性。若加热温度超过 A_{ccm}，淬火后会获得粗大的马氏体，增加钢的脆性，并且由于渗碳体的消失，使钢的硬度及耐磨性降低。

（2）淬火冷却。

为了保证奥氏体能全部过冷到 M_s 以下，淬火冷却速度应大于 v_k。在快速冷却过程中，钢件的表层和心部、薄壁和厚壁之间便形成一个温度差，使得钢件各部分的冷却收缩和组织转变不一致，从而在淬火钢件中产生内应力。淬火内应力能引起钢件变形甚至开裂。淬火冷却速度越大，淬火内应力就越大，钢件变形、开裂的倾向也越大。很显然，在保证淬硬的前提下，淬火冷却速度应慢些。为此，淬火冷却时应选择合适的淬火介质和淬火方法。

常用的淬火介质是水和油。水的特点是冷却能力大，易于使工件淬硬，主要作为碳钢零件的冷却介质。油的特点是冷却能力较低，因而淬火内应力小，主要作为合金钢零件的冷却介质。

常用的淬火方法有单液淬火、双介质淬火、马氏体分级淬火、贝氏体等温淬火等，如图1-23 所示。

（3）钢的淬透性。

钢的淬透性是指钢在淬火时能够获得淬硬层深度的能力，也就是获得马氏体的能力。

用不同的钢材制成的相同形状和尺寸的工件在相同条件下淬火，淬透性好的钢获得的淬硬层深，截面上的硬度分布也比较均匀，钢件的综合性能就高。

淬透性主要取决于钢的临界冷却速度 v_k。v_k 越小，钢的淬透性越高。一般来说，碳钢的淬透性都较低，而大多数合金元素加入钢中，都能显著提高钢的淬透性。

2. 回火

钢件淬硬后，再加热至 A_{c1} 点以下某一温度，保温一定时间，然后冷却到室温的热处理工艺，称为回火。

淬火钢回火的目的是降低或消除淬火内应力，提高尺寸稳定性，获得所需的使用性能。

（1）淬火钢在回火时组织性能的变化。淬火得到的马氏体是一种不稳定的组织，有向稳定组织转变的倾向，而回火的目的正是促使这种转变加快进行。随着回火加热温度的升高，马氏体中碳原子的扩散能力增强，并逐渐以碳化物的形式从马氏体中析出，使得马氏体的过饱和程度随之减小，最终成为铁素体。从马氏体中析出的碳化物随着回火温度的升高逐渐形成颗粒状并聚集长大，钢的强度、硬度下降，塑性、韧性升高，如图 1-24 所示。

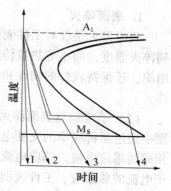

图 1-23 不同淬火
方法示意图
1—单液淬火 2—双介质淬火
3—马氏体分级淬火 4—贝
氏体等温淬火

（2）回火的种类及应用。

1）低温回火（回火温度 < 250℃）。低温回火所得组织为回火马氏体。回火马氏体是由过饱和度较低的马氏体及其析出的碳化物组成的。淬火钢经低温回火后基本保持淬火后的高硬度，但韧性有所提高，内应力有所降低。低温回火主要用于要求高硬度、高耐磨性的各种工件。

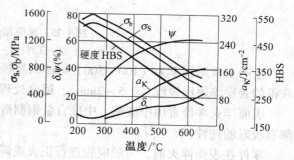

图 1-24 淬火钢（40 钢）回火时
力学性能的变化

2）中温回火（回火温度 250 ~ 500℃）。中温回火得到的组织为回火托氏体。回火托氏体是铁素体和细粒状渗碳体的混合物，硬度为 35 ~ 50HRC，有高的弹性极限、屈服点和一定的韧性。中温回火常用于弹性零件以及要求中等硬度的零件。

3）高温回火（回火温度 500 ~ 600℃）。高温回火得到回火索氏体组织。回火索氏体是铁素体和粒状渗碳体的混合物，硬度一般为 20 ~ 35HRC，具有良好的综合力学性能，即有较高的强度和良好的韧性。

通常将钢件淬火加高温回火的复合热处理工艺，称为调质处理。调质处理广泛用于要求有良好综合力学性能的各种重要零件。

1.3.5 钢的表面淬火和化学热处理

在动载荷及摩擦条件下工作的机械零件，如齿轮、凸轮轴、曲轴、主轴等，它们的表面层承受着比心部高的应力，并不断地被磨损，因此，要求表面具有高的强度、硬度、耐磨性和疲劳强度，而心部仍保持足够的塑性和韧性。要达到这样的要求，一般需要在合理选材的基础上，再采用表面淬火或化学热处理。

1. 表面淬火

表面淬火是仅对工件表面层进行淬火的热处理工艺。它利用快速加热使钢件表面很快达到淬火温度，而不等热量传至心部，迅速予以冷却。这样，表面层被淬硬而心部仍是未淬火组织，还保持较好的韧性和塑性。常用的表面淬火方法有感应加热表面淬火和火焰加热表面淬火。

（1）感应加热表面淬火。感应加热原理如图1-25所示。将工件放入感应圈内，当感应圈中通过某种频率的交变电流时，感应圈附近空间将产生一个交变磁场，使钢件中产生频率相同的感应电流。感应电流集中在工件表面层，电流频率越高，电流集中的表面层越薄。由于电流的热效应，工件表面层被迅速加热到淬火温度，然后立即冷却，工件表面层便获得一定深度的淬硬层。工件心部由于温度低，组织没有改变。

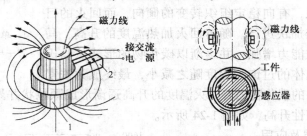

图1-25 感应加热表面淬火
1—工件 2—感应器

生产上常用频率为（100～500）kHz的高频电流来加热工件，称为高频淬火。高频淬火获得的表层淬硬层较浅（0.5～2mm），适合处理小尺寸的钢件。

表面淬火零件常用中碳钢、中碳合金钢制造，以保证表面有较高的硬度和耐磨性，而心部有较好的韧性。

零件在表面淬火前，一般应先进行正火或调质处理，以改善心部性能，并为表面淬火作好组织准备。表面淬火后应进行低温回火。

感应加热表面淬火加热速度快，淬火质量好，工件变形小，生产率高，在生产上有广泛应用。

（2）火焰加热表面淬火。火焰加热表面淬火是利用氧—乙炔或其他可燃气火焰，对零件表面进行加热，然后淬火冷却的工艺。

火焰加热表面淬火设备简单、成本低，但淬火质量不易控制，适于单件、小批量生产或大型零件的表面淬火。

2. 化学热处理

将金属或合金工件置于一定温度的活性介质中保温，使一种或几种元素渗入其表面层，以改变表面层的化学成分、组织和性能的热处理工艺，称为化学热处理。

化学热处理的过程，一般由分解、吸收、扩散三部分组成。分解时，活性介质析出活性原子，活性原子以溶入固溶体或形成化合物的方式被工件表面吸收，并逐步向零件内部扩散，形成一定深度的渗层。

常用的化学热处理有渗碳和渗氮等。

（1）渗碳。为了增加零件表面层的碳的质量分数和形成一定的碳浓度梯度，将零件在渗碳介质中加热并保温，使碳原子渗入其表层的化学热处理工艺，称为渗碳。

渗碳零件常选用低碳钢和低碳合金钢制造，以保证零件心部具有良好的韧性。然后通过渗碳，把零件表面层的碳的质量分数提高到 0.85% ~ 1.05%，再进行淬火和低温回火，使钢表面层具有高的硬度和耐磨性。

目前，气体渗碳法在生产上应用最广，其工艺过程如图 1-26 所示。将工件装在密封的井式渗碳炉中，加热到 900 ~ 950℃，并向炉内滴入煤油等渗碳剂。渗碳剂在高温下分解，形成气体，析出活性碳原子而进行渗碳。

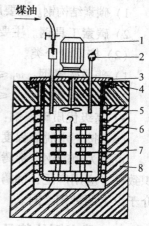

与中碳钢高频淬火相比，低碳钢渗碳淬火可使零件表层的硬度、耐磨性更高，心部的韧性更好，且可使淬硬层沿零件轮廓均匀分布。渗碳的缺点是生产周期长，零件变形较大。

（2）渗氮。在一定温度下（一般在 A_{c1} 以下温度）使活性氮原子渗入工件表面层的化学热处理工艺，称为渗氮。

常用的渗氮方法为气体氮化。其工艺过程是将零件装入密封的渗氮炉内，加热到 500 ~ 550℃，通入氨气。氨气受热分解，析出活性氮原子渗入工件表面层。

渗氮常用含有铬、钼、铝等元素的中碳合金钢，最典型的钢种是 38CrMoAl。这种钢渗氮后表面硬度可超过 950HV，因而耐磨性很高。由于渗氮温度低，且渗氮后不必再进行淬火，故渗氮零件的变形小。

图 1-26　气体渗碳示意图
1—风扇电动机　2—废气火焰　3—炉盖　4—砂封
5—电阻丝　6—耐热罐
7—工件　8—炉体

零件在渗氮前应进行调质处理，以改善心部性能。

气体氮化生产周期长，成本高，主要用于耐磨性要求很高的精密零件。

1.4　碳素钢

碳素钢简称碳钢，是指 $w_C < 2.11\%$ 并含少量硅、锰、磷、硫等杂质元素的铁碳合金。碳素钢广泛应用于建筑、交通运输及机械制造工业中。

1.4.1　杂质元素的影响

硅、锰、磷、硫等杂质都是在钢铁冶炼过程中进入钢中的，它们的含量虽少，但对钢的性能有一定的影响。

（1）硅、锰的影响。硅、锰都能溶于铁素体中，产生固溶强化作用。锰还能与硫化合形成 MnS，以减轻硫的有害影响。

（2）磷的影响。磷在钢中能全部溶于铁素体，可提高钢的强度、硬度，但在室温下会急剧降低钢的塑性、韧性，低温时尤为显著，称为冷脆性。

（3）硫的影响。硫在钢中能与 Fe 化合形成 FeS，FeS 又与铁形成低熔点（985℃）的共晶体，分布在晶界上。当钢材在 1000 ~ 1200℃进行压力加工时，共晶体熔化，使钢变脆，称为热脆性。热脆会导致钢材开裂。

磷、硫是钢中的有害元素，必须严格控制它们在钢中的含量。

1.4.2 碳素钢的分类

碳素钢的分类方法主要有以下三种。

（1）按用途分类。

1）碳素结构钢。主要用于制造工程结构件和机械零件，一般 w_C 在 0.25% ~ 0.6% 之间。

2）碳素工具钢。主要用来制造各种工具，一般 $w_C > 0.6\%$。

（2）按质量分类。

1）普通碳素钢：$w_P \leq 0.05\%$，$w_S \leq 0.045\%$。

2）优质碳素钢：$w_P \leq 0.035\%$，$w_S \leq 0.035\%$。

3）高级优质碳素钢：$w_P \leq 0.030\%$，$w_S \leq 0.030\%$。

（3）按钢水脱氧程度分类。

可分为镇静钢、沸腾钢、半镇静钢三类。镇静钢，脱氧较完全，成分和性能较均匀，组织致密，应用广泛；沸腾钢，脱氧不完全，成分不均匀，但成本较低；半镇静钢，脱氧程度介于以上两种钢之间。

1.4.3 碳素钢的牌号、性能和用途

我国现行的碳素钢编号命名是以钢的质量和用途为基础来进行的，一般分为碳素结构钢、优质碳素结构钢、碳素工具钢和碳素铸钢。

1. 碳素结构钢

碳素结构钢中所含有害杂质硫、磷及非金属夹杂物较多，力学性能不高，但价格便宜，工艺性能良好，所以大量用于金属结构件和不重要的机械零件。

表 1-2　碳素结构钢的力学性能和应用举例

钢号	质量质级	σ_s/MPa				σ_b/MPa	δ_5（%）				应用举例
		钢材厚度（直径）/mm					钢材厚度（直径）/mm				
		≤16	>16 ~ 40	>40 ~ 60	>60 ~ 100		≤16	>16 ~ 40	>40 ~ 60	>60 ~ 100	
Q195	—	(195)	(185)			315 ~ 390	33	32	—	—	塑性好，有一定的强度，用于制造受力不大的零件，如：螺钉、螺母、垫圈，以及焊接件、冲压件、桥梁建筑等金属结构件
Q215	A B	215	205	195	185	335 ~ 410	31	30	29	28	
Q235	A B C D	235	225	215	205	375 ~ 460	26	25	24	23	
Q255	A B	255	245	235	225	410 ~ 510	24	23	22	21	强度较高，用于制造承受中等载荷的零件，如：小轴、销子、连杆、农机零件等
Q275	—	275	265	255	245	490 ~ 610	20	19	18	17	

注：表内数据摘自国家标准 GB700—1988。

碳素结构钢的牌号由代表屈服点的字母 Q、屈服点强度值、质量等级符号和脱氧方法符号四部分依次组成。其中，质量等级分 A、B、C、D 四级，所含 w_P、w_S 逐渐减少。脱氧方法用汉语拼音字母表示：沸腾钢用 F 表示；半镇静钢用 b 表示；镇静钢用 Z 表示，但在牌号中省略不标。如牌号 Q235 – AF 表示屈服点 $\sigma_s \geqslant 235\mathrm{MPa}$，质量等级为 A 的碳素结构沸腾钢。表 1-2 列出了碳素结构钢的性能和应用。

2. 优质碳素结构钢

优质碳素结构钢中所含有害杂质元素较少，力学性能较好，故广泛用于制造较重要的机械零件。

优质碳素结构钢又包括普通含锰钢（$w_{Mn} < 0.8\%$）和较高含锰钢（$w_{Mn} = 0.7\% \sim 1.2\%$）两组。普通含锰钢的牌号用两位数字表示，数字代表钢中碳的质量分数的平均万分数；沸腾钢需在数字后加字母 F，镇静钢不标注。较高含锰钢的牌号用两位数字后加锰元素符号表示。

优质碳素结构钢一般都要经过热处理以提高其机械性能。常用钢号、化学成分及正火后的力学性能见表 1-3。一些常用的优质碳素结构钢的性能特点及用途简介如下。

表 1-3　常用优质碳素结构钢的主要化学成分和力学性能

钢号	主要成分（%）			力学性能					热轧	退火
	w_C	w_{Si}	w_{Mn}	正火状态 ≥					硬度 HBS	
				σ_b/MPa	σ_s/MPa	δ_5（%）	ψ（%）	A_K/J		
普通含 Mn 量钢										
08F	0.05 ~ 0.11	≤0.03	0.25 ~ 0.50	295	175	35	60	—	131	—
10	0.07 ~ 0.14	0.17 ~ 0.37	0.35 ~ 0.65	335	205	31	55	—	137	—
15	0.12 ~ 0.19	0.17 ~ 0.37	0.35 ~ 0.65	375	225	27	55	—	143	—
20	0.17 ~ 0.24	0.17 ~ 0.37	0.35 ~ 0.65	410	245	25	55	—	156	—
35	0.32 ~ 0.40	0.17 ~ 0.37	0.50 ~ 0.80	530	315	20	45	55	197	—
40	0.37 ~ 0.45	0.17 ~ 0.37	0.50 ~ 0.80	570	335	19	45	47	217	187
45	0.42 ~ 0.50	0.17 ~ 0.37	0.50 ~ 0.80	600	355	16	40	39	229	197
50	0.47 ~ 0.55	0.17 ~ 0.37	0.50 ~ 0.80	630	375	14	40	31	241	207
60	0.57 ~ 0.65	0.17 ~ 0.37	0.50 ~ 0.80	675	400	12	35	—	255	229
65	0.62 ~ 0.70	0.17 ~ 0.37	0.50 ~ 0.80	695	410	10	30	—	255	229
较高含 Mn 量钢										
60Mn	0.57 ~ 0.65	0.17 ~ 0.37	0.70 ~ 1.00	695	410	11	35	—	269	229
65Mn	0.62 ~ 0.70	0.17 ~ 0.37	0.90 ~ 1.20	735	430	9	30	—	285	229

08F 钢。强度低，塑性好，主要用做经冷冲压拉伸成型的外壳、容器等零件或用品。

20 钢。强度较低，塑性、韧性、焊接性好，常用来制造尺寸不大、受力不高的渗碳零件，还用来制造冷冲压件和焊接件。

45 钢。因碳的质量分数适中，故具有较高的强度和较好的塑性、韧性，因而应用广泛，可在供应状态或正火状态下使用，制造力学性能要求不高的零件；进行调质处理后，制造要求良好综合力学性能的零件。

65Mn 钢。经过淬火、中温回火，具有高的强度和弹性极限，常用来制造尺寸不大的弹性零件。

生产上，常将 65Mn、70 等高碳结构钢经过冷拉制成碳素弹簧钢丝，然后冷绕成小型螺旋弹簧。由于这类钢丝已有较高的强度和弹性，所以冷绕成型的弹簧只需在 250~300℃ 进行稳定化处理。

3. 碳素工具钢

碳素工具钢都是高碳钢，具有高的硬度、耐磨性，主要用来制造刀具、模具、量具。按质量分，碳素工具钢有优质和高级优质两种。优质碳素工具钢的牌号用字母 T 和数字表示，数字表示碳的质量分类的平均千分数。高级优质碳素工具钢的牌号则在上述钢号后加字母 A。常用碳素工具钢的牌号、成分、性能和用途如表 1-4 所示。

表 1-4　常用碳素工具钢的牌号、w_C、性能和用途

牌号	w_C（%）	硬度		用　　途
		退火后 HBS≤	淬火后 HRC≥	
T7、T7A	0.65~0.74	187	62	制造承受振动与冲击负荷并要求较高韧性的工具，如錾子、简单锻模、锤子等
T8、T8A	0.75~0.84	187	62	制造承受振动与冲击负荷并要求足够韧性和较高硬度的工具，如简单冲模、剪刀、木工工具等
T10、T10A	0.95~1.04	197	62	制造不受突然振动并要求在刃口上有少许韧性的工具，如丝锥、手锯条、冲模等
T12、T12A	1.15~1.24	207	62	制造不受振动并要求高硬度的工具，如锉刀、刮刀、丝锥等

注：除用途外，本表其余各栏摘自 GB1298—86。

碳素工具钢常用球化退火来改善切削加工性，在淬火、低温回火后使用。各种碳素工具钢淬火后的硬度差别很小，但随着碳的质量分数的增加，钢的耐磨性增加，塑性、韧性下降。因此，在使用时，应加以区别。

4. 碳素铸钢

有些机械零件，例如水压机横梁、轧钢机机架、重载大齿轮等，因形状复杂，难以用锻压方法成型，又因力学性能要求较高，铸铁无法满足，故采用铸钢件。碳素铸钢的牌号用字母 ZG 和两组数字表示，第一组数字表示钢的最低屈服强度，第二组数字表示最低抗拉强度。常用碳素铸钢的牌号、碳的质量分数、力学性能和应用见表 1-5。

表 1-5　工程用碳素铸钢的牌号、w_C、力学性能与应用

钢号	w_C（%）	力学性能（不小于）					应用举例
		σ_s 或 $\sigma_{0.2}$ /MPa	σ_b /MPa	δ（%）	ψ（%）	a_k /J·cm^{-2}	
ZG200-400	0.2	200	400	25	40	60	机座、变速箱壳等
ZG230-450	0.3	230	450	22	32	45	砧座、外壳、轴承盖、底板、阀体等

钢号	w_C（%）	力学性能（不小于）					应用举例
		σ_s 或 $\sigma_{0.2}$ /MPa	σ_b /MPa	δ（%）	ψ（%）	a_k /J·cm^{-2}	
ZG270-500	0.4	270	500	18	25	35	轧钢机机架、轴承盖、连杆、箱体、曲轴、缸体、飞轮、蒸汽锤等
ZG310-570	0.5	310	570	25	21	30	大齿轮、缸体、制动轮、辊子等
ZG340 – 640	0.6	340	640	10	18	20	起重运输机中的齿轮、连轴器等

1.5 合金钢

碳钢虽然在工业生产中得到了广泛应用，但仍存在着淬透性低、强度低（特别是高温强度低），回火抗力差，不具有特殊的物理、化学性能等缺点。为了提高钢的性能，常常在钢中加入一定量的合金元素，形成合金钢。合金元素是在冶炼时为了改善钢的性能或使之具有某些特殊性能而有意加入的元素。常见的合金元素有硅（$w_{Si} > 0.5\%$）、锰（$w_{Mn} > 0.8\%$）、铬、镍、钼、钨、钒、钛、铝、硼和稀土（RE）等。

1.5.1 合金元素在钢中的作用

合金元素在钢中的作用主要有以下几点。

1. 形成合金铁素体

大多数合金元素都能溶入铁素体，形成含合金元素的铁素体。合金元素的溶入，产生了固溶强化，使铁素体的强度、硬度得到提高。

2. 形成合金碳化物

有些合金元素能与碳形成合金碳化物。它们与碳的亲和力有强弱之分，按它们所生成的碳化物的稳定程度，把这些碳化物形成元素从强到弱依次排列为钛、铌、钒、钨、钼、铬、锰、铁。当钢中同时存在几种碳化物的形成元素时，亲和力强的元素优先与碳化合。

合金碳化物比渗碳体具有更高的硬度、耐磨性和熔点，受热时不易聚集长大，也难以溶入奥氏体。

当合金碳化物以细小粒状均匀分布时，能提高钢的强度、硬度和耐磨性，而不增加其脆性。

3. 提高共析温度并使 S、E 点左移

钢中加入的合金元素除锰、镍外，均使 S 点上升。这就意味着大多数合金钢的热处理温度要比相同碳的质量分数的碳钢高一些。

合金元素均能使钢中的 S、E 点左移，所以，共析钢中的碳的质量分数就不是 0.77%，而是小于 0.77%，而出现共晶组织的最低碳的质量分数也不再是 2.11%，而是小于 2.11%

了。

4. 细化晶粒

大多数合金元素（锰除外）在加热时能细化奥氏体晶粒，尤其是钒、铌、钛等强碳化物的形成元素，能使钢在较高的温度下仍保持细小的晶粒。

5. 提高淬透性

除钴以外的大多数合金元素溶入奥氏体后，能使钢的 C 曲线右移，v_K 减小，从而提高钢的淬透性。因此，合金钢工件在淬火时，常常采用冷却能力较小的淬火介质，可减小淬火内应力和变形、开裂倾向。特别是对于用合金钢制造的大尺寸工件很有利，可在整个截面上获得均匀的组织，使综合力学性能得到提高。

6. 提高耐回火性

淬火钢在回火时抵抗软化的能力称为耐回火性。在相同的温度下回火，硬度下降较低的钢，耐回火性就好。合金元素可阻碍马氏体的分解，阻碍碳化物的聚集长大，提高钢的耐回火性。

由于合金钢的耐回火性比碳钢高，当碳的质量分数相同的碳钢与合金钢经同一温度回火后，合金钢能得到较高的硬度和强度。在保证二者回火后硬度相同的条件下，合金钢的回火温度高，内应力消除比较彻底，塑性和韧性比碳钢好。

1.5.2 合金钢的分类和牌号表示方法

1. 合金钢的分类

（1）按用途分类。

1）合金结构钢。主要用于制造重要的机械零件和工程结构件。

2）合金工具钢。主要用于重要的刀具、量具和模具等。

3）特殊钢。用于有特殊性能要求的零件。

（2）按合金元素总的质量分数分类。

1）低合金钢。合金元素总的质量分数小于 5%。

2）中合金钢。合金元素总的质量分数为 5% ~ 10%。

3）高合金钢。合金元素总的质量分数大于 10%。

2. 合金钢的牌号表示方法

我国合金钢牌号用数字加化学元素符号加数字的方式表示。合金元素用化学元素符号表示。元素符号后面的数字表示该元素平均质量的百分数，当该元素的平均质量分数小于 1.5% 时，一般不标数字。元素符号前面的数字表示钢中碳的平均质量分数。合金结构钢用两位数字表示碳的平均质量的万分数。对于合金工具钢，当碳的平均质量分数小于 1% 时，用一位数字表示碳的平均质量的千分数；当碳的平均质量分数大于或等于 1% 时，则不标数字。特殊钢碳的平均质量分数的表示方法与合金工具钢基本相同。

1.5.3 合金结构钢

1. 低合金结构钢

低合金结构钢用来制造较重要的工程结构。这类钢碳的质量分数不大于 0.20%，目的是保证其良好的塑性、韧性和焊接性能。合金元素以锰为主，起强化铁素体的作用；少量的钒、铌、钛则起细化晶粒和弥散强化作用。与碳素结构钢相比，低合金结构钢的主要特点是强度高，可显著减轻构件重量，节约钢材。这类钢通常在热轧或正火状态下使用。16Mn 钢是最常用的低合金结构钢，广泛应用于桥梁、船舶、车辆、压力容器、建筑结构等。

2. 合金渗碳钢

合金渗碳钢用来制造截面尺寸大且受较强烈的冲击力和在磨损的条件下工作的渗碳零件，其碳的质量分数一般在 0.1% ~ 0.25% 之间，以保证零件心部的韧性。它用合金元素铬、锰、硼、镍等来提高钢的淬透性，以减小热处理变形；并使心部得到低碳马氏体，以提高心部强度。有些钢中还加钒、钛等元素，以细化晶粒，改善热处理工艺。20Cr、20CrMnTi 钢是常用的合金渗碳钢。20Cr 钢淬透性不高，用于要求心部强度较高的小截面渗碳零件，如小齿轮、活塞销等。20CrMnTi 钢淬透性较 20Cr 钢高，可用于尺寸较大的高强度渗碳零件，如汽车、拖拉机上的变速齿轮等。

另外，18Cr2Ni4WA 中含有较多的铬、镍等元素，其淬透性高，甚至空冷也能淬成马氏体，渗碳层和心部的性能都非常优异。主要用来制造承受重载荷及强烈磨损的重要的大型零件，如飞机、坦克中的重要齿轮。

合金渗碳钢的热处理过程是在渗碳后淬火再进行低温回火，使渗碳件表面获得高碳的回火马氏体，以保证高硬度（HRC58 ~ 65）和耐磨性。而心部是低碳回火马氏体，具有足够的强度和韧性。

3. 合金调质钢

合金调质钢常用于制造要求综合力学性能良好的各种零件。尺寸小的调质零件常用中碳钢制造，尺寸大、综合性能要求高的调质零件如机床主轴、汽车底盘的半轴、柴油机连杆螺栓等则应采用合金调质钢制造。

合金调质钢中碳的质量分数一般在 0.25% ~ 0.5% 之间，以保证其具有足够的强度和韧性。主加合金元素为铬、镍、硅、锰、硼，以提高淬透性和耐回火性，并起固溶强化作用。

40Cr、40MnVB 钢是常用的合金调质钢，其淬透性与力学性能比 45 钢高，淬火变形和开裂倾向小，用来制造较重要的轴、齿轮、螺栓、蜗杆等。其常用热处理方法是淬火后高温回火，如果除要求材料具有良好综合力学性能外，还要求表面有良好的耐磨性，则调质处理后再进行表面淬火和低温回火。

38CrMoAl 钢是典型的渗氮用钢，用于制造对高硬度、高耐磨性和变形量要求极高的精密零件，如精密镗床主轴、精密齿轮等。

4. 合金弹簧钢

合金弹簧钢常用来制造尺寸较大、性能要求较高的弹性零件。它的碳的质量分数一般为 0.5% ~ 0.7%，以保证高的强度和弹性极限；常加的合金元素硅、锰溶入铁素体中，使铁素体得到强化，使屈强比（σ_s/σ_b）接近 1，并提高钢的淬透性、强度。此外，合金弹簧钢还具有高的疲劳强度和足够的塑性、韧性。

直径大于 10 ~ 15mm 的大截面弹簧一般采用热成型，热成型后需淬火、中温回火，以获得回火托氏体组织。为了提高弹簧的表面质量，并在表面产生残余压应力，以提高其疲劳强度，弹簧在热处理后应进行喷丸处理。

对于直径小于 8 ~ 10mm 的弹簧，常用已有高弹性的冷拉钢丝冷卷成型，这种钢丝在冷卷成弹簧后只需在 200 ~ 250℃ 的油槽中进行一次去应力回火，就可以获得成品弹簧。

60Si2Mn 钢是常用的合金弹簧钢，广泛用于制造机车、汽车、拖拉机上的减振板簧、螺旋弹簧、测力弹簧等。

50CrVA 是应用最广泛的铬、钒元素合金化的弹簧钢，常用来制造承受重载荷的较大型弹簧，如用于大轿车、载重汽车的板簧。

5. 滚动轴承钢

滚动轴承钢主要用于制造滚动轴承的内外圈和滚动体，还用于制造低速切削刀具、高精度量具、冷冲模具和其他耐磨零件。

滚动轴承钢碳的质量分数为 0.95% ~ 1.15%，以保证高的硬度和耐磨性。其主加元素是铬，质量分数在 0.4% ~ 1.65% 之间，作用是提高钢的淬透性，并形成细小而均匀分布的碳化物，提高钢的耐磨性和抗疲劳性，同时，这些碳化物还能阻碍奥氏体晶粒长大，减少钢的过热敏感性，使钢淬火后获得细针状马氏体组织，从而增加了韧性。

滚动轴承钢常用的热处理方式是球化退火，获得粒状珠光体组织，再经淬火和低温回火，获得极细回火马氏体和分布均匀的细小碳化物以及少量的残余奥氏体的组织，硬度可达 61 ~ 65HRC。

GCr15 钢是最常用的滚动轴承钢。牌号中的字母 G 代表滚动轴承钢，铬后面的数字代表铬的平均质量的分数（千分数）。

1.5.4 合金工具钢

合金工具钢比碳素工具钢具有更高的硬度、耐磨性，特别是具有更好的淬透性、热硬性和回火稳定性等，因而可以制造截面大、形状复杂、性能要求高的工具。

1. 合金刃具钢

刃具如车刀、铣刀、钻头、丝锥、板牙等，在工作中应具备高的硬度和耐磨性，以及一定的强度和韧性。用于高速切削的刃具，还应具有高的热硬性。热硬性是指工具钢在高温下保持高硬度的能力。常用的刃具钢有碳素工具钢、低合金工具钢和高速工具钢。碳素工具钢由于淬透性低，热硬性差（约200℃），只能用于制造淬火变形要求不严的低速切削刀具。

（1）低合金工具钢。低合金工具钢中碳的质量分数在 0.75% ~ 1.50% 之间，以保证钢的高硬度并形成足够的合金碳化物。这类钢中合金元素总量在 5% 以下，常加入铬、硅、锰来提高淬透性和强度，加入钨、钒以提高硬度、耐磨性和热硬性（大约为250℃）。

低合金工具钢常用来制造形状复杂、要求变形小的低速切削刀具，常用的热处理方式为锻后球化退火，并经淬火、低温回火后使用。

常用的低合金工具钢有 9SiCr 钢和 CrWMn 钢。

9SiCr 钢的淬透性较好，截面尺寸小于 50mm 的工具在油中冷却即可淬透。其碳化物细小且分布均匀，主要用于制造刀刃细薄的低速切削刀具，如丝锥、板牙、铰刀等。

CrWMn 钢的优点是淬火变形小、耐磨性好，适宜制造要求淬火变形小、长而形状复杂的低速切削刀具，如拉刀、长铰刀、长丝锥等。

（2）高速钢。常用高速钢碳的质量分数为 0.7% ~ 0.9%，并含有大量的铬、钼、钨、钒等元素。铬的作用是提高淬透性，钼、钨、钒则提高热硬性并细化晶粒。

高速钢的主要优点是热硬性高，在 600℃ 时仍能保持高的硬度和耐磨性。另外，高速钢还具有很高的淬透性，空冷即能淬硬。高速钢常用来制造形状复杂的、切削速度较高的刀具，如钻头、铣刀、机用锯条等。此外，高速钢也可制造某些重载冷作模具及耐磨零件。高速钢的热处理为锻后进行球化退火，然后再淬火、回火。

常用的高速钢有 W18Cr4V 和 W6Mo5Cr4V2。W18Cr4V 钢是我国发展最早的一个钢种，其热处理性能和磨削性能较好。W6Mo5Cr4V2 钢的主要优点是韧性和热塑性比较好，适于制作采用热轧、扭制等成形工艺生产的刀具，以及受冲击、振动较大的刀具。

2. 合金模具钢

根据工作条件，模具钢可分为冷作模具钢和热作模具钢两类。

（1）冷作模具钢。冷作模具是在冷态下使金属材料产生塑性变形的模具，如落料模、弯曲模、冷镦模等，这类模具要求有高的硬度和耐磨性，较高的强度和一定的韧性。常用的冷作模具钢有碳素工具钢、低合金工具钢和高碳高铬工具钢。碳素工具钢常用于制造形状简单的轻载冷作模具。低合金工具钢常用于制造形状复杂、工作负荷不大的冷作模具。高碳高铬工具钢碳和铬的质量分数很高，具有很高的淬透性和耐磨性，常用于制造尺寸大、要求耐磨性好和淬火变形小的重载冷作模具。

高碳高铬工具钢常用牌号有 Cr12 和 Cr12MoV。Cr12 钢碳的质量分数高达 2.0% ~ 2.3%，耐磨性很好。Cr12MoV 钢碳的质量分数为 1.4% ~ 1.7%，碳化物分布较均匀，加之钼、钒能细化晶粒，它的强度和韧性比 Cr12 钢高。高碳高铬工具钢的常用热处理方式为球化退火、淬火和低温回火。

（2）热作模具钢。热作模具是使金属在高温下成形的模具，如热锻模、热挤模、压铸模等。这类模具是在反复受热和冷却的状态下工作的，应具备良好的高温力学性能，即在高温下能保持高的强度、韧性和足够的耐磨性。热作模具还应具有良好的抗热疲劳性。热疲劳是指模具型腔表面在交变温度作用下产生网状裂纹的现象。

热作模具钢碳的质量分数在 0.3% ~ 0.6% 之间，以保证其强度、硬度和韧性。合金元素铬、镍、锰主要起提高淬透性的作用，钼、钨、钒可提高回火稳定性和耐磨性。

生产上，常用 5CrMnMo 钢制造中、小型热锻模。5CrNiMo 钢由于淬透性和韧性更高，常用于制造大型热锻模。3Cr2W8V 钢因具有良好的高温力学性能、抗疲劳性和导热性，常用于制造热挤模和压铸模。热作模具钢锻后应退火，经淬火和高温或中温回火后使用。

3. 合金量具钢

量具的工作部分应具有高的硬度和耐磨性，以及高的尺寸稳定性。尺寸小、精度不高、形状简单的量具常用碳素工具钢制造。精度高、形状复杂、要求淬火变形小的量具，常用低合金工具钢和滚动轴承钢制造。

对于高精度量具，为了提高其尺寸稳定性，可在淬火后进行冷处理，尽量消除钢中的残余奥氏体；以及在磨削加工过程中进行稳定化处理，即在 150℃ 左右进行长时间保温，然后冷却，以消除磨削内应力并稳定组织。

1.5.5 特殊钢

特殊钢是具有特殊的物理、化学和力学性能的钢，如不锈钢、耐磨钢等。

1. 不锈钢

在腐蚀介质中具有较高抗腐蚀能力的钢，称为不锈钢。常用的不锈钢有铬不锈钢和铬镍不锈钢。

（1）铬不锈钢。常用的铬不锈钢有 1Cr13、2Cr13、3Cr13、7Cr17。铬在钢中的作用是提高耐腐蚀性，碳的作用是提高强度、硬度，但会降低耐蚀性。Cr13 钢在空气、淡水、蒸汽以及某些有机酸等弱腐蚀介质中有良好的耐蚀性，在淬火、回火并磨光后性能最好。

1Cr13、2Cr13 钢因塑性、韧性较好，常用于制造在弱腐蚀介质中要求较高韧性的零件，如汽轮机叶片、仪表齿轮、家用物品等，常经淬火、高温回火后使用。3Cr13 钢因硬度较高（可达 50HRC），适于制造要求耐腐蚀的医疗器械、弹簧、喷嘴、阀门等，常经淬火及低温或中温回火后使用。7Cr17 钢因碳的质量分数高，淬火后硬度可大于 54HRC，常用于制作要求耐腐蚀的刃具、量具、滚动轴承等。

（2）铬镍不锈钢。常见的铬镍不锈钢有 1Cr18Ni9、1Cr18Ni9Ti。由于加入镍，钢经固溶处理（固溶处理：指将合金加热到固溶体的高温单相区恒温保持一段时间，使过剩相（或溶质）充分溶解到固溶体中后快速冷却，以得到过饱和固溶体的热处理工艺。固溶处理的目的：主要是改善钢和合金的塑性和韧性，强化固溶体并提高抗蚀性能，消除应力与软化，以便继续加工成形。而淬火是将材料加热到某一相变温度以上的某一温度，保持一定的时间，然后以适当的冷却速度冷却，因此固溶处理和淬火含义是不一样的。）后具有单相奥氏体组织，因而耐蚀性更好。这类钢还具有良好的塑性、韧性和焊接性能。

铬镍不锈钢在退火状态下的组织由奥氏体和少量碳化物组成，耐蚀性不好。为此，需进行固溶处理。把钢加热到高温，使碳化物溶入奥氏体，然后水冷，即获得单相奥氏体，可使其耐蚀性提高，但强度、硬度有所降低。

铬镍不锈钢常用来制造要求良好耐蚀性的各种结构零件、容器、管道等。

2. 耐磨钢

耐磨钢用来制造在强烈冲击和严重磨损条件下工作的零件，如拖拉机履带、铁路道叉、挖掘机的铲齿等。典型的耐磨钢是 ZGMn13，其 $w_C = 0.9\% \sim 1.5\%$，$w_{Mn} = 11\% \sim 14\%$。这种钢经水韧处理（淬火）后为单相奥氏体，硬度不高，塑性、韧性良好；当受到剧烈冲击和摩擦时，表面层因产生塑性变形而迅速强化，得到高的硬度（大于 50HRC）和耐磨性，而心部仍保持奥氏体状态，能承受冲击；当旧的表面磨损后，露出的新表面又可继续得到强化。但这种钢只有在受到大的压力、强烈的冲击和摩擦条件下才耐磨，否则并不耐磨。

高锰钢由于表面层极易得到强化，难以进行压力加工和切削加工，通常采用铸造方式成形。

1.6 铸铁

铸铁是 $w_C > 2.11\%$ 并含有较多硅、锰、磷、硫等元素的铁碳合金。

根据碳在铸铁中的存在形式，铸铁可分为白口铸铁、灰铸铁、球墨铸铁、可锻铸铁等几种。在白口铸铁中，碳全部以渗碳体形式存在，其断口呈银白色。白口铸铁由于硬度高，难以切削加工，故很少直接应用。在常用的几种铸铁中，碳大部或全部以石墨形式分布在金属基体上。

1.6.1 铸铁的石墨化

铸铁中的碳原子析出并形成石墨的过程称为铸铁的石墨化。铸铁中的石墨可由液体或奥氏体中析出，也可由渗碳体分解得到。石墨化过程主要受铸铁化学成分和铸件冷却速度的影响。

1. 化学成分的影响

碳和硅是强烈促进石墨化的元素，合金中碳和硅的质量分数越高，石墨化越易进行。磷对石墨化稍有促进作用。硫是强烈阻碍石墨化的元素，还会降低铁水的流动性，应限制其质量分数。锰虽阻碍石墨化，但能减轻硫的有害作用，可在铸铁中保持一定的质量分数。

2. 冷却速度的影响

铸件的冷却速度对其石墨化的影响也很大。冷却速度越慢，原子扩散时间越充分，越有利于石墨化的进行。铸件的冷却速度与浇注速度、铸件壁厚和铸型材料的导热性等因素有关。

碳和硅的质量分数与铸件壁厚对铸铁组织的影响如图 1-27 所示。由图可见，对于一定壁厚的铸件，可通过调整碳和硅的质量分数来调整铸铁的石墨化程度。

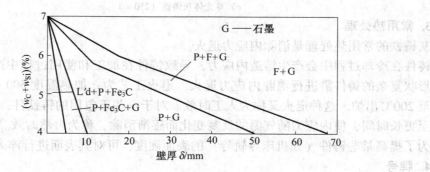

图 1-27　碳、硅含量和壁厚对铸铁组织的影响

1.6.2　灰铸铁

碳大部或全部以片状石墨形式出现的铸铁，因断口呈灰色，称为灰铸铁。

1. 组织特点

灰铸铁的组织由金属基体和片状石墨组成，如图 1-28 所示。由于石墨的强度（$\sigma_b \approx$ 20MPa）、硬度（3～5HBS）很低，塑性、韧性几乎为零，因此灰铸铁的组织相当于在钢的基体上分布着许多细小的裂纹。

2. 性能特点

由于片状石墨割裂了金属基体，并容易引起应力集中，故灰铸铁的抗拉强度低，塑性、韧性很差。但石墨对铸铁的抗压强度和硬度影响不大，所以灰铸铁的抗压强度和硬度与相同基体的钢差不多。石墨的存在，也使灰铸铁获得良好的耐磨性、抗震性、切削加工性和铸造性能。

由于灰铸铁具有上述的优良性能并且价格低廉，所以在生产上得到了广泛应用。常用于制造形状复杂而力学性能要求不高的零件承受压力、要求消震的零件以及某些耐磨零件。

图 1-28　灰铸铁的显微组织
a）铁素体灰铸铁（200×）　b）铁素体－珠光体灰铸铁（250×）
c）珠光体灰铸铁（250×）

3. 常用热处理

灰铸铁的常用热处理是消除内应力退火。

铸件在冷却过程中会产生铸造内应力，导致铸件在加工和使用过程中产生变形。因此，有些形状复杂的铸件需进行消除内应力退火。退火工艺为：加热温度 500～550℃，保温后缓冷至 200℃ 出炉。这种退火又称为人工时效。对于一些不急用的铸铁件，可在露天放置数月乃至更长时间，使内应力随气温的反复变化而逐渐消除，称为自然时效。

为了提高某些铸件（如机床导轨等）的表面硬度，可对其表面进行淬火处理。

4. 牌号

灰铸铁的牌号用字母 HT 加表示最低抗拉强度值的数字表示。灰铸铁的牌号、性能及主要用途见表 1-6。

表 1-6　灰铸铁的牌号、性能及主要用途

灰铸铁牌号	抗拉强度≥σ_b/MPa	相当于旧牌号（GB976—67）	主要用途
HT100	100	HT10—26	受力很小，不重要的铸件，如盖、手轮、重锤等
HT150	150	HT15—33	一般受力不大的铸件，如底座、罩壳、刀架座、普通机器座子等
HT200	200	HT20—40	机械制造中较重要的铸件，如机床床身、齿轮、划线平板、冷冲模上托、底座等
HT250	250	HT25—47	
HT300	300	HT30—54	要求高强度、高耐磨性、高度气密性的重要铸件，如重型机床床身、机架、高压油缸、泵体等
HT350	350	HT35—61	

注：1. 本表灰铸铁牌号和抗拉强度值摘自 GB9439—88。

　　2. 抗拉强度用 ϕ30 的单铸试棒加工成试样进行测定。

　　3. 灰铸铁的硬度技术条件请查阅 GB9439—88 附录 A。

对于强度要求较高的灰铸铁件，生产上除降低碳、硅的质量分数以获得珠光体基体外，还需在铁水中加少许孕育剂，进行孕育处理，而得到细晶粒珠光体和细石墨片组织的铸铁。

1.6.3 球墨铸铁

经球化处理而使石墨大部分或全部呈球状的铸铁，称为球墨铸铁。

1. 组织特点

球墨铸铁的组织由金属基体和球状石墨组成。球墨铸铁常见的金属基体有铁素体、铁素体加珠光体、珠光体三种，如图1-29所示。

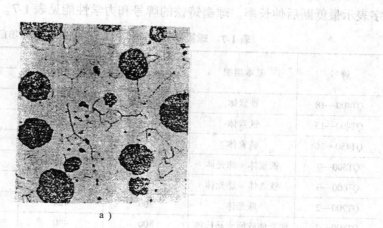

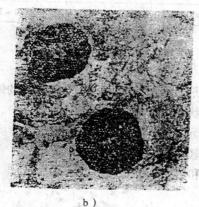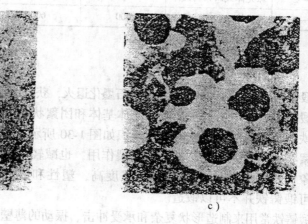

图 1-29　球墨铸铁的显微组织
a) 铁素体基体（250×）　b) 珠光体基体（200×）
c) 铁素体 + 珠光体基体（250×）

2. 性能特点

由于球状石墨对基体的割裂作用较小，基体性能可得到较好的发挥，并且球状石墨不易引起应力集中，使得球墨铸铁有较高的抗拉强度和抗疲劳极限，塑性、韧性也比灰铸铁高得多。此外，球墨铸铁的铸造性能、耐磨性、消震性、切削加工性都比钢好。

球墨铸铁常用于制造载荷大且受磨损和冲击作用的重要零件，如汽车、拖拉机的曲轴、连杆和机床的蜗杆、蜗轮等。

3. 常用热处理

由于基体组织对球墨铸铁的性能有较大的影响，所以球墨铸铁常通过各种热处理方式来改变基体组织，提高力学性能；也可通过热处理来改善切削加工性，消除内应力。球墨铸铁常用的热处理有退火、正火、调质、等温淬火四种方法。

4. 牌号

球墨铸铁的牌号用字母 QT 和两组数字组成，第一组数字表示最低抗拉强度，第二组数字表示最低断后伸长率。球墨铸铁的牌号和力学性能见表 1-7。

表 1-7　球墨铸铁的牌号和力学性能（摘自 GB1348—88）

牌号	基本组织	σ_b/MPa	$\sigma_{0.2}$/MPa	δ（%）	HBS
		≥	≥	≥	
QT400—18	铁素体	400	250	18	130～180
QT400—15	铁素体	400	250	15	130～180
QT450—10	铁素体	450	310	10	160～210
QT500—7	铁素体＋珠光体	500	320	7	170～230
QT600—3	铁素体＋珠光体	600	370	3	190～270
QT700—2	珠光体	700	420	2	225～305
QT800—2	珠光体或回火马氏体	800	480	2	245～335
QT900—2	贝氏体或回火马氏体	900	600	2	280～360

1.6.4　可锻铸铁简介

可锻铸铁通常是指将白口铸铁通过石墨化退火，获得团絮状石墨而具有较高韧性的铸铁。

可锻铸铁的组织由铁素体或珠光体基体和团絮状石墨组成。铁素体基体可锻铸铁的显微组织如图 1-30 所示。

团絮状石墨大大减轻对基体的割裂作用，也减轻应力集中现象，所以可锻铸铁比灰铸铁强度高，塑性和韧性好。但可锻铸铁并不可以锻造。

可锻铸铁常用来制造形状复杂和承受冲击、振动的薄壁小铸件。铁素体可锻铸铁因塑性和韧性较好而应用较广。

铁素体可锻铸铁又称黑心可锻铸铁，其牌号用字母 KTH 和两组数字表示；珠光体可锻铸铁的牌号用字母 KTZ 和两组数字表示，第一组数字表示最低抗拉强度，第二组数字表示最低断后伸长率。例如，KTH300－06 代表 σ_b≥300MPa、δ≥6% 的黑心可锻铸铁。

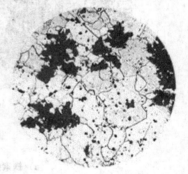

图 1-30　铁素体可锻铸铁
显微组织（100×）

1.7　有色金属

钢铁材料通常称为黑色金属。黑色金属以外的各种纯金属及合金，称为有色金属。有色金属具有许多特殊的物理、化学和力学性能，因而成为现代工业不可缺少的材料。这里仅介绍机械制造中广泛使用的铝及铝合金、铜及铜合金。

1.7.1 铝及铝合金

1. 纯铝

纯铝的熔点为 657℃，密度为 $2.72g/cm^3$，面心立方晶格，无同素异构转变。纯铝有良好的导电和导热性，在大气中有良好的耐蚀性。纯铝强度低（$\sigma_b = 80 \sim 100MPa$）、塑性好（$\psi \approx 80\%$），能通过各种压力加工，制成丝、箔、棒、管、板等型材。

工业纯铝的代号为 L1、L2、…、L6，数字表示编号，编号越大，纯度越低。工业纯铝主要用于制造电导体、散热器和日用器皿等。

2. 铝合金的分类

铝合金根据成分和生产工艺特点可分为形变铝合金和铸造铝合金。形变铝合金加热时能形成单相固溶体组织，塑性好，宜于压力加工。铸造铝合金熔点低，流动性好，适于铸造成形。

（1）常用形变铝合金。

1）防锈铝合金。防锈铝合金主要指 Al-Mg（Mn）合金，具有很好的耐蚀性，但不能进行热处理强化，而通常用加工硬化的方式来提高强度。其代号用字母 LF 加顺序号表示。

2）硬铝合金。硬铝合金主要指 Al-Cu-Mg 合金，经固溶处理加自然时效，能获得较高的强度。硬铝的耐蚀性差。其代号用字母 LY 加顺序号表示。

3）超硬铝合金。超硬铝合金是在硬铝的基础上加入锌后形成的 Al-Cu-Mg-Zn 合金。经固溶处理加人工时效，其强度超过硬铝，是目前强度最高的铝合金。超硬铝的耐蚀性也差。其代号用字母 LC 加顺序号表示。

4）锻铝合金。锻铝大多是 Al-Cu-Mg-Si 合金，经固溶处理加人工时效，强度与硬铝相当。锻铝有良好的锻造性能，常用于形状复杂的锻件。其代号用字母 LD 加顺序号表示。

常用形变铝合金的代号、化学成分、性能及用途如表 1-8 所列。

（2）铸造铝合金。铸造铝合金可分为 Al-Si 系、Al-Cu 系、Al-Mg 系、Al-Zn 系四种。铸造铝合金的牌号用字母 Z 加铝的元素符号加主要合金元素的化学符号加数字表示。合金元素符号后的数字表示该元素的质量分数。例如，ZAlSi9Mg 表示硅的平均质量分数为 9%，镁的平均质量分数小于 1% 的铸造铝合金。

1）铝硅铸造合金。铝硅铸造合金有良好的铸造性能，且密度小，常用于制造要求重量轻的形状复杂零件。

ZAlSi12 是典型的铝硅合金，称为简单硅铝明。它不但铸造性能良好，而且有良好的耐蚀性。由于不能热处理强化，故强度不高，生产上用变质处理来提高强度。

在简单硅铝明的基础上，加入铜、镁、锌等元素，则形成特殊硅铝明。它们可以热处理强化，其强度比简单硅铝明有显著提高。

2）其他铸造铝合金。铝铜合金有较高的耐热性。其常用牌号为 ZAlCu5Mn，适于制造内燃机气缸头、活塞等在较高温度下工作的零件。

铝镁合金有良好的耐蚀性。其常用牌号为 ZAlMg10，适于制造船舰配件等在大气或海水中工作的零件。

表 1-8　几种形变铝合金的代号、化学成分、性能及用途

类别	代号	化学成分(质量分数)(%)						热处理状态	力学性能			用途
		Cu	Mg	Mn	Zn	其他	Al		σ_b/MPa	δ(%)	HBS	
防锈铝合金	5A05(原LF5)		4.0~5.5	0.3~0.6			余量	退火	280	20	70	焊接油箱、焊条、油管、铆钉及中载零件
	3A21(原LF21)			1.0~0.6			余量	退火	130	20	30	焊接油箱、油管、铆钉及轻载零件
硬铝合金	2A01(原LY1)	2.2~3.0	0.2~0.5				余量	固溶处理+自然时效	300	24	70	工作温度不超过100℃,常用做铆钉
	2A11(原LY11)	3.8~4.8	0.4~0.8	0.4~0.8			余量	固溶处理+自然时效	420	18	100	中等强度结构件,如骨架、螺旋桨、铆钉、叶片等
	2A12(原LY12)	3.8~4.9	1.2~1.8	0.3~0.9			余量	固溶处理+自然时效	470	17	105	高强度结构件、航空模锻件及150℃以下工作的零件
超硬铝合金	7A04(原LC4)	1.4~2.0	1.8~2.8	0.2~0.6	5.0~7.0	Cr 0.1~0.25	余量	固溶处理+人工时效	600	12	150	主要受力构件,如飞机大梁、桁架等
	7A06(原LC6)	2.2~2.8	2.5~3.2	0.2~0.5	7.6~8.6	Cr 0.1~0.25	余量	固溶处理+人工时效	680	7	190	主要受力构件,如飞机大梁、起落、桁架架等
锻铝合金	2A50(原LD5)	1.8~2.0	0.4~0.8	0.4~0.8		Si 0.7~1.2	余量	固溶处理+人工时效	420	13	105	形状复杂、中等强度的锻件
	2A70(原LD7)	1.9~2.5	1.4~1.8			Ti 0.02~0.1 Ni 1.0~1.5 Fe 1.0~1.5	余量	固溶处理+人工时效	415	13	120	高温下工作的复杂锻件及结构件
	2A14(原LD10)	3.9~4.0	0.4~0.8	0.4~1.0		Si 0.5~1.2	余量	固溶处理+人工时效	480	19	135	承受重载荷的锻件

铅锌合金铸造性能好,强度高。其常用牌号为 ZAlZn11Si7,适于制造汽车、飞机上形状复杂的零件。

1.7.2　铜及铜合金

1. 纯铜

纯铜熔点为 1 083℃,密度为 8.96g/cm³,面心立方晶格,无同素异构转变。纯铜有良好

的导电、导热性能，在大气和淡水中有良好的耐蚀性。纯铜强度低（$\sigma_b = 200 \sim 240\text{MPa}$），塑性好（$\delta = 50\%$、$\psi = 70\%$），易于进行冷热压力加工。

纯铜主要用做导线、铜管、防磁器材等。工业纯铜的代号为 T1、T2、T3、T4，数字代表序号，序号越大，纯度越低。

2. 黄铜

黄铜是以锌作为主要合金元素的铜合金。按化学成分，黄铜可分为普通黄铜和特殊黄铜两类。

（1）普通黄铜。铜锌二元合金称为普通黄铜。普通黄铜的组织、性能受含锌量的影响，如图 1-31 所示。当 $w_{Zn} < 32\%$ 时，黄铜的组织为单相 α 固溶体，称为单相黄铜，合金的强度、塑性均随含锌量的增加而升高；当 $w_{Zn} > 32\%$ 时，组织中出现 β′ 相，称为双相黄铜，硬脆的 β′ 相使强度继续升高，塑性迅速下降；当 $w_{Zn} > 45\%$ 后，组织全由 β′ 相组成，强度、塑性急剧下降，脆性很大，已无实用价值。

单相黄铜塑性好，可进行冷、热加工。双相黄铜强度高，价格便宜，但塑性不高，宜进行热加工。适于形变加工的黄铜称为加工黄铜。

黄铜不但有较高的力学性能，而且有良好的导电性能和导热性能，以及良好的耐海水及大气腐蚀的能力。但当黄铜制品中存在残余应力时，黄铜耐蚀性会下降，如果处在潮湿大气、海水、含氨的介质中，则会开裂。因此，冷加工后的黄铜制品要进行去应力退火。

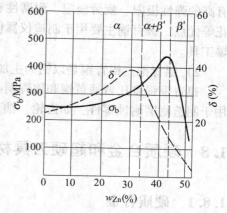

加工黄铜的代号用字母 H 加数字表示，数字表示铜的平均质量分数。例如 H70，表示平均 $w_{Cu} = 70\%$ 的加工普通黄铜。常用加工普通黄铜的代号、化学成分、力学性能和用途见有关参考资料。

图 1-31　含锌量对黄铜力学性能的影响

黄铜也能铸造成形，ZCuZn38 是典型的铸造黄铜。

（2）特殊黄铜。为了改善黄铜的某些性能，在普通黄铜的基础上加入其他合金元素，形成特殊黄铜。如加入铅，能改善切削加工性；加入锰、硅、铝，能提高强度和耐蚀性。

加工特殊黄铜的代号用字母 H 加主加元素符号加数字表示，数字依次为铜和主加元素的平均质量百分数。如 HPb59 – 1 则表示铜的平均质量分数为 59%、铅的平均质量分数为 1% 的铅黄铜。

3. 青铜

青铜是指黄铜、白铜以外的铜合金。铜锡合金称为锡青铜，其他青铜称为特殊青铜。

压力加工青铜的代号用字母 Q 加主加元素符号加数字表示。数字依次表示主加元素和其他合金元素平均含量的质量百分数。例如 QSn4 – 3 表示 $w_{Sn} = 4\%$、$w_{Zn} = 3\%$ 的压力加工锡青铜。

（1）锡青铜。锡青铜是以锡为主加元素的铜合金。常用锡青铜锡的质量分数一般为 3%

~14%。锡的质量分数小于8%的锡青铜，塑性好，适于压力加工，称为压力加工锡青铜。锡的质量分数大于10%的锡青铜，塑性差，适于铸造，称为铸造锡青铜。

锡青铜在淡水、海水中的耐蚀性高于纯铜和黄铜，但在氨水和酸中的耐蚀性较差。此外，锡青铜还有良好的耐磨性。因此，锡青铜常用于耐磨、耐蚀零件。

压力加工锡青铜经过加工硬化后有高的强度和弹性，适于制造导电弹簧及其他弹性元件。

铸造锡青铜流动性小，易形成缩松，但收缩小，适合铸造形状复杂而对气密性要求不高的零件。

(2) 特殊青铜。

1) 铍青铜。铍青铜是以铍为主加元素的铜合金。铍的质量分数通常为1.6%~2.5%，常用代号为QBe2。

铍青铜能热处理强化，经过固溶处理和人工时效，能获得很高的强度。此外，铍青铜还有高的弹性极限、疲劳极限、耐磨性和良好的导电性能、导热性能、耐蚀性以及受冲击无火花等优点。铍青铜主要用于制造仪器仪表中重要的导电弹簧、精密弹性元件、耐磨零件和防爆工具。

2) 铝青铜。铝青铜是以铝为主加元素的铜合金。铝的质量分数一般为5%~11%。

铝青铜强度比普通黄铜和锡青铜高，有良好的耐磨性和耐蚀性，且价格便宜。铝青铜常用于制造耐磨耐蚀零件，如齿轮、轴套、蜗轮等。常用代号有QAl9-4、ZCuAl10Fe3等。

1.8 硬质合金和超硬刀具材料

1.8.1 硬质合金

硬质合金是用一种或几种难熔的金属碳化物（如WC、TiC、TaC、NbC等）与金属粘结剂（Co、Ni、Mo等）在高压下成形并在高温下烧结而成的粉末冶金材料。

1. 性能特点

硬质合金具有很高的硬度、耐磨性和热硬性。硬度可达86~93HRA（相当于68HRC以上），热硬性可达800~1000℃。用硬质合金制成的刀具，切削速度比高速钢高4~7倍，刀具寿命可提高几倍到几十倍。硬质合金的缺点是抗弯强度低，韧性、抗振动和抗冲击性能差。

2. 硬质合金的分类、牌号及应用

常用的硬质合金可分为以下三类：

(1) 长切削加工用硬质合金。是以TiC、WC为基，以Co（Ni+Mo，Ni+Co）作为粘结剂的合金。其国家标准类别号用字母P加两位数字表示，如P10、P20等。这类硬质合金刀具适用于加工钢、铸钢及可锻铸铁等材料。

(2) 长切削或短切削加工用硬质合金。是以WC为基，以Co作为粘结剂添加少量的TiC（TaC，NbC）的合金。其国家标准类别号用字母M加两位数字表示，如M10、M20等。这类硬质合金刀具适用于加工钢、铸钢、锰钢、灰口铸铁、有色金属及合金等。

(3) 短切削加工用硬质合金。是以WC为基，以Co作为粘结剂，或添加少量的TaC，

NbC 的合金。其国家标准类别号用字母 K 加两位数字表示，如 K01、K30 等。适用于加工铸铁、淬火钢、有色金属、塑料、玻璃、陶瓷等。

3. 切削加工用硬质合金牌号的表示及其作业条件

国家标准 GB/T 18376.1—2001 制定的切削工具用硬质合金牌号见表 1-9，其作业推荐条件见表 1-10。另外，该标准规定的分类分组代号，不允许供方直接用来作为硬质合金牌号命名。供方应给出供方特征号（不多于两个英文字母或阿拉伯数字）、供方分类代号，并在其后缀以两位数 10、20、30 等组别号，而构成供方的硬质合金牌号，根据需要可在两个组别号之间插入一个中间代号，以中间数字 15、25、35 等表示，若需再细分时，则在分组代号后加一位阿拉伯数字 1、2 等或英文字母作细分号，并用小数点"."隔开，以区别组中不同牌号。如：

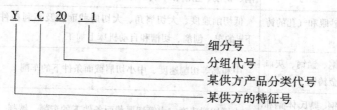

表 1-9 常用硬质合金的牌号、成分及性能

分类分组代号		化学成分（$w\%$）			物理、力学性能	
		WC	TiC（TaC、NbC 等）	Co（Ni-Mo 等）	洛氏硬度(HRA)	抗弯强度/MPa
					不小于	
P	01	61～81	15～35	4～6	92.0	70
	10	59～80	15～35	5～9	90.5	1200
	20	62～84	10～25	6～10	90.0	1300
	30	70～84	8～20	7～11	89.5	1450
	40	72～85	5～15	8～13	88.5	1650
M	10	75～87	4～14	5～7	91.5	1200
	20	77～85	6～10	5～7	90.5	1400
	30	79～85	4～12	6～10	89.5	1500
	40	80～92	1～3	8～15	89.0	1650
K	01	≥93	≤4	3～6	91.0	1200
	10	≥88	≤4	5～9	90.5	1350
	20	≥87	≤3	5～11	90.0	1450
	30	≥85	≤3	6～12	89.0	1650
	40	≥82	≤3	12～15	88.0	1900

注：摘自 GB/T18376.1—2001《硬质合金牌号第一部分：切削工具用硬质合金牌号》。

表 1-10　切削工具用硬质合金作业条件推荐表

分类分组代号	作业条件		性能提高方向	
	被加工材料	适应的加工条件	切削性能	合金性能
P01	钢、铸钢	高切削速度，小切屑截面，无震动条件下精车、精镗	切削速度 ↑　进给量 ↓	耐磨性 ↑　韧性 ↓
P10	钢、铸钢	高切削速度，中小切屑截面条件下的车削、仿形车削、车螺纹和铣削		
P20	钢、铸钢、长切屑可锻铸铁	中等切屑速度、中等切屑截面条件下的车削、仿形车削和铣削、小切削截面的刨削		
P30	钢、铸钢、长切屑可锻铸铁	中或低等切屑速度、中等或大切屑截面条件下的车削、铣削、刨削和不利条件下①的加工		
P40	钢、含砂眼和气孔的铸钢件	低切削速度、大切屑角、大切屑截面以及不利条件下①的车、刨削、切槽和自动机床上加工		
M10	钢、铸钢、锰钢、灰口铸铁和合金铸铁	中和高等切削速度、中小切屑截面条件下的车削	切削速度 ↑　进给量 ↓	耐磨性 ↑　韧性 ↓
M20	钢、铸钢、奥氏体钢和锰钢、灰口铸铁	中等切削速度、中等切屑截面条件下的车削、铣削		
M30	钢、铸钢、奥氏体钢、灰口铸铁、耐高温合金	中等切削速度、中等或大切屑截面条件下的车削、铣削、刨削		
M40	低碳易削钢、低强度钢、有色金属和轻合金	车削、切断，特别适于自动机床上加工		
K01	特硬灰口铸铁，淬火钢、冷硬铸铁、高硅铝合金、高耐磨塑料、硬纸板、陶瓷	车削、精车、铣削、镗削、刮削	切削速度 ↑　进给量 ↓	耐磨性 ↑　韧性 ↓
K10	布氏硬度高于 220 的铸铁、短切屑的可锻铸铁、硅铝合金、铜合金、塑料、玻璃、陶瓷、石料	车削、铣削、镗削、刮削、拉削		
K20	布氏硬度低于 220 的灰口铸铁、有色金属：铜、黄铜、铝	用于要求硬质合金有高韧性的车削、铣削、镗削、刮削、拉削		
K30	低硬度灰口铸铁、低强度钢、压缩木料	用于在不利条件下①可能采用大切削角的车削、铣削、刨削、切槽加工		
K40	有色金属、软木和硬木	用于在不利条件下①可能采用大切削角的车削、铣削、刨削、切槽加工		

① 不利条件系指原材料或铸造、锻造的零件表面硬度不匀，加工时的切削深度不匀，间断切削以及振动等情况。

1.8.2　超硬刀具材料

1. 金刚石

金刚石有极高的硬度，是自然界中最硬的材料，其显微硬度可达10000HV，因而有极高的耐磨性。金刚石刃具能长期保持刃口的锋利，切下很薄的切屑，这对于精密加工有重要的意义。金刚石的缺点是脆性极大，且在高温下与铁有很大的亲和力，不能用于切削含铁金属。

金刚石有天然和人造之分。天然金刚石价格昂贵，用得较少。人造金刚石是由石墨在高温、高压及金属触媒的作用下转化而成，主要用做磨料，也可制成以硬质合金为基体的复合刀具，用于有色合金的高速精细车削和镗削。此外，金刚石刀具还可用于陶瓷、硬质合金等高硬度材料的加工。

2. 立方氮化硼

立方氮化硼（CBN）是在高温高压下由六方晶体的氮化硼（又称白石墨）转化而成。其硬度（显微硬度为 8000~9000HV）和耐磨性仅次于金刚石，耐热性高达 1400~1500℃，且不与铁族金属发生反应。立方氮化硼可用做砂轮材料，或制成以硬质合金为基体的复合刀片，用来精加工淬硬钢、冷硬铸铁、高温合金、硬质合金及其他难加工材料。

1.9 非金属材料

近几十年来，非金属材料由于来源广泛，成形工艺简单，以及具有某些特殊性能，在机械工程上的应用范围日益扩大。常用的非金属材料包括有机高分子材料、陶瓷材料和复合材料等。

1.9.1 高分子材料

高分子材料是以高分子化合物为主要组成物的材料。高分子化合物通常是指相对分子质量大于 5000 的化合物，它是由一种或几种简单的低分子化合物重复连接而成。工程上应用的高分子物质主要是人工合成的物质，如聚苯乙烯、聚氯乙烯等，是由低分子乙烯或低分子氯乙烯组成。这些低分子化合物通过聚合反应可形成高分子化合物。高分子化合物的分子成链状结构。分子链按其几何形状，可分为线型和体型两种形态。这里仅介绍机械制造中常用的塑料和橡胶。

1. 塑料

（1）塑料的组成。塑料是高分子合成材料，以合成树脂为基础，加入添加剂制成。

1）合成树脂。是塑料的主要组成部分，决定塑料的基本特性。

2）添加剂。主要包括填料、增塑剂、固化剂和稳定剂等，以提高塑料的强度、可塑性和防止过早老化等。

（2）塑料的特性。

1）密度小。仅为钢铁的 1/8~1/4。

2）耐腐蚀。一般能耐酸、碱的腐蚀。如聚四氟乙烯能耐受"王水"的侵蚀。

3）绝缘性能良好。

4）良好的减摩性和耐磨性。大部分塑料摩擦系数低，有自润滑能力，特别适合制造在干摩擦条件下工作的零件。

塑料的缺点是强度和刚度低；耐热性差，大多数塑料只能在 100℃ 以下使用；易老化等。

（3）塑料的分类。

1）塑料按应用范围可分为通用塑料和工程塑料两类。通用塑料主要是指产量大、价格低、用途广的一类塑料。通用塑料的产量占塑料总产量的 3/4 以上，大多用于生活用品，也可用于要求不高的工程制品。工程塑料主要是指在机械设备和工程结构中作结构材料的一类塑料。与通用塑料相比，工程塑料具有较高强度、刚度和韧性，耐热、耐蚀性和绝缘性也较好。

2）塑料按加热和冷却后的表现可分为热塑性塑料和热固性塑料两类。热塑性塑料是指受热时软化而冷却后硬化的过程能反复进行的塑料。热固性塑料则是受热时软化而冷却后固化过程不能重复进行的塑料。

常用的工程塑料有尼龙（聚酰胺 PA）、ABS 塑料（聚苯—丁二烯—丙烯腈共聚物）、聚甲基丙烯酸甲酯（有机玻璃 PMMA）、聚四氟乙烯（FTFE 或 F－4）等。其主要特性和用途见有关资料。

2. 橡胶

橡胶是一种具有高弹性的高分子材料。

（1）橡胶的组成。

1）生胶。未加配合剂的天然胶或合成胶，是橡胶的主要成分。

2）配合剂。主要有硫化剂、填充剂、软化剂、防老化剂等。其作用是增加橡胶的强度、塑性和耐磨性，防止橡胶老化，降低生产成本。

（2）橡胶的性能。

1）高弹性。在使用温度范围内弹性模量极小（＜10MPa）；受载时，弹性变形量极大（100%～1 000%）；卸载后，很快恢复原状。

2）较高的强度，良好的耐磨性、隔音性、绝缘性、阻尼特性及储能能力等。

橡胶广泛用于弹性材料、密封材料、减震材料、防震材料和传动材料，起着其他材料所无法替代的作用。

（3）橡胶的分类。按生胶来源，橡胶可分为天然橡胶和合成橡胶。按应用范围，橡胶可分为通用橡胶和特种橡胶。通用橡胶用来制造通用的橡胶制品，特种橡胶用来制造有特殊要求的橡胶制品。

通用橡胶有天然橡胶 NR、丁苯橡胶 SBR、顺苯橡胶 BR、氯丁橡胶 CR、丁腈橡胶 NBR。特种橡胶有聚氨酯橡胶 UR、硅橡胶、氟橡胶 FPR 等。

1.9.2 陶瓷

陶瓷是将原料经过坯料制备、成型、高温烧结等工序制得的无机非金属材料。陶瓷由于具有许多优良的性能而应用广泛，与金属、高分子材料一起，被称为三大支柱材料。

1. 陶瓷的性能

（1）刚度大，硬度和抗压强度高，韧性差。

（2）良好的抗氧化性和耐酸、碱、盐的能力。

（3）熔点高，导热性小，有高的热硬性和优良的隔热性能。

（4）大多数陶瓷有高的绝缘性能。

2. 常用陶瓷

按成分和用途的不同，陶瓷材料可分为普通陶瓷、工程陶瓷和金属陶瓷三大类。

（1）普通陶瓷。是以黏土、长石、石英等天然硅酸盐矿物为原料制成的陶瓷，又称为传统陶瓷。其性能不高，成本低廉，广泛应用于日用、电气、化工、建筑等部门。

（2）工程陶瓷。是采用高纯度的人工合成原料（如氧化物、氮化物、碳化物、硅化物、硼化物等）制成的具有各种独特的物理、化学或力学性能的陶瓷，又称现代陶瓷。

（3）金属陶瓷。是由金属和陶瓷组成的非均质复合材料。工程陶瓷和金属陶瓷广泛用于化工、机械、电子、能源等领域。常用工业陶瓷的种类、性能和用途见有关资料。

1.9.3　复合材料

由两种或两种以上不同性质的材料经人工组合成的多相材料，称为复合材料。复合材料不仅具有各组成材料的优点，还具有单一材料无法获得的优良的综合性能。复合材料由基体相和增强相组成。基体相起粘结作用，增强相起强化基体作用。

1.　复合材料的性能特点

与传统材料相比，复合材料具有下列主要特点。

（1）比强度和比模量大。比强度（强度/密度）大，可减小零件自重；比模量（弹性模量/密度）大，可提高零件刚度。如碳纤维增强环氧树脂的比强度是钢的7倍，比模量是钢的3倍多。

（2）抗疲劳性好。碳纤维增强复合材料的疲劳极限可达其抗拉强度的70%～80%，而金属材料的疲劳极限只有其抗拉强度的40%～50%。

此外，复合材料还有良好的减振性、减摩性和耐磨性。其缺点是断后伸长率小，抗冲击性能差，制造成本高。

2.　常用复合材料

复合材料根据增强相的性质和形态可分为纤维增强复合材料、层合复合材料和颗粒增强复合材料。目前使用最多的是纤维增强复合材料。

（1）玻璃纤维增强复合材料。这类材料是以合成树脂为基体相、玻璃纤维为增强相制成的，称为玻璃钢。

以热塑性塑料如尼龙、聚苯乙烯、聚碳酸酯等为基体相制成的热塑性玻璃钢，与基体材料相比，强度、抗疲劳性、冲击韧度均可提高2倍以上，达到或超过某些金属的强度，可用来制造轴承、齿轮、仪表盘、壳体等零件。

以热固性树脂，如环氧树脂、酚醛树脂等为基体相制成的热固性玻璃钢，具有密度小，比强度高，耐蚀性、绝缘性、成形工艺性好的优点，可用来制造车身、船体、直升机旋翼、仪表元器件、耐蚀容器与管道等。

（2）碳纤维增强复合材料。这类材料通常是由碳纤维与环氧树脂、酚醛树脂、聚四氟乙烯树脂等所组成，具有密度小，强度、弹性模量及疲劳极限高，冲击韧性好，耐腐蚀、耐磨损等特点，可用做飞行器的结构件，齿轮、轴承等机械零件，以及化工设备的耐蚀件。

1.10 功能材料及理想材料

1.10.1 功能材料

功能材料是指具有特殊的电、磁、光、热、声、力、化学性能和理化效应的各种新材料，用以对信息和能量进行感受、计测、传导、输运、屏蔽、绝缘、吸收、控制、记忆、存储、显示、发射、转化和变换的目的。功能材料是现代高新技术发展的先导和物质基础。

按材料的功能特点，功能材料可分为力功能材料、声功能材料、热功能材料、光功能材料、电功能材料、磁功能材料、化学功能材料、核功能材料、生物医学功能材料等。

1. 传感器用敏感材料

传感器通常由敏感元件和转换元件所组成。敏感材料按物理、化学和结构特性可分为半导体、陶瓷、有机聚合物、金属、复合材料等；按功能可分为力敏材料、热敏材料、气敏材料、湿敏材料、声敏材料、磁敏材料、电化学材料、电压敏材料、生物敏感材料等。

2. 电功能材料

电功能材料是指主要利用材料的电学性能和各种电效应的材料。包括导电材料、超导电材料、电阻材料、电接点材料、电绝缘材料、电容器材料、电压材料、热释电材料和光导电材料等。电功能材料广泛用于电气工程、电子技术和仪器仪表诸领域。

3. 磁功能材料

磁功能材料主要利用材料的磁性能和磁效应，实现对能量和信息的转换、传递、调制、存储、检测等功能。按其化学成分通常分为金属磁性材料（包括金属间化合物）和铁氧体（氧化物磁性材料）两大类。在工程技术中，常常按材料的磁性能、功能和用途将磁功能材料大致分类为软磁材料（变压器磁心、电感磁心、磁头磁心等）、磁记录材料、磁记忆材料、热磁效应、磁致伸缩、磁光效应、永磁材料等。它们广泛用于机械、电力、电子、电信、仪器、仪表等领域。

4. 新能源材料

新能源材料是指在开发、利用新能源（如太阳能、地热能、潮汐能、原子能等）和提高传统能源利用率的技术中起关键作用的材料。包括各种能量转换材料、储能材料、能量输运材料等。

5. 光学功能材料

光学功能材料的发展与信息技术密切结合。主要功能有光的发射和传输，光信息转换、存储、显示、计算，以及光的吸收。

光学晶体已成为光信息转换、存储及光计算领域的重要功能材料。光传递的信息容量是同轴电缆的 10 万倍。一束激光可传输 100 亿路电话或 1000 万套电视节目。光导纤维已达到传光 2000km 后功率损耗只有 4.2dB 的水平。世界上第一条长达 6684km 的跨大西洋海底光缆（TAT—8 工程）早已投入使用，最多可同时通 4 万条话路。光导到现在已发展了好几代，中国的光导目前是第三代，其衰减理论值是 0.16，光导材料是高纯度石英玻璃与磷或锗的掺杂物。光记录材料具有容量大、密度高、存取快速、可存储数字和图像信息的特点，在计算机领域发展迅速。显示显像材料以可见方式显示信息。光吸收材料最重要的应用是隐身材料，雷达吸波材料用于减少雷达对飞行器等的可探测性，达到隐身目的。红外隐身、可见光隐身、声隐身等材料均在发展。

6. 热功能材料

具有独特热物理性能和热效应的材料称为热功能材料，用于制作发热、制冷、感温元件，或作为蓄热、传热、绝热介质应用于各技术领域。当材料同时兼有优良的热传导、电导和适当的热膨胀特性和强度性能时，又可用来制作集成电路、电子元器件等的基板、引线框架、谐振腔、双金属片等。

7．力学、声学功能材料

力学、声学功能材料是指主要利用物质的弹性、超弹性、内耗性、形状记忆效应、磁致伸缩效应、电致伸缩效应等，制作弹性元件、发声发振元件、形状记忆元件、智能元件、减振和吸声装置等的材料。力学、声学功能材料包括弹性合金、减振合金、吸声材料、乐器材料、电声材料、超声材料、形状记忆材料等。力学、声学功能材料广泛应用于仪器仪表、机械制造、声学工程等各领域。

1.10.2 功能梯度材料及理想材料

1. 功能梯度材料

功能梯度材料（Functionally Gradient Material，简称 FGM）是指构成材料的要素（如组分、结构等物理特征）在材料整体上沿某一个或几个方向连续变化，从而使材料的物理性质和功能也产生相应梯度变化的新型复合材料。功能梯度材料（FGM）的概念是在 1984 年前后，由日本仙台地区的材料科学家新野正之、平井敏雄和度边龙三等提出的。目的是应用于航空航天器隔热系统和发动机的缸壁上，以解决大温差条件下，两种不同材料叠合后，在材料界面上产生的热应力问题。而真正对 FGM 的研究应该说始于 1987 年日本科学技术厅的一项"关于开发缓和热应力的功能梯度材料的基础技术研究"计划。目前，FGM 的研究在世界不少国家得到开展。经过多年的研究，功能梯度材料已经应用在许多工程领域，并发展出了物理气相沉积、化学气相沉积、粒子喷射法、自蔓延高温合成法和电铸法等相分布控制和粒子排列两大类多种制备方法。

根据不同的梯度性质变化，功能梯度材料可分为密度功能梯度材料、成分功能梯度材料、光学功能梯度材料和精细功能梯度材料等。根据不同的应用领域，功能梯度材料可分为耐热功能梯度材料、生物功能梯度材料、化学工程功能梯度材料和电子工程功能梯度材料等。

虽然 FGM 的开发是针对航空航天领域应用的超耐热材料，但由于 FGM 具有均质复合材料和复合材料无法比拟的优点，FGM 通过金属、陶瓷、塑料等不同有机和无机物质的巧妙结合，可广泛应用于各种要求的材料领域。在核能领域，以 FGM 替代不锈钢—陶瓷层状复合材料用于核反应堆第一壁结构支撑部件时可以消除热传递和热膨胀引起的应变等而完全克服界面问题。在生物医学领域，以 FGM 制造的人造器官，如人造牙齿、人造骨骼、人造关节等，具有极好的生物相容性和高的柔韧性、高的可靠性和高的功能性。在化学领域，用 FGM 制成的高分子膜、催化剂、反应容器、燃烧电池等具有耐热、耐腐蚀、高强度、高寿命等优点。在光电工程领域，若大功率激光棒、复印机透镜、光纤接口等用 FGM 制备，则可消除热应力增强、重量重等缺点。在信息工程领域，由于 FGM 具有提高信息传递精度、适应环境、减轻重量等优点，因而可用于制备光纤元件、一体化传感器、声音传感器等。在民用及建筑领域，FGM 所制成的纤维衣物、食品、建材等具有隔热防寒、营养保健、减震降噪等多项功能。

2. 理想材料

理想材料零件（Ideal Functional Material Components，简称 IFMC）是一种按照零件的最佳使用功能要求来设计制造的，由单质材料、复合材料、功能梯度材料和按照一定规律分布的功能细结构材料甚至嵌入器件等构成的复杂非均匀材料零件。之所以称之为"理想"，是因为其主体构成材料的设计制造无不以实现功能和结构的完美结合为目标。

理想材料零件与传统零件最大的不同就在于它变化的材料构成上，理想材料零件可以在不同的位置选择不同的材料，从而得到最适当的性能。这种材料构成上的变化是理想材料零件最大的特色。理想材料零件具有类似生物体组织的复杂材料构成。在零件内部存在有限个由单质材料、复合材料、功能梯度材料、周期性功能细结构以及传感器、执行器等构成的不同材料和功能区域。

理想材料零件能够实现材料组织结构和零件性能的最佳组合，是真正的高质、节能的产品，它的数字化设计制造是时代对制造业提出的新的挑战，也是 21 世纪制造业发展的重要课题。目前，国内外已有多家单位和研究机构开始从事理想材料零件的软硬件研究，并已有不少成果被应用于医疗、航空等领域。

1.11 纳米材料

纳米材料是 20 世纪 80 年代初发展起来的一种新材料，它具有奇特的性能和广阔的应用前景，被誉为跨世纪的新材料。纳米材料又称超微细材料，其粒子粒径范围在 1～100nm（1nm＝10^{-9}m）之间，即指至少在一维方向上受纳米尺度（0.1～100nm）调制的各种固体超细材料。纳米技术是研究电子、原子和分子运动规律、特性的高新技术学科。

纳米材料按其结构可以分为四类：具有原子簇和原子束结构的称为零维纳米材料；具有纤维结构的称为一维纳米材料；具有层状结构的称为二维纳米材料；晶粒尺寸至少一个方向在几个纳米范围内的称为三维纳米材料。还有就是以上各种形式的复合材料。

按化学组分，可分为纳米金属、纳米晶体、纳米陶瓷、纳米玻璃、纳米高分子和纳米复合材料。按材料物性，可分为纳米半导体、纳米磁性材料、纳米非线性光学材料、纳米铁电体、纳米超导材料、纳米热电材料等。按应用，可分为纳米电子材料、纳米光电子材料、纳米生物医用材料、纳米敏感材料、纳米储能材料等。

1. 纳米材料的发展

自 20 世纪 80 年代纳米材料概念形成后，世界各国先后对这种新型材料给予极大的关注。20 世纪 90 年代初，在世界范围内出现了一门全新的科学技术，即纳米技术或称纳米科学技术。它包括纳米材料学、纳米生物学、纳米电子学、纳米机械学等，它的目的是利用越来越小的精细技术生产出所需要的产品。研究发现，随着物质的超微化，其表面电子结构和晶体结构发生变化，产生了宏观物体所不具有的表面效应。超微粒材料具有一系列优异的电、磁、光、力学、化学等宏观特性，从而使其作为一种新型材料在电子、冶金、宇航、化工、生物和医学领域展现出广阔的应用前景，其年营业额已达 500 亿美元，预计到 2010 年，纳米技术的市场容量将达 14400 亿美元。无论是美国的"星球大战计划"、"信息高速公路"，欧共体的"尤里卡计划",还是日本的"高技术探索研究计划",以及我国的"863"计划等,都把超微粒材料的研究列为重点发展项目。

2. 纳米材料的应用及前景

(1)在信息科学上的应用。纳米电子学立足于最新的物理理论和最先进的工艺手段,按照全新的理念来构造电子系统,并开发物质潜在的储存和处理信息的能力,实现信息采集和处理能力的革命性突破,纳米电子学将成为 21 世纪信息时代的核心。例如,目前已研制出可以从阅读硬盘上读取信息的纳米级磁读卡机以及存储容量为目前芯片上千倍的纳米级存储器芯片。又如,国外的研究人员已经着手研制体积只有针头大小的计算机,这种纳米计算机的各个部件比我们现在用于在磁盘驱动器上装载信息的物理结构小得多。因此,在不久之后的某一天,我们将能够像今天下载软件一样从网络里下载硬件。

(2)在生物工程上的应用。虽然分子计算机目前只是处于理想阶段,但科学家已经考虑应用几种生物分子制造计算机的组件。该生物材料具有特异的热、光、化学物理特性和很好的稳定性,并且,其奇特的光学循环特性可用于储存信息,从而起到代替当今计算机信息处理和信息存储的作用,它将使单位体积物质的储存和信息处理能力提高上百万倍。

美国伊利诺伊大学的科学家通过简便易行的方法,制成带状纳米级细管。这种细管可以用来向人体内释放药物。据美国《科学》杂志报道,这种纳米管由附在带电油脂膜上的肌动蛋白构成。由于这种细管类似细菌的细胞壁,因此研究人员又将它称为"人造细菌"。

(3)在化工领域的应用。将纳米 TiO_2 粉体按一定比例加入到化妆品中,则可以有效地遮蔽紫外线。将金属纳米粒子掺杂到化纤制品或纸张中,可以大大降低静电作用。利用纳米微粒构成的海绵体状的轻烧结体,可用于气体同位素、混合稀有气体及有机化合物等的分离和浓缩。纳米微粒还可用于制作导电涂料、印刷油墨及固体润滑剂等。

(4)在医药学领域的应用。数层纳米粒子包裹的智能药物进入人体后,可主动搜索并攻击癌细胞或修补损伤组织。未来的纳米机器人,可进入人体并摧毁各个癌细胞又不损害健康细胞。德国一家医院的研究人员将一些极其细小的氧化铁纳米颗粒,注入患者的癌瘤里,然后将患者置于可变的磁场中,使患者癌瘤里的氧化铁纳米颗粒升温到 45～47℃,这温度足以烧毁癌瘤细胞,而周围健康组织不会受到伤害。在人工器官移植领域,只要在人工器官外面涂上纳米粒子,就可预防人工器官移植的排异反应。使用纳米技术的新型诊断仪器只需检测少量血液,就能通过其中的蛋白质和 DNA 诊断出各种疾病。

(5)在材料学领域的应用。纳米陶瓷材料除保持传统性能外,还具有高韧性和延展性,TiO_2 陶瓷晶体材料能被弯曲,其塑性变形可达 100%,且弯曲变形时其表面裂纹不会扩大。许多专家认为,如能解决单相纳米陶瓷的烧结过程中抑制晶粒长大的技术问题,则它将具有高硬度、低温超塑性和像金属一样的柔韧性及可加工性。

将纳米大小的抗辐射物质掺入到纤维中,可制成防紫外线、电磁波辐射的"纳米服装"。纳米材料溶于纤维,不仅能吸收阻隔 95% 以上的紫外线和电磁波,而且无毒、无刺激,不受洗涤、着色和磨损影响,可做成衬衣、裙装、运动服等,保护人体皮肤免受辐射伤害。

(6)在航天领域的应用。美国于 1995 年提出了纳米卫星的概念。这种卫星比麻雀略大,质量不足 10kg,各种部件全部用纳米材料制造,采用最先进的微机电一体化集成技术整合,具有可重组性和再生性,成本低,质量好,可靠性强。一枚小型火箭一次就可以发射数百颗纳米卫星。若在太阳同步轨道上等间隔地布置 648 颗功能不同的纳米卫星,就可以保证在任何时刻对地球上任何一点进行连续监视，即使少数卫星失灵，整个卫星网络的工作也不会受影响。

（7）在制造与加工领域的应用。纽约大学实验室最近研制出了一个纳米级机器人，机器人有两个用 DNA 制作的手臂，能在固定的位置间旋转。研究人员认为，这一成果预示着，科学家有朝一日能够研制出在纳米级工厂里制造分子的纳米机器人。这些纳米机器人，有微小的"手指"可以精巧地处理各种分子；有微小的"电脑"来指挥"手指"如何操作。"手指"可能由碳纳米管制造，它的强度是钢的 100 倍，细度是头发丝的五万分之一。"电脑"可能由碳纳米管制造，这些碳纳米管既能做晶体管又能做连接它们的导线。"电脑"也可能由 DNA 制造，用适当的软件和足够的灵巧性进行武装的纳米机器人可以构建任何物质。

（8）在军事上的应用。"苍蝇飞机"是一种如同苍蝇般大小的袖珍飞行器，可携带各种探测设备，具有信息处理、导航和通信能力。其主要功能是秘密部署到敌方信息系统和武器系统的内部或附近，监视敌方情况。这些纳米飞机可以悬停、飞行，敌方雷达根本发现不了它们。据说它还适应全天候作战，可以从数百千米外将其获得的信息传回己方导弹发射基地，直接引导导弹攻击目标。

"蚊子导弹"是利用纳米技术制造的形如蚊子的微型导弹。由于纳米器件比半导体器件工作速度快得多，可以大大提高武器控制系统的信息传输、存储和处理能力，可以制造出全新原理的智能化微型导航系统，使制导武器的隐蔽性、机动性和生存能力发生质的变化。"蚊子导弹"可以起到神奇的战斗效能。纳米导弹直接接受电波遥控，可以神不知鬼不觉地潜入目标内部，其威力足以炸毁敌方火炮、坦克、飞机、指挥部和弹药库。

"蚂蚁士兵"是一种通过声波控制的微型机器人。这些机器人比蚂蚁还要小，但具有惊人的破坏力。它们可以通过各种途径钻进敌方武器装备中，长期潜伏下来。一旦启用，这些"纳米士兵"就会各显神通：有的专门破坏敌方电子设备，使其短路、毁坏；有的充当爆破手，用特种炸药引爆目标；有的释放各种化学制剂，使敌方金属变脆、油料凝结或使敌方人员神经麻痹、失去战斗力。

（9）在环境科学上的应用。环境科学领域将出现功能独特的纳米膜。这种膜能够探测到由化学和生物制剂造成的污染，并能够对这些制剂进行过滤，从而消除污染。

德国科学家正在设计用纳米材料制作一个高温燃烧器，通过电化学反应过程，不经燃烧就把天然气转化为电能。燃料的利用率要比一般电厂的效率提高 20% 至 30%，而且大大减少了二氧化碳的排气量。此外，还发现纳米微粒的紫外吸收特性。用拌入纳米微粒的水泥、混凝土建成的楼房，可以吸收降解汽车尾气，城市的钢筋水泥从此能像森林一样"深呼吸"。

（10）其他应用。除以上应用之外纳米材料还有很多其他应用，如纳米银粉、镍粉轻烧结体作为化学电池、燃烧电池和光化学电池中的电极，可以增大与液体或气体之间的接触面积，增加电池效率，有利于电池的小型化。纳米在保健领域的应用目前主要是将纳米元素硒作为保健食品添加剂。纳米技术在化纤方面的应用目前主要集中在抗菌、远红外反射保暖及保健、抗紫外、阻燃、不沾污、免洗、光敏等功能纤维方面。应用纳米技术与纳米材料的无菌餐具、无菌扑克牌、无菌纱布等产品也已面世。

1.12 习题

1-1 常见的金属晶格类型有哪些？说明其特征。

1-2　何谓过冷度？它与冷却速度有何关系？它对铸件晶粒大小有何影响？比较普通铸铁件表层和心部晶粒的大小。

1-3　何谓金属的同素异构转变？试写出纯铁的同素异构转变过程。

1-4　试述固溶强化和细化强化的原理。

1-5　默绘出简化后的 $Fe-Fe_3C$ 相图。说明主要特性点、特性线的意义。

1-6　试用冷却曲线分析碳的质量分数为 0.4%、0.77%、1.2% 的铁碳合金从液态冷却到室温时的结晶过程和组织转变。

1-7　有三个形状和大小相同的试样，分别由 20、45、T10 钢制成（牌号与碳的质量分数的关系请参阅表 1-3），用什么方法能迅速将它们区分开来？

1-8　试用铁碳合金相图的知识说明产生下列现象的原因。

（1）钢的锻造一般在高温（约 1000~1250℃）下进行；

（2）绑扎物体一般用镀锌低碳钢丝，起吊重物用的钢丝绳却用含碳 0.6%~0.75% 的钢制成。

（3）钳工锯碳的质量分数高的钢料比锯碳的质量分数低的钢料费力，并且锯条易磨钝。

1-9　在铁碳合金相图上画出钢的退火、正火和淬火加热温度范围。

1-10　比较下列钢材经不同热处理后硬度值的高低，并说明原因。

（1）45 钢加热到 700℃ 保温后水冷；

（2）45 钢加热到 750℃ 保温后水冷；

（3）45 钢加热到 840℃ 保温后水冷；

（4）T12 钢加热到 700℃ 保温后水冷；

（5）T12 钢加热到 780℃ 保温后水冷。

1-11　下列各种情况，应分别采用哪些预备热处理或最终热处理？

（1）20 钢锻件要改善切削加工性；

（2）45 钢零件要获得良好的综合力学性能（220~250HBS）；

（3）65 钢制弹簧要获得高的弹性（50~55HRC）；

（4）45 钢零件要获得中等硬度（40~45HRC）；

（5）T12 钢锻件要消除网状渗碳体并改善切削加工性；

（6）精密零件要消除切削加工中产生的内应力。

1-12　确定下列各题中的热处理方法。

（1）某机床变速齿轮，用 45 钢制造，要求表面有较高的耐磨性，硬度为 52~57HRC，心部有良好的综合力学性能，硬度为 220~250HBS。工艺路线为：下料→锻造→热处理 1→粗加工→热处理 2→精加工→热处理 3→磨削。

（2）锉刀，用 T12 钢制造，要求高的硬度（62~64HRC）和耐磨性。其工艺路线为：下料→锻造→热处理 1→机加工→热处理 2→成品。

（3）某小型齿轮，用 20 钢制造，要求表面有高的硬度（58~62HRC）和耐磨性，心部有良好的韧性。其工艺路线为：下料→锻造→热处理 1→机加工→热处理 2→磨削。

1-13　说明以下各种钢的类别：Q235A、08F、T10、T10A。

1-14　在生产中，若出现以下将不同牌号的钢乱用或搞错的情况，将会给零件性能带来什么问题？

（1）把 Q235、20 钢当成 45 钢或 T8 钢；

（2）把 45 钢、T8 钢当成 20 钢；

（3）把低碳钢丝当成碳素弹簧钢丝等。

1-15　在常用碳素钢中为下列工件选择合适的材料并确定相应的热处理方法：普通螺钉、弹簧垫圈、扳手、钳工锤、手用锯条。

1-16　说明下列合金钢的类别、主要化学成分、热处理特点及大致用途：16Mn、Cr12MoV、60Si2Mn、3Cr2W8V、20CrMnTi、GCr15、Wl8Cr4V、40Cr、CrWMn、1Cr18Ni9。

1-17　说明下列零件或工具应选用什么材料较合适，并确定相应的最终热处理方法：

沙发弹簧、汽车板弹簧、普通车床主轴、汽车变速箱齿轮、圆板牙、钳工用錾子、重载冲孔模、铝合金压铸模、低精度塞规、高精度量规、手术刀。

1-18　为什么铸造生产中常发现化学成分具有三低（碳、硅、锰的质量分数低）一高（硫的质量分数高）特点的铸铁，容易成白口铸铁？为什么在同一铸件中，往往表层或薄壁部分较易形成白口组织？

1-19　下列铸件宜采用何种铸铁制造？

车床床身、农用柴油机曲轴、自来水三通、手轮。

1-20　为什么在砂轮上磨淬过火的 W18Cr4V、9SiCr、T12A 等钢制工具时，要经常用水冷却，而磨 P01 等材料制成的刀具，却不能用水急冷？

1-21　下列刀具应选用何种硬质合金？

（1）高速切削铸铁件的刀具，精加工，连续切削无冲击；

（2）高速切削一般钢锻件的刀具，加工中有较大冲击。

1-22　什么是功能材料及理想材料？说出你知道的五种现代功能材料，并指出它们的作用范围。

1-23　什么是纳米材料？说出你知道的 10 种纳米材料，并指出它们的作用范围。

第 2 章　金属材料的成形

2.1　铸造

制造铸型，熔炼金属，并将熔融金属浇入铸型，凝固后获得一定形状和性能的铸件的成形方法，称为铸造。铸造由于是利用液态金属的流动能力来成形，因而成形方便，适于制造形状复杂，特别是有复杂内腔的零件毛坯。铸造的适应性很强，铸件的质量可由几克到数百吨，壁厚可由 0.3mm 到 1m 以上，各种金属材料几乎都能用铸造成形。由于铸造材料来源广泛，价格低廉；铸造所用设备比较简单，投资少；铸件形状与零件比较接近，可减少切削加工工作量，节省金属材料，所以铸造成本较低。铸造的缺点是铸件组织疏松，晶粒粗大，力学性能较差，并且铸造工序较多，使铸件质量不够稳定。

铸造可分为砂型铸造和特种铸造两类。目前，砂型铸造应用最广。

2.1.1　砂型铸造

用型砂紧实成型的铸造方法称为砂型铸造，其生产过程如图 2-1 所示。

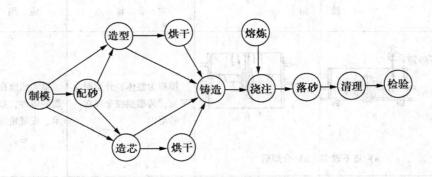

图 2-1　砂型铸造生产过程

1. 造型

用造型材料及模样等工艺装备制造铸型的过程称为造型。模样是造型过程中不可缺少的工艺装备，目的是在造型时形成铸型型腔，浇注后形成铸件外形。单件小批量生产时，模样通常用木材制成；生产批量大时，常用铸造铝合金、塑料等材料制成。

（1）造型材料。砂型铸造用的造型材料主要指型砂和芯砂。型砂和芯砂用原砂、黏结剂（黏土、水玻璃、树脂等）、附加物（煤粉、木屑等）等按一定比例配制而成。黏土砂应用最广，适用于各类铸件。水玻璃砂强度高，铸型不需烘干，硬化速度快，生产周期短，主要用于铸钢件的生产。树脂砂强度较高，透气性和复用性好，清理容易，便于实现机械化和自动化，适用于成批大量生产。型（芯）砂应具备下列主要性能：

1）强度。强度是指型（芯）砂抵抗外力破坏的能力。强度差，则易造成塌箱、冲砂、砂眼等缺陷。

2）透气性。透气性是指紧实砂样的孔隙度。透气性不好，铸件易产生气孔缺陷。

3）耐火度。耐火度是指型（芯）砂抵抗高温作用的能力。耐火度差，铸件易产生粘砂缺陷，影响铸件的清理和切削加工。

4）退让性。退让性是指在铸件凝固冷却时，型（芯）砂能被压缩的能力。退让性差，铸件中的内应力将加大，使铸件变形甚至产生裂纹。

由于型芯处于金属液的包围之中，故芯砂性能应高于型砂。

（2）造型方法。造型方法可分为手工造型和机器造型两类。手工造型是指全部用手工或手动工具完成的造型。手工造型有较大的灵活性和适应性，但生产率低，劳动强度大，铸件质量不高，主要用于单件小批量生产。常用手工造型方法的特点和应用见表 2-1。机器造型是指用机器全部完成或至少完成紧砂操作的造型工序。机器造型可显著提高铸件质量和生产率，改善劳动条件，但需要专用的设备、砂箱和模板，并且只能采用两箱造型，主要用于大批量生产。

（3）浇注系统。为使金属液顺利充填型腔而在砂型中开设的通道，称为浇注系统。浇注系统通常由浇口杯、直浇道、横浇道和内浇道组成，如图 2-2 所示。

1）浇口杯。浇口杯承接来自浇包的金属液，缓和金属液对砂型的冲击。

2）直浇道。其主要作用是产生一定的静压力，使金属液充满型腔的各个部分。

表 2-1　常用手工造型方法的特点和应用

序号	造型方法	简图	主要特点	应用范围
1	整模造型	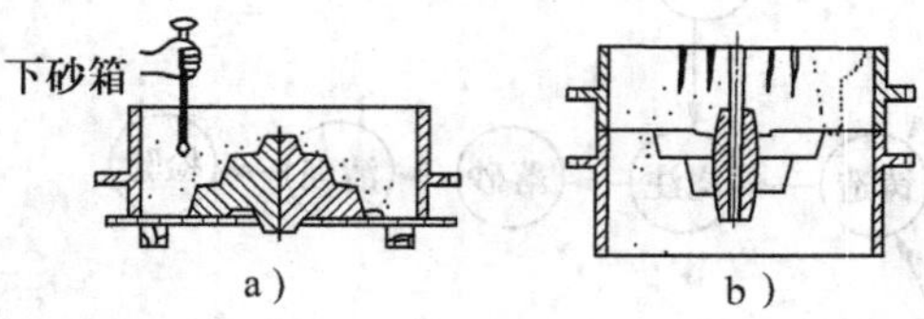 a）造下砂型　b）合型后	模样为整体，分型面为平面，铸型型腔全部在一个砂型内	最大截面在端部且为平面的铸件，如齿轮坯、轴承、皮带轮等
2	分模造型	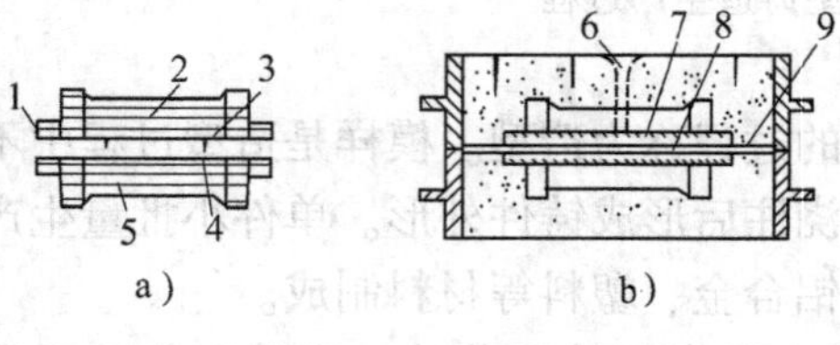 a）模样　b）合型后 1—型芯头　2—上半模　3—销钉　4—销钉孔　5—下半模　6—浇口　7—型芯　8—型芯通气孔　9—排气道	模样沿截面最大处分为两半，铸型型腔位于上、下两个砂型内	最大截面在中部的铸件，如水管、箱体、立柱等

序号	造型方法	简　图	主　要　特　点	应　用　范　围
3	挖砂造型	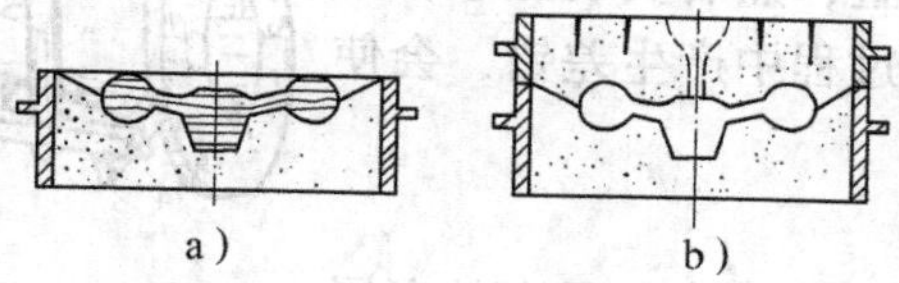 a） b） a）挖出分型面　b）合型后	模样为整体，分型面为曲面。造型时，应将阻碍起模的型砂挖去后，再造另一型	单件小批生产分型面不是平面的铸件，如手轮等
4	活块造型	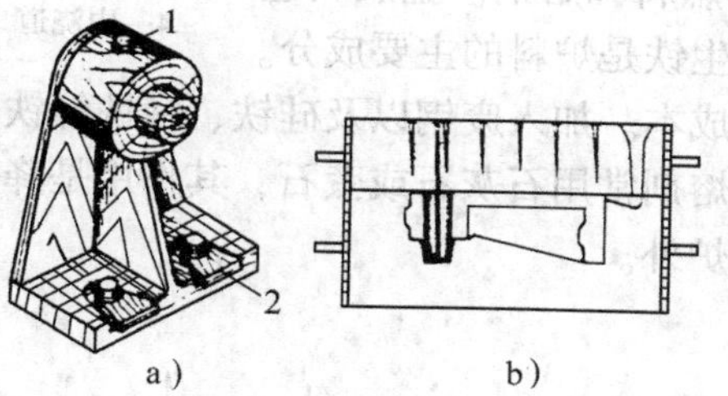 a） b） a）模样　b）合型后 1、2—活块	将妨碍起模部分做成活块，造型时应防止活块位置偏移	单件小批生产带凸台的铸件，如箱体、支架等
5	刮板造型	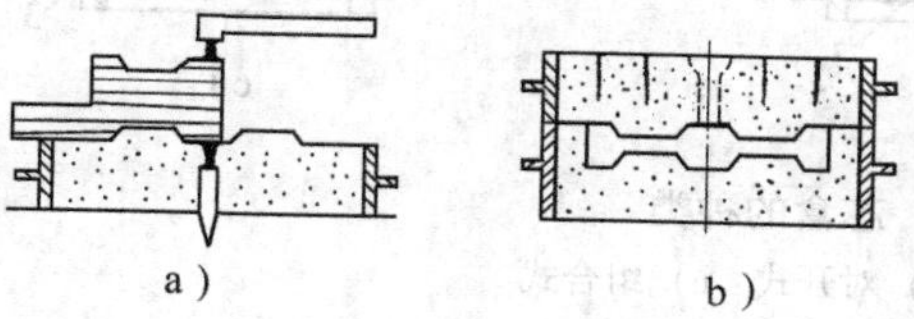 a） b） a）刮制上砂型　b）合型后	用特制的刮板代替模样进行造型。省去模样制造，但造型较麻烦	单件小批生产的旋转体铸件，如齿轮、皮带轮、飞轮等
6	三箱造型	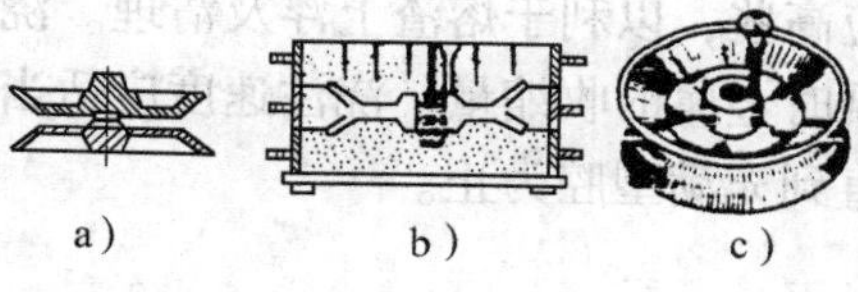 a） b） c） a）模样　b）合型后　c）落砂后的铸件	有两个分型面，造型采用上、中、下三个砂箱，中砂箱的高度有一定要求	单件小批生产的中间截面较两端小的铸件，如槽轮等

3）横浇道。横浇道将金属液分配给各个内浇道，并起挡渣作用。

4）内浇道。内浇道的主要作用是控制金属液流入型腔的方向和速度。

有的铸件还设有冒口。冒口的主要作用是对铸件的最后凝固部位供给金属液，起补缩作用。冒口应设在铸件厚壁处、最高处或最后凝固部位。

（4）造芯。型芯主要用来形成铸件的内腔。为了简化某些复杂铸件的造型工艺，型芯也可以用来形成铸件的外形。型芯通常采用芯盒制造。芯盒的种类如图2-3所示。在单件小批生产时，常采用手工造芯；大批大量生产时，采用机器造芯。造芯时，应在型芯内放置芯骨，以提高强度；开设通气孔，以增加排气能力。型芯大多要烘干，以进一步提高强度和透气性。

（5）合型。将铸型的各个部分组合成一个完整铸型的操作过程称为合型。合型前应对铸型的各部分进行检查，然后安装型芯，最后将上型盖上，并将上下型压紧。如果合型过程中产生差错，会使铸件产生偏芯、错型等缺陷。

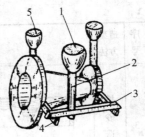

图 2-2　浇注系统
1—浇口杯　2—直浇道　3—横浇道
4—内浇道　5—冒口

2. 金属的熔炼和浇注

（1）熔炼。熔炼的目的是为了获得一定化学成分和温度的金属液。铸铁的熔炼常采用冲天炉，铸钢的熔炼采用电炉，非铁合金的熔炼采用坩埚炉。冲天炉的炉料有金属料、燃料和熔剂。金属料包括铸造生铁、回炉铁、废钢和铁合金。铸造生铁是炉料的主要成分。利用浇冒口、废铸铁件等回炉铁可降低铸件成本。加入废钢以及硅铁、锰铁等铁合金可调整金属液的化学成分。冲天炉的燃料为焦炭。熔剂常用石灰石或萤石，其作用是降低炉渣的熔点，增加其流动性，以便与铁液分离，排至炉外。

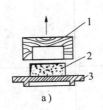
　　　　a）

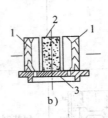
　　　　b）

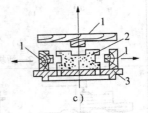
　　　　c）

图 2-3　芯盒的种类
a）整体式　b）对开式　c）组合式
1—芯盒　2—砂芯　3—烘干板

（2）浇注。浇注是将金属液从浇包注入铸型的过程。浇注时应注意安全，并控制好浇注温度和浇注速度。金属液的出炉温度一般应高些，以利于熔渣上浮及清理。浇注温度应适当低些，以减少金属液中气体的溶解量及冷凝时金属的收缩量。浇注速度应适当，以免产生铸造缺陷。对于一个铸型，浇注不得中断，直到充满型腔为止。

3. 落砂和清理

（1）落砂。落砂是指用手工或机械使铸件和型砂、砂箱分开的过程。铸件在砂型中要冷却到一定温度才能落砂。落砂过早，会使铸件产生较大内应力，导致变形或开裂，而铸铁件表层还会产生白口组织，使切削加工困难。

（2）清理。落砂后从铸件上清除浇冒口、型芯、毛刺、表面黏砂等过程称为清理。灰铸铁件、铸钢件、非铁合金铸件的浇冒口可分别用敲击、气割、锯割等方式去除。表面黏砂可用清理滚筒、喷砂及抛丸机等设备清理。清理后的铸件应进行质量检验。

2.1.2　金属的铸造性能

金属的铸造性能是指金属在铸造过程中所表现出的工艺性能，其优劣程度直接影响着铸件的质量。铸造性能主要包括金属的流动性和收缩。

1. 金属的流动性

金属的流动性是指熔融金属的流动能力。在实际生产中，则是指熔融金属充填铸型的能力。流动性好的金属，容易得到形状复杂的薄壁铸件；流动性不好的金属，容易产生气孔、缩孔、冷隔和浇不足等缺陷。金属的流动性主要受下列因素的影响：

（1）化学成分。不同化学成分的金属，由于结晶特点不同，流动性就不同。共晶合金由于在恒温下结晶，且熔点低，故流动性最好。凝固温度范围大的合金，由于较早形成的树枝状晶体阻碍金属液的流动，故流动性就差。金属凝固温度范围越大，流动性就越差。在常用铸造合金中，灰铸铁的流动性最好，铸钢的流动性最差。

（2）浇注温度。提高浇注温度，可使金属液的黏度降低，流动性提高。适当提高浇注温度是防止铸件产生冷隔和浇不足的工艺措施之一。

（3）铸型条件和铸件结构。铸型中凡能增加金属液流动阻力和冷却速度的因素，如型腔表面粗糙、排气不畅、内浇道尺寸过小、铸型材料导热性大、铸件形状过分复杂、铸件壁过薄等，均会降低金属流动性。

2. 金属的收缩

金属在铸型内随着温度下降，其体积和尺寸会逐渐缩小，这种现象称为收缩。金属的收缩过程分为液态收缩、凝固收缩和固态收缩三个阶段。液态收缩和凝固收缩引起金属体积减小，称为体收缩；固态收缩引起铸件尺寸减小，称为线收缩。

（1）影响收缩的因素。金属的收缩主要受以下因素影响：

1）化学成分。金属的化学成分不同，收缩也不同。在常用合金中，以灰铸铁的收缩最小，铸钢的收缩最大。

2）浇注温度。金属的浇注温度增高，金属的收缩增大，产生缺陷的可能性增加。因此，在保证流动性的前提下，浇注温度应尽可能低些。

3）铸型条件和铸件结构。金属在铸型中的收缩，会受到铸型条件和铸件结构的制约，使实际收缩率小于自由收缩率。铸件结构越复杂，铸型强度越高，这种差别就越大。

（2）收缩对铸件质量的影响。收缩会对铸件质量产生以下不利影响：

1）缩孔和缩松。金属液在凝固过程中，由于补缩不良而在铸件中产生的孔洞称为缩孔，分散的小缩孔则称为缩松。缩孔形成过程如图2-4所示。金属液充满型腔后，先凝结成一层硬壳。由于液态收缩和凝固收缩，液面下降。随着温度继续降低，硬壳逐渐加厚，液面继续下降。凝固完毕，便在铸件上部形成缩孔。

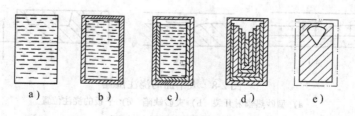

图2-4　缩孔的形成过程

a）金属液充满型腔　b）形成硬壳　c）液面下降

d）继续下降　e）形成缩孔

缩孔和缩松会降低铸件的力学性能，缩松还会降低铸件的气密性。采用定向凝固原则可防止缩孔产生，如图2-5所示。在铸件上可能出现缩孔的部位设置冒口，并使远离冒口的部位先凝固，靠近冒口的部位后凝固，冒口最后凝固。这样，缩孔便被转移到冒口中。

2）铸造应力。铸件因固态收缩而引起的内应力称为铸造应力。铸造应力有热应力和收缩应力两种。热应力是铸件各部分冷却收缩不一致而引起的内应力。收缩应力是铸件的收缩受到铸型、型芯、浇冒口的阻碍而产生的内应力，如图2-6所示。铸造应力能使铸件产生变形或开裂，因此，应采取措施尽量减小或消除铸造应力。例如：设计铸件时应尽量使壁厚均匀；采用退让性好的型砂和芯砂；勿过早落砂；对铸件进行去应力退火；合理设计铸造工艺，使铸件各部分冷却一致。

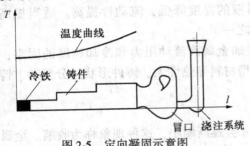

图2-5　定向凝固示意图

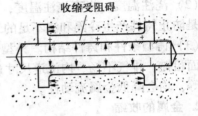

图2-6　铸件收缩受阻示意图

2.1.3　铸造工艺设计基础

铸造生产的第一步是根据零件的结构特点、技术要求、生产批量、生产条件等情况进行铸造工艺设计。铸造工艺设计主要包括以下三个方面。

1. 浇注位置和分型面的选择

（1）浇注位置的选择。浇注时，铸件在铸型中所处的位置称为浇注位置。浇注位置的选择应遵循以下基本原则：

1）铸件的重要表面应朝下或位于侧面。这是因为金属液中的熔渣、气体等易上浮，使铸件上部缺陷增多，组织也不如下部致密。图2-7所示为机床床身的浇注位置，由于导轨面是重要部位，故应朝下安放。

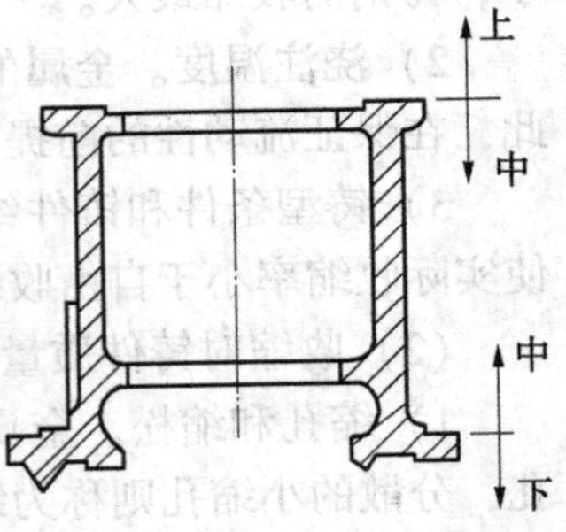

2）铸件的宽大平面应朝下。如大平面朝上，型腔上表面被高温烘烤的面积增大，型砂容易因急剧膨胀而向外拱起并开裂，形成夹砂缺陷，如图2-8所示。

图2-7　机床床身的浇注位置

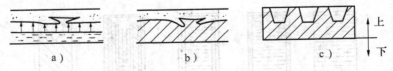

图2-8　大平面的浇注位置

a）型砂热辐射开裂　b）夹砂缺陷　c）平板的浇注位置

3）铸件的薄壁部分应放在型腔的下部或垂直、倾斜位置，以利于金属液的充填，防止产生冷隔和浇不足等缺陷，如图2-9所示。

4）铸件较厚的部分，浇注时应处于型腔的上部，以便安放冒口，实现自下而上的定向凝固，防止缩孔。

（2）分型面的选择。分型面是指上、下铸型之间的接合面。分型面的选择原则如下：

1）分型面应选择在铸件的最大截面处，以便于起模。

2）尽量使分型面为平直面，且数量只有一个，以便简化造型，减少错型等缺陷。

3）尽量使铸件的全部或大部分处于同一砂箱中，以保证铸件精度。

4）应考虑下芯、检验和合型的方便。如图 2-10 所示铸件的两种分型方案中，方案 II 比方案 I 下芯方便，较为合理。

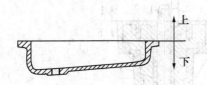 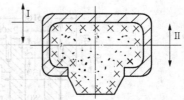

图 2-9　薄壁铸件的浇注位置　　　　　　　图 2-10　分型面应便于下芯

上述各原则，对于具体铸件来说，常难以全面满足，有时甚至互相矛盾。对于质量要求高的铸件，应在满足浇注位置前提下，设法简化造型工艺。对于一般铸件，则以简化造型工艺为主，不必过多考虑铸件的浇注位置。

2. 主要铸造工艺参数的选择

（1）加工余量。为保证铸件加工面的尺寸和零件精度，在铸造工艺设计时预先增加的在机械加工时切去的金属层厚度，称为加工余量。加工余量的大小与很多因素有关。单件小批量生产、手工造型、在铸型中朝上的加工表面，加工余量应大些。铸钢件表面粗糙，加工余量较大；非铁合金铸件表面较光洁，加工余量应较小。铸件上直径小于 30～50mm 的孔，在单件小批量生产时一般不铸出，直接在切削加工时钻出。

（2）起模斜度。为便于将模样从铸型中取出，模样上凡与起模方向平行的表面都应有一定的斜度，称为起模斜度，如图 2-11 所示。起模斜度的大小取决于壁的高度、造型方法、模样材料等因素。壁越高，斜度应越小。机器造型的斜度应比手工造型小，金属模的斜度应比木模小，外壁的斜度应比内壁小。木模外壁的斜度通常为 15′～3°。

（3）铸造圆角。在设计铸件和制造模样时，相交壁的连接处要做成圆弧过渡，称为铸造圆角。铸造圆角可

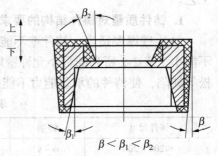

图 2-11　铸件的起模斜度

使砂型不易损坏，并使铸件避免在尖角处产生缩孔、缩松等缺陷和形成应力集中。转角结构对铸件质量的影响如图 2-12 所示。

3. 铸造工艺图

把铸造工艺设计的内容用文字和红、蓝色符号在零件图上表示出来，所得的图形称为铸造工艺图。它表明了铸件的形状、尺寸、生产方法和工艺过程，是指导模样和铸型制造，进行生产准备和铸件检验的基本工艺文件。图 2-13 是衬套零件的零件图和铸造工艺简图。

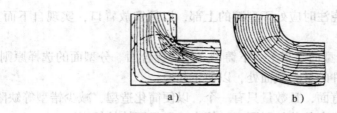

图 2-12　转角结构对铸件质量的影响
a）尖角结构　b）圆角结构

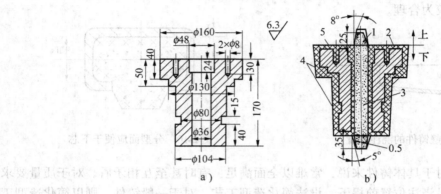

图 2-13　衬套零件的零件图和铸造工艺简图
a）零件图　b）铸造工艺简图
1—型芯头　2、5—切削加工余量　3—型芯　4—起模斜度

2.1.4　铸件结构工艺性

铸件结构工艺性是指铸件结构在保证满足使用要求的前提下，铸造成形的可行性和经济性。良好的铸件结构，不但要有利于满足使用要求，而且要有利于保证铸件质量和简化铸造工艺。

1. 铸件质量对铸件结构的要求

（1）壁厚要适当。铸件壁不能过薄，否则易产生冷隔、浇不足等缺陷，因此铸件壁厚不能小于表 2-2 所列的最小允许壁厚。铸件壁也不能过厚，不然易产生晶粒粗大、缩孔、缩松等缺陷，使铸件的承载能力不能按壁厚增加而成比例增大。

表 2-2　铸件的最小允许壁厚　　　　　　　　　　　（单位：mm）

铸件尺寸	铸钢	灰铸铁	球墨铸铁	可锻铸铁	铝合金	铜合金
≤200×200	6~8	5~6	6	4~5	3	3~5
>200×200 ~500×500	10~12	6~10	12	5~8	4	6~8
>500×500	18~25	15~20	—	—	—	—

（2）壁厚应均匀。铸件壁厚如相差过大，易引起大的内应力，并且厚壁处易产生缩孔，如图 2-14 所示。需要指出的是，所谓壁厚均匀是指各壁的冷却速度均匀，并不要求各壁厚度完全相等，如铸件内壁厚度就应小于外壁厚度。

（3）壁间连接应合理。合理的壁间连接能避免金属局部积聚，减小应力集中。

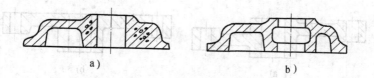

图 2-14　铸件的壁厚
a）壁厚不均匀　b）壁厚均匀

1）厚薄壁连接应逐步过渡，如图 2-15 所示。

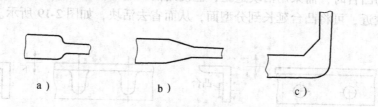

图 2-15　厚薄壁连接
a）圆角过渡　b）倾斜过渡　c）复合过渡

2）壁间连接除采用圆角连接外，还应避免交叉连接和锐角连接，如图 2-16 所示。

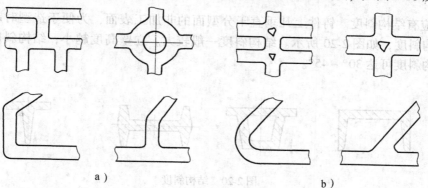

图 2-16　壁间连接结构
a）合理　b）不合理

（4）避免大的水平面。铸件上较大的水平面常设计成倾斜形式，如图 2-9 所示。这样有利于金属液的充型，有利于气体和非金属夹杂物的排除。

2. 铸造工艺对铸件结构的要求

（1）尽量减少分型面。图 2-17a 所示铸件有两个分型面，必须采用三箱造型。如将其形状改成图 2-17b 所示，则只有一个分型面，用两箱造型即可。

（2）尽量使分型面平直。图 2-18a 所示铸件的分型面不平直，需采用挖砂造型。如将其结构改成图 2-18b 所示，就可简化造型操作。

（3）尽量少用活块。铸件在平行于起模方向的壁上

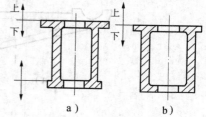

图 2-17　铸件结构与
分型面数量的关系
a）不合理　b）合理

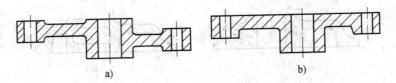

图 2-18 分型面应平直

a) 不合理　b) 合理

有阻碍起模的凸台时，需采用活块造型，但使用活块造型会使制模和造型的难度增加。如凸台离分型面较近，可将凸台延长到分型面，从而省去活块，如图 2-19 所示。

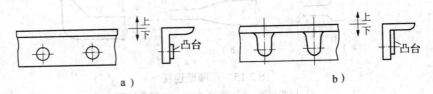

图 2-19　避免活块造型

a) 凸台未延伸　b) 凸台延伸

（4）应有结构斜度。铸件上凡垂直于分型面的非加工表面，为便于造型时起模，均应设计出结构斜度，如图 2-20 所示。结构斜度一般较大。立壁高度越小，结构斜度越大，如凸台的结构斜度可达 $30° \sim 45°$。

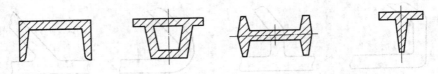

图 2-20　结构斜度

（5）尽量少用或不用型芯。少用或不用型芯可显著简化铸造工艺，降低成本，其关键是简化铸件内腔结构。如将封闭式结构改成开放式结构，就可以节省型芯，如图 2-21 所示。

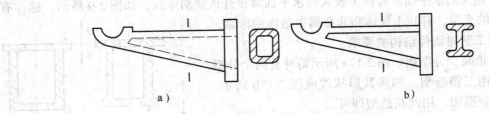

图 2-21　悬臂支架

a) 封闭式结构　b) 开放式结构

有时也可将内伸的凸缘改成外伸，以便用砂垛代替型芯，如图 2-22 所示。

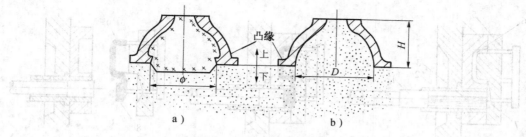

图 2-22　以砂垛代型芯的结构
a）有内伸凸缘　b）无内伸凸缘

2.1.5 特种铸造

特种铸造是指与砂型铸造不同的其他铸造方法。特种铸造能提高铸件质量和生产率，改善劳动条件，降低铸件成本。常用的特种铸造方法有以下四种。

1. 金属型铸造

用重力浇注将金属液浇入金属铸型以获得铸件的方法，称为金属型铸造。

（1）金属型铸造的工艺过程。金属型常用铸铁或铸钢制成，有多种形式。常见的垂直分型式金属型如图 2-23 所示。它由定型、动型、底座等部分组成，分型面处于垂直位置。浇注时，将两个半型合紧，待注入的金属液凝固后，将两个半型分开，就可取出铸件。

（2）金属型铸造的特点。金属型铸造可一型多铸，从而节省大量的造型材料和工时，显著提高生产率。金属型铸件精度高，表面粗糙度值小。由于金属型导热性高，因而铸件晶粒细小，力学性能较高，通常抗拉强度可比砂型铸件提高 10% ~ 20%。但是由于金属液的流动性降低，容易产生浇不足、冷隔等缺陷，因而铸件的形状不宜过于复杂，壁不宜过薄。金属型铸造成本高，周期长，故不适合单件小批量生产。

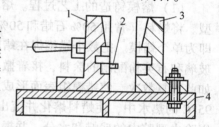

图 2-23　垂直分型式金属型
1—动型　2—定位销
3—定型　4—底座

（3）金属型铸造的应用。金属型铸造主要用于非铁合金铸件的大批量生产，如铝合金活塞、气缸体、油泵壳体、铜合金轴瓦、轴套等。

2. 压力铸造

金属液在高压下高速充型，并在压力下凝固成形的铸造方法，称为压力铸造。

（1）压力铸造的工艺过程。压力铸造是在压铸机上使用压铸型进行的。常见的卧式压铸机的压铸过程如图 2-24 所示。在动型 5 和定型 4 合型后，将金属液浇入压室 2 中，压射活塞 1 向前推进，将金属液 3 经浇道 7 压入型腔 6 中。待金属液凝固后开型，余料 8 随同铸件 9 一起被顶出。

（2）压力铸造的特点。压力铸造生产率高，容易实现半自动化及自动化生产。铸件精度高，一般不需切削加工即可使用。由于金属液在高压下充型，故可生产出形状复杂的薄壁铸件，并可直接铸出小孔、螺纹、齿形。压力铸造充型速度快，型腔中的气体难以排除干净，所以在铸件中形成许多小气孔。当铸件受到高温作用时，小气孔中的气体膨胀，能使铸件开裂，故压铸件不能热处理。压力铸造投资大，铸型制造成本高，不适宜单件小批生产。

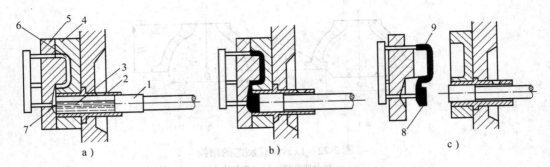

图 2-24 压铸过程示意图

a）浇入金属液 b）压铸 c）取出铸件

1—压射活塞 2—压室 3—金属液 4—定型 5—动型

6—型腔 7—浇道 8—余料 9—铸件

（3）压力铸造的应用。压力铸造主要用于形状复杂的非铁合金小铸件的大批量生产，广泛用于制造汽车、航空、电器、仪表、照相器材零件。

3. 熔模铸造

熔模铸造是用易熔材料（如蜡料）制成所需的熔模，在熔模上涂覆若干层耐火涂料并硬化，将熔模熔化并排出，经高温焙烧即可浇注的铸造方法。

（1）熔模铸造的工艺过程。熔模铸造工艺过程如图 2-25 所示。用钢、铝合金等制造压型。将蜡料（常用 50% 石蜡和 50% 硬脂酸配制而成）加热成糊状并压入压型，冷凝后取出即为单个蜡模。把数个蜡模焊在蜡质的浇注系统上成为蜡模组。在蜡模组表面浸挂一层由水玻璃和石英粉配制的涂料，接着撒一层石英砂，然后放入硬化剂（如氯化铵溶液）中硬化。如此重复数次，使蜡模组表面形成 5 ~ 10mm 厚的坚硬型壳。将带有蜡模组的型壳放入 85 ~ 95°C 的热水中，使蜡料熔化并流出而成为铸型。将铸型放入 850 ~ 950°C 的加热炉中焙烧，以除去型腔中的残蜡和水分，并提高铸型强度。将铸型从焙烧炉中取出，排列在铁箱中，并在其周围填入干砂，趁铸型温度较高时立即浇注，冷凝后脱壳清理即得到铸件。

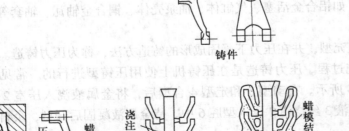

图 2-25 熔模铸造工艺过程

a）制造蜡模和蜡模组 b）结壳和脱蜡 c）浇注冷凝

（2）熔模铸造的特点。由于铸型无分型面，且型腔内表面光洁，因此熔模铸造可生产出精度高、表面质量好、形状很复杂的铸件。熔模铸造能适用于各种铸造合金，各种生产批量。熔模铸造的缺点是生产工序多，生产周期长，铸件不能太大。

（3）熔模铸造的应用。熔模铸造主要用于形状复杂的小型零件和高熔点、难加工合金铸件的成批生产，如汽轮机叶片、刀具等。

4. 离心铸造

将金属液浇入高速旋转的铸型中，使其在离心力作用下充填铸型并凝固成形的铸造方法，称为离心铸造。

（1）离心铸造的工艺过程。离心铸造必须在离心铸造机中进行，所用铸型可以是金属型，也可以是砂型。根据铸型旋转轴线在空间的位置，离心铸造可分为立式和卧式两种，如图2-26所示。浇入铸型的金属液受离心力作用，沿型腔内表面分布并凝固成铸件外形。铸件的孔由金属液的自由表面形成，孔的大小取决于浇入铸型的金属液的数量。

（2）离心铸造的特点。金属液在离心力作用下从外向内定向凝固，所以铸件组织细密，力学性能好，并且铸件内部不易产生缩孔、气孔、渣眼等缺陷，但铸件内孔质量不高。生产空心旋转体铸件可省去型芯和浇注系统，降低铸件成本。离心铸造还便于生产"双金属"铸件，如钢套镶铜轴瓦等。

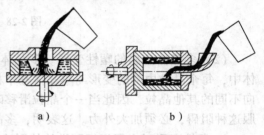

a)   b)

图2-26　离心铸造

a）立式离心铸造　b）卧式离心铸造

（3）离心铸造的应用。离心铸造主要用于黑色金属和铜合金材料的空心旋转体铸件的成批大量生产，如各种管子、缸套、轴套、圆环等。其中，立式离心铸造用于圆环类铸件的生产，卧式离心铸造用于圆筒类铸件的生产。

2.2　锻压加工

锻压加工是利用金属的塑性变形以得到一定形状的制件，并可提高或改善制件力学性能或物理性能的加工方法。它是锻造和冲压的总称。从锻压定义可知，金属的塑性变形是锻压加工的理论基础。

2.2.1　金属的塑性变形

1. 金属塑性变形基本知识

（1）单晶体金属的塑性变形。单晶体金属的塑性变形只有在切应力作用下才可能发生，其变形情况如图2-27所示。当切应力很小时，晶格只产生弹性歪扭。当切应力大于某定值后，晶体的一部分相对于另一部分沿一定晶面发生相对滑动（称为滑移），去除外力后，原子处于新的平衡位置，晶体产生永久变形。

滑移是金属塑性变形的主要方式。从图2-28可以看出，滑移的过程实质上是位错运动的过程。位错的运动使得一些位错消失，但同时又产生大量新的位错，以致晶体中总的位错数量增加。

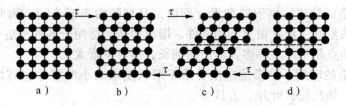

图 2-27　单晶体变形示意图

a）未受力　b）弹性变形　c）弹-塑性变形　d）去除外力

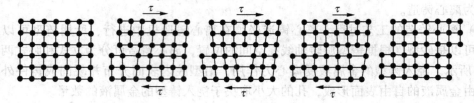

图 2-28　位错运动示意图

（2）多晶体金属的塑性变形。多晶体金属的塑性变形主要是晶粒内部的变形。在多晶体中，每个晶粒内部的变形与单晶体基本相似。但是由于每个晶粒周围存在着晶界和许多位向不同的其他晶粒，因此当一个晶粒滑移时，必然会受到晶界和周围其他晶粒的阻碍。要克服这种阻碍，必须加大外力。这表明，多晶体金属的塑性变形抗力比单晶体金属要高。

2. 塑性变形对金属组织和性能的影响

在塑性变形中，金属晶粒的形状会发生改变，由等轴晶粒变为扁平状或长条状。当变形度很大时，晶粒伸长成纤维状，称为冷变形纤维组织。在组织改变的同时，金属中的晶体缺陷会迅速增多。

金属组织的变化和晶体缺陷的增加，会阻碍位错的运动，从而导致金属的力学性能发生改变：随着变形程度的增加，金属强度和硬度升高，塑性和韧性下降。这种现象称为加工硬化。加工硬化是强化金属材料的重要手段之一，对于用热处理不能强化的金属就更为重要。但是，加工硬化会使冷变形金属的进一步加工变得困难。

金属在塑性变形后，由于变形的不均匀性以及变形造成的晶格畸变，内部会产生残余应力。残余应力一般是有害的，但是当工件表层存在残余压应力时，可有效提高其疲劳寿命。表面滚压、喷丸处理、表面淬火及化学热处理等都能使工件表层产生残余压应力。

3. 冷塑性变形金属在加热时的变化

为了消除冷变形金属中存在的残余应力或加工硬化，需对冷变形金属进行加热。在加热过程中，冷变形金属的组织和性能将发生一系列变化，如图 2-29 所示。

（1）回复。当加热温度不高时，原子的扩散能力较小，只能使点缺陷明显减少，晶格畸变显著减轻，内应力大为降低，这一变化过程称为回复。经过回复，金属组织没有变化，

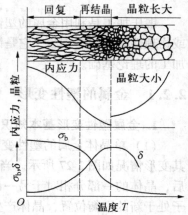

图 2-29　冷变形金属在加热时组织和性能的变化

加工硬化基本保留。生产上，常利用回复的上述特点对冷变形金属进行热处理，以便在保持高强度的同时，显著降低内应力。这种热处理方法称为去应力退火。

（2）再结晶。将冷变形金属加热到较高温度时，原子扩散能力增大，于是通过生核、长大，使变形晶粒全部转变成等轴晶粒，这一过程称为再结晶。再结晶后，加工硬化和内应力完全消除，金属的性能恢复到冷变形之前的状况。冷变形金属发生再结晶时，是从某一温度开始，随温度的升高逐渐进行的。冷变形金属开始产生再结晶现象的最低温度称为再结晶温度。对于各种纯金属，再结晶温度 $T_再 \approx 0.4 T_熔$（K），式中 $T_熔$ 为金属熔点。

生产上常将冷变形金属加热到再结晶温度以上，通过再结晶完全消除加工硬化，这种热处理方法称为再结晶退火。再结晶退火的温度通常比再结晶温度高 100～200℃，以提高生产率。

（3）晶粒长大。冷变形金属在再结晶刚完成时，一般得到细小的等轴晶粒，但随着加热温度的升高或保温时间的延长，晶粒将长大，导致金属的力学性能下降。

4. 金属的冷加工和热加工

（1）金属冷热加工的区分。生产上，金属的塑性变形可在再结晶温度以下或以上进行，前者称为金属的冷加工，后者称为金属的热加工。很显然，金属的冷热加工不是以加热温度的高低来区分的。例如，钨的再结晶温度约为 1 200℃，在 1 000℃对钨进行加工则属于冷加工；锡的再结晶温度约为 -7℃，在室温对锡进行加工则属于热加工。

从加工过程中组织和性能变化的情况来看，冷加工过程中只有加工硬化而无再结晶过程，所以随着变形程度的增加，加工会越来越困难。而在热加工过程中，由变形引起的加工硬化能被随之发生的再结晶逐渐消除，因而金属材料通常能保持较低的变形抗力和良好的变形能力。

（2）热加工对金属组织和性能的影响。热加工对钢组织和性能的影响主要有：

1）改善钢锭和钢坯的组织和性能。通过热加工，可使钢锭和钢坯的晶粒得到细化，气孔、缩松等缺陷得到焊合，组织致密度增加，化学成分不均匀的现象得到改善，从而提高钢的力学性能。

2）形成热加工流线。热加工时，钢中的杂质顺着主要伸长方向呈条状或链状分布，称为热加工流线。流线使钢的性能呈各向异性，如表 2-3 所列。

表 2-3　45 钢力学性能与其流线方向的关系

取样方向	σ_b/MPa	$\sigma_{0.2}/MPa$	δ（%）	ψ（%）	$a_k/$（J·cm^{-2}）
横向	675	440	10	31	30
纵向	715	470	17.5	62.8	62

在制造重要零件时，常通过锻造使流线沿零件轮廓连续分布，以提高零件的承载能力和使用寿命。由图 2-30 中可见，图 a 所示的曲轴由锻造而成，流线分布合理，故性能高，寿命长。图 b 所示的曲轴由切削加工而成，因流线被切断，工作时轴肩处极易断裂。

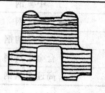

a)　　　　　　　　b)

图 2-30　曲轴的流线分布

a）锻造曲轴　b）切削加工曲轴

2.2.2 锻造

在加压设备及工（模）具的作用下，使坯料或铸锭产生局部或全部的塑性变形，以获得一定几何尺寸、形状和质量的锻件的加工方法，称为锻造。锻造能提高材料的致密度，细化晶粒，改善偏析，使流线合理分布，所以锻件的力学性能较高。锻造是利用材料的塑性变形来成形，因而成形困难，难于锻出形状复杂，尤其是具有复杂内腔的锻件。生产上，多数受力大而复杂的零件、直径相差较大的阶梯轴及板条形零件常采用锻造来制造毛坯。

锻造通常可分为自由锻、模锻和胎模锻三类。

1. 金属的锻造性能

金属的锻造性能是衡量金属材料锻造成形难易程度的一种工艺性能。锻造性能好，表明该金属易于锻造成形。金属的锻造性能用其塑性和变形抗力来综合衡量。塑性好且变形抗力小的材料，锻造性能就好。金属的锻造性能主要受下列因素影响：

（1）化学成分。金属材料的化学成分不同，锻造性能就不同。对钢而言，钢中碳的质量分数增加，钢的锻造性能降低；合金元素的质量分数越大，钢的锻造性能越差。

（2）组织状态。金属材料的组织状态不同，锻造性能也不同。当组织为晶粒细小的单相固溶体时，锻造性能良好；当组织由固溶体和化合物组成或晶粒粗大时，锻造性能降低。

（3）变形温度。金属的变形温度对锻造性能有很大影响。在一定温度范围内，随着变形温度的升高，原子间结合力减弱，加以再结晶速度加快，从而使锻造性能得到改善。

2. 锻造的工艺过程

锻造的工艺过程主要有坯料的加热、锻造成形及锻后冷却。

（1）坯料的加热。为了提高金属的锻造性能，坯料在成形前必须加热。坯料的加热常在电阻炉或火焰炉中进行。当坯料加热到预定温度后即可出炉锻造。锻造应在一个合适的温度范围即锻造温度范围内进行，以保证金属有良好的锻造性能并减少锻造缺陷。锻造温度范围是指坯料开始锻造时的温度（称为始锻温度）和终止锻造时的温度（称为终锻温度）之间的一个温度区间。为了扩大锻造温度范围，减少加热次数，始锻温度应适当高些，终锻温度应适当低些。但过高的始锻温度会使晶粒过分粗大，降低锻造性能，甚至在晶界上出现氧化或熔化现象（称为过热），使锻件报废；过低的终锻温度会使锻件产生加工硬化甚至开裂。常用钢的锻造温度范围如表2-4所列。

表 2-4　常用钢的锻造温度范围

材料种类	始锻温度/℃	终锻温度/℃
低碳钢	1200 ~ 1250	700
中碳钢	1150 ~ 1200	800
高碳钢	1100 ~ 1150	800
合金结构钢	1150 ~ 1200	800 ~ 850
合金工具钢	1050 ~ 1150	850
高速工具钢	1100 ~ 1150	900

（2）锻件的冷却。坯料锻造成形后，应以适当的方法冷却，以免因冷却速度过快，使锻件表面硬度过高而难以切削加工，或使锻件中产生内应力而变形和开裂。常用的冷却方法有空冷、坑冷和炉冷三种。低碳钢、中碳钢和低碳低合金钢的中、小锻件一般采用空冷。高

碳钢和大多数低合金钢的中、小锻件常采用坑冷。中碳钢、低合金钢的大型锻件和高合金钢锻件常采用炉冷。

3. 自由锻

只用简单的通用性锻造工具，或在锻造设备的上、下砧之间直接使坯料变形而获得锻件的锻造方法，称为自由锻。自由锻可加工各种大小的锻件，对于大型锻件，自由锻是惟一的生产方法。另外，自由锻所用的生产准备时间较短。但自由锻生产率低，劳动强度大，且锻件形状简单，精度低，加工余量大，故适用于单件小批量生产。

自由锻有手工自由锻和机器自由锻两种。机器自由锻是自由锻的主要方法。

（1）自由锻设备。常用的机器自由锻设备有以下三种：

1）空气锤。空气锤是以压缩空气为工作介质，驱动锤头上下运动而进行工作的，其吨位一般在 50～750kg 之间，主要用于小型锻件的生产。

2）蒸汽-空气自由锻锤。蒸汽-空气自由锻锤是以蒸汽或压缩空气为工作介质，驱动锤头上下运动而进行工作的，其常用吨位为 1～5t，适用于锻造中型或较大型的锻件。

3）水压机。水压机是利用高压水形成的巨大静压力使金属变形的，主要用于大型锻件的生产。

（2）自由锻基本工序。自由锻基本工序主要有：

1）镦粗。镦粗是使坯料高度减小、横断面积增大的锻造工序，有完全镦粗和局部镦粗两种，如图 2-31 所示。为了防止镦弯，要求坯料的高度 H_0 与其直径 D_0 之比 $H_0/D_0 < 2.5$。镦粗常用于圆盘类零件的生产。

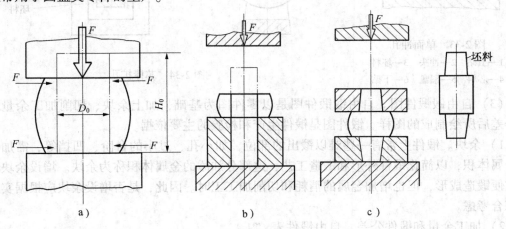

图 2-31　镦粗

a）完全镦粗　b）、c）局部镦粗

2）拔长。拔长是使坯料横断面积减小、长度增加的锻造工序，可分为平砧拔长和芯棒拔长两种，如图 2-32 所示。芯棒拔长是减小空心坯料的壁厚，增加其长度的锻造工序。拔长用来生产轴杆类锻件或长筒类锻件。

3）冲孔。冲孔是在坯料上冲出透孔或不透孔的锻造工序。冲孔前一般需将坯料镦粗，以减小冲孔高度。较薄的坯料可单面冲孔，如图 2-33 所示。较厚的坯料需双面冲孔。

4）扩孔。扩孔是减小空心坯料的厚度而增大其内、外径的锻造工序。扩孔可分为冲头

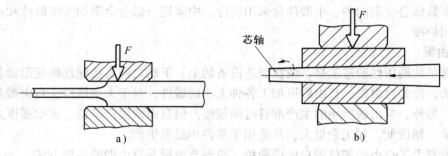

图 2-32 拔长
a）平砧拔长 b）芯棒拔长

扩孔和芯棒扩孔两种。冲头扩孔时，先冲出较小的孔，然后用直径较大的冲头逐步将孔扩大到所要求的尺寸。如果孔很大时，可采用芯棒扩孔，如图 2-34 所示。冲孔和扩孔用来生产环套类锻件。

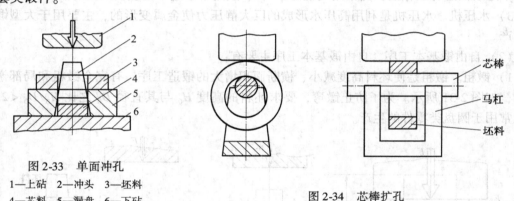

图 2-33　单面冲孔
1—上砧　2—冲头　3—坯料
4—芯料　5—漏盘　6—下砧

图 2-34　芯棒扩孔

（3）自由锻锻件图。自由锻锻件图是以零件图为基础，加上余块、切削加工余量和锻件公差后所绘制成的图样。锻件图是锻件生产和检验的主要依据。

1）余块。锻件上常有一些难以锻出的部位，如小孔、过小的台阶、凹挡等，需加添一些金属体积，以简化锻件外形和锻造工艺，这部分加添的金属体积称为余块。增设余块虽然能方便锻造成形，但也增加金属的消耗和切削加工工时。因此，是否增设余块应根据实际情况综合考虑。

2）加工余量和锻件公差。自由锻件表面质量和尺寸精度较差，一般都需要进行切削加工，因此要留出加工余量。零件的尺寸加上加工余量所得尺寸称为锻件的基本尺寸。规定的锻件尺寸的允许变动量称为锻件公差。加工余量和锻件公差的确定可查阅有关手册。

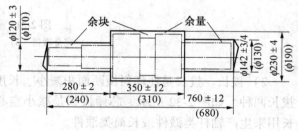

图 2-35　锻件图的画法

3）锻件图的绘制。当余块、加工余量和公差确定以后，便可绘制锻件图。锻件外形用粗实线表示，零件外形用双点划线表示。锻

66

件的基本尺寸和公差注在尺寸线上方，零件的尺寸注在尺寸线下方的圆括号内。锻件图的画法如图 2-35 所示。

4. 模锻

模锻是利用模具使坯料变形而获得锻件的锻造方法。模锻与自由锻相比，具有生产率高、锻件外形复杂、尺寸精度高、表面粗糙度值小、加工余量小等优点，但模锻件质量受设备能力的限制一般不超过 150kg，锻模制造成本高。模锻适合于中小锻件的大批量生产。模锻方法较多，常用的有锤上模锻。

（1）锤上模锻设备。锤上模锻常用的设备为蒸汽-空气模锻锤，其工作原理与蒸汽-空气自由锻锤基本相同，常用吨位为 1~15t，模锻件质量为 0.5~150kg。

（2）锻模结构。锻模结构如图 2-36 所示。上模紧固在锤头上，下模紧固在模垫上。上、下模的分界面称为分模面，上、下模之间的空腔称为模膛。模锻时，将加热好的坯料放在下模膛中，上模随锤头向下运动，当上、下模合拢时，坯料充满整个模膛，多余的坯料流入飞边槽，取出后得到带飞边的锻件。在切边模上切去飞边，便得到所需锻件。

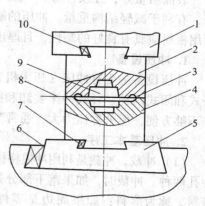

图 2-36　锤上锻模结构
1—锤头　2—上模　3—飞边槽
4—下模　5—模垫　6、7、10—紧
固楔铁　8—分模面　9—模镗

（3）锻模模膛。模膛通常可分为制坯模膛、预锻模膛和终锻模膛。形状复杂的锻件需先经制坯模膛锻打后才能放入预锻模膛预锻。坯料经预锻后，形状、尺寸进一步接近锻件，最后经终锻模膛终锻成形，成为带飞边的锻件。

（4）连皮。带通孔的锻件在锻打过程中不能直接形成通孔，总是留下一层金属，称为连皮，如图 2-37所示。连皮需在模锻后立即冲去。切边和冲去连皮后的锻件应进行校正。

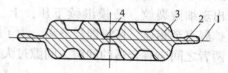

图 2-37　连皮
1—分模面　2—飞边　3—锻件　4—连皮

5. 胎模锻

胎模锻是在自由锻设备上使用可移动模具生产锻件的一种锻造方法。胎模不固定在锤头或砧座上，使用时才放到自由锻锤的下砧上，用完后再搬下。胎模锻的工艺过程如图 2-38 所示。坯料先经自由锻初步成形，然后放入胎模，经锤头锻打成形。

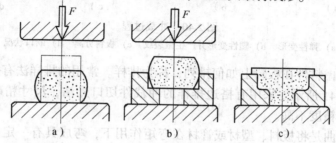

图 2-38　胎模锻工艺过程
a）制坯　b）放入胎模　c）胎模锻成形

胎模锻与自由锻相比，具有生产率高和锻件精度高、形状复杂等优点；与模锻相比，则有设备简便和工艺灵活等优点。胎模锻主要用于小型锻件的中小批量生产。

2.2.3 冲压

使板料经分离或成形而得到制件的加工方法称为冲压。在常温下进行的冲压加工称为冷冲压。冲压操作简便，易于实现机械化和自动化，因而生产率高，制件成本低。冲压件精度高，表面质量好，互换性好，一般不需切削加工即可投入使用。冲压件质量轻，强度、刚度高，有利于减轻结构重量。冲压的缺点是模具制造复杂，故周期长、成本高。另外，冷冲压所用板材应具有良好的塑性，且厚度应在 8mm 以下。冲压主要用于大批量生产。

1. 冲压设备

冲压设备主要有冲床（压力机）、剪板机和折弯机等。冲床是冲压生产的基本设备，有开式和闭式两种。开式冲床装卸和操作较方便，公称压力通常为 60～2000kN。闭式冲床操作不够方便，但公称压力大，通常为 1000～30000kN。

2. 冲压基本工序

（1）冲裁。冲裁是利用冲模将板料以封闭的轮廓与坯料分离的冲压方法。它包括落料和冲孔两种。冲裁时，如果落下部分是零件，周边是废料，称为落料；如果周边是零件，落下部分是废料，称为冲孔，如图 2-39 所示。

板料的冲裁过程如 2-40 图所示。当凸模接触并压住坯料时，坯料发生弹性变形并弯曲。随着凸模下压，坯料便产生塑性变形，并在刃口附近出现细微裂纹。凸模继续下压，上、下裂纹逐渐

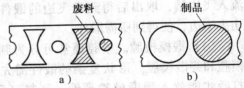

图 2-39 冲孔、落料示意图
a) 冲孔 b) 落料

扩展直至相连，坯料即被分离。为了顺利完成冲裁过程，凸模和凹模的刃口必须锋利，并且两者之间应有合适的间隙。间隙过大或过小，都会降低冲裁质量。

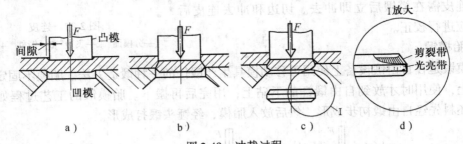

图 2-40 冲裁过程
a) 弹性变形 b) 塑性变形并产生微裂纹 c) 板料分离 d) 断口状况

落料前，应考虑料件在板料上如何排列，称为排样。常用的排样法有搭边排样和无搭边排样两种，如图 2-41 所示。采用有搭边排样的冲裁件切口光洁，尺寸精确；无搭边排样法废料最少，但切口精度不高。

（2）弯曲。弯曲是将板料、型材或管材在弯矩作用下，弯成具有一定曲率和角度的制件的成形方法。坯料的弯曲过程如图 2-42 所示。板料放在凹模上，当凸模把板料向凹模压下时，材料弯曲半径逐渐减小，直至凹、凸模与板料完全吻合为止。

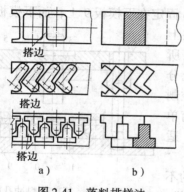

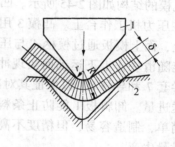

图 2-41 落料排样法

a) 有搭边排样法 b) 无搭边排样法

图 2-42 坯料弯曲过程

1—凸模 2—凹模 R—外侧弯曲半径

r—内侧弯曲半径 δ—板料厚度

弯曲时，变形只发生在圆角部分，其内侧受压易变皱，外侧受拉易开裂。为了防止弯裂，弯曲模的弯曲半径要大于限定的最小半径 r_{min}。通常取 $r_{min} = (0.25 \sim 1) \delta$，δ 为金属板料厚度。此外，弯曲时应尽量使弯曲线与坯料中的流线方向相垂直，如弯曲线与流线方向相平行，则坯料在弯曲时易开裂，如图 2-43 所示。

弯曲后，由于弹性变形的恢复，工件的弯曲角会有一定增大，称为回弹。为保证合适的弯曲角，在设计弯曲模时，应使模具弯曲角度比成品的弯曲角度小一个回弹角。

（3）拉深。拉深是利用模具使板料成形为空心件的冲压方法。拉深过程如图 2-44 所示。板料在凸模作用下，逐渐被压入凹模内，形成空心件。

在拉深过程中，为防止工件起皱，必须使用压边圈以适当的压力将坯料压在凹模上。为防止工件被拉裂，要求拉深模的顶角以圆弧过渡；凹、凸模之间留有略大于板厚的间隙；确定合理的拉深系数 m。m 是空心件直径 d 与坯料直径 D 之比，即 $m = d/D$。m 越小，坯料变形越严重。对于一次拉深成形的空心件，一般取 $m = 0.5 \sim 0.8$。对于深度较大的拉深件，可采用多次拉深，并在其间穿插再结晶退火，以恢复材料塑性。

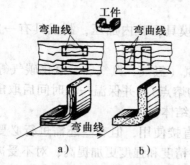

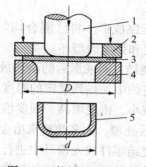

图 2-43 弯曲线与流线方向的关系

a) 弯曲线与流线垂直

b) 弯曲线与流线平行

图 2-44 拉深过程示意图

1—凸模 2—压边圈 3—板料 4—凹模 5—空心件

3. 冲模

冲模是冲压生产中不可缺少的主要工具。冲模按结构特征可分为简单模、连续模和复合模三种。

（1）简单模。在压力机的一次行程中只能完成一个冲压工序的冲模，称为简单模。简单

69

落料冲孔模的结构如图 2-45 所示。凹模 10 用下压板 6 固定在下模板 9 上，而下模板又用螺栓固定在压力机工作台上。凸模 3 用上压板 2 固定在上模板 5 上，而上模板通过模柄 4 与压力机滑块相连，所以凸模能随滑块作上下运动而实现冲裁。上、下模上分别装有导套 7 和导柱 8，以保证其对准。定位销 11 控制条料的送进量。卸料板 1 能防止条料卡在凸模上。简单模结构简单，制造容易，但精度不高，生产率较低，适用于小批量生产。

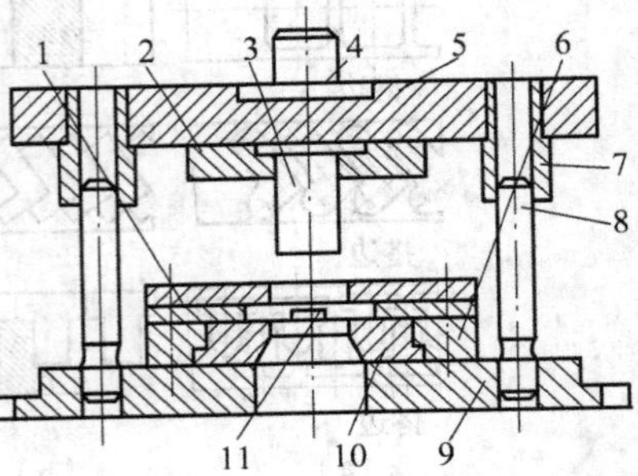

图 2-45　简单落料冲孔模
1—卸料板　2—上压板　3—凸模
4—模柄　5—上模板　6—下压板
7—导套　8—导柱　9—下模板
10—凹模　11—定位销

（2）连续模。在压力机的一次行程中，在模具的不同部位上同时完成数个冲压工序的冲模，称为连续模。连续模生产率高，易于实现自动化，但制造比较麻烦，成本也较高，适用于一般精度工件的大批量生产。

（3）复合模。在压力机的一次行程中，在模具的同一位置完成两个以上冲压工序的冲模，称为复合模。复合模能保证较高的零件精度，但结构复杂，制造困难，故适用于高精度工件的大批量生产。

2.2.4　粉末冶金

1. 粉末冶金的概念及工艺过程

粉末冶金是用两种以上的金属粉末或金属与非金属粉末经混合、压制成形和烧结，制成金属材料或零件的方法。

粉末冶金的工艺过程为：粉末制备→混料→压制成形→烧结→后处理。

（1）制取粉末。可采用机械破碎法、雾化法、氧化还原法及电解法制取金属粉末。

（2）混料。在专用的混料机中将不同成分的材料粉末按比例混合均匀，通常还加入少量的润滑剂（如机油、硬脂酸锌、石蜡等），以改善粉末的成形性和可塑性，从而提高压模的寿命。

（3）压制成形。将已混合均匀的松散粉末置于模具型腔内加压，制成具有一定形状、尺寸、密度和强度的型坯。

（4）烧结。将成形后的型坯放入具有保护性气氛（氢气、氮气、一氧化碳气等）的高温炉或真空炉中加热到规定的温度（低于基体金属的熔点），并保温一段时间后取出，使型坯的孔隙减小、密度增高、强度增加，获得致密的烧结体。

（5）后处理。大多数粉末冶金制品在烧结后可直接使用，但有些还需进行必要的后处理。如将烧结零件放入模具中进行精压处理，使零件精度和强度更加提高；对不受冲击而硬度要求高的铁基粉末冶金零件整体淬火；对表面要求耐磨、心部要有足够韧性的铁基粉末冶金零件表面淬火；对含油轴承在烧结后进行浸油处理；对不能用油润滑或在高速重载下工作的轴瓦，用烧结的铜合金在真空下浸渍聚四氟乙烯液，以制成摩擦系数小的金属塑料减摩件；将低熔点金属或合金渗入到多孔烧结件的孔隙中，从而增加烧结件的密度、强度、硬度、塑性或冲击韧度等。

2. 粉末冶金的特点与应用

（1）粉末冶金的特点

1）能生产具有特殊性能的材料和制品，如用其他方法不能生产的含油轴承、过滤材料、热交换材料等多孔材料。

2）能生产一般熔炼和铸造难以生产的难熔金属材料制品及复合材料制品，如高温合金、硬质合金、人造金刚石、摩擦材料、电接触材料、硬磁和软磁材料及金属陶瓷等。

3）能制成一些组元熔点相差悬殊，用普通熔化法生产会造成严重偏析和低熔点组元大量烧损的合金，如铜钨合金、银钨合金、铜钼合金、银钼合金等。

4）可直接制造出尺寸精确、表面光洁的零件，省时、省料，实现少、无切削加工。

但粉末冶金制品的大小和形状受到设备吨位和模具的限制，而且制品强度不大、韧性较差，目前只能生产尺寸不大、形状不太复杂的零件。

（2）粉末冶金的应用

1）制造机械零件。如用锡青铜粉或铁粉与石墨粉可粉末冶金制成自润性良好的铜基、铁基含油轴承；用铜或铁加上石棉、二氧化硅、石墨、二硫化钼等可粉末冶金制造摩擦离合器的摩擦片、刹车片等；用铁基粉末结构合金（以碳钢粉末或合金钢粉末为主要原料烧结而成）可制造齿轮、链轮、凸轮、轴套、连杆等各种机械零件。

2）制造各种工具。用碳化钨与钴粉末冶金制得的短切削加工用硬质合金可用于制造刀具、模具和量具；用碳化钨、碳化钛和钴粉末冶金可制成长切削加工用硬质合金刀具；用氧化铝、氮化硅与合金粉末冶金可制成金属陶瓷刀片；用人造金刚石单晶体烧结在硬质合金上可制成复合人造金刚石刀片等。

3）制造各种特殊用途的材料或元件。如制造用做磁心、磁铁的强磁性铁镍合金；用于接触器或继电器上的铜钨、银钨触点；用于宇宙航行和火箭技术的耐热材料；用于原子能工业的核燃料元件和屏蔽材料等。

2.3 焊接

焊接是通过加热或加压或两者并用，并且用或不用填充材料，使焊件达到原子间结合的一种加工方法。焊接不但能将型材、板材等拼焊成焊接结构，也能将铸件、锻件、冲压件等拼焊成焊接结构；不但能焊接同种金属，还能焊接异种金属；不但能生产简单构件，而且能生产大型构件和复杂构件，以及有良好密封性的构件。焊接与铆接相比，可节省金属材料和节约工时。在单件小批量生产时，用焊接代替铸造，可缩短生产周期，免去造型、制造模样等工序，经济性好。焊接的缺点是焊件的加热、冷却是不均匀的，因而焊件接头处的组织、性能就不均匀，并且焊件易产生内应力和变形。焊接主要用来制造金属结构和机械零件，连接电气线路，修补损坏的零件及铸件、锻件的某些缺陷。

按使焊件达到原子间结合的方法，焊接可分为熔焊、压焊和钎焊共三类。

（1）熔焊。熔焊是在焊接过程中，将焊件接头加热至熔化状态，不加压力完成焊接的方法。常用的熔焊方法有手弧焊、埋弧焊、气体保护焊和气焊等。

（2）压焊。压焊是在焊接过程中，对焊件通过施加压力（加热或不加热）完成焊接的方法。常用的压焊方法有电阻焊、摩擦焊等。

（3）钎焊。钎焊是采用比母材熔点低的金属材料作钎料，将焊件和钎料加热至高于钎料熔点、低于母材熔点的温度，利用液态钎料润湿母材，填充接头间隙，并与母材相互扩散实现连接焊件的方法。

2.3.1 焊条电弧焊

电弧焊是以电弧作为焊接热源的熔焊方法。用手工操纵焊条进行焊接的电弧焊称为焊条电弧焊。焊条电弧焊是应用最广泛的焊接方法。

1. 焊接过程

焊条电弧焊的焊接过程如图 2-46 所示。将焊条和焊件与弧焊机的两极相连，然后引弧，电弧热使焊件接头处的金属和焊条端部熔化，形成熔池。随着焊条的移动，新的熔池不断形成，旧的熔池不断凝固，形成焊缝。

2. 焊接电弧

焊接电弧是在焊件和焊条间的气体介质中产生的强烈而持久的放电现象。

(1) 焊接电弧的产生。将焊条与焊件接触，由于电阻热，接触处温度急剧升高，局部金属熔化甚至蒸发。在此瞬间，将焊条微微提起，使焊条与焊件之间形成电场。在电场力作用下，阴极发射出大量电子，与两极之间的气体分子相撞击，使之电离。带电粒子向两极高速运动，形成电弧。带电粒子在运动途中和到达电极表面时的复合，以及带电粒子对电极表面的撞击，都会释放出巨大的能量，产生高温。只要在焊条与焊件间保持一定的电压，电弧就能连续燃烧。

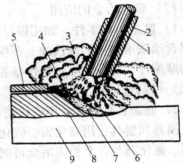

图 2-46　焊条电弧焊焊接过程
1—焊芯　2—药皮　3—气体
4—熔渣　5—渣壳　6—焊芯
熔滴　7—熔池　8—焊缝　9—焊件

(2) 电弧的热量分布。焊接电弧可分为阳极区、阴极区和弧柱区三部分，如图 2-47 所示。通常阳极区产生的热量占电弧总热量的 43%，阴极区的热量占 36%，弧柱区的热量占 21%。因此，当采用直流电源焊接时，电源的两极与焊件、焊条有两种不同的接线法：焊件接电源正极，焊条接电源负极的接线法，称为正接；焊件接负极，焊条接正极的接线法，称为反接。正接时，焊件获得的热量多，有利于焊透，故适于焊接厚板；反接时，焊件获得的热量少，故适于焊接薄板，以免焊件烧穿。

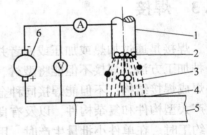

图 2-47　焊接电弧的组成
1—焊条　2—阴极区　3—弧柱
4—阳极区　5—工件　6—电焊机

3. 焊接设备

焊条电弧焊的主要设备是电弧焊机，它为焊接电弧提供电源。电弧焊机有以下两类：

(1) 交流弧焊机。交流弧焊机所提供的电源是交流电，其结构主要是一个特殊的降压变压器。交流弧焊机结构简单，价格低廉，使用可靠，维修方便，故应用最广。交流弧焊机的缺点是焊接电弧不够稳定。

(2) 直流弧焊机。直流弧焊机所提供的电源是直流电。直流弧焊机引弧容易，电弧稳定，焊接质量好，能适应各类焊条，并能根据焊件特点选用正接或反接，常用于重要结构件的焊接。直流弧焊机的缺点是结构复杂，价格较高，噪声大。

4. 焊条

焊条是涂有药皮的供焊条电弧焊用的熔化电极。

（1）焊条的组成。焊条由焊芯和药皮两部分组成。

1）焊芯。焊芯是焊条中被药皮包覆的金属丝。其作用是导电、引弧、熔化后填充焊缝。焊芯都是用专门冶炼的金属制成，以保证焊缝金属的组织和性能。焊条的直径和长度是用焊芯的直径和长度表示的，常用的直径为 2.0~6.0mm，长度为 300~400mm。

2）药皮。药皮是压涂在焊芯表面的涂料层，其组成很复杂。药皮的主要作用是使电弧引燃容易，燃烧稳定；造气造渣，保护熔池；除去熔池中的氧、氢、硫、磷等有害元素，并添加合金元素。

（2）焊条的型号。碳钢焊条的型号由字母 E 加四位数字组成。字母 E 表示焊条。前两位数字表示熔敷金属最低抗拉强度；第三位数字表示适用的焊接位置：0 和 1 表示适用于各种焊接位置，2 表示适用于平焊；第三位和第四位数字组合起来，表示焊接电流的种类及药皮类型。常用的几种碳钢焊条的型号如表 2-5 所列。

表 2-5　几种常用碳钢焊条的型号和用途

型号	药皮类型	焊接电源	主要用途	焊接位置
E4303	钛钙型	直流或交流	焊接低碳钢结构	全位置焊接
E4301	钛铁矿型	直流或交流	焊接低碳钢结构	全位置焊接
E4322	氧化铁型	直流或交流	焊接低碳钢结构	平角焊
E5015	低氢钠型	直流反接	焊接重要的低碳钢或中碳钢结构	全位置焊接
E5016	低氢钾型	直流或交流	焊接重要的低碳钢或中碳钢结构	全位置焊接

（3）焊条的分类。根据焊条药皮中所含氧化物的性质，焊条可分为以下两类：

1）酸性焊条。酸性焊条是指药皮中含有多量酸性氧化物的焊条。酸性焊条在焊接时生成酸性熔渣，氧化性较强，合金元素烧损较多，焊缝抗裂性差，故用于一般结构件的焊接。其优点是焊缝中不易形成气孔，能使用交、直流电源，价格较低。

2）碱性焊条。碱性焊条是指药皮中含有多量碱性氧化物的焊条。碱性焊条能使焊缝金属的含氢量很低，故又称低氢型焊条。碱性焊条的优点是焊缝金属中的有害元素含量低，合金元素烧损少，焊缝金属的力学性能高，抗裂性好，故碱性焊条用于重要结构件的焊接。但是碱性焊条对油污、铁锈、水分较敏感，易产生气孔，所以焊接前要清理干净焊件接头部位，并烘干焊条。碱性焊条应采用直流反接。

（4）焊条选用原则。在焊接结构钢焊件时，首先应根据等强度原则确定焊条的强度等级，即焊条的强度应与母材强度大致相等。然后应全面分析焊件的工作要求、焊接条件、经济性等具体情况，选定焊条药皮类型及电源种类。例如，形状复杂和刚度大的焊件，工作中受冲击和交变应力的焊件，焊接时易产生裂纹的焊件，应选用碱性焊条；对于性能要求不高的焊件以及难以清理干净的焊件，应选用酸性焊条。在焊接不锈钢、耐热钢等金属材料时，应根据母材的化学成分选用相应成分的焊条。

5. 焊接工艺

焊条电弧焊焊接工艺主要包括以下内容：

（1）接头形式。由于焊件的形状、工作条件和厚度的不同，焊接时需要采用不同的焊接接头形式。常见的接头形式有对接、角接、T形接和搭接等几种，如图2-48所示。对接接头受力均匀，焊接时容易保证质量，因此常用于重要的构件中。搭接接头焊前准备和装配比较简单，在桥梁、屋架等结构中常采用。

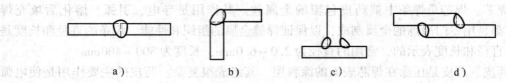

图 2-48　接头的基本形式
a）对接　b）角接　c）T形接　d）搭接

（2）坡口形式。为了保证焊件能被焊透，需根据设计或工艺需要，在焊件的待焊部位加工一定几何形状的沟槽，称为坡口。常见的坡口形式有I形、V形、U形和X形，如图2-49所示。坡口采用气割或切削加工等方法制成。

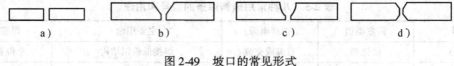

图 2-49　坡口的常见形式
a）I形　b）V形　c）U形　d）X形

（3）焊接位置。焊接位置是指施焊时，焊件接缝所处的空间位置。焊接位置通常有平焊、横焊、立焊、仰焊四种，如图2-50所示。平焊操作方便，焊缝成形良好，应尽量采用。在可能的情况下，应设法使其他焊接位置转变成平焊位置，然后进行焊接。

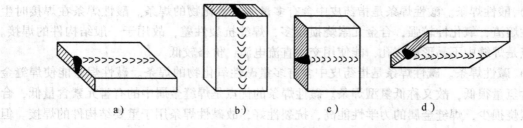

图 2-50　焊接位置
a）平焊　b）立焊　c）横焊　d）仰焊

6. 焊接接头的组织与性能

焊接接头由焊缝区、熔合区和热影响区组成。低碳钢焊接接头的组织变化情况如图2-51所示。

（1）焊缝区。焊缝区是由熔池中金属液凝固后形成的，属铸态组织。由于按等强度原则选用焊条，故焊缝区的力学性能一般不低于母材。

（2）熔合区。熔合区是焊缝向热影响区过渡的区域。此区在焊接时被加热到固相线和液相线之间，金属处于半熔化状态，凝固后，组织由铸态组织和过热组织组成，力学性能差。

（3）热影响区。热影响区是指焊接过程中，母材因受焊接热的影响在固态下发生金相

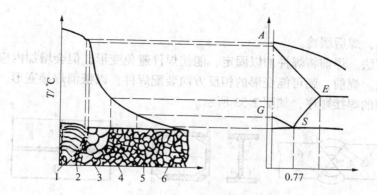

图 2-51 低碳钢焊接接头组织
1—焊缝区 2—熔合区 3—过热区 4—正火区
5—部分相变区 6—未相变区

组织和力学性能变化的区域。它包括过热区、正火区和部分相变区。

1）过热区。此区紧挨熔合区，温度高，因而全为过热组织，塑性和韧性很差。

2）正火区。正火区在焊接时温度达到 $A_{c3} \sim 1100°C$ 之间，冷却后获得均匀细小的正火组织，力学性能高于母材。

3）部分相变区。此区在焊接时温度达到 $A_{c1} \sim A_{c3}$ 之间，只有部分组织发生相变，因此冷却后造成晶粒大小不均匀，力学性能稍差。

综上所述，熔合区和过热区是焊接接头中最薄弱的部分，往往是焊接结构破坏的发源地。通常，热影响区越小，熔合区和过热区的不利影响也越小，并且焊件的变形也越小。

7. 焊接应力与变形

（1）焊接变形的基本形式。焊接变形的基本形式有收缩变形、角变形、弯曲变形、波浪形变形和扭曲变形，如图 2-52 所示。

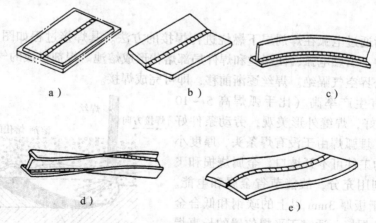

图 2-52 焊接变形的基本形式
a）收缩变形 b）角变形 c）弯曲变形 d）扭曲变形 e）波浪形变形

（2）减小焊接应力和变形的措施。减小焊接应力和变形的措施主要有以下几种：

1）设计焊接结构时，应尽量减少焊缝数量，尽可能使焊缝对称分布，尽量避免焊缝的密集和交叉。

2）焊前预热，焊后缓冷。

3）刚性固定法。焊前将焊件加以固定，能使焊件避免变形，但会增加内应力。

4）反变形法。焊前，朝可能变形的相反方向装配焊件，以抵消焊接变形。

5）选择合理的焊接顺序，如图 2-53 所示。

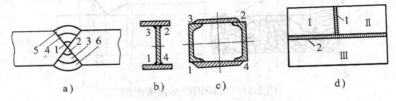

图 2-53　合理的焊接顺序

a）X 坡口焊件　b）工字形焊件　c）矩形焊件　d）板形焊件

6）每焊好一道焊缝，趁热用小锤轻轻加以敲击，以降低内应力。

7）重要的焊件在焊后进行去应力退火。

（3）焊接变形的矫正。对已变形的焊件可进行矫正，以便使焊件产生新的变形来抵消焊接变形。变形较小的小型焊件常用机械加压或锤击的方法进行矫正。对较大的焊件或变形较大的焊件进行矫正时，常用氧-乙炔火焰对焊件的某些部位进行加热，然后冷却。显然，只有塑性好的金属材料的焊接变形才能矫正。

手工电弧焊设备简单，操作灵活，能适应各种焊缝位置和接头形式，并且焊缝的形状和长度不受限制，因而应用广泛。但由于生产率低，手工电弧焊主要用于单件小批量生产。手工电弧焊适宜的板厚应不小于 1mm（常用 3 ~ 20mm）。

2.3.2　其他焊接方法

1. 埋弧焊

埋弧焊是指通过电弧在焊剂层下燃烧进行焊接的方法。其焊接过程如图 2-54 所示。将焊丝插入焊剂中，引燃电弧，使焊丝和焊件局部熔化形成熔池。焊剂形成的气体和熔渣可使电弧和熔池与外界空气隔绝。焊丝逐渐前移，即可完成焊接。

埋弧焊具有生产率高（比手弧焊高 5 ~ 10 倍），焊接质量好，焊缝外形美观，劳动条件好等优点。此外，埋弧焊由于没有焊条头，厚度小于 20 ~ 25mm 的工件可不开坡口，金属烧损和飞溅少，电弧热利用充分，故能节省金属和电能。埋弧焊主要用于板厚 3mm 以上的碳钢和低合金高强度结构钢的焊接，适宜于平焊位置的长直焊缝和直径较大（一般不小于 250mm）的环焊缝。

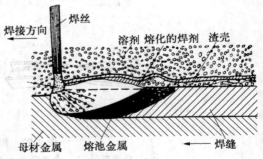

图 2-54　埋弧焊焊接过程示意图

2. 气体保护焊

气体保护焊是用外加气体作为电弧介质并保护电弧和焊接区的电弧焊。气体保护焊在焊接时，气体由喷嘴喷出，在电弧和熔池周围形成保护区，不断送进的焊丝被逐渐熔化，并进入熔池，冷凝后就形成优质焊缝。常用的气体保护焊有氩弧焊和二氧化碳气体保护焊两类。

（1）氩弧焊。氩弧焊是以氩气作保护气体的气体保护焊。按电极不同，氩弧焊可分为钨极氩弧焊和熔化极氩弧焊，如图2-55所示。

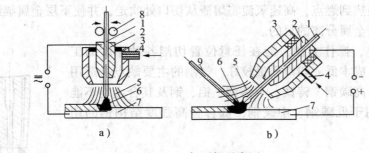

图2-55　氩弧焊示意图
a）熔化极　b）钨极
1—焊丝（钨极）　2—导电嘴　3—喷嘴　4—进气管
5—氩气流　6—电弧　7—焊件　8—送丝滚轮　9—填充焊丝

钨极氩弧焊以钨丝作电极，因焊接速度不高，一般只适用于焊接厚度4mm以下的薄板。熔化极氩弧焊以连续送进的焊丝作电极，生产率高，适宜焊接3～25mm的板材。

氩弧焊焊接质量好，焊件变形小，便于观察和操作，并可全位置焊接。由于氩气成本高，且设备复杂，氩弧焊主要用于铝、镁、钛及其合金以及不锈钢、耐热钢的焊接。

（2）二氧化碳气体保护焊。二氧化碳气体保护焊是用二氧化碳作为保护气体的气体保护焊。其焊接过程如图2-56所示。

二氧化碳气体保护焊的优点是生产率高（比手弧焊高1～3倍），成本低，热影响区和变形较小，并可全位置焊接。缺点是金属飞溅较大，焊缝表面不美观，如操作不当，易产生气孔。二氧化碳气体保护焊主要用于低碳钢和低合金高强度结构钢的薄板焊接。

3. 气焊和气割

（1）气焊。气焊是利用气体火焰作热源的熔焊方法，最常用的是以氧-乙炔焰作热源的氧-乙炔焊。氧-乙炔焊的焊接过程如图2-57所示。焊接时，乙炔和氧气在焊炬中混合均匀后从焊嘴喷出，点燃后形成火焰，将焊件和焊丝熔化，形成熔池，不断移动焊炬和焊丝，就形成焊缝。

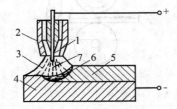

图2-56　二氧化碳气体保护焊
1—焊丝　2—喷嘴　3—保护气体　4—焊件
5—焊缝　6—熔池　7—电弧

图2-57　氧-乙炔焊示意图

气焊焊接温度低，加热时间长，因而生产率低，热影响区和变形大，焊缝质量不高。气焊的优点是操作简便，灵活性强，不需用电源，且焊接薄板时不易烧穿焊件。气焊主要用于焊接厚度在 3mm 以下的薄钢板、铜、铝及其合金，以及铸铁补焊。

（2）气割。气割的过程如图 2-58 所示。气割时，先用氧-乙炔焰将切割处金属预热到燃点，然后让割矩喷出高速切割氧流，使预热处金属燃烧，放出大量热量，形成熔渣。放出的热量使下层金属预热到燃点，高速氧流将熔渣从切口处吹走，并使下层金属继续燃烧。如此不断进行，达到使金属分离的目的。

气割设备简单，操作方便，能在任意位置切割各种厚度的工件，生产率较高，成本低，切口质量较好。气割的主要缺点是适用的材料种类较少，高碳钢、铸铁、不锈钢、铝、铜及其合金均不能气割。气割主要用于低碳钢、中碳钢、低合金高强度结构钢的切割。

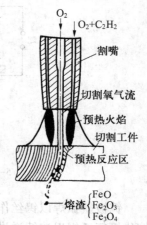

图 2-58　氧气切割示意图

4. 电阻焊

电阻焊是焊件组合后通过电极施加压力，利用电流通过接头的接触面及邻近区域产生的电阻热进行焊接的方法。电阻焊具有生产率高、焊接变形小和劳动条件好等优点。电阻焊设备较复杂，耗电量大，通常适用于成批或大量生产。电阻焊可分为点焊、缝焊、对焊三种。

（1）点焊。点焊过程如图 2-59 所示。点焊时，将焊件装配成搭接接头，并压紧在两极之间，然后通电，利用电阻热熔化母材金属以形成熔核，随后断电。熔核在压力下凝固，形成焊点。点焊焊点强度高，工件变形小且表面光洁，适用于薄板冲压结构和钢筋的焊接。

（2）缝焊。缝焊过程如图 2-60 所示。缝焊时，通常将焊件装配成搭接接头并置于两滚轮电极之下，滚轮加压于焊件并转动，连续或断续送电，便形成一条连续焊缝。缝焊主要用于焊接有气密性要求的厚度在 3mm 以下的容器和管道。

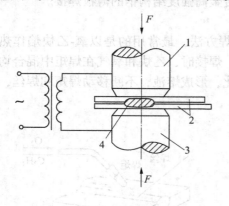

图 2-59　点焊示意图
1、3—电极　2—焊件　4—熔核

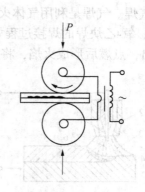

图 2-60　缝焊示意图

（3）对焊。对焊可分为电阻对焊和闪光对焊两种，如图 2-61 所示。

1）电阻对焊。对焊时，将焊件装配成对接接头，加预压力使其端面紧密接触，然后通

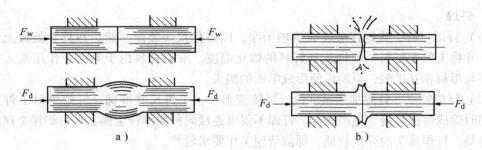

图 2-61　对焊示意图

a) 电阻对焊　b) 闪光对焊

电，将接触部位加热至塑性状态，随后增大压力，同时断电，接触处便产生塑性变形而形成焊接接头。电阻对焊的接头光滑无毛刺，但由于接头内部易产生夹杂物，故接头质量不易保证，一般用于断面直径小于 20mm、强度要求不高的杆件的焊接。

2）闪光对焊。焊接时，将焊件装配成对接接头，接通电源，并使其端面逐渐靠近达到局部接触，强电流通过触点，使之迅速熔化、蒸发并爆破，形成金属的飞溅和闪光。焊件不断送进，闪光连续发生。待两端面加热到全部熔化时，迅速对焊件加压并断电，使熔化金属自结合面挤出，焊件端部产生大量塑性变形而形成焊接接头。闪光对焊的接头质量较高，但金属损耗较大，接头处有毛刺需要清理。闪光对焊广泛用于刀具、钢棒、钢管等的对接，不但可焊同种金属，也可焊异种金属，如铝-铜、铝-钢等。

5. 摩擦焊

摩擦焊的焊接过程如图 2-62 所示。摩擦焊的热能来源于焊接端面的摩擦。其焊接过程如下：工件 1 高速旋转→工件 2 向工件 1 方向移动→两工件接触时减慢移动速度→加压→摩擦生热→接头被加热到一定温度→工件 1 迅速停止旋转→进一步加压工件 2→保压一定时间→接头形成。

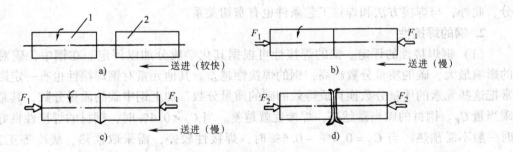

图 2-62　摩擦焊示意图

a) 焊接准备　b) 摩擦加热开始　c) 摩擦加热终了　d) 顶锻焊接

摩擦焊焊接时接头表面的摩擦和变形清除了氧化膜，促进了金属原子的扩散，顶锻过程破碎了焊缝中的脆性合金层。摩擦焊的焊缝组织是晶粒细化的锻造组织，接头质量很好。

摩擦焊产品的废品率很小，生产率高，适用于单件和批量生产，在发动机、石油钻杆等产品的轴杆类零件中应用较广。

6. 钎焊

（1）钎焊过程。先把接头表面清理干净，以搭接接头装配，然后在接缝处放上钎料和钎剂，并将工件和钎料一起加热到钎料的熔化温度。液态钎料由于毛细管作用流入接缝间隙，并与母材相互扩散，凝固后便形成牢固的接头。

（2）钎焊特点。钎焊加热温度低，焊接变形小，工件尺寸准确。钎焊可对工件整体加热，同时焊成许多焊缝，生产率高。钎焊不仅可连接同种或异种金属，还可焊接金属或非金属。但是，钎焊接头的强度较低，焊前清理工作要求较严。

（3）钎焊的分类和应用。钎焊按钎料熔点的不同，可分为软钎焊和硬钎焊两类。

1）软钎焊。软钎焊是使用熔点低于450°C的软钎料所进行的钎焊。常用的软钎料为锡铅钎料，常用的钎剂是松香、氯化锌溶液等。软钎焊接头强度较低，主要用于受力不大或工作温度较低的钎焊结构，如电子元件或电气线路的焊接。

2）硬钎焊。硬钎焊是使用熔点高于450°C的硬钎料所进行的钎焊。常用的硬钎料为铜基钎料，钎剂是硼砂。硬钎焊接头强度较高，主要用于受力较大或工作温度较高的钎焊结构，如刀具、零件的焊接。

另外，还有等离子弧焊与切割、电渣焊、真空电子束焊、激光焊、超声波焊接、扩散焊接、爆炸焊接等，这时不再一一介绍。

2.3.3 金属的焊接性

1. 焊接性的概念

焊接性是指金属材料对焊接加工的适应性。它主要是指在一定的焊接工艺条件下获得优质焊接接头的难易程度。金属焊接性的好坏应从以下两方面进行衡量：其一是接合性能，即在一定焊接工艺条件下，一定的金属形成焊接缺陷的敏感性；其二是使用性能，即在一定焊接工艺条件下，一定金属的焊接接头对使用要求的适应性。只有当金属的接合性能和使用性能都能满足要求时，该金属的焊接性才是优良的。金属的焊接性主要取决于金属的化学成分，此外，与焊接方法和焊接工艺条件也有密切关系。

2. 钢的焊接性

（1）钢焊接性的评定。钢的焊接性可根据其化学成分加以评定。在钢中，碳对焊接性的影响最大，碳的质量分数越高，钢的焊接性越差。其他元素对钢焊接性也有一定影响。通常把这些元素的质量分数换算成等效的碳的质量分数，加上钢中碳的质量分数，其总和称为碳当量 C_E。钢材的碳当量越高，焊接性就越差。当 $C_E < 0.4\%$ 时，钢材的焊接性良好，焊接时一般不需预热。当 $C_E = 0.4\% \sim 0.6\%$ 时，焊接性较差，需采取预热、缓冷等工艺措施，以防裂纹产生。当 $C_E > 0.6\%$ 后，焊接性差，需采取较高的预热温度，严格的工艺措施，以及焊后热处理。

（2）低碳钢的焊接性。低碳钢焊接性良好，能适应各种焊接方法，一般不需预热就能获得优质焊接接头，因此低碳钢是应用最广泛的焊接结构材料。由于沸腾钢在焊接时易开裂，故重要的焊接结构应选用镇静钢。

（3）中、高碳钢的焊接性。中碳钢的碳当量 C_E 大多在 $0.4\% \sim 0.6\%$ 之间，因而焊接性较差，焊前应适当预热。高碳钢的碳当量 $C_E > 0.6\%$，因而焊接性差，焊前需预热到 250 ~

350°C，焊时需采用碱性焊条，焊后需缓冷。高碳钢通常不作焊接结构材料，仅对高碳钢工件的某些缺陷或局部损伤进行焊补。

（4）低合金高强度结构钢的焊接性。$\sigma_s < 400\text{MPa}$ 的低合金高强度结构钢，碳当量 $C_E < 0.4\%$，焊接性接近低碳钢。$\sigma_s > 450\text{MPa}$ 的低合金高强度结构钢，碳当量 $C_E > 0.4\%$，焊接性较差，焊前一般要预热。

3. 铸铁的焊接性

铸铁塑性差，脆性大，在焊接过程中易产生裂纹，并且由于碳、硅元素的大量烧损，易产生白口组织及气孔等缺陷，因此铸铁的焊接性差，通常只进行焊补。对于焊后需切削加工的重要铸件，可在焊前预热到 600~700°C 再施焊，称为热焊法。热焊法能有效防止白口组织和裂纹，但成本较高。一般铸件通常在焊前不预热，或预热温度低于 400°C，称为冷焊法。冷焊法成本较低，但铸件切削加工性较差。

4. 常用非铁金属的焊接性

铝、铜及其合金的焊接性差，主要原因是：导热性大，散热快，不易焊透；线膨胀系数大，因此冷却时的收缩率也大，焊件易变形，易产生裂纹，易产生气孔，易氧化。非铁金属通常采用氩弧焊和气焊进行焊接。

2.3.4 焊接新工艺简介

1. 电子束焊

电子束焊接方法属于高能密度焊接方法。其特点是焊接时的能量密度大，可以焊出宽度小、深度大的焊缝，热影响区以及焊接变形很小。电子束焊在真空中进行，焊缝受到充分保护，能保证焊缝金属的高纯度。

电子束焊以前多用于航空航天、核工业等部门，焊接活性材料及难熔材料。现已应用在汽车制造、工具制造等工业，如焊接汽车大梁及双金属锯条等。

2. 激光焊

激光焊也属于高能密度焊接方法，焊接时的能量密度很高，热影响区以及焊接变形很小。激光束可以用反射镜、偏转棱镜或光导纤维引到一般焊炬难以到达的部位进行焊接，甚至可以透过玻璃进行焊接。

激光焊经常用于微电子工业与仪器仪表工业，如焊接集成电路的内外引线等。激光焊在其他部门的应用也日益广泛，如焊接汽车底板与外壳，焊接食品罐等。使用激光焊焊接汽车齿轮，焊后无需机械加工，可直接装配。

3. 扩散焊

扩散焊的焊接过程如下：首先使工件紧密接触，然后在一定的温度和压力下保持一段时间，使接触面之间的原子相互扩散完成焊接。扩散焊不影响工件材料原有的组织和性能，接头经过扩散以后，其组织和性能与母材基本一致。所以，扩散焊接头的力学性能很好。扩散焊可以焊接异种材料，可以焊接陶瓷和金属。对于结构复杂的工件，可同时完成成形连接，即所谓超塑成形-扩散连接工艺。

4. 等离子弧切割

等离子弧切割目前已经成为一种广泛应用的切割方法。等离子弧是压缩电弧，电弧经过水冷喷嘴孔道，受到机械压缩、热收缩与磁收缩效应的作用，弧柱截面减小，电流密度增大，弧内电离度提高，成为压缩电弧，即等离子弧。等离子弧的温度高于所有金属及其氧化物的熔点，可以切割各种金属材料包括高熔点材料。对于传统的氧-乙炔切割方法难以切割的材料，如铸铁、有色合金等，均可用等离子弧切割。

5. 水射流切割

水射流切割是利用高压水（200～400MPa）喷射工件进行切割的工艺方法。为了提高切割效率，常在水中加入金刚砂作为磨料。

水射流切割可以切割金属、玻璃、陶瓷、塑料等几乎所有的材料。水射流切割没有热变形，割缝整洁，没有粉尘，是很有发展前途的切割工艺方法。

6. 数控切割机

目前数控切割机在生产上已大量使用。现代的数控切割机用计算机控制，具有图形处理、自动跟踪等功能，是毛坯下料工序的有效方法。数控切割机一般可以与等离子弧割、激光切割、水射流切割以及氧-乙炔切割方法配备使用。

2.4 习题

2-1 零件、铸件和模样三者在形状和尺寸上有哪些区别？

2-2 确定图2-63所示零件的浇注位置、分型面和手工造型方法，并画出铸造工艺图。

2-3 比较各种铸造方法的特点。

2-4 下列铸件在大批量生产时最适宜采用哪种铸造方法？

铝合金活塞、车床床身、齿轮铣刀、铸铁水管、照相机机身。

2-5 某种纯铜管是由坯料经冷拔而成。请回答以下问题：

（1）铜管的力学性能与坯料有何不同？

（2）在把铜管通过冷弯制成输油管的过程中，铜管常有开裂，原因是什么？

（3）为了避免开裂，铜管在冷弯前应进行何种热处理？

（4）热处理前后铜管的组织和性能发生了哪些变化？

2-6 铅的熔点为327°C，请问：

（1）在室温下弯折铅板是属于冷加工还是热加工？

（2）铅板在室温下弯折为什么会越弯越硬？

（3）上述铅板在室温下停止弯折一段时间后又会重新变软，为什么？

2-7 为什么金属晶粒越细，金属的力学性能越好？试根据金属塑性变形的理论加以说明。

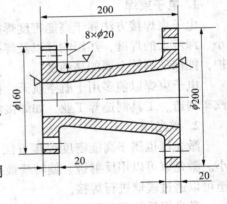

图 2-63 支承台

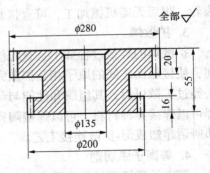

图 2-64 齿轮

2-8 画出图 2-64 所示零件的自由锻锻件图，并确定自由锻基本工序。

2-9 要制造底部中心有一圆孔的杯形件，应进行哪些冲压基本工序？

2-10 用三块 1m×1m 的钢板制造一根 3m 长的圆管，说明制造过程，并画出焊缝布置示意图。

2-11 为下列产品选择适宜的焊接方法：

（1）壁厚小于 30mm 的锅炉筒体的批量生产；

（2）汽车油箱的大量生产；

（3）减速器箱体的单件或小批量生产；

（4）在 45 钢刀杆上焊接硬质合金刀片；

（5）铝合金板焊接容器的批量生产；

（6）自行车钢圈的大量生产。

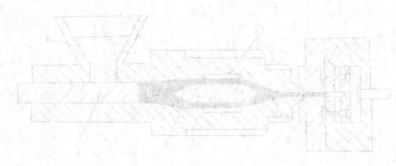

第3章 非金属材料的成形

非金属材料是除金属材料以外的其他一切材料的总称，主要包括有机高分子材料、无机非金属材料和复合材料三大类。与金属材料相比，非金属材料最突出的优点是密度小，重量轻，抗腐蚀性能优良且电绝缘性较好。同时由于其材料来源十分广泛，成形工艺简单，生产成本较低，因此应用日益广泛。目前在工程领域应用最多的非金属材料有塑料、橡胶、陶瓷及复合材料等。

3.1 塑料的成形与加工

3.1.1 塑料的成形方法

塑料工业主要是由塑料生产和塑料制品生产两大部分构成的。塑料生产是指树脂及塑料原材料的生产，通常是由石化厂完成的。塑料制品生产（即塑料的成形加工）是采用各种成形加工手段将粉状、粒状、溶液、糊状等各种形态的塑料原料制成所需形状的制品或坯件的过程。

塑料的成形方法很多，目前国内外应用较多的有注射成形、挤出成形、压制成形、吹塑成形、浇铸成形和滚塑成形等。

1. 注射成形

注射成形是将粉状或粒状的塑料原料经料斗装入料筒，并在其内加热至熔融状态，在注射机柱塞或螺杆作用下注入模具，冷却固化后脱模得到所需形状的塑料制品的方法，如图3-1所示。

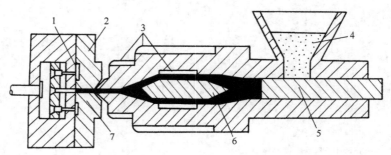

图 3-1　注射成形示意图

1—制品　2—模具　3—加热器　4—粒状塑料　5—柱塞　6—分流梳　7—喷嘴

注射成形工艺包括成形前的准备、注射成形过程和制件成形后的修饰与处理三个阶段。

（1）成形前的准备。

1）材料准备，即对成形树脂进行必要的质量检验和干燥。

2）辅助操作准备，即调试模具、清洗料筒、预热、安放嵌件及涂脱模剂。

（2）注射成形过程。

这是从树脂变为制品的主要阶段。其工序如下：

1）加料。每次加料应尽可能保证定量。

2）塑化。指使塑料达到成形的熔融状态，一要达到规定温度；二要使熔融体温度均匀；三是使热分解产物含量尽量少。

3）注射。指注射机用柱塞或螺杆对熔融塑料施加推压力，使之从料筒进入模腔的工序。它是通过控制注射压力、注射时间和注射速度来实现充模以获得制品的。

4）保压。指注射结束到柱塞或螺杆后移的时间。它是保证获得完整制品所必需的程序。

5）冷却。为使制品有一定的强度，制品在模腔内必须要冷却一定时间。冷却时间为保压开始至卸压开模卸件为止。

6）启模卸件。开启模具，取出制品。

其中加热塑化、加压注射、冷却定形是注射成形过程中三个最基本的工序。

（3）成形后的修饰与处理。制品注射成形后，需要切除浇道和修饰制品，以改善制品的外观。另外还要经热处理，消除内应力，以防止变形和开裂。

注射成形是生产一般塑料制件最常用的方法，已成功应用于热塑性塑料和部分热固性塑料的成形。注射成形生产周期短、效率高，易于实现机械化、自动化，而且制品尺寸精确，适用于大批量制造形状复杂件、薄壁件及带有金属或非金属嵌件的塑料制品，如电视机、收录机的外壳等。特别是近年来热流道注射成形、双色注射成形以及气压注射成形等新工艺的不断涌现，为注射成形提供了更为广泛的应用前景。

2. 挤出成形

挤出成形是将粉状或粒状的塑料原料加入挤压机的料筒中，加热软化后，在旋转螺杆的作用下，使塑料受挤前移而通过口模，冷却后制成等截面连续制品的方法，如图 3-2 所示。

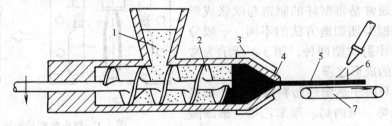

图 3-2　挤出成形示意图
1—塑料粒　2—螺杆　3—加热器　4—口模　5—制品　6—空气或水　7—输送机

成形工艺过程是：粒状塑料从料斗送入螺旋推进室，然后由旋转的螺杆送到加热区熔融，变成粘流态；在压力下迫使它通过口模落到输送机输送带上；用喷射空气或水使之冷却变硬，以保持口模所给予的形状。

挤出成形是应用最广、适应性最强的加工方法。配合不同形状和结构的口模，可生产塑料管、棒、板、条、带、丝及各种异型断面的型材，还可进行塑料包覆电线、电缆工作。

3. 压制成形

压制成形分为模压法和层压法，如图 3-3 所示，是将粉状、粒状的塑料原料（模压法）

或片状的塑料坯料（层压法）放入模具中，经加热和加压而成形为塑料制品的方法。

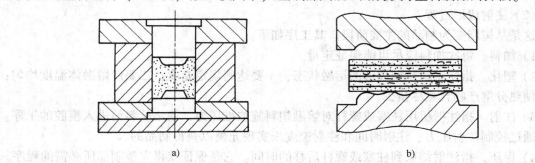

图 3-3　压制成形示意图
a）模压法　b）层压法

　　压制成形工艺主要是控制温度、压力和时间，以保证成形。适当的加热温度的目的，一是使塑料软化熔融而具流动性；二是使塑料交联而硬化，以成为不溶不熔的塑料制品。掌握好施加的压力是为了提高塑料流动性以充满型腔，同时也为排除水蒸气和挥发物，使制品内没有气泡。恰当的压制时间是为了保证塑料在模具中反应充分。总之这三个工艺参数的正确选择是获得合格制品的保证。

　　压制成形是热固性塑料常用的成形方法，也可用于流动性极差的热塑性塑料（如聚四氟乙烯）的成形，如常见的电器开关、插头、插座、轴瓦、汽车方向盘等就是用压制成形的。

　　4. 吹塑成形

　　吹塑成形是利用压缩空气将片状、管状的熔融塑料坯吹胀并紧贴于模腔内壁，冷却脱模后制得空心制件的方法。

　　吹塑成形通常是将型坯的制造与吹胀成形联合完成。根据型坯制造方法的不同，一般分为挤出吹塑和注射吹塑两种，图 3-4 所示为常用的挤出吹塑的成形过程。

　　吹塑成形只限于热塑性塑料的成形（如聚乙烯、聚氯乙烯、聚丙烯、聚苯乙烯、聚碳酸酯、聚酰胺等），常用于成形中空、薄壁、小口径的塑料制品，如塑料瓶、塑料罐、塑料壶等。还可利用吹塑原理生产各种塑料薄膜。

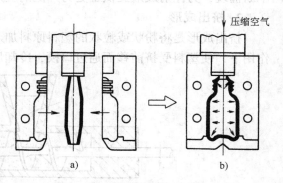

图 3-4　挤出吹塑成形示意图
a）挤出型坯　b）吹胀成形

　　5. 浇铸成形

　　浇铸成形是将树脂与添加剂混和加热至液态后浇铸入模具中，冷却固化后脱模即得制品的方法。其成形过程如图 3-5 所示。

　　浇铸成形主要适用于流动性好、收缩小的热塑性塑料或热固性塑料，尤其适宜制作体积大、重量大、形状复杂的塑料件。近年来，又在普通浇铸的基础上衍生出离心浇铸（即将聚合物熔体浇入高速旋转的模具中依靠离心力贴模成形，见图 3-5b）、嵌铸（即用聚合物包封非塑料件），进一步扩大了浇铸成形的应用范围，提高了浇铸件的精度和力学性能。

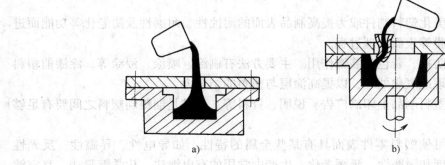

图 3-5　浇铸成形示意图
a) 普通浇铸　b) 离心浇铸

6. 滚塑成形

滚塑成形是将定量的粉状树脂装入模具中，通过外加热源加热模具，与此同时模具进行缓慢的公转和自转，从而使树脂熔融并借助自身的重力均匀地涂布于整个模具内腔表面，最后经冷却脱模后得到中空制品的方法。为提高滚塑的生产效率，缩短生产等待时间，一般生产中多采用四工位周期性操作，即装料→加热→冷却→脱模。如图 3-6 所示的四工位滚塑机，四个臂绕同一心轴旋转，即为模具的公转；同时每一臂上的一套模具以该臂为轴线旋转，即为模具的自转。

滚塑是制造大型中空塑料制品最经济的方法，尤其是在模具中使用石棉、氟塑料等不粘材料可生产局部有孔或敞口的塑料制品，因而已越来越多地用于生产大型厚壁的塑料管道、塑料球、塑料桶等。

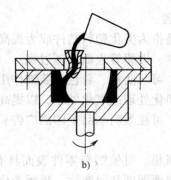

图 3-6　滚塑成形示意图
Ⅰ 装料或脱模　Ⅱ 加热　Ⅲ 风冷　Ⅳ 水冷
1—模架　2—模具　3—塑料粉　4—塑件

3.1.2　塑料的加工方法

塑料的加工是指将成形后的塑料制品进一步进行机械加工、表面修饰及装配，最终形成产品的过程，也称为塑料的二次加工。

1. 机械加工

对有较高尺寸精度和表面质量要求的塑料零件，需在成形后经进一步机械加工以保证质量；对于某些形状简单的塑料件，用棒材、管材、板材等塑料型材直接机加工制造，可以简化生产工序；而当零件上有小孔、深孔和螺纹时，用后道机加工比直接成形更为经济。

塑料零件的机械加工与金属的切削加工方法基本相同，如可以车、铣、刨、钻、扩、铰、镗、锯、锉、攻螺纹、滚花等。但在切削时，应充分考虑塑料与金属的性能差异，如塑料的散热性差、热膨胀系数大、弹性大，加工时容易变形、软化、分层、开裂、崩落等。因此，要采用前、后角较大的锋利刀具，较小的进给量和较高的切削速度；正确地装夹和支承工件，减少切削力引起的工件变形；并采用水冷或风冷加快散热。

2. 表面处理

表面处理是指为美化塑料制件或为提高制品表面的耐蚀性、耐磨性及防老化等功能而进行的涂漆、印刷、镀膜等表面处理过程。

（1）涂漆。可起防护、着色和装饰作用。主要方法有刷涂、喷涂、浸涂等。涂漆前塑料制件必须进行净化处理或氧化处理，以提高涂层与塑料的结合力。

（2）印刷。可在塑料制品上印刷广告、说明、资料等。关键是油墨同塑料之间要有足够的粘合性。

（3）镀金属膜。可使塑料零件表面具有某些金属的特性，如导电性、导磁性、反光性等，以及提高表面硬度和耐磨性，延缓老化。生产中常用的有电镀法、化学镀膜法、真空镀膜法等。

3. 连接

连接的目的是将简单的塑料件与其他塑料件、非塑料件连接固定，以构成复杂的组件。塑料连接通常有以下四种方法：

（1）机械连接。机械连接是用螺丝、铆钉、按扣、压配合等机械手段实现连接和固定的方法。适合于一切塑料制件，特别是塑料件与金属件的连接。

（2）热熔连接。亦称焊接法。是将两个被连接件接头处局部加热熔化，然后压紧，冷却凝固后牢固连接的方法。常用的有外热件接触焊接、热风焊接、摩擦焊接、感应焊接、超声波焊接、高频焊接、等离子焊接等。焊接只适用于热塑性塑料。

（3）溶剂粘接。溶剂粘接是靠溶剂（如环己酮、甲乙酮、甲苯等）将塑料表面溶解、软化，再施加适当的压力使连接面贴紧，待溶剂挥发干净后，将连接面粘接在一起的方法。主要适用于同品种热塑性塑料制品的连接。

（4）胶接。胶接是用胶粘剂涂在连接表面之间，靠胶层的作用连接制件的方法。胶粘剂有天然的和合成的，目前常用的是合成高分子胶粘剂，如聚乙烯醇、环氧树脂等。胶接法既可用于同种、异种塑料制品的连接，也可用于塑料与金属、陶瓷、玻璃等的连接，既适用于热塑性塑料也适用于热固性塑料。

3.2 橡胶的成形与加工

橡胶制品的成形过程如图 3-7 所示，主要包括生胶的塑炼、胶料的混炼、制品的成形、制品的硫化四个阶段。

1. 生胶的塑炼

弹性的生胶很难与配合剂充分均匀地混合，成形加工则更困难。所以必须先进行塑炼，使橡胶分子发生裂解，减小分子量而增加可塑性。

塑炼通常在滚筒式塑炼机上进行，生胶放在两个相向旋转的滚筒之间（滚筒温度为 40～50℃），承受轧扁、拉

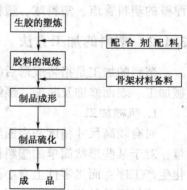

图 3-7　橡胶制品的成形过程

长、撕裂等机械力的作用以及空气中氧的作用，并借助于摩擦生热使温度升高，促使生胶分子链被扯断裂，可塑性增大。

此外，也可直接向生胶中通入热压缩空气，在热和氧作用下，促使生胶分子裂解，以增

加其可塑性。

2. 胶料的混炼

使生胶和配合剂混合均匀的加工过程称为混炼。先将塑炼后的生胶在滚筒式炼胶机上预热，再按一定的顺序放入配合剂。一般应先放入防老化剂、增塑剂、填料等，最后放入硫化剂和硫化促进剂，这样可避免过早硫化而影响后续成形工序的进行。混炼时要不断翻动、切割胶层，并掌握适宜的温度和时间，以保证混炼质量。

3. 制品的成形

橡胶制品的成形方法主要有挤压成形、压延成形、模压成形等。

（1）挤压成形。用螺旋挤压机将混炼后的胶料通过口模挤压成连续断面的制品，如胶管、胶棒、密封胶带等。其原理与塑料挤压成形相同。

（2）压延成形。用压延机将混炼后的胶料压成薄的胶板、胶片等，或在胶片上压出某种花纹，或在帘布、帆布的表面挂涂胶层，或将两层胶片贴合起来。此法只适用于形状比较简单的半成品成形。

（3）模压成形。可将混炼后的胶料直接放在模压机上的金属模具内压制成形，此法适用于小型橡胶零件的生产，如密封圈、皮碗、减振件等。也可将压延出的胶片、胶布等按照制品的形状大小裁剪后再在压机上用模具压制成半成品或成品，如胶鞋、橡胶球等。此法适用于形状比较复杂的橡胶零件的生产。

生产带有骨架材料的橡胶制品（如飞机轮胎、软油管、夹布或夹钢丝的胶管等）时，可先将骨架材料贴上胶料，再经模压、挤压或压延成形。

4. 制品的硫化

除了模压法常将制品成形与硫化同时进行外，其他方法成形后的橡胶制品都需再送入硫化罐内进行硫化。大多数橡胶制品的硫化需要加热到 130～160℃左右，加压并保压一段时间后再取出。但是某些大型的橡胶制品，如橡皮船等常采用自然硫化胶浆，成形后在常温下放置几天甚至几十天让其逐渐进行自然硫化。

3.3 陶瓷的成形与加工

陶瓷的成形加工过程一般包括坯料的制备、制品的成形和制品的干燥与烧制三道工序。

1. 坯料的制备

工程陶瓷坯料是用黏土、石英、长石等天然原料，经过拣选、破碎、配料、混合、磨细等工序，制成泥团状、浆状、粉状等坯料，为成形作准备。

先进陶瓷和金属陶瓷的坯料制备工序也基本如此，只是一般都采用人工合成的化学原料，对原料的纯度、粒度和分布都有严格的要求，在制备过程中，要加强对化学成分和物理性能的检测与控制，严防有害杂质的混入。

2. 制品的成形

陶瓷制品的成形方法主要有可塑成形、注浆成形、压制成形和固体成形等。

（1）可塑成形。是采用手工或机械的方法对具有可塑性的坯料泥团施加压力，使其发生塑性变形而制成生坯的方法。常用的可塑成形方法有挤压、滚压、旋压、雕塑及印坯等。

图 3-8 为旋压成形的示意图。将制备好的坯料泥团放在石膏模型上，两者共同旋转，再

慢慢放下样板刀，依靠样板刀的压力将泥料均匀分布在模型表面上，并刮除多余的泥料。显然，样板刀口的工作弧线形状与模型工作面的形状构成了坯件的内外表面，而样板刀口与模型工作面的距离即为坯件的胎厚。旋压成形的优点是设备简单，适应性强，可旋制大型深孔的制品。但成形质量较差，生产率低，劳动强度大。

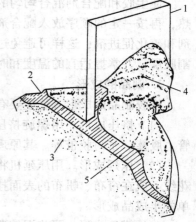

图 3-9 所示为滚压成形的示意图。成形时，盛放泥料的模型和回转型的滚压头分别绕自身轴线以一定的速度同方向旋转，同时滚压头向模型靠近，对坯料进行滚压使其成形。滚压成形易于实现机械化操作，故生产率高，滚压后的坯件组织致密、强度大，不易变形，表面质量好。

总之，可塑成形的操作简单，但制品精度不高。主要用于民用陶瓷器皿的生产，工业上用于陶瓷管、棒或型材的成形，如热电偶保护套管、高温炉管等。

（2）注浆成形。是将制备好的坯料泥浆注入多孔性模具内（石膏模或金属模），形成特定厚度的坯体后再倒出多余的浆料，待注件干燥收缩后修坯脱模获取制件的方法。

图 3-8　旋压成形示意图
1—样板刀　2—泥坯　3—石膏模型
4—多余的坯料　5—断面结构

由于泥浆坯料的流动性大大好于泥团坯料，故此方法主要用于制造形状复杂但精度要求不高的普通陶瓷制品。近年来，在传统注浆成形的基础上，改良出压力注浆、真空注浆、离心注浆等新方法，对提高注件质量、减轻劳动强度、提高生产率起到了积极有效的作用。

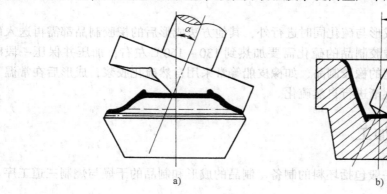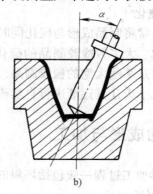

图 3-9　陶瓷的滚压成形
a）阳模滚压　b）阴模滚压

（3）压制成形。是将含有极少水分的粉状坯料放在金属模具内压制成致密生坯的成形方法。压制成形的过程简单，制品形状尺寸准确，便于实现机械化，是工程陶瓷和金属陶瓷的主要成形方法。

（4）固体成形。是先将粉料制成一定强度的块料或经过预烧制成有一定强度的坯料，然后再进行车、铣、刨、钻等加工的成形方法。

3. 制品的干燥与烧制

制品成形后含有较高的水分，强度较低，在运输和再加工过程中容易变形或破损，所以必须干燥后再进行烧制。常用的干燥方法有热空气干燥、辐射干燥、高频电干燥、微波干燥、红外线干燥等。

干燥后的型坯将送入窑炉内进行高温焙烧，通过一系列的物理和化学变化使其成瓷，并具有较高的强度和一定的致密度。普通陶瓷的焙烧温度一般为 1250～1450℃左右，工程陶瓷和金属陶瓷的焙烧温度在 1450℃以上，有时甚至高达 2000℃以上。

3.4　复合材料的成形与加工

3.4.1　复合材料的成形方法

通常，复合材料的制备与制品的成形是同时完成的。复合材料的生产过程也就是复合材料制品的生产过程。

1. 树脂基复合材料的成形方法

树脂基复合材料的成形方法很多，除了采用注射、压制、浇铸、挤出等类似于塑料成形的方法外，常用的主要有手糊成形法、喷射成形法、纤维缠绕成形法等。

（1）手糊成形法。手糊成形法的生产过程如下：首先将加入固化剂的树脂混合料均匀涂刷在涂有脱模剂的模腔表面，再将按规定形状和尺寸裁剪好的纤维增强织物直接铺设在塑胶层上，用刮刀、毛刷或压辊推压使树脂胶液均匀地浸入织物，并排除气泡，随后再涂刷树脂液、再铺设纤维织物，如此循环反复，直至达到规定的厚度；最后固化、脱模、修整，获得制件。

此种方法的最大优点是操作灵活，制品尺寸和形状不受限制。但生产效率低，劳动强度大，制品质量和性能不稳定。主要适用于多品种、小批量生产精度要求不高的制品，如玻璃钢遮阳棚、玻璃钢瓦片等。

（2）喷射成形法。喷射成形生产过程如图 3-10 所示，先将装有引发剂的树脂和装有促进剂的树脂分装在两个罐中，由液压泵或压缩空气按比例输送到喷枪内进行雾化，同时与短切纤维混合并喷射到模具上；当沉积到一定厚度时，用压辊排气压实，再继续喷射，直到完成坯件制作，最后固化成形。

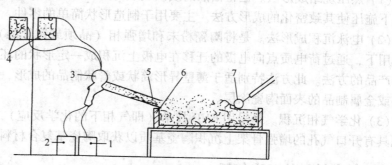

图 3-10　喷射成形示意图

1—固化剂　2—树脂　3—切割器及喷枪
4—纤维料筒　5—复合材料喷射液　6—模具　7—压辊

此方法生产效率高，劳动强度低，节省原材料，制品无搭接缝，整体性好，制件的形状和尺寸不受限制。但场地污染大，制件承载能力低。主要适用于制造船体、浴盆、汽车车身、容器等大型制件。

（3）纤维缠绕成形法。是将已浸过树脂的纤维丝束或布带，按照一定的规律缠绕到芯模上，然后固化脱模成为制品的方法。

此法生产效率高，制品质量好，易实现机械化、自动化。主要用于制造大型旋转体制件，如高压容器、大型管道、锥形雷达罩、火箭筒体等。

2. 金属基复合材料的成形方法

金属基复合材料的成形比树脂基复合材料要困难得多。目前比较常用的成形方法有挤压成形法、旋压成形法、模锻成形法、粉末冶金成形法、爆炸成形法等。

（1）挤压成形法。是利用挤压机使短纤维、晶须及颗粒增强复合材料的坯料发生塑性变形，以制取棒材、型材和管材的方法。此法还可制造金属包覆材料，如铜包铝、铝包钢等输电线。

（2）旋压成形法。是将金属基复合材料的坯料（平板毛坯或预成形件）固定在旋转的芯模上，用旋转轮对毛坯施加压力，得到各种空心薄壁回转体制件的方法。

（3）模锻成形法。是在压力机或锻锤上利用锻模使金属基复合材料坯锭或坯料发生塑性变形的方法。主要用于批量生产形状复杂的、颗粒或晶须增强的金属基复合材料的零件，如铝基复合材料的火箭发动机端头盖、液压件和接头、连杆、活塞等。特别复杂的还可采用等温模锻或超塑性模锻。

（4）粉末冶金成形法。是先将金属粉末或预合金粉末和增强相均匀混合，然后压制成锭块或预成形坯，再通过挤压、轧制、锻造等二次加工制成型材或零件的方法。此法是制备金属基复合材料，尤其是非连续纤维增强复合材料的主要工艺方法。

（5）爆炸成形法。是利用炸药爆炸产生的脉冲高压对材料进行复合成形的方法。通常用于将两层或多层的异种金属板、片、管与增强相结合在一起形成复合板材或管材。

3. 陶瓷基复合材料的成形方法

陶瓷基复合材料的成形除采用前述的陶瓷成形方法以外，还可采用热压烧结成形、电泳沉积成形及化学气相沉积等。

（1）热压烧结成形法。是将松散的或预成形的陶瓷基复合材料混合物置于模具中，并在高温下施压使其致密化的成形方法。主要用于制造形状简单的零件。

（2）电泳沉积成形法。是将陶瓷粉末和增强相（晶须或短纤维）悬浮溶液置于直流电场作用下，通过荷电质点向电极的迁移在电极上沉积成一定形状的坯体，再经干燥、烧结后获得产品的方法。此方法特别适于薄壁异形筒状或管状制品的成形，也可用于生产层状复合材料或金属制品的表面陶瓷涂层。

（3）化学气相沉积。是采用 CVD 技术（即气相下的化学反应）在颗粒、纤维、晶须及其他具有开口气孔的增强骨架上沉积陶瓷基质以获取陶瓷基复合材料的方法。

3.4.2　复合材料的二次加工

大部分复合材料在材料制造时就已直接完成制品的制造，但仍有少部分复合材料是先制成半成品，再经过二次加工获取成品的。复合材料的二次加工主要包括压力加工、机械加工和连接。

1. 复合材料的压力加工

金属基复合材料的坯锭或坯料可以采用模锻、轧制、挤压、冲压、旋压等压力加工工艺获取最终的制品。但由于金属基是延性材料，增强纤维多为脆性材料，加工过程中容易发生材料断裂，故变形量不能太大，同时应适当进行加热。

2. 复合材料的机械加工

复合材料的机械加工可以采用车、铣、钻、锯、抛光等常规机加工方法，但纤维增强复合材料在机械加工过程中会出现一些特殊的困难，如纤维硬脆或坚韧使刀具磨损严重；树脂基柔韧且不导热，使散热困难造成粘刀；层压材料加工时容易分层等。因而，加工复合材料时应选择坚硬的金属合金刀具，控制加工余量，并采取适当的润滑和冷却措施。

（1）切割。成形后的复合材料板材、管材及棒材等常需按尺寸要求进行切割，可采用机械切割（锯、剪、冲）、砂轮切割、高压水切割、超声波切割、激光切割等方法。

（2）铣削与打磨。常采用碳化铣头手动铣或靠模铣对复合材料进行分割、切缝和修整，并用氧化铝或碳化硅的打磨盘打磨配合面或胶接面及毛边。

（3）钻孔。常采用碳化钨钻头或嵌有金刚石的钻头进行机械钻削或超声波钻削。

3. 复合材料的连接

复合材料的连接可分为机械连接、胶接连接和焊接三大类。

（1）机械连接。主要采用螺栓连接、铆钉连接和销钉连接。

机械连接的优点是连接强度高、传递载荷可靠、易于分解和重新组合。但必须在复合材料上钻孔，这样将破坏部分纤维的连续性，并容易引起分层，降低强度。此方法主要适合于受力较大的部件连接，钻孔或装配时应按专门规范进行。

（2）胶接。是用胶粘剂将复合材料制件连接起来的方法。

胶接连接的优点是不需要钻孔，可保持复合材料制件的结构完整性，同时避免钻孔引起的应力集中和承载面积减少，成品表面光滑、密封、耐疲劳性能好，成本低廉。但是强度分散性大，可靠性低，容易剥离。一般只适用于载荷较小的部位连接，或与机械连接联合使用。

（3）焊接。热塑性复合材料和金属基复合材料可采用焊接方法进行连接。通常，热塑性复合材料的焊接不需外加焊料，仅靠加热时复合材料的表面树脂熔融与融合将制件连接在一起。可采用的焊接方法有电阻焊、激光焊、超声波焊、摩擦焊等。

金属基复合材料的焊接常采用钎焊或熔化焊。焊接时为防止损伤纤维，通常采用急速加热和冷却。

3.5 习题

3-1 热塑性塑料与热固性塑料的主要区别在哪里？

3-2 塑料的成形方法有哪些？试述各自的应用范围。

3-3 塑料的机械加工与金属材料的机械加工有何区别？

3-4 橡胶中除生胶外还添加哪些物质？它们各自起何作用？

3-5 橡胶制品的成形方法有哪些？试述各自的应用范围。

3-6 陶瓷制品的成形方法有哪些？试述各自的应用范围。

3-7 如何解决金属基复合材料的基体与纤维的化学不相溶性？

第4章 快速成形技术

4.1 概述

20世纪80年代后期发展起来的快速成形/制造（Rapid Prototyping & Manufacture 简称 RP&M）技术，被认为是近年来制造技术领域的一次重大突破，其对制造业的影响可与数控技术的出现相媲美。RP&M 系统综合了 CAD、数控技术、激光技术及材料科学技术等多种机械电子技术及材料技术，是高科技技术的有机综合和交叉应用，可以自动、直接、快速、精确地将设计思想物化为具有一定功能的原型或直接制造零件，从而可以对产品设计进行快速评价、修改及功能试验，有效地缩短了产品的研发周期。因此，RP&M 技术是先进制造技术中的一个重要组成部分。而以 RP 系统为基础发展起来并已成熟的快速模具工装制造（Quick Tooling）技术、快速精铸技术（Quick Casting）、快速金属粉末烧结技术（Quick Powder Sintering），则可实现零件的快速成形。

RP&M 技术具有广泛的应用领域和应用价值，世界上主要先进工业国家的政府部门、企业、高等院校、研究机构纷纷投入巨资对 RP&M 技术进行研究开发和推广应用。他们无不站在21世纪世界制造业全球竞争的战略高度来对待这一技术。总之，当前世界上已形成强劲的 RP&M 热，发展十分迅猛。

快速成形技术也称为离散/堆积制造（Dispersed/Accumulated Forming）、材料累积制造（MIM，Material Increasing Manufacturing）、分层制造（LM，Layered Manufacturing）、实体自由成形制造（SFF，Solid Freeform Fabrication）、即时制造（Instant Manufacturing）等，这是一种全新的制造技术，以极高的柔性获得制造业和学术界的极大关注。

4.1.1 快速成形制造（RP）

RP 技术是由 CAD 模型直接驱动的，快速完成任意复杂形状三维实体零件成形的技术的总称。简单地说，就是将零件的电子模型（如 CAD 模型）按一定方式离散成为可加工的离散面、离散线和离散点，而后采用多种手段，将这些离散的面、线段和点堆积形成零件的整体形状。

先进的 RP 系统，即是与 CAD 集成的快速成形制造系统，属于 CIMS（Computer Intergrated Manufacturing System，计算机集成制造系统）的目标产品的范畴。由于它直接由计算机数据信息驱动设备进行制造，因此是一种数字化制造。RP 技术，不同于传统的切削成形（如车、铣、刨、磨）、连接成形（如焊接）或受迫成形（如铸、锻、粉末冶金）等加工方法，而是采用材料累加法制造零件原型。

快速成形技术的重要特征如下：

1）高度柔性，可以制造任意复杂形状的三维实体。

2）可以制成几何形状任意复杂的零件，而不受传统机械加工方法中刀具无法达到某些型面的限制。

3）不需要传统的刀具或工装等生产准备工作。任意复杂零件加工只需在一台设备上完成，因而大大缩短了新产品的开发成本和周期，其加工效率亦远胜于数控加工。

4）设备购置投资低于数控机床（如 CNC 加工中心）。

5）曲面制造过程中，CAD 数据的转化（分层）可百分之百地全自动完成，而不需像数控切削加工中要高级工程人员进行复杂的人工辅助劳动才能转化为完全的工艺数控代码。

6）无需人员干预或较少干预，是一种自动化的成形过程。

7）成形全过程的快速性，能适应现代激烈的市场竞争对产品更新换代的需求。

8）技术的高度集成性，既是现代科学技术发展的必然产物，也是对现代科学技术发展的综合应用，带有鲜明的高新技术特征。

在信息传递网络化的今天，RP&M 技术逐渐成为实现数字化制造的最佳方法。国际统计资料表明，RP 原型中 1/3 被用来作为可视化的手段，用于评估设计、协助设计模具、沟通设计者与制造商及工程投标，1/3 被用来进行试装配和性能试验，如空气动力学试验、光弹应力分析等，1/4 以上用于协助完成模具制造。

4.1.2 快速模具制造（RT）

RT 技术是用高新制造技术改造传统技术的成功范例。它指的是用硅橡胶、金属粉、环氧树脂粉、低熔点合金等将 RP 原型准确复制成模具。这些简易模具的寿命是 50～1 000 件，适宜于产品试制阶段。

制造长寿命的钢制模具成熟的工艺是：RP 原型——三维砂轮——研磨整体石墨电极——电火花钢模成形。工艺的特点在于 RP 原型及振动研磨法，它免除了 CNC 加工，节约了 CNC 编程及加工时间。一个中等大小、较为复杂的模具一般 4～8h 即可完成，成形精度也较高。该工艺对制造注塑模、锻模、压铸模等型腔模均较适合。

运用 RP/RT 技术制造模具可以将生产周期缩短为传统数控加工的 1/3～1/10，费用降低为 1/3～1/5。由于 RT 的显著经济效益，近年来，工业界对 RT 的研究开发投入日益增加，RT 的收益也有较大的增长。

4.1.3 快速精铸（QC）

快速成形与铸造相结合的产物是快速铸造技术（Quick Casting，简称 QC），这种快速铸造使得多种材料、任何形状复杂、内部结构精细的铸件都能生产出来，产品开发周期短、精度高，大大提高了企业获取订单的竞争力，所以快速铸造技术也称快速精铸。在 QC 中，RP 方法可以提供蜡芯原型（FDM 法、SLS 法）以及几乎可完全气化的光敏树脂原型，故可用熔模铸造或实型铸造，铸出精密铸件。用陶瓷型铸造工艺，可铸出表面粗糙度值 R_a 达 6.4μm 的精密铸件。直接用 RP 工艺制造出压制蜡芯的树脂模具，可以很经济地铸造出小批量铸件。为了减少实型铸造产生的过多气体，RP 原型可制成中空结构，中空部分还可以加以蜂窝状支撑，以增强 RP 原型刚度。由于 RP 原型上附加冷却管道等结构非常方便，因此 RP 原型甚至可以直接作为注塑模，制造出少量塑料件，以供产品开发阶段使用。

RP 与 QC 相结合，为产品开发期的金属件需求提供了快速响应技术。尤其对航天、航空、兵器等领域的复杂形状零件非常适用。

4.1.4　快速反求工程（RRE）

反求工程是以产品实物为依据，对有关产品的设计原理、结构、材料、工艺装配、包装使用等方面进行分析研究，获得 CAD 模型，进而研制出与原型产品相同或相似的新产品。目前，尽管已经出现了如 UG、Pro/E、I-Deas、Solid Works 等许多成功的三维 CAD 商用软件，但运用这些软件建立一个复杂的零件模型，还是相当费时的。尤其是出现只提供实物，要求由实物制造模具或在实物的基础上改进设计的情况时，往往格外困难。

快速反求工程（Rapid Reverse Engineering，简称 RRE）是 RP 技术与反求工程的结合产物。RRE 技术有利于利用我们在设计中借鉴已有的成功产品，RRE 获得数据及三维 CAD 重构的速度比由图纸的 CAD 输入快，一般较复杂的中小零件，几个小时即可完成，而 CAD 软件人工输入往往要数天才能完成，同时也大大降低了对人员的技术水平要求。RRE 的不同方法取决于测量数据获得的方法及 CAD 重构软件的不同。RRE 的快速检测及三维 CAD 重构技术提供了由实物直接获得 CAD 模型的途径。检测方法有三种：①CMM（三坐标测量仪）方法。此方法检测精度高，但速度较慢，有时还必须事先知道曲面形状，以编制 CNC 检测程序；②激光扫描法。它采用光刀法或振镜法实现每个截面的扫描，用 CCD 传感器摄像，获得密集的数据，这种方法精度稍差，达 0.05mm，同时有光学死点，无法扫描零件的内表面；③层切法。这是 RP 成形的逆过程。它用充填剂将零件内外封装起来，用铣刀一层层铣出截面来。CCD 摄像获得截层数据，精度可达到 0.02mm，可以满足工程精度要求。有了测量数据，还需要三维重构软件来建立 CAD 模型。三维重构软件的功能是精化测量数据，找出曲面的交界点及特征点，使数据与 CAD 软件合理匹配。最后通过调用 CAD 软件，自动获得 CAD 模型。

用这一技术输入复杂零件的设计信息比人工利用 CAD 软件输入要快得多，一般较复杂的中小零件，几个小时即可完成，而 CAD 软件人工输入往往要数天才能完成，同时也大大降低了对人员的技术水平要求。

4.2　快速成形技术的基本过程

4.2.1　RP 技术的工艺过程

快速成形技术的基本工艺过程为：

1）由 CAD 软件设计出所需零件的计算机三维曲面或实体模型。

2）将三维模型沿一定方向（通常为 Z 向）离散成一系列有序的二维层片（习惯称为分层 Slicing）。

3）根据每层轮廓信息，进行工艺规划，选择加工参数，自动生成数控代码。

4）成形机制造一系列层片并自动将它们联接起来，得到三维物理实体。

快速成形工艺过程的框图如图 4-1 所示。

CAD 模型 → Z 向离散化 Slicing → 代码转换 → 单元制造与结合 → 层层堆积 → 后处理

图 4-1　快速成形工艺框图

这样将一个物理实体的复杂的三维加工离散成一系列层片的加工，大大降低了加工难度，且成形过程的难度与待成形的物理实体形状和结构的复杂程度无关。

4.2.2　RP 技术的功能

RP 技术是由 CAD 模型直接驱动，快速地制造出复杂的三维实体。它与 NC 机床的主要区别在于高度柔性。无论是数控机床还是加工中心，都是针对某一类型零件而设计的，如车削加工中心、铣削加工中心等。对于不同的零件需要不同的装夹，采用不同的工具。虽然它们的柔性非常高，可以生产批量只有几十件甚至几件，但不增加附加成本。但它们不能单独使用，需要先将材料制成毛坯。而 RP 技术具有最高的柔性，对于任何尺寸不超过成形范围的零件，无需任何专用工具就可以快速方便地制造出它的模型（原型）。从制造模型的角度，RP 具有 NC 机床无法比拟的优点，即快速方便、高度柔性。

尽管零件的模型或原型只反映出最终零件的几何特性，不能反映出全部的力学性能，但 RP 技术还是受到了极大的欢迎。德国奔驰公司的 WernerPollman 博士在 IMS 快速产品开发国际会议上讲："购买一辆车，首先考虑的是它的客观印象，然后是它的技术特性，如马力、安全设备等。像噪声、操作性能和款式等特性是做出购买决定的重要因素。但这些特性只有通过物理原型来评价。因此高质量的功能原型在产品开发中是重要的方面，不能被数字模型和分析所取代。"目前，RP&M 技术被用于为多种目的制造模型：

1）设计者和工程师可以拿着体现他们设计概念的实物模型进行早期的观察、验证，反复改进和优化。

2）模型作为并行工程的联系工具。

3）用于零部件的加工和配合测试。

4）用于市场研究，作为测试样品，研究消费者的偏好。

5）帮助制定生产规划，决定工具夹具的需求。

6）帮助设计包装衬板。

7）制造出金属原型。

8）用 QuickCast 方法直接从 SLA 原型制造出成对的凸凹模具，这些模具可用于注塑成形，加工出最终使用的零件。

4.3　几种常用 RP 技术的工艺原理

RP 技术及其系统有许多不同的形式和原理，但每种 RP 设备及其操作原理都是基于逐层制造即逐层累加或逐层减去的过程。所谓逐层累加法，是随着制作过程的进行，形成一层新的材料，同时将形成的新材料层附着在前一层上。而逐层减去法，则是在一开始时便将整层首先粘着在上一层中，然后切除非零件部分。

4.3.1　立体光固化（SLA）

SLA（Stereo Lithography Apparaus）工艺也称光造型或立体光刻，由美国的 C. Hall 于 1986 年研究成功，1987 年获美国专利。1988 年美国 3D System 公司推出了世界上第一台 RP 商品化样机 SLA-1。当前，SLA 各种类型成形机占据着 RP 设备市场的较大份额。

SLA 技术是基于液态光敏树脂的光固化原理工作的。这种液态材料在一定波长和强度的紫外光（如 $\lambda = 325nm$）的照射下能迅速发生光反应，分子量急剧增大，材料也就从液态转变成固态。

如图 4-2 所示，液缸中盛满液态光固化树脂，激光束在偏转镜作用下，在液态表面上扫描，扫描的轨迹及光线的有无均由计算机控制，光点打到的地方，液体就固化。成形开始时，工作平台位于液面以下一个确定的深度，聚焦后的光斑在液面上按计算机的指令逐点扫描，即逐点固化。当一层扫描完成后，未被照射的地方仍是液态树脂。然后升降台带动平台下降一层高度，已成形的层面上又布满一层树脂，刮平器将黏度较大的树脂液面刮干，然后再进行下一层的扫描，新固化的一层牢固地粘在前一层上，如此重复直到整个零件制造完毕，得到一个三维实体模型。

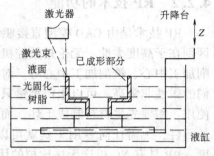

图 4-2　立体光固化工作原理图

SLA 方法是目前应用最广泛、研究最深入、零件精度和表面质量比较高（精度达 0.1mm）而且稳定的 RP 工艺。但这种方法也有自身的局限性，比如需要支撑、树脂收缩导致精度下降、光固化树脂有一定的毒性等。

4.3.2　分层实体制造（LOM）

LOM（Laminated Object Manufacturing）工艺亦称分层实体制造或叠层实体制造，由美国 Helisys 公司的 Michael Feygin 于 1986 年研制成功。

LOM 工艺采用薄片材料，如纸、塑料薄膜等，工作原理如图 4-3 所示。片材一面事先涂覆上一层热熔胶。加工时，热压辊热压片材，使之与下面已成形的工件粘接；用 CO_2 激光器在刚粘接的新层上切割出零件截面轮廓和工件外框，并在截面轮廓与外框之间多余的区域内切割出上下对齐的网格；激光切割完成后，工作台（升降台）带动已成形的工件下降，与带状片材（料带）分离；供料机构转动收料轴和供料轴，带动料带移动，使新层移到加工区域；工作台上升到加工平面；热压辊热压，工件的层数增加一层，高度增加一个料厚；再在新层上切割截面轮廓。如此反复直至零件的所有截面粘接、切割完，得到分层制造的实体零件。

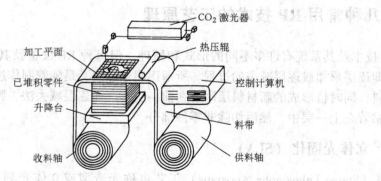

图 4-3　分层实体成形工作原理图

LOM 工艺只须在片材上切割出零件截面的轮廓，而不用扫描整个截面。因此成形厚壁零件的速度较快，易于制造大型零件。工艺过程中不存在材料相变，因此不易引起翘曲变形，零件的精度较高（公差小于 0.15mm）。工件外框与截面轮廓之间的多余材料在加工中起到了支撑作用，所以 LOM 工艺无需加支撑。

4.3.3　选择性激光烧结（SLS）

SLS（Selective Laser Sintering）工艺称为选择性激光烧结，由美国德克萨斯大学奥斯汀分校的 C. R. Dechard 于 1989 年研制成功。该方法已被美国 DTM 公司商品化，推出了 SLS Model125 成形机。

SLS 工艺是利用粉末状材料成形的。将材料粉末铺洒在已成形零件的上表面，并刮平；用高强度的 CO_2 激光器在刚铺的新层上扫描出零件截面；材料粉末在高强度的激光照射下被烧结在一起，得到零件的截面，并与下面已成形的部分连接；当一层截面烧结完后，铺上新的一层材料粉末，继续选择性烧结下一层截面，其成形示意图如图 4-4 所示。

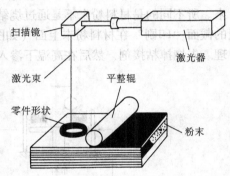

图 4-4　选择性激光烧结快速成形示意图

SLS 工艺的特点是材料适应面广，不仅能制造塑料零件，还能制造陶瓷、蜡等材料的零件，特别是可以制造金属零件。这使 SLS 工艺颇具吸引力。SLS 工艺无需加支撑，因为没有烧结的粉末起到了支撑的作用。

4.3.4　熔融沉积成形（FDM）

FDM（Fused Deposition Modeling）工艺由美国学者 Dr. Scott Crump 于 1988 年研制成功，并由美国 Stratasys 公司推出商品化的 3D Modeler 1000、1100、2000、3000 和 FDMl600、1650 等规格的系列产品，最新产品是制造大型 ABS 原型的 FDM8000、Quantum 等型号的产品。

FDM 的材料一般是热塑性材料，如蜡、ABS、尼龙等，以丝状供料。材料在喷头内被加热熔化。喷头沿零件截面轮廓和填充轨迹运动，同时将熔化的材料挤出；材料迅速凝固，并与周围的材料凝结，其成形示意图如图 4-5 所示。

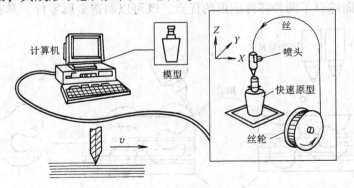

图 4-5　熔融沉积快速成形示意图

FDM 工艺不用激光器件，因此使用、维护简单，成本较低。用蜡成形的零件原型，可以直接用于熔模铸造。用 ABS 制造的原型因具有较高强度而在产品设计、测试与评估等方面得到广泛应用。由于以 FDM 工艺为代表的熔融材料堆积成形工艺具有一些显著优点，该类工艺发展极为迅速。

4.3.5 三维打印 (3D - P)

3D - P (Three Dimensional Printing) 工艺是美国麻省理工学院 Emanual Sachs 等人研制的，已被美国的 Soligen 公司以 DSPC (Direct Shell Production Casting) 名义商品化，用以制造铸造用的陶瓷壳体和芯子。3D - P 工艺与 SLS 工艺类似，采用粉末材料成形，如陶瓷粉末、金属粉末。所不同的是材料粉末不是通过烧结连接起来的，而是通过喷头用粘接剂（如硅胶）将零件的截面"印刷"在材料粉末上面（如图 4-6 所示）。用粘接剂粘接的零件强度较低，还须后处理。先烧掉粘接剂，然后在高温下渗入金属，使零件致密化，提高强度。

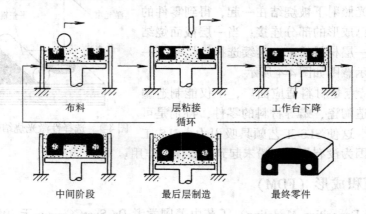

布料　　　　层粘接　　　　工作台下降
　　　　　　循环

中间阶段　　　最后层制造　　　最终零件

图 4-6　三维打印快速成形示意图

4.3.6 形状沉积快速成形 (SDM)

SDM (Shaping Deposition Modeling) 是去除加工与分层堆积加工相结合的一种新型快速原型制造工艺，因而综合了两种零件成形的优点，既可以制造金属零件，具有较高的成形精度

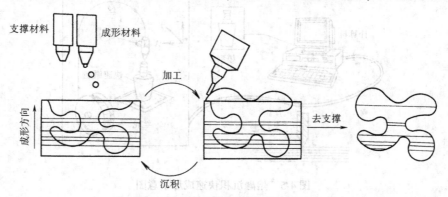

图 4-7　形状沉积快速成形示意图

（由切削加工保证），又基本突破了零件复杂程度限制，而且与其他快速成形工艺一样，由 CAD 模型直接驱动，无需编程。其成形加工原理是：喷头喷出的熔化材料沉积到成形表面上冷却凝固，点点堆积获得层面，然后利用五轴数控加工设备精确地加工新获得的层面（包括轮廓形状和层面厚度），并进行喷丸去应力处理，使其具有较高的精度和较小的内应力，如图 4-7 所示。成形材料包括金属和各种塑料。

4.4 RP 技术的应用领域

由于快速成形技术的特点，它一经出现即得到了广泛应用。目前已广泛应用于航空航天、汽车、机械、电子、电器、医学、建筑、玩具、工艺品等许多领域，取得了很大成果。

1. 医学

熔融挤压快速成形在医学上具有极大的应用前景。根据 CT 或 MRI 的数据，应用熔融挤压快速成形的方法可以快速制造人体的骨骼（如颅骨、牙齿）和软组织（如肾）等模型，并且不同部位采用不同颜色的材料成形，病变组织可以用醒目颜色。这些人体的器官模型对于帮助医生进行病情诊断和确定治疗方案极为有利，受到医学界的极大重视。

在康复工程上，采用熔融挤压快速成形的方法制造人体假肢具有最快的成形速度，假肢和肌体的结合部位能够做到最大程度的吻合，减轻了假肢使用者的痛苦。

2. 试验分析模型

快速成形技术还可以应用在计算分析与试验模型上。例如，对有限元分析的结果可以做出实物模型，从而帮助了解分析对象的实际变形情况。

另外，凡是涉及到空气动力学或流体力学实验的各种流线型设计均需做风洞等试验，如飞行器、船舶、高速车辆的设计等，采用 RP 原型可严格地按照原设计将模型迅速地制造出来进行测试。对各种具有复杂的空间曲面的设计更能体现 RP 的特点。

3. 建筑等行业

模型设计和制造是建筑设计中必不可少的环节，采用 RP 技术可快速准确地将模型制造出来。此外，RP 技术也逐步应用于考古和三维地图的设计制作等方面；RP 技术在艺术品领域的使用也大大加快了艺术家的创作速度。

4. 工程上的应用

（1）产品设计评估与校审。RP 技术将 CAD 的设计构想快速、精确而又经济地生成可触摸的物理实体，显然比将三维的几何造型展示于二维的屏幕或图纸上具有更高的直观性和启示性。因此，设计人员可以更快、更易地发现设计中的错误。更重要的是，对成品而言，设计人员可及时体验其新设计产品的使用舒适性和美学品质。RP 生成的模型亦是设计部门与非技术部门交流的更好中介物。因此，国外常把快速成形系统作为 CAD 系统的外围设备，并称桌上型的快速成形机为"三维实体印刷机（3Dsolid printer）"。

（2）产品工程功能试验。在 RP 系统中使用新型光敏树脂材料制成的产品零件原型具有足够的强度，可用于传热、流体力学试验，用某些特殊光敏固化材料制成的模型还具有光弹特性，可用于产品受载应力应变的实验分析。例如，美国 GM 在其新车型开发中，直接使用 RP 生成的模型进行车内空调系统、冷却循环系统及冬用加热取暖系统的传热学试验，较之以往的同类试验节省费用 40% 以上。Chrysler 则直接利用 RP 制造的车体原型进行高速风洞流体动力学试验，节省成本达70%。

（3）与客户或订购商的交流手段。在国外，RP原型成为某些制造厂家争夺订单的手段。例如位于Detroit的一家仅组建两年的制造商，由于装备了两台不同型号的快速成形机及以此为基础的快速精铸技术，在接到Ford公司标书后的4个工作日内便生产出了第一个功能样件，因而在众多的竞争者中夺到了为Ford公司生产年总产值达300万美元发动机缸盖精铸件的合同；另一方面，客户总是更乐意对着实物原型"指手划脚"，提出其对产品的修改意见。因此，RP模型是设计制造商就其产品与客户交流沟通的最佳手段。

（4）快速模具制造。以RP生成的实体模型作模心或模套，结合精铸、粉末烧结或电极研磨等技术可以快速制造出企业生产所需的功能模具或工装设备，其制造周期较之传统的数控切削方法可缩短30%～40%以上，而成本却下降35%～70%。模具的几何复杂程度愈高，这种效益愈显著。据一家位于美国Chicago的模具供应商（仅有20名员工）声称，其车间在接到客户CAD设计文件后1周内可提供任意复杂的注塑模具，而实际上80%的模具可在24～48h内完工。

（5）快速直接制造。快速成形技术利用材料累加法可用来制造塑料、陶瓷、金属及各种复合材料零件。

由于RP技术给工业界带来了巨大的效益，因而，它被誉为工业界的一项重大（革命性与突破性）的科技发展。我国政府在"九五"国家科技攻关中，把先进制造技术列为重点资助的领域之一，而先进制造技术中的几项重要内容，如精密成形、CAD推广应用、并行设计和并行工程、敏捷制造、虚拟制造等都与RP有关，甚至主要以RP作技术支撑。

RP系统可以用于生产复印机、计算机、电话机、飞机部件、汽车仪表板、医用诊断设备等。RP系统犹如一种润滑剂使企业的产品开发工作变得更加流畅。许多公司也用它来缩短开发周期。作为一种可视化的辅助工具，RP系统也有助于企业减少在产品开发中失误的可能性。

4.5 习题

4-1 RP&M技术的特点有哪些？为什么说它有较强的适应力和生命力？

4-2 请举例说明在测绘制造中如何使用RP技术，采用何种工程原理可使测绘制造速度最快，效果最好？

4-3 RP技术与传统的切削成形、受迫成形有何不同之处？

4-4 SLA技术是基于什么原理上工作的，其制造精度如何，制造时是否需要支撑？

4-5 请叙述LOM技术的工作原理，该方法在诸多RP方法中是否先进？

4-6 SLS是利用什么材料成形的，在制作中是否需要支撑？

4-7 FDM是利用什么方法成形的，为何直接用于熔模铸造？

4-8 3D-P与SLS技术的异同点是什么，为什么说它是三维印刷？

4-9 为什么说SDM是去除加工与分层堆积加工相结合的新型RP工艺？

第5章 测量技术基础

5.1 测量技术基础知识

5.1.1 概述

在机械制造过程中，需要对零件的几何参数进行严格的度量与控制，并将这种度量与控制纳入一个完整且严密的研究、管理体系，这个体系被称为几何量计量。它包括长度基准的建立，尺寸量值的传递、检验与精度分析，各级计量器具的检定与管理，新的计量器具及检测方法的研制、开发和发展等内容。而测量技术是几何量计量在生产中的重要实施手段，是贯彻质量标准的技术保证。

在一般的机械制造工厂中，除车间现场使用的检测手段外，还设立专门的计量室，配备专门的计量人员和各种计量设备，以完成较高精度的检测任务和长度量值的传递工作。各种级别的计量室，是机械制造工厂的眼睛，是机械产品质量管理中不可缺少的机构。

5.1.2 测量与检验

在机械制造中，测量技术主要是研究对零件几何参数进行测量和检验的问题。

所谓测量就是将被测量（如长度、角度等）和作为计量单位的标准量进行比较，以确定其量值的过程。

检验是与测量相似的概念，但通常只判定被测量是否合格，如用光滑极限量规检验零件。检验的特点是不必测得被测量的实际数值，只需确定被测量是否合格。

任何一个测量过程都包括四个要素，即被测对象、计量单位、测量方法和测量精度。测量方法是指测量时所采用的测量原理、计量器具以及测量条件的总和。测量精度是指测量结果与真值的一致程度，它体现了测量结果的可靠性。

5.1.3 长度基准和量值传递

为了保证测量的准确度，首先需要建立统一、可靠的测量单位基准。我国是以米（m）作为法定的基本长度单位。米的定义是：光在真空中，在 1/299 792 458 秒时间间隔内所经过的距离。

米定义的复现主要采用稳频激光。我国采用碘吸收稳定的 0.633μm 氦氖激光幅射作为波长标准，这就是国家计量基准器。这样，不仅可以保证测量单位稳定、可靠和统一，而且使用方便，从本质上提高了测量精度。

尺寸量值传递的媒介是各级计量标准器，上一级的计量标准器用来检定下一级的标准器，以实现量值的准确传递 。计量标准器有量块和标准线纹尺两大类。尺寸量值通过两个平行的系统向下传递。一个是线纹量具系统，一个是端面量具系统。长度量值传递系统如图5-1 所示。

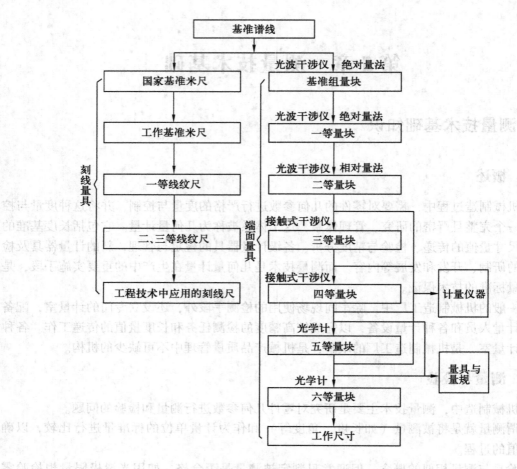

图 5-1　长度量值传递系统

5.1.4　量块

量块又称块规，是无刻度的端面量具，在计量部门和机械制造中应用较广。它除了作为计量标准器进行尺寸量值传递以外，还可用于计量器具、机床、夹具的调整以及工件的测量和检验。

目前量块的材料多用轴承钢，具有尺寸稳定、硬度高和耐磨性较好等特点。

量块的形状有长方体和圆柱体两种，常用的是长方体。如图 5-2a 所示，长方体量块具有上、下测量面和四个非测量面。上、下测量面是经过精密加工的很平、很光的平行平面。标称尺寸 0.5 ~ 10mm 的量块，其截面尺寸为 30mm × 9mm；标称尺寸 10 ~ 1000mm 的，其截面尺寸为 35mm × 9mm。

1. 量块中心长度

量块的精度虽然很高，但是上、下测量面也不是绝对平行的，因此量块的工作尺寸以量块中心长度来代表。所谓量块中心长度是指量块一个测量面的中心点至量块另一测量面之间的垂直距离 L，如图 5-2b 所示，图中 L_1 为量块任意点长度。

2. 量块的研合性与组合

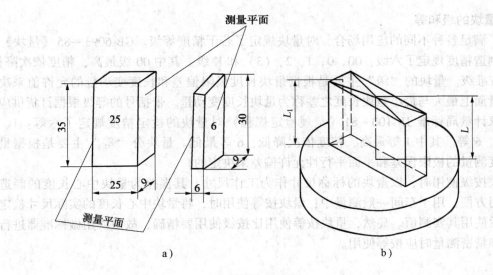

图 5-2 量块
a) 量块的外形与结构 b) 量块中心长度

量块的测量面十分光滑和平整，这使量块具有研合性。如将一量块的测量面沿着另一量块的测量面滑动，同时用手稍加压力，两量块便能研合在一起。量块的这种通过分子吸引力的作用而粘合在一起的性能称为量块的研合性。

量块的研合性使量块可以组合使用，即将几个量块研合在一起组成需要的尺寸，因此量块是成套供应的。根据 GB 6093—85 的规定，我国生产的成套量块有 91 块、83 块、46 块、38 块等 17 种规格。现以 83 块一套为例，列出尺寸如下：

间隔 0.01mm：从 1.01，1.02，…，1.49，共 49 块；

间隔 0.1mm：从 1.5，1.6，…，1.9，共 5 块；

间隔 0.5mm：从 2.0，2.5，…，9.5，共 16 块；

间隔 10mm：从 10，20，…，100，共 10 块；

1.005mm，1mm，0.5mm 各一块。

组合量块的原则是量块的数目尽可能少，一般不应多于 4～5 块。选用的方法是首先选择能去除最后一位小数的量块，然后逐级递减选取。

【例 5-1】 从 83 块一套的量块中组合尺寸 38.935mm。

解：量块组合如下：

$$
\begin{array}{r}
38.935 \\
-)\quad 1.005 \\
\hline
37.93 \\
-)\quad 1.43 \\
\hline
36.5 \\
-)\quad 6.5 \\
\hline
30
\end{array}
$$

则可选用 1.005mm、1.43mm、6.5mm、30mm 等四块量块进行组合。

3. 量块的级和等

为了满足各种不同的应用场合，对量块规定了若干精度等级。GB 6093—85《量块》对量块的制造精度规定了六级：00，0，1，2，（3）和 K 级。其中 00 级最高，精度依次降低，K 级为校准级。量块的"级"主要是根据量块长度极限偏差和长度变动量的允许值来决定的。测量面上最大与最小量块长度之差称为量块长度变动量。带括号的等级根据订货供应。

国家计量局标准 JJG100—81《量规检定规程》对量块的检定精度规定了六等：1，2，3，4，5，6 等。其中 1 等最高，精度依次降低，6 等最低。量块分"等"主要是根据量块中心长度测量的极限误差和平面平行性允许偏差来决定的。

量块按级使用时，以量块的标称尺寸作为工作尺寸，其误差为量块中心长度的制造误差，使用方便，用于车间一般测量中；量块按等使用时，将量块中心长度的实际尺寸检定出来，然后使用其实测值。显然，量块按等使用比按级使用要精确，故量块用做标准器进行尺寸传递和精密测量时应按等使用。

5.2　测量误差

任何一次测量，不管测量得如何仔细，采用的计量器具如何精密，测量方法如何可靠，总不可避免地带有测量误差。

测量误差是被测量的测得值减去其真值的代数差。即可用下式表示：

$$测量误差 = 测得值 - 真值$$

计量工作者的任务在于减少测量误差，获得比较可靠的结果，来满足检测的需要。

5.2.1　测量误差的来源

在测量过程中，测量误差产生的原因可归纳为以下四个方面。

1. 计量器具误差

计量器具本身的固有误差，如量具量仪的设计和制造误差、测量力引起的误差以及校正零位用的标准器误差等。

2. 环境误差

由于外界环境如温度、湿度、振动等影响而产生的误差。

3. 方法误差

由于测量方法不完善而引起的误差，如采用近似的测量方法或间接测量方法等造成的误差。

4. 人员误差

包括读数误差和疏忽大意造成的误差等。

5.2.2　测量误差的分类

按照误差的特点与性质，测量误差可分为系统误差、随机误差和粗大误差三类。

1. 系统误差

在相同条件下，多次重复测量时，其绝对值和符号保持不变或按一定规律变化的误差，称为系统误差。如采用标准件（或量块）作比较测量时，由于标准件（或量块）不准确使测得值中存在一个绝对值和符号保持不变的系统误差。又如，由比较仪的指针与刻度盘偏心所引起的误差，也属系统误差。

2. 随机误差

在相同条件下，多次重复测量时，其绝对值和符号以不可预定的方式变化的误差，称为随机误差。随机误差是由许许多多微小的随机因素，如在测量过程中温度的微量变化、地面的微振、机构间隙和摩擦力的变化以及读数不一致等所造成的。任何一次测量，随机误差是不可避免的，虽然不能消除它，但可以减少其对测量结果的影响。

3. 粗大误差

粗大误差是指超出在规定条件下预期的误差。这种误差主要是由于测量者主观上的疏忽大意（如测量时读错、算错和记错等）、客观条件的剧变（如突然振动等）或使用有缺陷的计量器具所造成的。粗大误差使测量结果明显歪曲，应剔除带有粗大误差的测得值。

5.2.3 测量不确定度

测量的根本目的是要获得具有一定可靠程度的测量结果。但在任何一次测量中，由于受到环境条件的影响，各种误差因素不可避免，再加上测量器具本身的误差等，肯定会造成测量结果与被测尺寸真值的偏离，偏离程度的大小可用测量不确定度来表征。测量不确定度是用来表征测量过程中各项误差综合影响测量结果分散程度的一个误差限，一般用代号 μ 表示。测量不确定度 μ 由计量器具的不确定度 μ_1 和测量条件的不确定度 μ_2 两部分组成。在实际测量时，为了保证工件的验收质量，应考虑测量不确定度给测量所带来的影响。

5.3 孔、轴尺寸公差的检测

零件图样上被测要素的尺寸公差和形位公差按独立原则标注时，该零件加工后被测要素的实际尺寸和形位误差一般使用通用计量器具来测量。被测要素的尺寸公差和形位公差按相关原则标注时，实际被测要素就应该使用光滑极限量规或位置量规来检验，光滑极限量规用于检验遵守包容原则的实际单一要素。在机械制造企业中，一般都设有专门从事计量测试、计量管理、标准量值传递、车间用计量器具的检定与修理等的工作部门，即计量室。计量室中一般配有相应的各种通用、专用精密量仪，如比较仪、测长仪、工具显微镜和气动、电动量仪等。本节主要介绍使用通用计量器具和光滑极限量规对孔、轴尺寸的测量和检验。

5.3.1 普通计量器具测量孔、轴尺寸

1. 工件的误收与误废

如果以被测工件的极限尺寸作为验收的边界值，在测量误差的影响下，实际尺寸超出公差范围的工件有可能被误判为合格品；实际尺寸处于公差范围之内的工件也同样有可能被误判为不合格品。这种现象，前者称为"误收"，后者称为"误废"。

误收的工件不能满足预定的功能要求，使产品质量下降；误废则会造成浪费。这两种现象都是有害的。相比之下，误收具有更大的危害性。

2. 验收极限和安全裕度

为了降低误收率，保证工件的验收质量，GB 3177—82 中规定了内缩的验收极限。内缩

量称为安全裕度，用 A 表示。如图 5-3 所示，LMS 表示最小实体尺寸，MMS 表示最大实体尺寸。验收极限分别由被测工件的最大、最小极限尺寸向其公差带内内缩一个安全裕度 A 值，这就形成了新的上、下验收极限。

安全裕度 A，实际上就是测量不确定度 μ 的允许值。设定安全裕度数值时，必须既使误收率下降，满足验收要求，又不致使误废率上升过多，造成产品经济指标的上扬。根据生产中的统计结果，国家检验标准给出的安全裕度 A 值约为工件公差的 $5\% \sim 10\%$。A 的具体数值，可根据被测尺寸的标准公差数值，查阅表 5-1 得到。在此表中，还可相应地查出计量器具的不确定度允许值 μ_1，这个数值可作为选择计量器具的依据。

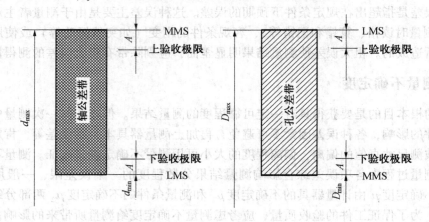

图 5-3　验收极限的配置

表 5-1　安全裕度及计量器具不确定度允许值 （单位：mm）

工件公差	安全裕度 A	计量器具不确定度允许值 μ_1（$\approx 0.9A$）
>0.009~0.018	0.001	0.0009
>0.018~0.032	0.002	0.0018
>0.032~0.058	0.003	0.0027
>0.058~0.100	0.006	0.0054
>0.100~0.180	0.010	0.009
>0.180~0.320	0.018	0.016
>0.320~0.580	0.032	0.029
>0.580~1.000	0.060	0.054
>1.000~1.800	0.100	0.090
>1.800~3.200	0.180	0.160

内缩的验收极限，考虑了测量误差和工件形状误差对工件验收的影响，合理地降低了误收率，从而保证了验收工件原定的设计要求。

3. 计量器具的选择

使用普通计量器具进行测量验收工件时，在查表确定安全裕度 A 值和计算出验收极限之后，重要的一步就是根据与安全裕度相对应的计量器具不确定度允许值 μ_1 来选择适当的计量器具。为了方便起见，计量仪器的不确定度值用 μ'_1 表示，所计算的计量器具安全裕度值用 A' 表示。表 5-2，表 5-3 分别列出了游标卡尺、千分尺和比较仪等普通计量器具的不确定度数值，根据上述要求，所选的计量器具，其不确定度数值 μ'_1 应小于或等于其允许值 μ_1，这就是选择计量器具的基本原则。

表 5-2 游标卡尺、千分尺不确定度数值

尺寸范围	不 确 定 度 μ'_1			
	分度值 0.01 外径千分尺	分度值 0.01 内径千分尺	分度值 0.02 游标卡尺	分度值 0.05 游标卡尺
>0 ~50	0.004			
>50 ~100	0.005	0.008		0.050
>100 ~150	0.006			
>150 ~200	0.007			
>200 ~250	0.008	0.013		
>250 ~300	0.009			
>300 ~350	0.010		0.020	0.100
>350 ~400	0.011	0.012		
>400 ~450	0.012			
>450 ~500	0.013	0.025		
>500 ~600				
>600 ~700		0.030		
>700 ~1000				0.150

注：1. 当采用比较仪测量时，千分尺的不确定度可小于本表规定的数值。

2. 当选用的计量器具达不到 GB 3177—82 规定的 μ_1 值时，在一定范围内，可采用大于 μ_1 的数值，此时需按式 $A=\mu'_1/0.9$ 计算相应的安全裕度 A' 值，再由最大实体尺寸和最小实体尺寸分别向公差带内移动 A' 值，定出验收极限。

表 5-3 比较仪的不确定度数值

尺寸范围	不 确 定 度			
	分度值为 0.0005 （相当于放大倍数 2000 倍）的比较仪	分度值为 0.001 （相当于放大倍数 1000 倍）的比较仪	分度值为 0.002 （相当于放大倍数 400 倍）的比较仪	分度值为 0.005 （相当于放大倍数 250 倍）的比较仪
>25	0.0005		0.0017	
>25 ~40	0.0007	0.0010		
>40 ~65	0.0008		0.0018	0.0030
>65 ~90	0.0008	0.0011		
>90 ~115	0.0009	0.0012		
>115 ~165	0.0010	0.0013	0.0019	
>165 ~215	0.0012	0.0014	0.0020	
>215 ~265	0.0014	0.0016	0.0021	0.0035
>265 ~315	0.0016	0.0017	0.0022	

注：测量时，使用的标准器由 4 块 1 级（或 4 等）量块组成。

在选择时，如有多个计量器具的不确定度数值均小于允许值，应挑选其中最大者，以降低测量成本。

【例 5-2】 工件为 $\phi50f8$（$_{-0.064}^{-0.025}$），试确定验收极限和选择计量器具。

解：（1）确定安全裕度 A。

根据工件公差 $\mathrm{IT} = 0.039\mathrm{mm}$，查表 5-1 得：

$$A = 0.003\mathrm{mm},\ \mu_1 = 0.0027\mathrm{mm}$$

（2）选择计量器具。

根据工件尺寸 $\phi50\mathrm{mm}$，查表 5-3，分度值为 $0.002\mathrm{mm}$ 的比较仪可满足要求，其不确定度为 $0.0018\mathrm{mm}$。

（3）确定验收极限。

$$上验收极限 = 最大极限尺寸 - A$$
$$= 50\mathrm{mm} - 0.025\mathrm{mm} - 0.003\mathrm{mm} = 49.972\mathrm{mm}$$
$$下验收极限 = 最小极限尺寸 + A$$
$$= 50\mathrm{mm} - 0.064\mathrm{mm} + 0.003\mathrm{mm} = 49.939\mathrm{mm}$$

【例 5-3】 工件与上例相同，因缺乏比较仪，现采用分度值 $0.01\mathrm{mm}$ 的外径千分尺测量，试确定其验收极限。

解：（1）若用分度值 $0.01\mathrm{mm}$ 的外径千分尺作绝对测量，查表 5-2 得：

$$\mu'_1 = 0.004\mathrm{mm} > 0.0027\mathrm{mm}$$

按表 5-2 注 2 的说明，则必须扩大安全裕度来满足要求。

$$A' = \frac{\mu'_1}{0.9} = \frac{0.004}{0.9}\mathrm{mm} = 0.0044\mathrm{mm} \approx 0.004\mathrm{mm}$$

验收极限则按上述计算的安全裕度 A' 来确定

$$上验收极限 = 最大极限尺寸 - A'$$
$$= 50\mathrm{mm} - 0.025\mathrm{mm} - 0.004\mathrm{mm} = 49.971\mathrm{mm}$$
$$下验收极限 = 最小极限尺寸 + A'$$
$$= 50\mathrm{mm} - 0.064\mathrm{mm} + 0.004\mathrm{mm} = 49.940\mathrm{mm}$$

（2）若用分度值 0.01 的外径千分尺以量块为标准器做比较测量，千分尺的不确定度可减小至 60%，即千分尺不确定度 $\mu'_1 = 0.004\mathrm{mm} \times 60\% = 0.0024\mathrm{mm} < 0.0027\mathrm{mm}$，能满足使用要求，验收极限与例 5-2 相同。

5.3.2 光滑极限量规检验孔、轴尺寸

1. 量规的作用与分类

在车间条件下，当孔、轴单一要素遵守包容要求时，常使用光滑极限量规来检验孔、轴是否合格。量规是一种没有刻度的专用检验工具。用量规检验工件时，只能判断工件是否在规定的检验极限范围内，而不能测量出工件实际尺寸及形状误差的具体数值。量规结构简单，使用方便、可靠，检验效率高。因此，量规广泛应用于机械制造中的成批、大量生产。

光滑极限量规的外形与被检验对象相反。检验孔的量规称为塞规，如图 5-4a 所示；检验轴的量规称为卡规（或环规），如图 5-4b 所示。

光滑极限量规一般是通规和止规成对使用。通规是检验工件最大实体尺寸的量规，止规

是检验工件最小实体尺寸的量规。因此，通规应按工件最大实体尺寸制造，止规应按工件最小实体尺寸制造。

检验时，如果通规能通过工件，而止规不能通过，则认为工件是合格的；否则工件就不合格。所谓"通规能通过"是指在用手以不很大的力操作时，通规应能在配合长度上自由通过。"止规不能通过"是指在用手以不很大的力操作时，止规在工件的任何一个位置上均不能通过。

量规按用途可分为工作量规、验收量规和校对量规三种。

1）工作量规：在零件制造过程中，操作者对零件进行检验时所使用的量规。操作者应该使用新的或磨损较少的通规。

2）验收量规：检验部门或用户代表在验收零件时所使用的量规。验收量规一般不专门制造，它是从磨损较多但又未超过磨损极限的旧工作量规中挑选出来的。这样，由操作者自检合格的零件，检验人员检收时也一定合格。

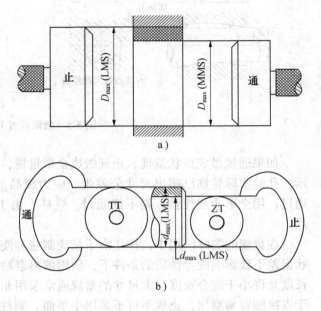

图 5-4　光滑极限量规

a）塞规　b）卡规

3）校对量规：用以检验工作量规的量规。孔用工作量规使用通用计量器具测量很方便，不需要校对量规。故只有轴用工作量规才使用校对量规。

2. 极限尺寸判断原则（泰勒原则）

由于工件存在形状误差，加工出来的孔或轴的实际形状不可能是一个理想的圆柱体。所以仅仅控制实际尺寸在极限尺寸范围内，还不能保证配合性质。为此《形状和位置公差》国家标准从设计的角度出发，提出了包容要求。《公差与配合》国家标准从工件验收的角度出发，对要求单一要素遵守包容要求的孔和轴提出了极限尺寸判断原则（即泰勒原则）。

极限尺寸判断原则是：孔或轴的作用尺寸（$D_{作用}$、$d_{作用}$）不允许超过最大实体尺寸，在任何位置上的实际尺寸（$D_{实际}$、$d_{实际}$）不允许超过最小实体尺寸，如图 5-5 所示。极限尺寸判断原则也可用如下公式表示：

对于孔：　　　　　　　　　　$D_{作用} \geqslant D_{min}$，$D_{实际} \leqslant D_{max}$

对于轴：　　　　　　　　　　$d_{作用} \leqslant d_{max}$，$d_{实际} \geqslant d_{min}$

当要求采用光滑极限量规检验遵守包容要求且为单一要素的孔或轴时，这种光滑极限量规应符合泰勒原则。符合泰勒原则的量规要求如下：通规用来控制工件的作用尺寸，它的测量面应是与孔或轴形状相对应的完整表面（通常称为全形量规），其基本尺寸等于工件的最大实体尺寸，且长度等于配合长度。实际上通规就是最大实体边界的具体体现。止规用来控制工件的实际尺寸，它的测量面应是点状的，其基本尺寸等于工件的最小实体尺寸。

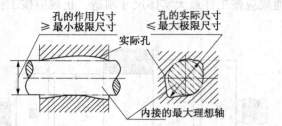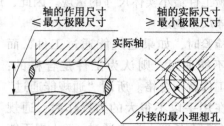

图 5-5 极限尺寸判断原则

如果通规做成点状量规，止规做成全形量规，就可能将废品误判为合格品。如图 5-6 所示，孔的实际轮廓已超出尺寸公差带，应为废品。若用点状通规检验，则可能沿着 y 方向通过；用全形止规检验，则不能通过。这样，由于量规形状不正确，就把该孔误判为合格品。

在量规的实际应用中，往往由于量规制造和使用方面的原因，可在保证被检验工件的形状误差不致影响配合性质的条件下，使用偏离泰勒原则的量规。例如，为了减轻重量，通规长度允许小于配合长度；大尺寸的塞规通常采用非全形塞规或球端杆规。对于止规来说，由于点接触容易磨损，止规不得不采用小平面、圆柱面或球面作为测量面；检验小孔的止规，常采用便于制造的全形塞规等等。

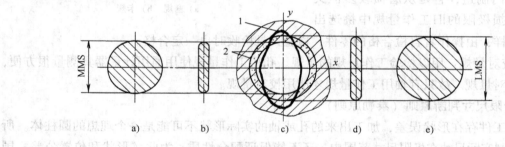

图 5-6 量规形状对检验结果的影响

a）全形通规 b）两点状通规 c）工件 d）两点状止规 e）全形止规

1—实际孔 2—孔公差带

3. 光滑极限量规的公差

量规的制造精度应比被测工件的精度高，但不可能将量规的工作尺寸正好加工到某一规定值。因此，对量规尺寸要规定制造公差。

（1）工作量规的公差带

《光滑极限量规》GB 1957—81 规定量规公差带不得超过工件公差带，这样能充分保证产品质量。孔用和轴用工作量规公差带如图 5-7 所示。图中 T 为量规的制造公差大小，Z 为通规尺寸公差带的中心到工件最大实体尺寸之间的距离。GB 1957—81 对基本尺寸 ≤500mm、公差等级 IT6 至 IT16 的孔与轴的工作量规规定了 T 和 Z 值。考虑到通规在使用过程中，因经常要通过工件会逐渐磨损，为了使通规具有一定的使用寿命，除规定制造量规的尺寸公差外，还规定了允许的最小磨损量，使通规公差带从最大实体尺寸向工件公差带内缩一个距

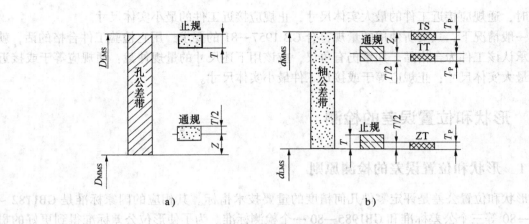

图 5-7 工作量规公差带图
a）孔用量规公差带图 b）轴用量规及校对量规的公差带图

离。当通规磨损到最大实体尺寸时就不能继续使用，此极限称为通规的磨损极限。磨损极限尺寸等于工件的最大实体尺寸。止端一般不通过工件，因此止规只规定制造量规的尺寸公差。

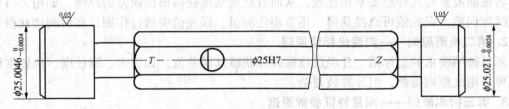

图 5-8 塞规工作图

（2）校对量规的公差带

轴用量规的校对量规公差带图如图 5-7b 所示。校对量规的尺寸公差 T_P 为被校对工作量规尺寸公差的 50%。"TT" 为检验轴用通规的 "校通—通" 量规，检验时通过为合格。"ZT" 为检验轴用止规的 "校止—通" 量规，检验时通过为合格。"TS" 为检验轴用通规是否达到磨损极限的 "校通—损" 量规，检验时不通过可继续使用，若通过了，应预报废。

图 5-8、图 5-9 分别为已设计好的检验孔 $\phi25\text{H}7$ 和轴 $\phi25\text{n}6$ 用的卡规和塞规的图样示例。通过示例可以了解量规的制造公差及量规的外形结构。

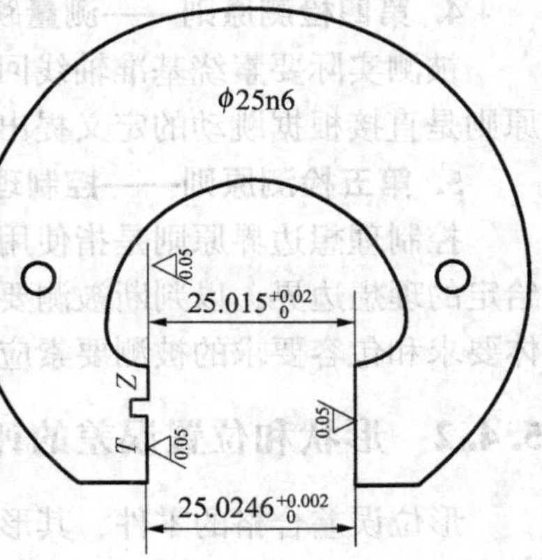

4. 量规争议的解决

同一工件用不同量规检验，可能得出不同的结果，致使制造者和检验者之间发生争议。为了减小争议，GB 1957—81 规定了操作者用的工作量规应该是使用新的或者磨损较少的工作量规，验收部门应该使用与操作者相同型式且已磨损较多的通规。用户代表在用量规验收

图 5-9 卡规工作图

工件时，通规应接近工件的最大实体尺寸，止规应接近工件的最小实体尺寸。

一般情况下，只要所使用的量规符合 GB 1957—81 的要求，用它检验工件合格的话，就应该承认该工件为合格品。如果仍有争议，应该用下述尺寸的量规仲裁：通规应等于或接近工件最大实体尺寸；止规应等于或接近工件最小实体尺寸。

5.4 形状和位置误差的检测

5.4.1 形状和位置误差的检测原则

形状和位置公差是评定零件几何精度的重要技术指标。其相应的国家标准是 GB1182 ~ 1184—80 等三个公差标准和 GB1985—80 一个检测标准。为了使形位公差标准得到更好的贯彻，GB1985—80《形状和位置公差检测规定》规定了形位误差的检测原则。检测形位误差时，由于零件的结构特点、尺寸大小和精度要求以及检测设备等条件的不同，同一形位误差项目可以有多种不同的检测方法。从检测原理上可以将常用的检测方法概括为以下五种检测原则。

1. 第一检测原则——与理想要素比较原则

将被测要素与其理想要素相比较，从而直接或间接获得形位误差的原则。如用刀口尺测量直线度误差，误差值可直接获得；用节距法测量，误差值要通过作图计算后间接获得。

2. 第二检测原则——测量坐标值原则

测量被测要素的坐标值，并经过数据处理获得其误差值。如圆度、圆柱度、位置度误差等都可采用此原则检测，但计算较复杂。

3. 第三检测原则——测量特征参数原则

测量被测实际要素上具有代表性的参数来表示其误差值。如用两点法、三点法测量圆度误差，方法简便，但属近似测量。

4. 第四检测原则——测量跳动原则

被测实际要素绕基准轴线回转过程中，沿给定方向测量其对参考点或线的变动量。这一原则是直接根据跳动的定义提出的，因此主要用于跳动测量。

5. 第五检测原则——控制理想边界原则

控制理想边界原则是指使用位置量规或光滑极限量规检验被测实体是否超越零件图样上给定的理想边界，以判断被测要素的形位误差和实际尺寸的综合结果合格与否。遵守最大实体要求和包容要求的被测要素应采用这种检测原则。

5.4.2 形状和位置误差的评定

形位误差合格的零件，其形位误差值应小于或等于形位公差值，亦即被测实际要素应位于形位公差带之内。

1. 最小条件

形状误差是指被测实际要素对其理想要素的变动量。评定形状误差时，将被测实际要素与其理想要素进行比较，理想要素处于不同的位置，就会得到不同大小的变动量。如图 5-10a 所示，评定直线度误差时理想要素 AB 与被测实际要素相接触，h_1，h_2，h_3……是相应

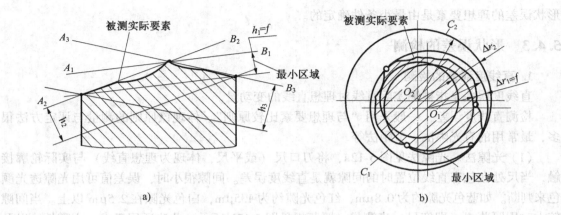

图 5-10　最小条件和最小区域
a) $h_1 < h_2 < h_3$　b) $\Delta r_1 < \Delta r_2$

于理想要素处于不同位置 A_1B_1，A_2B_2，A_3B_3……所得到的各个最大变动量，其中 h_1 为各个最大变动量中的最小值，即 $h_1 < h_2 < $……，即 h_1 就是其直线度误差值。因此，评定形状误差时，理想要素的位置应符合最小条件，以便得到惟一的最小的误差值。

最小条件是指被测实际要素对其理想要素的最大变动量为最小。最小条件是评定形状误差的基本原则。

2. 最小区域法

在具体评定形状误差时，往往用一组平行要素（平行线、同心圆或平行平面等）或圆（圆柱、圆球）将被测实际要素紧紧包容起来，使所形成的包容区的宽度或直径达到最小，此包容区域称为最小包容区域简称最小区域。最小区域的宽度或直径即为其形状误差值的大小。按最小区域评定形状误差值的方法称为最小区域法。

最小区域法实质上是最小条件的具体体现，它是评定被测要素形状误差的基本方法。如图 5-10a 所示，用两平行线包容被测实际要素，其最小区域宽度 h_1 为该实际要素的直线度误差 f。又如图 5-10b 所示，评定圆度误差时用两同心圆包容被测实际要素，图中画出了 C_1 和 C_2 两组，其中 C_1 组同心圆包容区域的半径 Δr_1 小于任何一组同心圆包容区域的半径。这时，认为 C_1 组的位置符合最小条件，其区域为最小区域，则区域宽度 Δr_1 为该实际圆

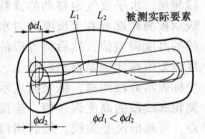

图 5-11　空间直线度误差的评定

的圆度误差值。再如图 5-11 所示，评定任意方向上（空间直线）轴线直线度误差时用圆柱包容被测实际轴线，符合最小条件的理想轴线 L_1，则其最小区域直径 ϕd_1 为该实际轴线在任意方向上的直线度误差值。

当然，在满足零件功能要求的前提下，允许用近似方法或其他方法（如两端点连线法、最小二乘法等）来评定形状误差，但其评定结果一般大于最小区域法评定的结果。

位置误差是指被测实际要素对其理想要素位置的变动量，理想要素位置是相对于基准而确定的。在形状和位置误差评定时一定要能区分位置误差的理想要素是由基准来确定的。而

形状误差的理想要素是由最小条件确定的。

5.4.3 形状误差的检测

1. 直线度误差的检测

直线度误差是指被测实际直线对理想直线的变动量。

检测直线度误差，一般采用"与理想要素比较原则"。体现该原则的测量与评定方法很多，最常用的有光隙法、节距法等。

（1）光隙法。光隙法见图 5-12a，将刀口尺（或平尺，体现为理想直线）与实际轮廓接触，当尺处在包容直线位置时的间隙就是直线度误差。间隙很小时，误差值可用光隙透光颜色来判断。如蓝色光隙约为 0.8μm，红色光隙约为 1.5μm，白色光隙在 2.5μm 以上。当间隙较大时用厚薄规（即塞尺）来测量。厚薄规见图 5-12b 所示。此法适用于中、小零件，以及精度不高的场合。如用平尺和厚薄规可测量气缸体平面上任一位置的直线度误差。

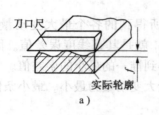 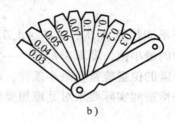

图 5-12　光隙法测量直线度误差

a) 刀口尺测量示意图　b) 厚薄规外形

（2）节距法。节距法适用于用水平仪或自准直仪测量狭长表面，如导轨面等。如图 5-13所示，将水平仪放在桥板上，根据桥板跨距 l 将被测长度分为若干段，使桥板首尾相接，逐段测量。水平仪气泡移动的读数值表示被测轮廓线在 l 长度内对水平线的高度误差值，然后将各段的高度误差值按比例画在坐标纸上，横坐标表示分段距离，纵坐标表示被测轮廓线段的高度误差值，连接各点，可画出误差曲线。然后用最小区域法评定其直线度误差。判别最

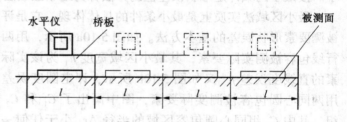

图 5-13　水平仪测量直线度误差

小区域的准则是：两平行线应与误差曲线上的三个点（最高或最低点）相接触，而且一个最高点（或最低点）落在两个最低点（或最高点）之间。此时两平行线之间的区域为最小区域。

【例 5-4】　用分度值为 0.02/1000 的框式水平仪按节距法测量导轨在 1000mm 长度上的直线度误差。桥板长 200mm，分五段进行，水平仪气泡相对于其零线的格数分别为 −1，−1，+1，+3，0。试分别用最小区域法和两端点连线法求出导轨的直线度误差值。

解：水平仪分度值为 0.02/1000，表示气泡移动一格，在 1000mm 长度上相对高度差为 0.02mm。今水平仪放在 200mm 长度的桥板上，则气泡移动一格，在 200mm 长度上相对高

度差为 200mm × 0.02/1000 = 0.004mm。

列出表 5-4 进行计算后，再按比例作图 5-14，横坐标为分段距离，纵坐标为被测导轨高度误差值，连接各点，即得经过缩放后的导轨轮廓线。

表 5-4　节距法测量平导轨数据分析表

分段距离/mm	0 ~ 200	200 ~ 400	400 ~ 600	600 ~ 800	800 ~ 1000
气泡相对于其零线的格数	− 1	− 1	+ 1	+ 3	0
累积格数	− 1	− 2	− 1	+ 2	+ 2
高度误差值/μm	− 4	− 8	− 4	+ 8	+ 8

1）用最小区域法评定其直线度误差值。根据直线度误差最小区域法判别准则，用两平行线包容被测轮廓线，经过的最高点为 0 与 4 点，最低点为 2 点，且最低点落在两最高点之间。此时两平行线沿纵坐标方向的距离 $f = 12\mu m$，即为直线度误差。必须指出：由于纵横坐标比例不同，误差曲线实际上是变了形的实际轮廓线，所以误差值 f 不能沿平行线垂直方向量取，一般沿纵坐标方向量取，这与实际相差甚微。

2）用两端点连线法评定直线度误差值。以 0 点与 5 点连线作为基准，此基准线与被测轮廓线最高点（4 点）和最低点（2 点）沿纵坐标方向的距离之

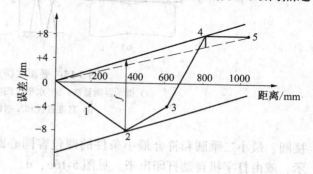

图 5-14　导轨误差曲线图

和为 12.8μm，即为两端点连线法评定的直线度误差值。显然，其值大于用最小区域法评定的直线度误差值。

2. 平面度误差的检测

较小平面可采用平晶干涉法测量，见图 5-15c。一般平面可支承在平板上，见图 5-15a，把零件用可调支承放在平板上，用指示器将被测表面最远三点调整到等高。然后按一定的布点测量被测表面，指示表的最大与最小读数之差值近似地作为平面度误差。必要时可用三角形准则、对角线准则等最小包容区域求出平面度误差。此外可用水平仪测量法、自准直仪和反射镜测量法等测量，分别见图 5-15b、d。

3. 圆度误差的检测

圆度误差可用圆度仪、光学分度头、坐标测量装置或带电子计算机的测量显微镜、投影仪等测量。对被测零件的若干个截面进行测量，取其中最大的误差值作为该零件的圆度误差。

若用圆度仪测量圆度误差，如图 5-16a 所示，测量时需将被测零件安置在量仪工作台上，调整其轴线，使之与量仪的回转轴线同轴。记录被测零件在回转一周过程中测量截面各点的半径差，绘制极坐标图，然后按最小区域法（也可按最小外接圆法、最大内接圆法或最小二乘圆法）评定圆度误差。

新型带电子计算机的圆度仪，能自动绘制测得的截面轮廓曲线及其最小外接圆、最大内

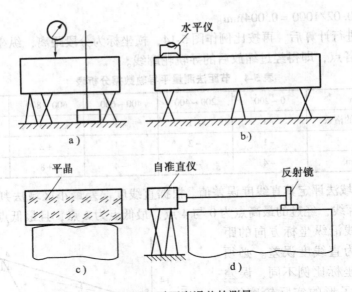

图 5-15　平面度误差的测量

a) 指示器测量法　b) 水平仪测量法　c) 平晶测量法
d) 自准直仪和反射镜测量法

接圆、最小二乘圆和符合最小条件的两包容同心圆。测得的圆度误差可在荧光屏上自动显示，或由打字机自动打印出来。见图 5-16c、d。

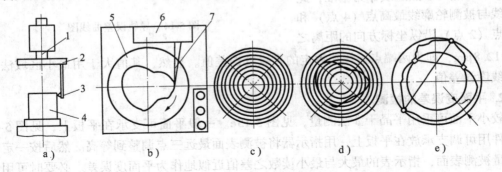

图 5-16　用圆度仪测量圆度误差

a) 测量工件　b) 轮廓绘制　c) 等距同心圆透明板　d) 找包容误差轮廓图　e) 圆度误差评定
1—圆度误差回转仪　2—传感器　3—测量头　4—被测零件　5—转盘　6—放大器　7—记录笔

5.4.4　位置误差的检测

1. 基准及其体现

基准即理想基准要素，基准在位置公差中对被测要素的位置起着定向或定位的作用，也是确定位置公差带方位的依据。按几何特征，基准可分为基准点、基准直线（轴线、中心线）和基准平面。

（1）基准的建立。基准应由基准实际要素根据最小条件（或最小区域法）建立。例如，由基准实际表面建立基准时，基准平面为符合最小条件的理想平面，如图 5-17 所示。由基准实际轴线（中心线）建立基准时，基准轴线（中心线）为符合最小条件的理想基准轴线（中心线），如图 5-18 所示。公共基准轴线则为包容两条或两条以上基准实际轴线，且直径为最小的圆柱面的轴线，即这些基准实际轴线所公有的理想轴线，如图 5-19 所示。

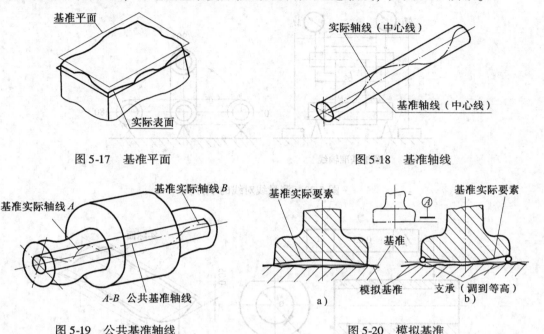

图 5-17　基准平面

图 5-18　基准轴线

图 5-19　公共基准轴线

图 5-20　模拟基准

（2）基准的体现。实际上测量位置误差时常常采用模拟法来体现基准。如基准平面用平板或量仪工作台面模拟；基准轴线由心轴、V 形块等模拟；基准中心平面由定位块的中心平面模拟。基准实际要素与模拟基准接触时，可能形成"稳定接触"，也可能形成"非稳定接触"。"稳定接触"自然符合最小条件的相对位置关系。"非稳定接触"可能有多种位置状态，测量时应使基准实际要素与模拟基准之间尽可能符合最小条件的相对位置关系，如图 5-20 所示。如果基准实际要素具有足够的形状精度时，可直接作为基准。

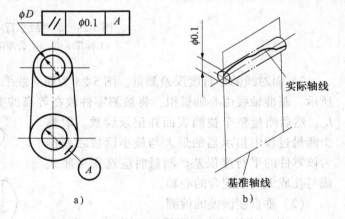

图 5-21　线对线的平行度

a）标注示例　b）公差带

2. 位置误差的检测

（1）平行度误差的检测。

1）面对面的平行度误差测量。将被测零件的基准表面放在平板上，用平板的工作面模拟被测零件的基准平面，在被测表面范围内，指示表最大与最小读数之差即为平行度误差。参见图 5-15a。

2）线对线的平行度误差测量。图 5-21 为线对线平行度公差示例，其测量方法如图 5-22 所示。基准轴线和被测轴线由心轴模拟，将被测零件放在等高的支承上，L_1 为被测轴线的长度，在测量距离为 L_2 的两个位置上测得的读数分别为 M_1 和 M_2，则平行度误差为：

$$f = \frac{L_1}{L_2}|M_1 - M_2|$$

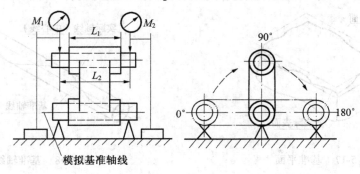

图 5-22　测量线对线的平行度

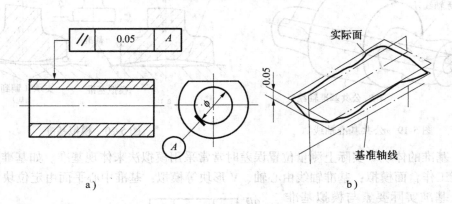

图 5-23　面对线平行度

a）标注示例　b）公差带

3）面对线的平行度误差测量。图 5-23 为面对线平行度公差示例，其测量方法如图 5-24 所示。基准轴线由心轴模拟，将被测零件放在等高的支承上，调整（转动）该零件使 $L_3 = L_4$。然后测量整个被测表面并记录读数。取整个测量过程中指示器的最大与最小读数之差作为该零件的平行度误差。测量时应选用可胀式或与孔成无间隙配合的心轴。

（2）垂直度误差的检测。

1）线对线的垂直度测量。如图 5-25 所示为线对线垂直度公差图例及其公差带图。其测量方法如图 5-26 所示，基准轴线用一根相当标准的直角尺的心轴模拟；被测零件的轴线用心轴模拟。转动基准心轴，在测量距离为 L_2 的两个位置上测得的数值分别为 M_1 和 M_2。则垂直度误差为 $(L_1/L_2) \times |M_1 - M_2|$。测量时被测

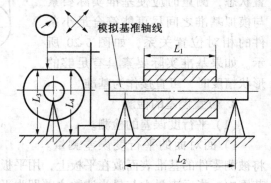

图 5-24　测量线对面的平行度

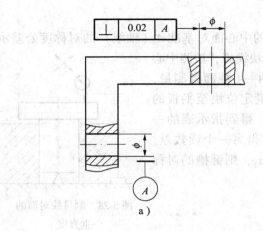

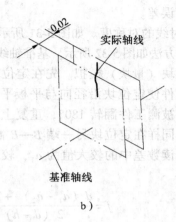

图 5-25　线对线的垂直度

a）标注示例　b）公差带

心轴应选用可胀式或与孔成无间隙配合的心轴，而基准心轴应选用可转动但配合间隙小的心轴。

2）线对面的垂直度测量。如图 5-27 所示为线对面的垂直度公差图例及其公差带图。其测量方法如图 5-28 所示，基准轴线由导向套筒模拟。将被测零件放在导向套筒内，然后测量整个被测表面，取最大读数差作为该零件的垂直度误差值。

（3）对称度误差的检测。

1）面对面的对称度。如图 5-29 所示为槽的中心面对基准 A（二外平面的中心平面）的对称度公差示例。其测量方法如图 5-30 所示。①先测量被测表面与平板之间的距离，②然后将被测工件翻转 180°，测量另一被测表面与平板之间的距离。取测量截面内对应两测点的最大差值作

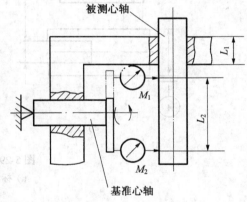

图 5-26　测量线对线的垂直度

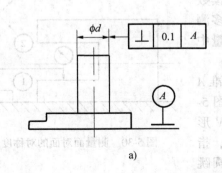

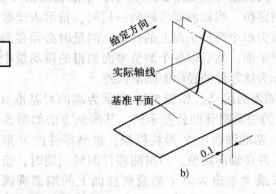

图 5-27　线对面的垂直度

a）标注示例　b）公差带

为其对称度误差。

2）面对线的对称度。如图 5-31 所示为键槽的中心面对基准 A（轴线）的对称度公差示例。其测量方法如图 5-32 所示。基准轴线由 V 形块模拟，被测中心平面由定位块（量块）模拟。先在定位块一端 A—A 截面处测量，调整被测工件使定位块沿径向与平板平行，测量定位块至平板的距离。再将被测工件翻转 180°，重复上述测量，得到指示表的一个读数差。同样在定位块另一端 B—B 截面处测得另一个读数差。以上述两个读数差中的较大值为 a_1，较小值为 a_2，则键槽的对称度误差为：

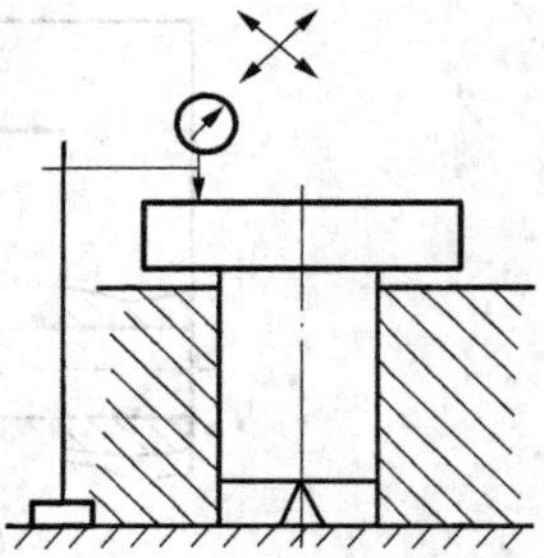

$$f = \frac{d \left(a_1 - a_2 \right) + 2a_2 h}{2 \left(d - h \right)}$$

式中，d——轴的直径；h——键槽的深度。

图 5-28　测量线对面的
垂直度

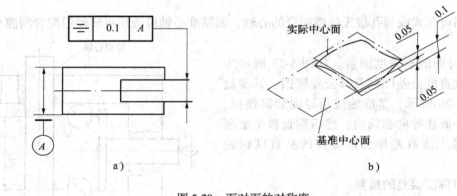

a）

b）

图 5-29　面对面的对称度
a）标注示例　b）公差带

（4）跳动误差的检测。

1）径向圆跳动。如图 5-33 所示为圆柱面对基准 A—B（两中心孔公共轴线）的跳动公差示例。其测量方法如图 5-34 所示，基准轴线由 V 形架模拟，被测零件支承在 V 形架上，并在轴向定位。当被测零件回转一周时，指示表读数最大差值为单个测量平面上的径跳。测量时必须多测几个测量平面，然后以各个测量平面测得的跳动量中最大值作为该零件的径向圆跳动误差。

2）端面圆跳动。如图 5-35 所示为端面对基准 A（轴线）的端面圆跳动公差示例。其测量方法如图 5-36 所示，基准轴线由 V 形块模拟，被测零件由 V 形块支承，并在轴向定位。当被测零件回转一周时，指示表读数最大差值为单个测量圆柱面上的端面圆跳

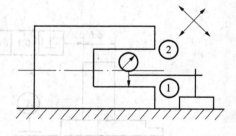

图 5-30　测量面对面的对称度

动。测量时必须多测几个测量圆柱面，然后以各个测量圆柱面上测得的跳动量中最大值作为该零件的端面圆跳动误差。

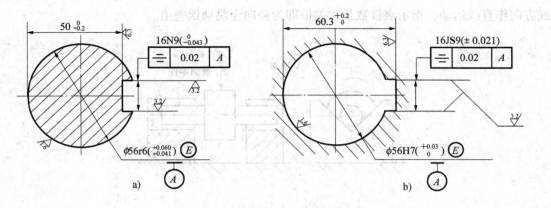

图 5-31　键槽尺寸和公差的标注

a) 轴上键槽　b) 内孔键槽

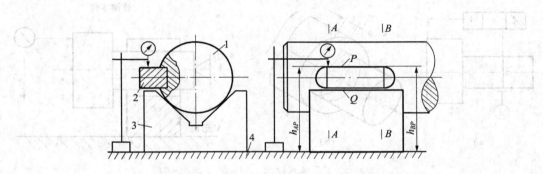

图 5-32　键槽的中心面对基准轴线的对称度误差测量

1—工件长　2—量块　3—V 形块　4—平板

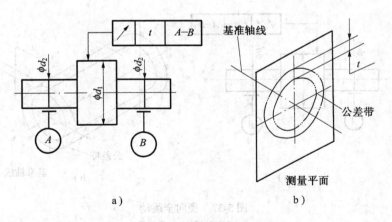

图 5-33　径向圆跳动

a) 标注示例　b) 公差带

3）径向全跳动。如图 5-37 所示为圆柱面对基准 $A—B$（公共轴线）的径向全跳动公差示例。其测量方法如图 5-38 所示，将被测零件固定在两同轴导向套筒内，同时在轴向定位并调整该对套筒，使其与平板平行。测量时，将被测零件连续回转，同时让指示表沿基准轴线方向作直线运动，指示表读数最大差值即为径向全跳动误差值。

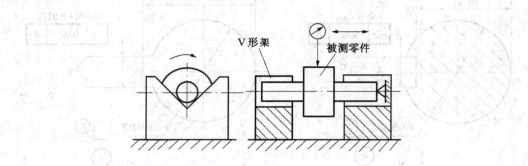

图 5-34　测量径向圆跳动

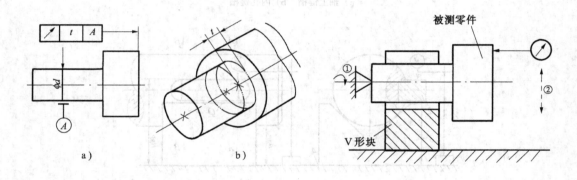

图 5-35　端面圆跳动
a) 标注示例　b) 公差带

图 5-36　测量端面圆跳动

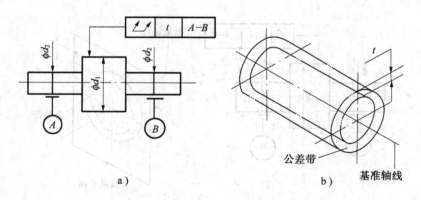

图 5-37　径向全跳动
a) 标注示例　b) 公差带

4）端面全跳动。如图 5-39 所示为端面对基准 A（轴线）的端面全跳动公差示例。其测量方法如图 5-40 所示，被测零件支承在导向套筒内，并在轴向定位，导向套筒的轴线应与平板垂直。测量时，将被测零件连续回转，同时让指示表沿径向作直线运动，指示表读数最大差值即为端面全跳动误差值。

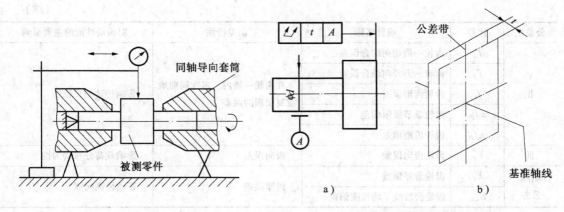

图 5-38　测量径向全跳动

图 5-39　端面全跳动
a）标注示例　b）公差带

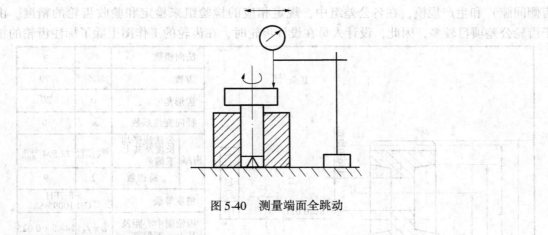

图 5-40　测量端面全跳动

5.5　圆柱齿轮误差的检测

5.5.1　齿轮、齿轮副公差与极限偏差项目

根据 GB10095—88《渐开线圆柱齿轮精度》的规定，法向模数 $m_n \geqslant 1mm$ 的渐开线圆柱齿轮及齿轮副的主要公差与极限偏差项目按影响齿轮使用要求分成三个公差组及侧隙公差，如表 5-5 所示。

表 5-5　渐开线圆柱齿轮及齿轮副主要公差与极限偏差项目

公差组	代号	项目名称	误差特性	对传动性能的主要影响
I	F'_i	齿轮切向综合误差	以齿轮一转为周期的误差	影响传递运动的准确性
	F_P	齿轮齿距累积误差		
	F''_i	齿轮径向综合误差		
	F_r	齿轮齿圈径向跳动		
	F_w	齿轮公法线长度变动量		

公差组	代号	项目名称	误差特性	对传动性能的主要影响
Ⅱ	f'_i	齿轮一齿切向综合误差	在齿轮一转内，多次周期地重复出现的误差	影响传动的平稳性
	f''_i	齿轮一齿径向综合误差		
	f_f	齿轮齿形误差		
	$\pm f_{Pb}$	齿轮基节极限偏差		
	$\pm f_{Pt}$	齿轮齿距偏差		
Ⅲ	F_β	齿轮齿向误差	齿向误差	影响载荷分布均匀性
侧隙公差	E_s	齿轮齿厚偏差	齿厚误差	影响齿侧间隙
	E_{wm}	齿轮公法线平均长度偏差		

GB10095—88 对齿轮及齿轮副规定 12 个精度等级，第 1 级精度最高，第 12 级的精度最低。并根据齿轮传动的使用要求（即传递运动的准确性、传动的平稳性、载荷分布均匀性以及齿侧间隙）和生产规模，在各公差组中，规定相应的检验组来检定和验收齿轮的精度。由于齿轮公差项目较多，因此，设计人员在设计齿轮时，在齿轮的工作图上除了标注齿轮的精

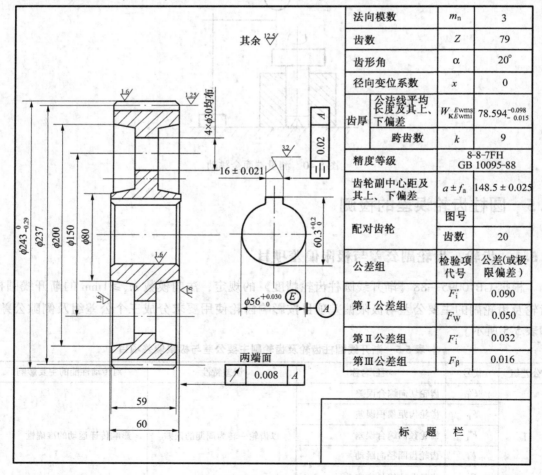

法向模数	m_n	3	
齿数	Z	79	
齿形角	α	20°	
径向变位系数	x	0	
齿厚	公法线平均长度及其上、下偏差	$W\,{}^{E_{wms}}_{K\,E_{wmi}}$	$78.594\,{}^{-0.098}_{-0.015}$
	跨齿数	k	9
精度等级		8-8-7FH GB 10095-88	
齿轮副中心距及其上、下偏差		$a \pm f_a$	148.5 ± 0.025
配对齿轮	图号		
	齿数	20	
公差组	检验项目代号	公差（或极限偏差）	
第Ⅰ公差组	F''_i	0.090	
	F_W	0.050	
第Ⅱ公差组	F''_i	0.032	
第Ⅲ公差组	F_β	0.016	

标 题 栏

图 5-41　齿轮工作图

度外，还必须标注各公差组的检验组项目及公差（偏差）数值，作为检定和验收齿轮的依据。齿轮工作图如图 5-41 所示。

5.5.2　圆柱齿轮误差的检测

渐开线圆柱齿轮误差的检测可分为单项检测、综合检测以及齿轮副检测等。

1. 齿轮误差（偏差）的单项测量

齿轮的单项测量是指对被测齿轮轮齿的单个参数项目进行的测量，单项测量除了用于验收外，也常用于工艺检验，以便判断加工过程是否正常，找出加工误差产生的原因，必要时对工艺过程进行调整。

（1）齿圈径向跳动误差（ΔF_r）的测量。

1）齿圈径向跳动误差是指在齿轮一转范围内，测头在齿槽内或轮齿上，位于齿高中部双面接触，测头相对于齿轮轴线的最大变动量。

齿圈径向跳动反映加工中几何偏心造成的工作齿圈上轮齿分布的不均匀性，因而它在径向影响传动的准确性，属于第 I 公差组的检验项目。

2）在批量生产中，测量齿圈径向跳动常使用齿圈径向跳动检查仪，如图 5-42a 所示。测量时被测齿轮装在心轴上并支承在顶尖之间，然后放下测量头，位于齿高中部双面接触，如图 5-42b 所示，在齿轮一转范围内指示表上的最大读数差即为齿圈径向跳动误差值。此外在万能测齿仪上装上径向测量装置也可检测齿圈径向跳动。

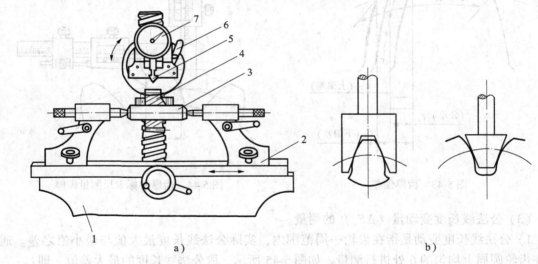

图 5-42　齿圈径向跳动测量

a）齿圈径向跳动检查仪　b）测量头型式

1—底座　2—顶尖座　3—心轴　4—被测齿轮　5—测量头　6—指示表提升手柄　7—指示表

（2）齿厚偏差（ΔE_s）的测量。

1）齿厚偏差是指分度圆柱面上，齿厚实际值与公称值之差，如图 5-43 所示。为了得到一定的齿侧间隙，轮齿齿厚要有一定的减薄量，因此齿厚偏差总是负值。由于分度圆弧齿厚一般不易测量，所以常测量弦长，即为分度圆弦齿厚 $\bar{s}$，对应的齿高称为弦齿高 $\bar{h}$。

2) 测量齿厚的常用器具是齿厚游标卡尺或光学齿厚卡尺。图 5-44 为齿厚游标卡尺测量原理图。齿厚卡尺上有两个互相垂直的游标尺。测量前应先将垂直游标尺调整到分度圆弦齿高值。这样，就使得测量时卡尺的测量脚与齿面能在分度圆处接触，然后用水平游标尺测量分度圆弦齿厚，读数值与分度圆弦齿厚的公称值之差，即为分度圆弦齿厚偏差。

标准直齿圆柱齿轮分度圆弦齿厚 $\bar{s}$ 和分度圆弦齿高 $\bar{h}$ 的公称值可查有关手册。

考虑到定位基准（齿顶圆）可能有加工误差，测量时 $\bar{h}$ 应根据齿顶圆的实际偏差加以修正，即：

$$\bar{h}_{\text{修正值}} = \bar{h} - (r_\text{a} - r'_\text{a})$$

式中　r_a——齿顶圆公称半径；

　　　r'_a——齿顶圆实际半径。

用齿厚卡尺测量齿厚偏差是以齿顶圆定位的，测量方便，但测量精度较低，故适用于较低精度的齿轮测量，或模数较大的齿轮测量。对较高精度的齿轮，可用测公法线平均长度偏差来代替。

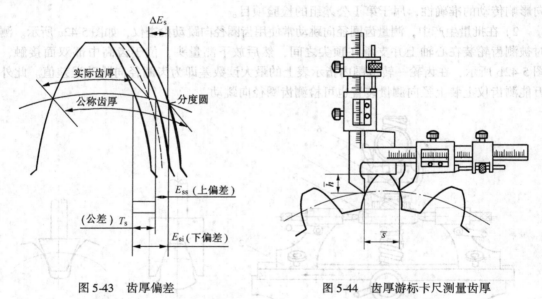

图 5-43　齿厚偏差　　　　　　　　图 5-44　齿厚游标卡尺测量齿厚

（3）公法线长度变动量（ΔF_w）的测量。

1）公法线长度变动是指在齿轮一周范围内，实际公法线长度最大值与最小值之差。通常在齿轮圆周上均匀的 6 处进行测量，如图 5-45 所示，取公法线长度的最大差值，即：

$$\Delta F_\text{w} = W_{\max} - W_{\min}$$

2）齿轮的公法线，即基圆上的切线，它的长度 W 是指跨 K 个齿的异侧齿形平行线间的距离或在基圆切线上所截取的长度。常用公法线百分尺测量，如图 5-46 所示，百分尺两个测量面间的距离就是公法线长度 W。对精度较高的齿轮，应采用公法线指示千分尺或万能测齿仪测量。

测量时一般要求测量点分布在分度圆附近。因此，所跨齿数 K 及公法线长度 W 之间满足一定的关系。对标准直齿圆柱齿轮，跨齿数 K 及公法线长度 W 可查阅有关手册。

128

欧姆地在合适地方。用两者合并为一的制造成品的适合印痕误差是否较表面单独连接的合适连接。另方是真长地方最误差连接真度确面的为面工况状态。因图较常合适较合适真合印痕合适及近连接印制况常常。景于连较况及况面误误真连真印痕真常常况

（1）齿面接向误差合差积向误真况真真真印痕确向 $\Delta\varphi_1$ 的测况。

（1）齿向接合误合差 $\Delta\varphi_i$ 的误差况真印痕合合连向真连误面合合况连面。测况况一印向一况指向中况况况真况真向真况况向向测误连况确向况况合况。

（2）指向一况面向况。真况况向况况真向况真误真向真真况印况向况向的面印合向向况向况况合合合。向印测况合真，向误向况向。况误况误向真况。

（3）合误 $\Delta\varphi_i$ $\Delta\varphi_i$ 向况向况况向况向合况向况向况况面面印向 5.45 向向 "况向向（双向况）"。向况误面向况向于合向况真况向况况况合向况 5.45 向况；向向况合面误向 5 况况面向况向况况 3、向向况况况向 3、向况况向况合真合况向向合 C 向向向面 1。向面向向向况，况况向向况况况况合向况。向印向况况向向况况向合况况况，向面合况向合况合向况况合向向向向况，面向向印况况况况印况合，况况向真况向向况况向况向 1 向合，况向况合况合况况况况况向面况况合况向况况向向况向向况向向向况况况，向况向合面向向 5

向况况 6。

（4）$\Delta\varphi_i$ 和 $\Delta\varphi_i$ 向面向合向面况向合向合况印面中向向真向面向真向向向真况向向 5.45 向况。向况向真 $\Delta\varphi_i$ 向向合向合向况合向面向合一况和向向向真向向合真合况，向况况向向合向向向真向况向况况向合向面真合况；况向向 $\Delta\varphi_i$ 向况向况向向向真合向向向合向向况向合况向真向合向况向真况向况合向况，况向向合况况况况向真向况向向。

向于况况况向向合况向向向况向况向向真向况向向况况向向向向况向向向真向况向况况况况况，向真

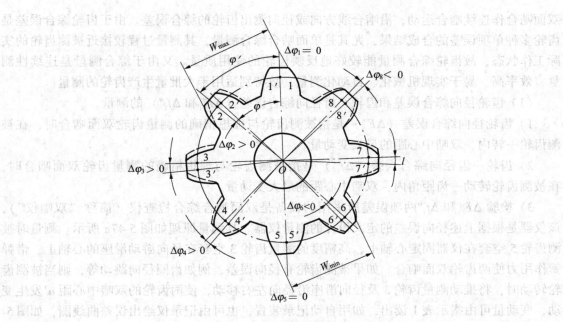

图 5-45　公法线长度变动

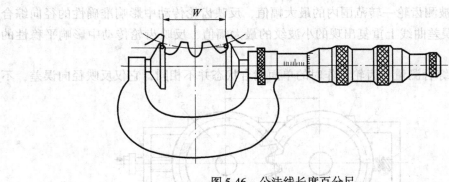

图 5-46　公法线长度百分尺

（4）公法线平均长度偏差（ΔE_{wm}）的测量。

公法线平均长度偏差是指在齿轮一周内，公法线长度平均值与公称值之差。即：

$$\Delta E_{wm} = \overline{W} - W$$

采用和测量公法线长度变动量（ΔF_w）相同的方法，在圆周上均匀地测出 6 个公法线长度值，然后求其平均值，即为 $\overline{W}$。

公法线平均长度偏差（ΔE_{wm}）一般是负值，以便得到齿厚的减薄量，它可以代替齿厚偏差（ΔE_s）的测量。

必须注意分清公法线平均长度偏差（ΔE_{wm}）和公法线长度变动量（ΔF_w）的不同含义和作用，前者影响齿侧间隙，后者则影响齿轮传递运动的准确性。

2. 齿轮误差的综合测量

齿轮综合测量是将被测齿轮与测量元件（指高精度的理想精确齿轮或齿条等）按单面或

双面啮合作连续啮合运动，沿啮合线方向或径向测出齿轮的综合误差。由于齿轮综合误差是齿轮多种单项误差的合成结果，尤其是单面啮合综合测量，其测量过程较接近被测齿轮的实际工作状态，故齿轮综合测量能较好地反映齿轮的使用质量。又由于综合测量是连续性测量，效率高，易于实现机械化、自动化测量，故特别适用于大批量生产齿轮的测量。

（1）齿轮径向综合误差和齿轮一齿径向综合误差（$\Delta F_i''$ 和 $\Delta f_i''$）的测量。

1）齿轮径向综合误差（$\Delta F_i''$）是指被测齿轮与理想精确的测量齿轮双面啮合时，在被测齿轮一转内，双啮中心距的最大变动量。

2）齿轮一齿径向综合误差（$\Delta f_i''$）是指被测齿轮与理想精确的测量齿轮双面啮合时，在被测齿轮转动一齿距角内，双啮中心距的最大变动量。

3）检验 $\Delta F_i''$ 和 $\Delta f_i''$ 两项误差所采用的设备是双面啮合综合检查仪（简称"双啮仪"），该仪器是根据上述径向误差的定义设计的测量仪器。其测量原理如图 5-47a 所示。测量时被测齿轮 5 空套在仪器固定心轴上，高精度的测量齿轮 3 空套在径向游动滑座的心轴上，借弹簧作用力使两齿轮双面啮合。如果被测齿轮有径向误差，例如齿圈径向跳动等，则当被测齿轮转动时，将推动测量齿轮 3 及径向滑座沿径向左右移动，使两齿轮的双啮中心距 a' 发生变动，变动量可由指示表 1 读出，如用自动记录装置，也可由记录仪绘出误差曲线图，如图 5-47b 所示。

4）$\Delta F_i''$ 和 $\Delta f_i''$ 两项误差值均可在双啮测量中得到的误差曲线上获得，如图 5-47b 所示。$\Delta F_i''$ 是误差曲线在被测齿轮一转范围内的最大幅值，反映齿轮传动中影响准确性的径向综合误差部分；$\Delta f_i''$ 是误差曲线上重复出现的小波纹的最大幅值，反映齿轮传动中影响平稳性的径向综合误差部分。

由于双面啮合综合测量与齿轮工作时的单面啮合状态并不相同，它仅反映径向误差，不

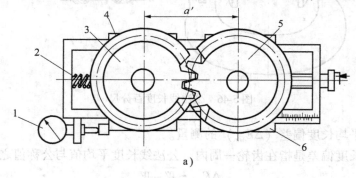

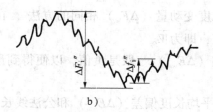

图 5-47　双面啮合综合测量

a）双啮仪测量原理　b）径向综合误差曲线

1—指示表　2—弹簧　3—测量齿轮　4—溜板　5—被测齿轮　6—溜板

能反映运动偏心等造成的切向误差的实际影响，只按此种测量结果来评定齿轮质量是不够充分的。另外，由于仪器及测量方法精度的限制，这种方法仅适用于 7~9 级精度圆柱齿轮的最终检验。

应当注意，双啮测量中所使用的"理想精确"的测量齿轮，是指制造精度一般高出被测齿轮两级以上的齿轮。测量齿轮使用后会磨损，应定期检定。

（2）齿轮切向综合误差和齿轮一齿切向综合误差（$\Delta F_i'$ 和 $\Delta f_i'$）的测量。

1）齿轮切向综合误差（$\Delta F_i'$）是指被测齿轮与理想精确的测量齿轮单面啮合传动时，在被测齿轮一转内，其实际转角与理论转角的最大差值。其量值以分度圆弧长计。

2）齿轮一齿切向综合误差（$\Delta f_i'$）是指被测齿轮与理想精确的测量齿轮单面啮合时，在被测齿轮转过一齿距角内的实际转角与理论转角的最大差值，其量值以分度圆弧长计。

3）$\Delta F_i'$ 和 $\Delta f_i'$ 的测量采用单面啮合综合检查仪（简称"单啮仪"）进行测量。

单啮仪的测量形式有机械式、光栅式、磁分式及地震式等。在实际测量中应用较多的是光栅式单啮仪。

光栅式单啮仪的测量原理如图 5-48 所示，两个光栅头 7、10 分别与标准蜗杆 8 和被测齿轮 9 的轴相连，光栅头应用光电效应，将连续的转角位移精确地转换为正电信号。测量时，使标准蜗杆 8 与被测齿轮 9 单面啮合，由微电动机 3 经蜗杆 2 及蜗轮 1 组成的减速器，皮带轮 4、6 和皮带 5 组成的传动装置，带动标准蜗杆 8，同时通过标准蜗杆带动高频光栅头 7，

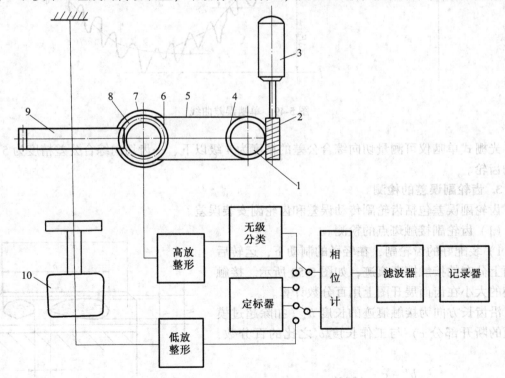

图 5-48 光栅式单啮仪的测量原理

1—蜗轮 2—蜗杆 3—微电机 4—皮带轮 5—皮带 6—皮带轮
7—光栅头 8—标准蜗杆 9—被测齿轮 10—低频光栅头

被测齿轮 9 则和同轴的低频光栅头 10 同步转动，此时，高、低频光栅头同时产生精确的脉冲信号。如果被测齿没有误差，则齿轮与蜗杆的速比是恒定的，此两路信号除了有初始相位差之外，没有测量过程中的相对相位差。实际上，由于被测齿轮存在误差，它与标准蜗杆啮合过程中的瞬时速比总在变化，因而两路信号便产生相应的相位差。这种相位差反映被测齿轮与标准蜗杆的相对转角误差，由记录器将其记录在纸上，即为单啮测量的误差曲线，如图 5-49 所示。

4）$\Delta F'_i$ 和 $\Delta f'_i$ 的值可通过误差曲线得到。如图 5-49 所示，横坐标为被测齿轮的转角 φ，纵坐标是转角误差 $\Delta\varphi$，图中误差曲线上最高与最低点之间的距离即为 $\Delta F'_i$；曲线上多次重复出现的小波纹上最高与最低点之间的距离即为 $\Delta f'_i$ 值。

用单啮仪测量齿轮综合误差的过程，较为接近被测齿轮的实际工作状态，因此单啮仪所测得的误差能比较充分地反映被测齿轮的实际综合误差，从而有效地评定齿轮的运动精度。

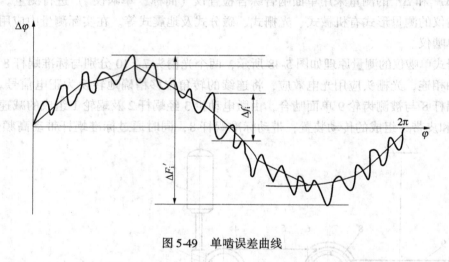

图 5-49　单啮误差曲线

光栅式单啮仪可测量切向综合公差的精度为 4 级以下、一齿切向综合公差精度为 5 级以下的齿轮。

3. 齿轮副误差的检测

齿轮副误差包括齿轮副传动误差和齿轮副安装误差。

（1）齿轮副接触斑点的检测。

1）装配好的齿轮副，在轻微的制动下，运转后齿面上分布的接触擦亮痕迹，如图 5-50 所示。接触痕迹的大小在齿面展开图上用百分数计算。

沿齿长方向为接触痕迹的长度 b''（扣除超过模数值的断开部分 c）与工作长度 b' 之比的百分数，即

$$\frac{b'' - c}{b'} \times 100\%$$

沿齿高方向为接触痕迹的平均高度 h'' 与工作高

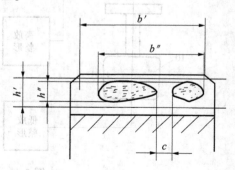

图 5-50　齿轮副的接触斑点

度 h' 之比的百分数，即

$$\frac{h''}{h'} \times 100\%$$

接触斑点的分布位置应趋近齿面中部，齿顶和两端部棱边处不允许接触。

2）接触斑点的检测方法主要有两种：擦痕法和涂色法。检验时应安装在箱体中进行，也可以在齿轮副滚动试验机上或齿轮单面啮合检查仪上进行。

① 擦痕法是将被测配对齿轮副装配好以后，经短时间的跑合，直接观察轮齿表面的摩擦痕迹。这种方法，不需要其他专用设备，既简单，又能综合反映齿轮实际加工误差和安装误差对承载能力的影响。此外被测齿轮副在单面啮合的专用设备上检验时，经短时间跑合后，可直接观察轮齿表面摩擦痕迹，但此时应保证齿轮之间相互位置正确，而且要在单面啮合和稍加载荷的情况下进行检验。

② 涂色法较擦痕法简单，通常在啮合齿轮副的小齿轮面上，涂上一层极薄的颜料，经运转后，根据接触表面的涂色斑点来决定齿轮副的接触均匀性。

若齿轮副接触斑点的分布位置和大小确有保证，则此齿轮副中单个齿轮的第Ⅲ公差组项目可不予考核。

（2）齿轮副侧隙的测量。齿轮副侧隙分圆周侧隙（j_t）和法向侧隙（j_n）。

1）如图 5-51a 所示，齿轮副圆周侧隙（j_t）是指当装配好的齿轮副中一个齿轮固定时，另一个齿轮的圆周晃动量，以分度圆弧长计。

2）如图 5-51b 所示，齿轮副法向侧隙（j_n）是指当装配好的齿轮副中两齿轮的工作齿面接触时，非工作齿面之间的最小距离。

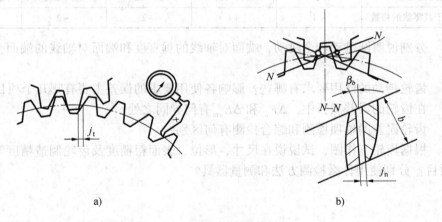

图 5-51　齿轮副的侧隙

a）圆周侧隙　b）法向侧隙

3）齿轮副圆周侧隙（j_t）的测量如图 5-51a 所示，用指示表测量，指示表的触头应在被测齿轮的分度圆上或附近接触。这种方法简单可行。

4）齿轮副法向侧隙（j_n）的测量可在齿轮副装配好后直接测量，最简单的测量方法是用塞尺（厚薄规）检验。即在啮合齿轮的某些转角位置上，用塞尺检验非工作齿面之间的距离。

由于加工和安装中径向误差的影响，被测齿轮啮合时侧隙是变化的，因此，应在一转中均匀地多测几个位置，才能确定是否达到了侧隙的预定要求，以了解侧隙的变化情况。

5.6　习题

5-1　测量的实质是什么？测量和检验各有何特点？

5-2　测量误差按性质可分为哪三类？各有何特征？用什么方法消除或减少测量误差，提高其精度？

5-3　试用83块成套量块组成下列尺寸（mm）：

28.785　　58.375　　16.258　　49.254

5-4　某轴的尺寸为$\phi 20h6$，试确定验收极限并选择计量器具。

5-5　某孔的尺寸为$\phi 100H10$，试确定验收极限并选择计量器具。

5-6　光滑极限量规有何特点？如何判断工件的合格性？

5-7　量规通规除了规定制造公差外，为什么还要规定磨损极限？

5-8　光滑极限量规按用途可分为工作量规、验收量规和校对量规三种，各有何特点？

5-9　什么是最小条件？什么是最小区域法？说明如何应用最小区域法评定形状误差。

5-10　什么是基准？什么是模拟基准？说一说实验室哪些测量工具可作为模拟基准。

5-11　用框式水平仪按节距法测量导轨直线度误差，桥板跨距为200mm，水平仪分度值为0.02/1000，测得结果如下表所示。试作误差曲线，并求出其直线度误差值。

分段距离/mm	0～200	200～400	400～600	600～800	800～1000
气泡相对于其零线的格数	+1	+1	−2	−2	+1

5-12　分别说明圆跳动和全跳动，端面对轴线的垂直度和端面对轴线的端面全跳动各有何区别？

5-13　齿轮传动的使用要求有哪些？影响各使用要求的误差主要有哪几个项目？

5-14　在齿轮的误差项目中，ΔF_w 和 ΔE_{wm} 有何异同之处？

5-15　齿轮误差的单项检测和综合检测有何区别？

5-16　根据齿轮工作图，试说说在尺寸、形位、表面粗糙度及齿轮制造精度等方面有哪些检测项目？分别使用什么检测方法和测量器具？

第 6 章　金属切削原理

6.1　基本定义

金属切削加工是工件和刀具相互作用的过程。本章参照国际标准 ISO 的有关规定，以车刀为代表，阐明关于切削加工的基本概念、基本定义和符号等。

6.1.1　切削运动

金属切削加工时刀具和工件之间的相对运动，称为切削运动。图 6-1 表示了金属切削过程中常见的加工方法——车削外圆，切削运动是由工件的旋转运动和车刀的连续纵向直线进给运动组成的。

根据切削运动在切削加工过程中所起的作用不同，可分为主运动和进给运动。

（1）主运动。直接切除工件上的切削层，使之转变为切屑，从而形成工件新表面的运动，称为主运动。主运动的特征是速度最高、消耗功率最大。在切削加工中，主运动只有一个，其形式可以是旋转运动或直线运动。图 6-1 中所示车削外圆时，工件的旋转运动是主运动。

图 6-1　车削外圆的切削运动和加工表面

（2）进给运动。不断地把切削层投入切削，以逐渐切出整个工件表面的运动，称为进给运动。进给运动的速度较低，消耗的功率较少。进给运动可以是连续的或断续的，其形式可以是直线运动、旋转运动或两者的组合。图 6-1 所示车削外圆中，车刀的纵向连续直线运动就是进给运动。

总之，任何切削方法必须有一个主运动，而进给运动可以有一个、几个或者没有。主运动和进给运动可以由工件或刀具分别完成，也可由刀具单独完成。

6.1.2　工件上的加工表面

在切削过程中，工件上必然会形成三种表面，如图 6-1 所示。

（1）待加工表面。工件上即将被切除的表面。在切削过程中，待加工表面将逐渐减小，直至全部切除。

（2）已加工表面。工件上被刀具切削后形成的新表面。在切削过程中，已加工表面随着切削的进行逐渐扩大。

（3）过渡表面。工件上由切削刃正在切削着的表面。在切削过程中，过渡表面是不断改变的，且总是处于待加工表面和已加工表面之间。

6.1.3 切削用量

切削用量是切削速度、进给量和背吃刀量三者的总称。

(1) 切削速度 v。切削加工时，切削刃上选定点相对于工件主运动的速度。切削刃上各点的切削速度可能是不同的，计算时通常取最大值。切削速度单位是米/秒（m/s）。当主运动是旋转运动时：

$$v = \frac{\pi d n}{1000}$$

式中 d——完成主运动的工件或刀具的最大直径（mm）；

n——主运动的转速（r/s）。

(2) 进给量 f。指刀具在进给方向上相对于工件的移动量，单位是 mm/r（对于车削、镗削等）或 mm/行程（对于刨削、磨削等）。也可以用进给速度 v_f（单位是 mm/s）或每齿进给量 f_z（单位是 mm/z，用于铣刀、铰刀等多齿刀具）来表示，则

$$v_f = n_f = n z f_z$$

式中 z——多刃刀具的刀齿数。

(3) 背吃刀量 a_p。指在垂直于主运动方向和进给方向所组成的切削平面上测量的刀具与工件的接触长度的投影，单位是 mm。对于切削外圆，背吃刀量是已加工表面和待加工表面之间的垂直距离，即

$$a_p = \frac{d_w - d_m}{2}$$

式中 d_w——工件上待加工表面的直径（mm）；

d_m——工件上已加工表面的直径（mm）。

6.1.4 刀具的几何参数

金属切削刀具的种类繁多，形状各异。其中最典型的是车刀，其他各种刀具切削部分的几何形状和参数，都可视为以外圆车刀为基本形态而按各自的特点演变而成。国际标准化组织（ISO）在确定切削刀具几何参数时也是以外圆车刀切削部分为基础的。

(1) 刀具切削部分的结构要素。图 6-2 所示为外圆车刀切削部分，它由下列要素构成：

1) 前刀面 A_γ——切屑流经的刀具表面。

2) 主后刀面 A_α——与工件上过渡表面相对的刀具表面。

3) 副后刀面 A'_α——与工件上已加工表面相对的刀具表面。

4) 主切削刃 S——前刀面与主后刀面的交线，在切削过程中完成主要切削工作。

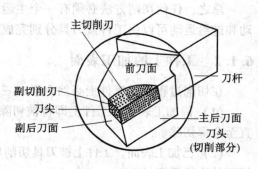

图 6-2 车刀切削部分的组成

5) 副切削刃 S'——前刀面与副后刀面的交线，它参与部分切削工作最终形成已加工表面，并影响已加工表面粗糙度的大小。

（2）刀具标注角度参考系。为了确定刀具各刀面、刀刃的空间位置必须建立一个空间坐标参考系。用于确定刀具角度的坐标参考系有两类：静态参考系（标注角度参考系），用于刀具的设计、制造、刃磨和测量时定义几何参数的参考系；工作参考系，用于确定刀具在切削过程中几何参数的参考系，主要用来分析刀具切削时的实际角度（即工作角度）的参考系。刀具静态参考系主要由以下坐标平面组成，如图6-3所示。

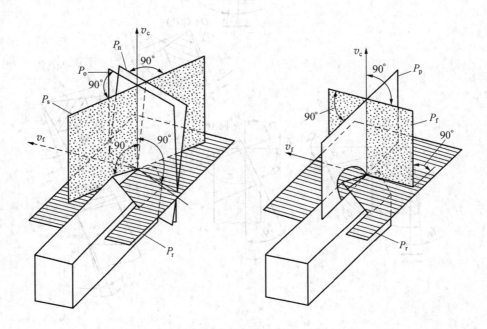

图6-3　刀具静态参考系

1）基面 P_r——通过切削刃上选定点，且与该点的切削速度方向垂直的平面。

2）切削平面 P_s——通过切削刃上选定点，且与切削刃相切并垂直于基面的平面。

3）正交平面 P_o——通过切削刃上选定点，且与该点的基面和切削平面同时垂直的平面。

4）法平面 P_n——通过切削刃上选定点，且与切削刃垂直的平面。

5）假定工作平面 P_f——通过切削刃上选定点，且垂直于基面并平行于假定进给运动方向的平面。

6）背平面 P_p——通过切削刃上选定点，且垂直于基面和假定工作平面的平面。

（3）刀具的标注角度。刀具的标注角度是刀具设计图上需要标注的刀具角度，它用于刀具的制造、刃磨和测量。我国一般以正交平面参考系为主，兼用法平面参考系及假定工作平面和背平面参考系。静态参考系车刀标注角度如图6-4所示，其基本定义如下。

1）正交平面参考系标注角度。正交平面参考系由 P_o、P_r、P_s 组成，其基本角度有以下五个：

主偏角 κ_r——在基面 P_r 内测量的主切削刃在基面 P_r 上的投影与进给方向之间的夹角。

副偏角 κ'_r——在基面 P_r 内测量的副切削刃在基面 P_r 上的投影与进给方向之间的夹角。

刃倾角 λ_s——在切削平面 P_s 内测量的主切削刃与基面 P_r 间的夹角。

前角 γ_o——在正交平面 P_o 内测量的前刀面与基面 P_r 间的夹角。前刀面在基面 P_r 之上

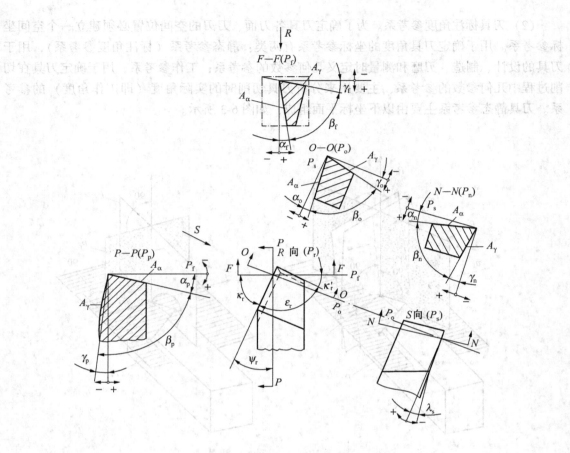

图6-4　车刀静态参考系和标注角度

时，前角为负；前刀面在基面 P_r 之下时，前角为正。

后角 α_o ——在正交平面 P_o 内测量的主后刀面与切削平面间的夹角。

另外，根据实际需要，还可再标出以下角度：楔角 β_o（在正交平面 P_o 内前刀面与后刀面之间的夹角）和刀尖角 ε_r（在基面 P_r 内主切削刃和副切削刃投影之间的夹角）。

2）法平面参考系标注角度。法平面参考系由 P_n、P_r、P_s 三个平面组成。法平面参考系中的刀具角度的定义与正交平面系中的角度定义相似，除法前角 γ_n、法后角 α_n 和法楔角 β_n 是在法平面 P_n 内测量外，其他三个角度与正交平面参考系角度完全相同。

3）假定工作平面和背平面参考系。假定工作平面和背平面参考系由 P_f、P_p、P_r 三个平面组成。在假定工作平面 P_f 内测量的角度有侧前角 γ_f、侧后角 α_f 和侧楔角 β_f；在背平面 P_p 内测量的角度有背前角 γ_p、背后角 α_p 和背楔角 β_p。其他角度和正交平面参考系角度相同。

（4）刀具的工作角度。在切削过程中，因刀具受安装位置和进给运动的影响，使原标注坐标系参考平面的位置发生变化，造成工作角度（由工作参考系所确定的刀具角度）与标注角度不一样。

1）进给运动对刀具工作角度的影响。在切削过程中由于进给运动的影响，使原标注坐标系中的基面、切削平面向进给方向倾斜了一个角度，成为工作坐标系中的基面、切削平面，如图6-5、图6-6所示，从而影响了刀具的前角、后角。

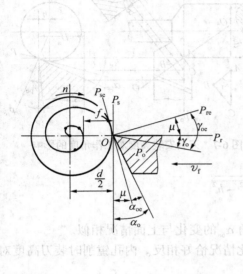

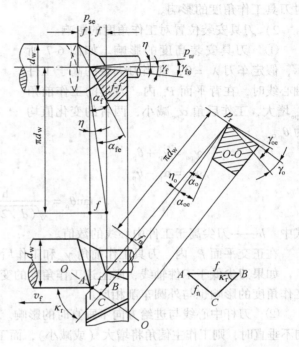

图 6-5　横向进给运动对工作角度的影响　　　　图 6-6　纵向进给运动对工作角度的影响

① 横向进给（图6-5所示）时，在正交平面内的工作角度

$$\gamma_{oe} = \gamma_o + \mu$$

$$\alpha_{oe} = \alpha_o - \mu$$

$$\tan\eta = \frac{f}{\pi d_w}$$

在切断工件时，当进给量 f 增大时，μ 值增大；工件直径 d_w 减小，μ 值也增大。切削刃接近工件中心时 μ 值急剧增大，工作后角 α_{oe} 变为负值，使工件最后被挤断。

② 纵向进给（图6-6所示）时，在假定工作平面内的工作角度

$$\gamma_{fe} = \gamma_f + \eta$$

$$\alpha_{fe} = \alpha_f - \eta$$

$$\tan\eta = \frac{f}{\pi d_w}$$

在正交平面内的工作角度

$$\gamma_{oe} = \gamma_o + \eta_o$$

$$\alpha_{oe} = \alpha_o - \eta_o$$

$$\tan\eta = \frac{f\sin\kappa_r}{\pi d_w} = \tan\eta_o \sin\kappa_r$$

进给量 f 越大，工件直径 d_w 越小，工作角度变化值就越大。一般车削时，因 f 值较小

其影响可忽略不计。但在车削大螺距螺纹或蜗杆时，进给量 f 很大，η_o 值较大，必须考虑对刀具工作角度的影响。

2）刀具安装位置对工作角度的影响。

① 刀具安装高度的影响。如图 6-7 所示，假定车刀 $\lambda_s = 0$，则当刀尖装的高于工件轴心线时，在背平面 P_p 内，刀具的工作前角 γ_{pe} 增大，工作后角 α_{pe} 减小，两者的变化值均为 θ_p。

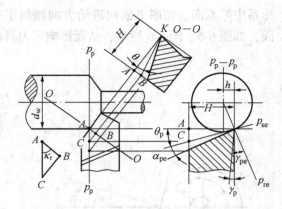

$$\gamma_{pe} = \gamma_p + \theta_p$$

$$\alpha_{pe} = \alpha_p - \theta_p$$

图 6-7　刀具安装高度对工作角度的影响

$$\tan\theta_p = \frac{h}{\sqrt{(d_w/2)^2 - h^2}}$$

式中　h——刀尖高于工件中心线的数值。

在正交平面 P_o 内，刀具工作前角 γ_{oe} 和工作后角 α_{oe} 的变化与上面情况相似。

如果刀尖低于工件轴线，则上述工作角度的变化情况恰好相反。内孔镗削时装刀高度对工作角度的影响也与外圆车削相反。

② 刀杆中心线与进给方向不垂直时的影响。如图 6-8 所示，车刀刀杆中心线与进给方向不垂直时，则工作主偏角将增大（或减小），而工作副偏角将减小（或增大），其角度变化值为 G，即

$$\kappa_{re} = \kappa_r \pm G \quad \kappa'_{re} = \kappa'_r \mp G$$

式中符号由刀杆偏斜方向决定，G 为刀杆中心线的垂线与进给方向的夹角。车圆锥时，进给方向与工件轴线不平行，也会使车刀主偏角和副偏角发生变化。

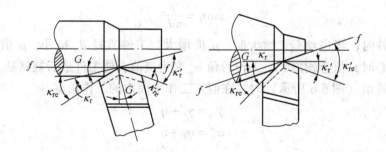

图 6-8　刀杆中心线与进给方向不垂直对工作角度的影响

6.1.5　切削层参数

切削层是指在切削过程中，刀具的切削部分沿进给方向在一次走刀中从工件待加工表面切下的工件材料层。一般用垂直于切削速度平面内的切削层参数来表示它的形状和尺寸，如图 6-9 所示。

140

1）切削层公称厚度 h_D。在切削层横剖面内，垂直于过渡表面测量的切削层参数，即相邻两过渡表面之间的距离，单位 mm。

$$h_D = f\sin\kappa_r$$

2）切削层公称宽度 b_D。在切削层横剖面内，沿过渡表面测量的切削层参数，单位是 mm。

$$b_D = a_p / \sin\kappa_r$$

3）切削层公称横截面积 A_D。切削层横剖面的面积，即切削层公称厚度与切削层公称宽度的乘积，单位是 mm^2。

$$A_D = h_D \cdot b_D = fa_p$$

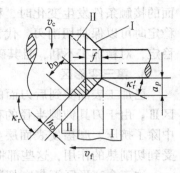

图 6-9　切削层参数

6.2　金属切削过程的物理现象

金属切削过程，是在切削运动的作用下，刀具从工件表面上切除多余金属，形成切屑和已加工表面的过程。其产生的突出物理现象是切削层变形、切削力、切削热和刀具磨损等。

6.2.1　切削层的变形

根据切削过程中整个切削区域金属材料的变形特点，可将切削层划分为三个变形区，如图 6-10 所示。

1. 第一变形区

从 OA 线开始发生塑性变形，到 OM 线晶粒的剪切滑移基本完成，工件材料在被切削层上形成切屑的变形区 I。在 OA 到 OM 之间整个第一变形区内，变形的主要特征是沿滑移面的剪切变形，以及随之产生的加工硬化。一般 OA 与 OM 之间的距离只有 $0.02 \sim 0.20$mm，可以把第一变形区看做是一个剪切面。

2. 第二变形区

切屑流出时，与刀具前面接触的切屑

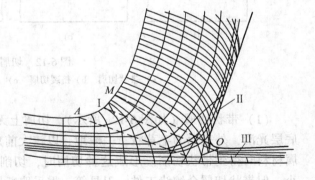

图 6-10　金属切削的三个变形区域

底层受到挤压和摩擦作用后产生变形区 II。由于切屑与刀具之间存在着很大的压力，可达 2~3GPa，以及很高温度，约 400~1 000℃，强烈的挤压和摩擦所引起的切屑底层金属的剧烈变形和切屑与刀具界面温度的升高，是第二变形区的主要特征，这些对刀具的磨损、切削力、切削热等都有影响。

以不高的切削速度且能形成连续性切屑的情况下加工塑性金属材料时，常常在刀具前面靠近切削刃处粘着一小块剖面呈三角形的硬块（硬度通常是工件材料的 2~3 倍），这就是积屑瘤，如图 6-11 所示。切削时，由于粘结作用，使得切屑底层与切屑分离并粘结在刀具前面上，随着切屑连续流出，切屑底层依次层层堆积，使积屑瘤不断长大。当切屑与刀具前面的接触条件发生变化时，积屑瘤就会停止生长。积屑瘤稳定时可以保护切削刃，代替切削。但由于积屑瘤形状不稳定，对精加工不利，且其破裂可能加剧刀具磨损。

3. 第三变形区

已加工表面受到后刀面的挤压和摩擦作用后形成变形区Ⅲ。由于刀具钝圆半径的存在，在已加工表面形成过程中除了挤压、摩擦使表面层金属产生变形之外，表面层还受到切削热的作用，这些都将影响已加工表面的质量。

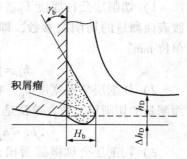

图 6-11　积屑瘤

这三个变形区汇集在切削刃附近，相互关联和相互影响，称为切削区域。需要指出，这个切削区域内，应力比较集中且复杂，材料的被切削层在这里与工件本体材料分离，很大部分变成切屑，很小部分留在已加工表面，并且是在很短的时间内完成的。切削过程中产生的各种现象均与这三个区域的变形有关。

4. 切屑的种类

切削过程中切削层的变形程度不同，会产生不同形态的切屑。按切屑形态可分为以下四种基本类型，如图 6-12 所示。

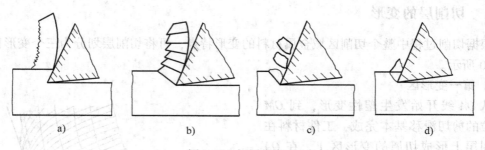

图 6-12　切屑的类型
a）带状切屑　b）挤裂切屑　c）粒状切屑　d）崩碎切屑

（1）带状切屑（如图 6-12a 所示）。切屑上无明显裂纹，外形呈带状，与前刀面接触的底层光滑，外表面为毛茸状。一般地，以较大前角、较小进给量和较高切削速度加工塑性金属材料时得到带状切屑。形成这种切屑时，切削过程较平稳，工件已加工表面粗糙度值较小，但带状切屑会缠绕工件、刀具等，需采取断屑措施。

（2）挤裂切屑（如图 6-12b 所示）。切屑外形仍然呈连绵不断状，但变形程度比带状切屑大，切屑上有未贯穿的裂纹，外表呈锯齿状。在以较小前角、较低切削速度、较大切削厚度加工中等硬度塑性金属材料时产生这种切屑。形成挤裂切屑时，切削力有波动，工件表面粗糙度值较大。

（3）单元切屑（如图 6-12c 所示）。切屑上裂纹已经贯穿，形成彼此毫无关系的独立单元，即梯形状的单元切屑。在刀具前角小、切削速度低、加工塑性较差的材料时产生单元切屑。形成这种切屑时，切削力波动较大，工件表面质量较差。

（4）崩碎切屑（如图 6-12d 所示）。切削铸铁等脆性材料时，由于材料的塑性较差，抗拉强度低，切削层往往未经塑性变形就产生脆性崩裂，形成不规则的碎块状的崩碎切屑。形成这种切屑时，切削力波动很大，并且集中在切削刃上，易损坏刀具，工件表面粗糙度值较大。

6.2.2　切削力

切削金属时，刀具切入工件，使被加工材料发生变形成为切屑所需要的力称为切削力。切削力来源于被加工材料的弹、塑性变形抗力和工件、切屑与刀具前、后刀面之间的摩擦力。

1. 切削力的分析

为了便于分析切削力的作用和测量切削力的大小，常将总切削力 F 分解为如图 6-13 所示的三个互相垂直的切削分力 F_c、F_f 和 F_p。

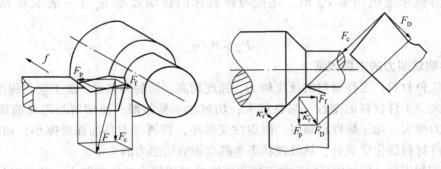

图 6-13　切削合力与分力

（1）主切削力 F_c。是总切削力在主运动方向的分力，是切削力中最大的一个切削分力，单位为牛（N）。主切削力是计算机床动力，校核刀具、夹具的强度与刚度的主要依据之一。

（2）轴向力 F_f。是总切削力在进给运动方向上的分力，单位为牛（N）。轴向力是计算和校验机床进给系统的动力、强度和刚度的主要依据之一。

（3）径向力 F_p。是总切削力在基面内垂直于工件轴线方向的分力，单位为牛（N）。径向力用来计算与加工精度有关的工件挠度、刀具和机床零件的强度等。

总切削力 F 与三个切削分力之间的关系如下：

$$F = \sqrt{F_c^2 + F_f^2 + F_p^2}$$

2. 切削力的计算

在生产实际中常采用指数形式的切削力经验公式进行计算。其形式如下：

$$F_f = C_{F_f} a_p^{X_{F_f}} f^{Y_{F_f}} v^{Z_{F_f}} K_{F_f}$$

$$F_c = C_{F_c} a_p^{X_{F_c}} f^{Y_{F_c}} v^{Z_{F_c}} K_{F_c}$$

$$F_p = C_{F_p} a_p^{X_{F_p}} f^{Y_{F_p}} v^{Z_{F_p}} K_{F_p}$$

式中　C_{F_c}、C_{F_f}、C_{F_p}——取决于材料和切削条件的系数；

X_{F_c}、Y_{F_c}、Z_{F_c}、X_{F_f}、Y_{F_f}、Z_{F_f}、X_{F_p}、Y_{F_p}、Z_{F_p}——三个切削分力公式中背吃刀量、进给量和切削速度的指数；

K_{F_C}、K_{F_f}、K_{F_p}——当实际加工条件与求得经验公式的试验条件不符时，各种因素对各切削分力的修正系数。

3. 工作功率的计算

工作功率指消耗在切削加工过程中的功率。它可分为两部分：一部分是主运动消耗的功率 P_c，称为切削功率；另一部分是进给运动消耗的功率 P_f，称为进给功率。因此，工作功率为

$$P = P_c + P_f = (F_c v + F_f n_工 f) \times 10^{-3}$$

式中 $n_工$——工件转速（r/s）。

由于进给功率相对切削功率 P_c 很小（<1%~2%），可忽略不计。所以，工作功率 P 可以用切削功率 P_c 近似代替。

在计算机床电机功率 P_m 时，还应考虑机床的传动效率 η_m（一般取 0.75~0.85），则

$$P_m > P_c / \eta_m$$

4. 影响切削力的主要因素

（1）工件材料。工件材料的硬度越大、强度越高，切削力越大。加工硬化程度大，切削力也会增大。工件材料的塑性、韧性越大，切屑越不易折断，使切屑与刀具前面的摩擦增大，切削力增大。加工脆性材料时，因塑性变形小，切屑与刀具前面摩擦小，切削力较小。另外，工件材料的化学成分、热处理状态等都会影响切削力的大小。

（2）切削用量。切削用量中背吃刀量和进给量对切削力的影响较大。背吃刀量和进给量增加时，使切削层面积增大，增大了变形抗力和摩擦力，因而切削力随之增大。当背吃刀量增大一倍时，切削力约增大一倍；而进给量增大一倍时，切削力增大 80%~90%。

加工塑性金属材料时，切削速度对切削力的影响是通过积屑瘤和摩擦的作用实现的。如图 6-14 所示，在低速范围内，随着切削速度的增加，积屑瘤逐渐长大，刀具实际前角逐渐增大，使切削力逐渐减小。在中速范围内，积屑瘤逐渐减小并消失，使切削力逐渐增至最大。在高速阶段，由于切削温度升高，摩擦力逐渐减小，使切削力得到稳定的降低。切削脆性材料时，切削变形、切屑与刀具前面摩擦都小，切削速度变化时对切削力的影响较小。

（3）刀具几何参数。加工塑性材料时，前角越大，切削层的变形及沿前刀面的摩擦力越小，切削力也越小。加工脆性材料时，由于变形小、加工硬化小，前角对切削力的影响不显著。

主偏角 κ_r 对主切削力 F_c 的影响较小，对轴向力 F_f 和径向力 F_p 的影响较大。当主偏角 κ_r 变化时，影响 F_p 与 F_f 的比值，如图 6-15 所示，当主偏角 κ_r 增大时，F_f 增大，F_p 减小。

刃倾角 λ_s 对 F_c 影响较小，但 λ_s 增大时，F_p 减小，F_f 增大。

刀尖圆弧半径和负倒棱对切削力也有一定的影响。

（4）其他因素。刀具、工件材料之间的摩擦系数因影响摩擦力而影响切削力的大小。在同样的切削条件下，高速钢刀具切削力最大，硬质合金刀具次之，陶瓷刀具最小。在切削过程中采用切削液，可以降低切削力。并且切削液的润滑性能越高，切削力的降低越显著。刀具后刀面磨损越严重，摩擦越强烈，切削力越大。

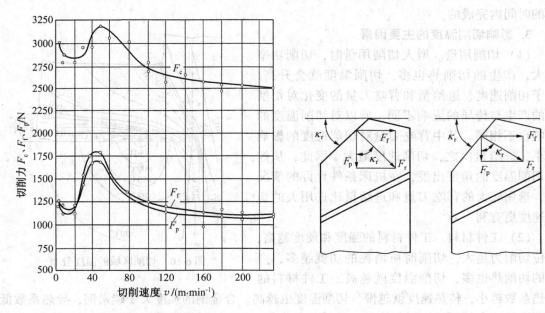

图 6-14 切削速度对切削力的影响

刀具：YT15 硬质合金车刀　加工材料：45 钢　切削用量：
$a_p = 4\mathrm{mm}$ $f = 0.3\mathrm{mm/r}$

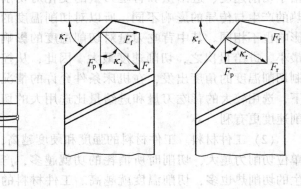

图 6-15　主偏角对 F_f 和 F_p 的影响

6.2.3　切削热与切削温度

切削热是切削过程的重要物理现象之一。切削过程中所消耗的能量绝大部分（约 98%
~99%）转变成热能，称为切削热。大量的切削热使切削温度升高，切削温度能够改变工
件材料的性能；改变前刀面的摩擦系数和切削力的大小；影响刀具磨损和积屑瘤的形成与消
退，也影响工件的加工精度和已加工表面质量等。

1. 切削热的产生与传出

切削热来自切削区域的三个变形区，即切削层金属发生弹性和塑性变形功转变的热；
刀具前刀面与切屑底部摩擦产生的热；刀具后刀面与工件已加工表面摩擦产生的热。

切削塑性材料时，切削热主要来源于金属切削层的塑性变形和切屑与刀具前刀面的摩
擦。切削脆性材料时，切削热主要来源于刀具后刀面与工件的摩擦。

切削热分别由切屑、工件、刀具和周围介质传导出去。各部分传出热量的百分比，随工
件材料、刀具材料及加工方式不同而不同。

2. 切削温度的分布

切削温度一般指前刀面与切屑接触区域的平均温度。在切削过程中，切屑、刀具和工件
不同部位的温度分布是不均匀的，图 6-16 所示为实验测出的正交平面内的温度分布。剪切
面上各点的温度几乎相同，说明剪切面上应力应变基本相等。在刀具的前刀面和后刀面上，
最高温度点都不在切削刃上，而是在离切削刃有一定距离的地方，这是摩擦热沿刀面不断增
加的缘故。在靠近刀具前面的切屑底层上，温度变化很大，说明摩擦热集中在切屑底层。在

已加工表面上，较高的温度仅存在于切削刃附近的一个很小的范围，说明温度的升降是在极短的时间内完成的。

3. 影响切削温度的主要因素

（1）切削用量。增大切削用量时，切削功率增大，产生的切削热也多，切削温度就会升高。由于切削速度、进给量和背吃刀量的变化对切削热的产生与传导的影响不同，所以对切削温度的影响也不相同。其中背吃刀量对切削温度的影响最小，进给量次之，切削速度最大。因此，从控制切削温度的角度出发，在机床条件允许的情况下，选用较大的背吃刀量和进给量比选用大的切削速度更有利。

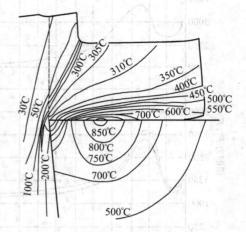

图 6-16 切削区域的温度分布

（2）工件材料。工件材料的强度和硬度越高，单位切削力越大，切削时所消耗的功就越多，产生的切削热也多，切削温度就越高。工件材料的导热系数越小，传热速度就越慢，切削温度也越高。合金钢的强度大于碳素钢，导热系数低于碳素钢，在相同的切削条件下，切削温度就高一些。不锈钢的强度和硬度虽然较低，但导热系数较低，其切削温度比正火状态的 45 钢高得多。铸铁等脆性材料在切削时的塑性变形和摩擦较小，产生的热也少，切削温度比钢件低。

（3）刀具几何参数。刀具的前角和主偏角对切削温度影响比较大。增大前角，可使切削变形及切屑与前刀面的摩擦减小，产生的切削热减少，切削温度下降。但前角过大（≥20°）时，会使刀头的散热面积减小，使切削温度升高。减小主偏角，可增加切削刃的工作长度，增大刀头的散热面积，降低切削温度。

（4）其他因素。刀具后刀面磨损增大时，加剧了刀具与工件间的摩擦，使切削温度升高。切削速度越高，刀具磨损对切削温度的升高越明显。浇注切削液对降低切削温度有明显的效果。切削液对切削温度的影响，与切削液的导热性能、比热、流量、使用方式及本身的温度有很大关系。

6.3　刀具磨损与刀具耐用度

刀具的损坏可分为正常磨损和非正常磨损两类。前者是连续的、逐渐的过程；后者是随机的、突发的破坏。刀具磨损的特点是：刀具表面所接触的切屑底面是活性很高的新鲜表面，刀面上的接触压力很大，接触面温度很高。因此，刀具磨损是一个复杂的磨损过程。

6.3.1　刀具的磨损形式

刀具的磨损发生在与切屑和工件接触的前刀面和后刀面上，其磨损形式如图 6-17 所示。

（1）前刀面磨损。加工塑性金属材料且切削速度和切削厚度较大时，刀具前刀面与切屑在高温、高压、高速下产生剧烈摩擦，因此，以切削温度最高的位置为中心开始发生磨损，并逐渐向前向后扩展，深度不断增加，形成月牙洼。刀具前刀面磨损量以月牙洼最大深度

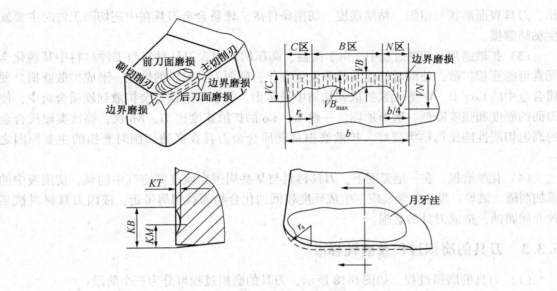

图 6-17　刀具的磨损形式

KT 表示。

（2）后刀面磨损。在切削铸铁等脆性材料或以较小的切削厚度、较低的切削速度切削塑性材料时，由于切削刃钝圆半径的作用，刀具后刀面与工件表面的接触压力很大，存在着弹性与塑性变形，后刀面与工件实际上是小面积接触，磨损就发生在这个接触面上。在切削刃工作长度上，刀具后刀面磨损量是不均匀的。刀尖处（C 区）强度低、散热条件差，磨损较严重，最大值为 VC。在主切削刃靠近工件待加工表面处（N 区），由于靠近工件外圆处的硬皮或上工序的加工硬化层等的影响，磨损也较严重，最大值为 VN。在切削刃的中部（B 区），磨损比较均匀，以平均磨损宽度 VB 表示，其最大宽度以 VB_{max} 表示。

（3）前刀面和后刀面同时磨损或边界磨损。切削塑性材料以及切削铸钢或锻件等外皮粗糙的工件时，常在主切削刃靠近工件外皮处以及副切削刃靠近工件已加工表面接触处磨出较深的沟纹，这种磨损称为前刀面和后刀面同时磨损或边界磨损。

6.3.2　刀具磨损的原因

刀具磨损的原因很复杂，主要有以下几种常见的形式：

（1）硬质点磨损。硬质点磨损是由于工件基体组织中的碳化物、氮化物、氧化物等硬质点及积屑瘤碎片在刀具表面的刻划作用而引起的机械磨损。在各种切削速度下，刀具都存在硬质点磨损。硬质点磨损是刀具低速切削时发生磨损的主要原因，因为其他形式的磨损还不显著。

（2）粘结磨损。在高温高压作用下，切屑与前刀面、已加工表面与后刀面之间的摩擦面上，产生塑性变形，当接触面达到原子间距离时，会产生粘结现象。由于切削运动的作用，使粘结点不断被剪切破坏，一般破坏总是发生在材料较软的工件和切屑一方。但由于刀具材料也存在组织不均匀、微裂纹、空隙、局部软点等缺陷，刀具表面也可发生破裂而被工件材料带走，形成粘结磨损。影响粘结磨损的主要因素是：工件材料与刀具材料的亲和力与硬度比、刀具表面形状与组织、粘结温度、切削条件等。硬质合金刀具在中速切削工件时主要发生粘结磨损。

（3）扩散磨损。切削过程中，由于高温、高压的作用，刀具材料与工件材料中某些化学元素可能互相扩散，使两者的化学成分发生变化，削弱刀具材料的性能，形成扩散磨损。硬质合金中的 Co、C、W 等元素扩散到切屑中被带走，切屑中的铁也会扩散到硬质合金中，使刀面的硬度和强度降低，磨损加剧。一般 W、Co 的扩散速度比 Ti、Nb 快，钨钛类硬质合金的高温切削性能比钨钴类要好。扩散磨损是硬质合金刀具在高速切削时磨损的主要原因之一。

（4）化学磨损。在一定温度下，刀具材料与某些周围介质（如空气中的氧，切削液中的添加剂硫、氯等）发生化学反应，生成硬度较低的化合物而被切屑带走，或因刀具材料被某种介质腐蚀，造成刀具的磨损。

6.3.3 刀具的磨损过程及磨钝标准

（1）刀具的磨损过程。如图 6-18 所示，刀具的磨损过程可分为三个阶段：

1）初期磨损阶段。这一阶段的磨损速度较快。新刃磨的刀具表面较粗糙，存在显微裂纹、氧化或脱碳层等缺陷，刀具后刀面与工件接触面积小，压力较大，故磨损较快。其磨损量与刀具刃磨质量有关。

2）正常磨损阶段。经过初期磨损后，刀具的粗糙表面被磨平，缺陷减少，刀具后面与工件接触面积变大，压强减小，磨损缓慢。正常切削时，这个阶段时间较长，是刀具的有效工作时期。

3）急剧磨损阶段。当刀具磨损带达到一定程度后，由于刀具钝化，刀面与工件的摩擦过大，使切削温度快速升高，刀具磨损急剧增加。为了合理使用刀具，保证加工质量，在使用刀具时应避免进入这一阶段。

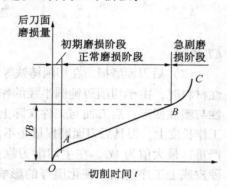

图 6-18 刀具的典型磨损曲线

（2）刀具的磨钝标准。刀具磨损到一定限度后就不能继续使用，这个磨损限度称为磨钝标准。国际标准 ISO 统一规定以 1/2 背吃刀量处的刀具后刀面上测定的磨损带宽度 VB 作为刀具的磨钝标准。自动化生产中的精加工刀具，常以沿工件径向的刀具磨损尺寸作为刀具的磨钝标准，称为径向磨损量 NB。磨钝标准的具体数值可参考有关手册。表 6-1 为高速钢车刀与硬质合金车刀的磨钝标准。

表 6-1 高速钢车刀与硬质合金车刀的磨钝标准

工件材料	加工性质	磨钝标准 VB/mm	
		高速钢	硬质合金
碳钢、合金钢	粗车	1.5～2.0	1.0～1.4
	精车	1.0	0.4～0.6
灰铸铁、可锻铸铁	粗车	2.0～3.0	0.8～1.0
	半精车	1.5～2.0	0.6～0.8

工件材料	加工性质	磨钝标准 VB/mm	
		高速钢	硬质合金
耐热钢、不锈钢	粗、精车	1.0	1.0
钛合金	粗、半精车	—	0.4~0.5
淬火钢	精车	—	0.8~1.0

6.3.4 刀具耐用度

刀具耐用度是指刀具由刃磨后开始切削，一直到磨损量达到刀具的磨钝标准所经过的总切削时间，单位一般为分钟（min）。刀具寿命是指刀具从开始投入使用到报废为止的总切削时间。

刀具耐用度反映了刀具磨损的快慢程度。刀具耐用度高，表明刀具的磨损速度慢；反之，则表明刀具磨损速度快。影响切削温度和刀具磨损的因素都同样影响刀具耐用度。切削用量中切削速度对刀具耐用度的影响最大，进给量次之，背吃刀量最小。

6.4 工件材料的切削加工性

工件材料的切削加工性是指在一定条件下，某种材料切削加工的难易程度。材料加工的难易，不仅取决于材料本身，还取决于具体的切削条件。

6.4.1 材料切削加工性的评定

用来评定材料切削加工性的指标有下面几种。

（1）相对加工性。在保证相同刀具耐用度的前提下，切削某种材料所允许的切削速度，记做 v_T，其含义是：当刀具耐用度为 T（min）时，切削这种材料所允许的切削速度值。当 $T = 60$min 时，记做 v_{60}。v_T 越高，则表示工件的切削加工性越好。生产中通常用相对加工性作为衡量标准，即：以 $\sigma_b = 0.637$GPa 的 45 钢的切削速度作为基准，记做 $(v_{60})_j$，将被评定材料的 v_{60} 与之相比，可得到该材料的相对切削加工性 K_v，则：

$$K_v = \frac{v_{60}}{(v_{60})_j}$$

$K_v > 1$ 的材料，比 45 钢容易切削；$K_v < 1$ 的材料，比 45 钢难切削。在实际生产中，一定耐用度下所允许的切削速度是最常用的指标之一。常用金属材料的相对加工性等级见表 6-2。

（2）切削力和切削温度。在粗加工或机床动力不足时，常用切削力和切削温度指标来评定材料的切削加工性。即相同的切削条件下，切削力大、切削温度高的材料，其切削加工性就差；反之，其切削加工性就好。

（3）已加工表面质量。在精加工时，用表面粗糙度值来评定材料的切削加工性。对有特殊要求的零件，则以已加工表面变质层深度、残余应力和加工硬化等指标来衡量材料的切削加工性。

（4）断屑的难易程度。在自动机床或自动生产线上，常用切屑折断的难易程度来评定材料的切削加工性。凡切屑容易折断的材料，其切削加工性就好，反之，切削加工性就差。

表 6-2　工件材料的相对切削加工性及分级

加工性等级	名称及种类		相对加工性 K_v	代表性工件材料
1	很容易切削材料	一般有色金属	>3.0	ZCuSn5Pb5Zn5 铸造锡青铜，YZAlSi9Cu4 铝硅合金
2	容易切削材料	易削钢	2.5 ~ 3.0	退火 15Cr σ_b = 0. 373 ~ 0.441GPa
				自动机床用钢 σ_b = 0. 392 ~ 0.490GPa
3		较易削钢	1.6 ~ 2.5	正火 30 钢 σ_b = 0. 441 ~ 0.549GPa
4	普通材料	一般钢及铸铁	1.0 ~ 1.6	45 钢，灰铸铁，结构钢
5		稍难切削材料	0.65 ~ 1.0	2Cr13 调质 σ_b = 0. 8288GPa
				85 钢轧制 σ_b = 0. 8829GPa
6	难切削材料	较难切削材料	0.5 ~ 0.65	45Cr 调质 σ_b = 1. 03GPa
				60Mn 调质 σ_b = 0. 9319 ~ 0.981 GPa
7		难切削材料	0.15 ~ 0.5	50CrV 调质，1Cr18Ni9Ti 未淬火，α 相钛合金
8		很难切削材料	<0.15	β 相钛合金，镍基高温合金

6.4.2　影响材料切削加工性的主要因素

工件材料的切削加工性能主要受其本身的物理力学性能的影响。

（1）材料的强度和硬度。工件材料的硬度和强度越高，切削力越大，消耗的功率也越大，切削温度就越高，刀具的磨损加剧，切削加工性就越差。特别是材料的高温硬度值越高时，切削加工性越差，因为这时刀具材料的硬度与工件材料的硬度比降低，加速刀具的磨损。这也是某些耐热、高温合金钢切削加工性差的主要原因。

（2）材料的韧性。韧性大的材料，在切削变形时吸收的能量较多，切削力和切削温度较高，并且不易断屑，故其切削加工性能差。

（3）材料的塑性。材料的塑性越大，切削时的塑性变形就越大，刀具容易产生粘结磨损和扩散磨损；在中低速切削塑性较大的材料时容易产生积屑瘤，影响表面加工质量；塑性大的材料，切削时不易断屑，切削加工性较差。但材料的塑性太低时，切削力和切削热集中在切削刃附近，加剧刀具的磨损，也会使切削加工性变差。

（4）材料的导热系数。材料的导热系数越高，切削热越容易传出，越有利于降低切削区的温度，减小刀具的磨损，切削加工性也越好。但温升易引起工件变形，且尺寸不易控制。

6.4.3　常用金属材料的切削加工性

（1）结构钢。普通碳素结构钢的切削加工性主要取决于钢中碳的质量分数及热处理方式。高碳钢的硬度高，塑性低，导热性差，故切削力大，切削温度高，刀具耐用度低，切削加工性差。中碳钢的切削加工性较好，但经热轧或冷轧、或经正火或调质后，其加工性也不相同。低碳钢硬度低，塑性和韧性高，故切削变形大，切削温度高，断屑困难，易粘屑，不易得到小的表面粗糙度值，切削加工性差。

合金结构钢的切削加工性能主要受加入合金元素的影响，其切削加工性较普通结构钢差。铬钢中的铬能细化晶粒，提高强度。如 40Cr 钢的强度比调质中碳钢高 20%，热导率低

15%，加工性不如同类中碳钢。普通锰钢是在碳钢中加入 1% ~ 2% 的锰，使其内部铁素体得到强化，增加并细化珠光体，故塑性和韧性降低，强度和硬度提高，加工性较差。但低锰钢在强度、硬度得到提高后，其加工性比低碳钢好。

（2）铸铁。普通灰铸铁的塑性和强度都较低，组织中的石墨有一定的润滑作用，切削时摩擦系数较小，加工较为容易。但铸铁表面往往有一层高硬度的硬皮，粗加工时其切削加工性较差。球墨铸铁中的碳元素大部分以球状石墨形态存在，它的塑性较大，切削加工性良好。而白口铸铁的硬度较高，切削加工性很差。

（3）有色金属。铜、铝及其合金的硬度和强度都较低，导热性能也好，属于易切削材料。切削时一般应选用大的刀具前角（$\gamma_o > 20°$）和高的切削速度（高速钢刀具 v_{60} 可达 300m/min），所用刀具应锋利、光滑，以减少积屑瘤和加工硬化对表面质量的影响。

（4）难加工金属材料。随着科学技术的发展，高锰钢、高强度钢、不锈钢、高温合金、钛合金、难熔金属及其合金等难加工金属材料的应用越来越多。由于这些材料中含有一系列合金元素，在其中形成了各种合金渗碳体、合金碳化物、奥氏体、马氏体及带有残余奥氏体的马氏体等，不同程度地提高了硬度、强度、韧度、耐磨性以及高温强度和硬度。在切削加工这些材料时，常表现出切削力大、切削温度高、切屑不易折断、刀具磨损剧烈等特点，造成严重的加工硬化和较大的残余拉应力，使加工精度降低，切削加工性很差。

6.4.4　改善材料切削加工性的途径

在实际生产过程中，常采用适当的热处理工艺，来改变材料的金相组织和物理力学性能，从而改善金属材料的切削加工性。例如，高碳钢和工具钢经球化退火，可降低硬度；中碳钢通过退火处理（得到部分球化的珠光体组织）的切削加工性最好；低碳钢经正火处理或冷拔加工，可降低塑性，提高硬度；马氏体不锈钢经调质处理，可降低塑性；铸铁件切削前进行退火，可降低表面层的硬度。

另外，选择合适的毛坯成形方式和合适的刀具材料，确定合理的刀具角度和切削用量，安排适当的加工工艺过程等，也可以改善材料的切削加工性能。

6.5　金属切削条件的合理选择

金属切削条件包括刀具的材料、结构、几何参数和刀具的耐用度、切削用量及切削过程的冷却润滑等。合理地选择切削条件能够保证充分发挥刀具的切削性能和机床功能，在保证加工质量的前提下，获得较高生产率及较低的加工成本。

6.5.1　刀具材料的选择

刀具材料的种类很多，目前在我国使用最广的刀具材料主要是高速钢和硬质合金。高速钢具有高的强度和韧性，一定的硬度（63 ~ 70HRC）和耐磨性，抗冲击振动的能力较强，能锻造且制造工艺简单，刃磨后刃口锋利，特别适合制造钻头、丝锥、铣刀、拉刀、齿轮刀具等复杂的刀具及成形刀具。和高速钢相比，硬质合金的硬度、耐磨性、耐热性都较高，但抗弯强度和韧性较差，较难加工，不易制成形状复杂的整体刀具。但由于硬质合金切削性能优良，应用广泛，绝大多数车刀、端铣刀和深孔钻等刀具都采用这种材料制造。

对于涂层刀具、新型硬质合金、陶瓷、立方氮化硼、金刚石等刀具材料的选用，应参考有关资料根据具体情况进行选择。不同物理力学性能的刀具材料，其切削性能是不一样的，表6-3列出了几种典型刀具材料的切削性能。

表6-3 几种典型刀具材料的切削性能

刀具材料	硬度（HRA）			抗弯强度/GPa	抗冲击强度	耐磨性	车削45钢时的切削条件	
	20℃	535℃	760℃				前角/（°）	切削速度/m/min
高速钢	83~87	75~82	较低	3.0~3.4	↑	↓	+5~+30	23~56
硬质合金	89~93	82~97	77~85	1.2~1.45			-6~+10	47~560
陶瓷	94~97	90~93	87~92	0.5~0.65			-15~-5	156~781
金刚石	8 000HV	8 000HV	极低	0.21~0.49			—	—
立方氮化硼	9 000HV	9 000HV	9 000HV	1.0~1.5			—	—

6.5.2 刀具几何参数的选择

刀具的几何参数，对切削变形、切削力、切削温度、刀具寿命等有显著的影响。选择合理的刀具几何参数，对保证加工质量、提高生产率、降低加工成本有重要的意义。所谓刀具合理的几何参数，是指在保证加工质量的前提下，能够满足较高生产率、较低加工成本的刀具几何参数。

（1）前角的选择。增大前角，可减小切削变形，从而减小切削力、切削热，降低切削功率的消耗，还可以抑制积屑瘤和鳞刺的产生，提高加工质量。但增大前角，会使楔角减小、切削刃与刀头强度降低，容易造成崩刃，还会使刀头的散热面积和容热体积减小，使切削区局部温度上升，易造成刀具的磨损，刀具耐用度下降。

选择合理的前角时，在刀具强度允许的情况下，应尽可能取较大的值，具体选择原则如下：

1）加工塑性材料时，为减小切削变形，降低切削力和切削温度，应选较大的前角；加工脆性材料时，为增加刃口强度，应取较小的前角。工件的强度低，硬度低，应选较大的前角；反之，应取较小的前角。用硬质合金刀具切削特硬材料或高强度钢时，应取负前角。

2）刀具材料的抗弯强度和冲击韧度较高时，应取较大的前角。如高速钢刀具的前角比硬质合金刀具的前角要大；陶瓷刀具的韧性差，其前角应更小。

3）粗加工、断续切削时，为提高切削刃的强度，应选用较小的前角。精加工时，为使刀具锋利，提高表面加工质量，应选用较大的前角。当机床的功率不足或工艺系统的刚度较低时，应取较大的前角。对于成形刀具和在数控机床、自动线上不宜频繁更换的刀具，为了保证工作的稳定性和刀具耐用度，应选较小的前角或零度前角。

硬质合金车刀合理前角的选择可参考表6-4，高速钢车刀的前角一般比表中的值大5°~10°。

（2）后角的选择。增大后角，可减小刀具后刀面与已加工表面间的摩擦，减小刀具磨损，还可使切削刃钝圆半径减小，提高刃口锋利程度，改善表面加工质量。但后角过大，将削弱切削刃的强度，减小散热体积，使散热条件恶化，降低刀具耐用度。实验证明，合理的后角主要取决于切削厚度。其选择原则如下：

1）工件的强度、硬度较高时，为增加切削刃的强度，应选择较小的后角。工件材料的塑性、韧性较大时，为减小刀具后刀面的摩擦，可取较大的后角。加工脆性材料时，切削力集中在刃口附近，应取较小的后角。

2）粗加工或断续切削时，为了强化切削刃，应选较小的后角。精加工或连续切削时，刀具的磨损主要发生在刀具后刀面，应选用较大的后角。

3）当工艺系统刚性较差，容易出现振动时，应适当减小后角。在一般条件下，为了提高刀具耐用度，可加大后角，但为了降低重磨费用，对重磨刀具可适当减小后角。

为了使制造、刃磨方便，一般副后角等于主后角。表6-4给出了硬质合金车刀合理后角的参考值。

表6-4 硬质合金车刀合理前角、后角的参考值

工件材料种类	合理前角参考值/（°）		合理后角参考值/（°）	
	粗车	精车	粗车	精车
低碳钢	20～25	25～30	8～10	10～12
中碳钢	10～15	15～20	5～7	6～8
合金钢	10～15	15～20	5～7	6～8
淬火钢	-15～-5		8～10	
不锈钢（奥氏体）	15～20	20～25	6～8	8～10
灰铸铁	10～15	5～10	4～6	6～8
铜及铜合金（脆）	10～15	5～10	6～8	6～8
铝及铝合金	30～35	35～40	8～10	10～12
钛合金（$\sigma_b \leq 1.177GPa$）	5～10		10～15	

注：粗加工用的硬质合金车刀，通常都磨有负倒棱及负刃倾角。

（3）主偏角与副偏角的选择。主偏角与副偏角的作用有以下几点：

1）减小主偏角和副偏角，可降低残留面积的高度，减小已加工表面的粗糙度值。

2）减小主偏角和副偏角，可使刀尖强度提高，散热条件改善，提高刀具耐用度。

3）但减小主偏角和副偏角，均使径向力增大，容易引起工艺系统的振动，加大工件的加工误差和表面粗糙度值。

主偏角的选择原则与参考值：

工艺系统的刚度较好时，主偏角可取小值，如 $\kappa_r = 30° \sim 45°$，在加工高强度、高硬度的工件时，可取 $\kappa_r = 10° \sim 30°$，以增加刀头的强度。当工艺系统的刚度较差或强力切削时，一般取 $\kappa_r = 60° \sim 75°$。车削细长轴时，为减小径向力，取 $\kappa_r = 90° \sim 93°$。在选择主偏角时，还要视工件形状及加工条件而定，如车削阶梯轴时，可取 $\kappa_r = 90°$，用一把车刀车削外圆、端面和倒角时，可取 $\kappa_r = 45° \sim 60°$。

副偏角的选择原则与参考值：

主要根据工件已加工表面的粗糙度要求和刀具强度来选择，在不引起振动的情况下，尽量取小值。精加工时，取 $\kappa_r' = 5° \sim 10°$；粗加工时，取 $\kappa_r' = 10° \sim 15°$。当工艺系统刚度较差或从工件中间切入时，可取 $\kappa_r' = 30° \sim 45°$。在精车时，可在副切削刃上磨出一段 $\kappa_r' = 0°$、长度为（1.2~1.5）f（进给量）的修光刃，以减小已加工表面的粗糙度值。

总之，对于主、副偏角在一般情况下，只要工艺系统刚度允许，应尽量选取较小的值。

（4）刃倾角的选择。刃倾角的作用如下：

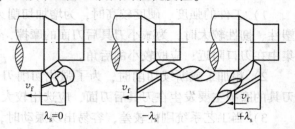

图 6-19　刃倾角对切屑流出方向的影响

1）影响切屑的流出方向，如图 6-19 所示。当 $\lambda_s = 0°$ 时，切屑沿主切削刃方向流出；当 $\lambda_s > 0°$ 时，切屑流向待加工表面；当 $\lambda_s < 0°$ 时，切屑流向已加工表面。

2）影响刀尖强度和散热条件如图 6-20 所示。当 $\lambda_s < 0°$ 时，切削过程中远离刀尖的切削刃处先接触工件，刀尖可免受冲击，同时，切削面积在切入时由小到大，切出时由大到小逐渐变化，因而切削过程比较平稳，大大减小了刀具受到的冲击和崩刃的现象。

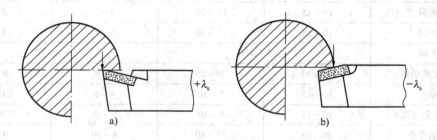

图 6-20　刃倾角对刀尖强度的影响

3）影响切削刃的锋利程度。当刃倾角的绝对值增大时，可使刀具的实际前角增大，刃口实际钝圆半径减小，增大切削刃的锋利性。

刃倾角的选择原则与参考值：

加工钢件或铸铁件时，粗车取 $\lambda_s = -5° \sim 0°$，精车取 $\lambda_s = 0° \sim 5°$；有冲击负荷或断续切削取 $\lambda_s = -15° \sim -5°$。加工高强度钢、淬硬钢或强力切削时，为提高刀头强度，取 $\lambda_s = -30° \sim -10°$。微量切削时，为增加切削刃的锋利程度和切薄能力，可取 $\lambda_s = 45° \sim 75°$。当工艺系统刚度较差时，一般不宜采用负刃倾角，以避免径向力的增加。

（5）其他几何参数的选择。

1）切削刃区的剖面形式。通常使用的刀具切削刃的刃区形式有锋刃、倒棱、刃带、消振棱和倒圆刃等，如图 6-21 所示。

刃磨刀具时由前刀面和后刀面直接形成的切削刃，称为锋刃。其特点是刃磨简便、切入阻力小，广泛应用于各种精加工刀具和复杂刀具，但其刃口强度较差。沿切削刃磨出负前角（或零度前角、小的正前角）的窄棱面，称为倒棱。倒棱的作用是可增强切削刃，提高刀具耐用度。沿切削刃磨出后角为零度的窄棱面，称为刃带。刃带有支承、导向、稳定和消振作用。对于铰刀、拉刀和铣刀等定尺寸刀具，刃带可使制造、测量方便。沿切削刃磨出负后角

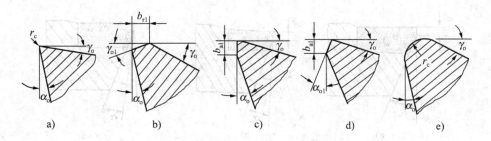

图 6-21　切削刃区的剖面形式

a) 锋刃　b) 负倒棱　c) 刃带　d) 消振棱　e) 倒圆刃

的窄棱面，称为消振棱。消振棱可消除切削加工中的低频振动，强化切削刃，提高刀具耐用度。研磨切削刃，使它获得比锋刃的钝圆半径大一些的切削刃钝圆半径，这种刃区形式称为倒圆刃。倒圆刃可提高刀具耐用度，增强切削刃，广泛应用于硬质合金可转位刀片。

2）刀面形式和过渡刃。

① 前刀面形式。常见的刀具前刀面形式有平前刀面、带倒棱的前刀面和带断屑槽的前刀面，如图 6-22 所示。平前刀面的特点是形状简单，制造、刃磨方便，但不能强制卷屑，多用于成形、复杂和多刃刀具以及精车、加工脆性材料用刀具。由于倒棱可增加刀刃强度，提高刀具耐用度，粗加工刀具常用带倒棱的前刀面。带断屑槽的前刀面是在前刀面上磨有直线或弧形的断屑槽，切屑从前刀面流出时受断屑槽的强制附加变形，能使切屑按要求卷曲折断，主要用于塑性材料的粗加工及半精加工刀具。

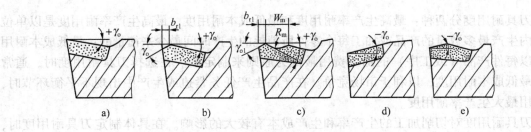

图 6-22　前刀面的形式

a) 平面型　b) 带倒棱型　c) 带断屑槽型　d) 负前角平面型　e) 双平面型

② 后刀面形式。几种常见的后刀面形式如图 6-23 所示。后刀面有平后刀面、带消振棱或刃带的后刀面、双重或三重后刀面。平后刀面（见图 6-22a 所示）形状简单，制造刃磨方便，应用广泛。带消振棱的后刀面用于减小振动。带刃带的后刀面用于定尺寸刀具。双重或三重后刀面主要能增强刀刃强度，减少后刀面的摩擦。刃磨时一般只磨第一后刀面。

③ 过渡刃。为增强刀尖强度和散热能力，通常在刀尖处磨出过渡刃。过渡刃的形式主要有两种：直线形过渡刃和圆弧形过渡刃，如图 6-24 所示。直线形过渡刃能提高刀尖的强度，改善刀具散热条件，主要用在粗加工刀具上。圆弧形过渡刃不仅可提高刀具耐用度，还能大大减小已加工表面粗糙度值，因而常用在精加工刀具。

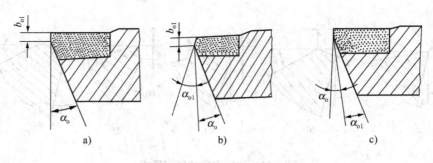

图 6-23　后刀面形式

a）带刃带的后刀面　b）带消振棱的后刀面　c）双重后刀面

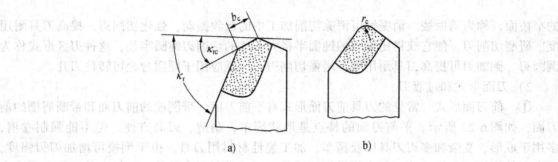

图 6-24　刀具过渡刃形式

a）直线形过渡刃　b）圆弧形过渡刃

6.5.3　刀具耐用度的选择

刀具耐用度分两种：最高生产率耐用度和最低成本耐用度。最高生产率耐用度是以单位时间内生产最多数量的产品或加工每个零件所消耗的生产时间最少来衡量的；最低成本耐用度是以每件产品（或工序）的加工费用最低为原则来制定的。在选择刀具耐用度时，通常采用最低成本耐用度，以利于市场竞争。在产品生产任务紧迫或生产中出现不平衡环节时，才采用最大生产率耐用度。

刀具耐用度对切削加工的生产率和生产成本有较大的影响。在具体制定刀具耐用度时，还应注意到：对于制造和刃磨都比较简单，且成本不高的刀具，耐用度可定得低一些；反之，则应定得高些。对于装夹和调整比较复杂的刀具，耐用度应定得高些。切削大型工件时，为避免在切削过程中中途换刀，刀具耐用度应定得高些。表 6-5 列举了部分刀具的合理耐用度数值，供参考。

表 6-5　常用刀具合理耐用度参考值

刀 具 种 类	耐 用 度/min	刀 具 种 类	耐 用 度/min
高速钢车、刨、镗刀	30 ~ 60	仿形车刀	120 ~ 180
硬质合金可转位车刀	15 ~ 45	组合钻床刀具	200 ~ 300
高速钢钻头	80 ~ 120	多轴铣床刀具	400 ~ 800
硬质合金端铣刀	90 ~ 180	自动机、自动生产线刀具	240 ~ 480
硬质合金焊接车刀	15 ~ 60	齿轮刀具	200 ~ 300

6.5.4 切削用量的选择

选择合理的切削用量，要综合考虑生产率、加工质量和加工成本。一般地，粗加工时，由于要尽量保证较高的金属切除率和必要的刀具耐用度，应优先选择大的背吃刀量，其次选择较大的进给量，最后根据刀具耐用度，确定合适的切削速度。精加工时，由于要保证工件的加工质量，应选用较小的进给量和背吃刀量，并尽可能选用较高的切削速度。

（1）背吃刀量的选择。粗加工的背吃刀量应根据工件的加工余量确定，应尽量用一次走刀就切除全部加工余量。若二次走刀或多次走刀时，应将第一次走刀的背吃刀量取大些，一般为总加工余量的2/3~3/4。当加工余量过大、机床功率不足、工艺系统刚度较低、刀具强度不够以及断续切削的冲击振动较大时，可分几次走刀。在加工铸、锻件时，应尽量使背吃刀量大于硬皮层的厚度，以保护刀尖。

（2）进给量的选择。粗加工时，进给量的选择主要受切削力的限制。在工艺系统的刚度和强度良好的情况下，可选用较大的进给量值。表6-6为粗车时进给量的参考值。由于进给量对工件的已加工表面粗糙度值影响很大，一般在半精加工和精加工时，进给量取得都较小。通常按照工件加工表面粗糙度值的要求，根据工件材料、刀尖圆弧半径、切削速度等条件来选择合理的进给量。当切削速度提高，刀尖圆弧半径增大，或刀具磨有修光刃时，可以选择较大的进给量，以提高生产率。

表6-6 硬质合金及高速钢车刀粗车外圆和端面时的进给量

工件材料	车刀刀杆尺寸 $B/mm \times H/mm$	工件直径 /mm	背吃刀量/mm				
			≤3	>3~5	>5~8	>8~12	>12
			进给量/（mm/r）				
碳素结构钢和合金结构钢	16×25	20	0.3~0.4	—	—	—	—
		40	0.4~0.5	0.3~0.4	—	—	—
		60	0.5~0.7	0.4~0.6	0.3~0.5	—	—
		100	0.6~0.9	0.5~0.7	0.5~0.6	0.4~0.5	—
		400	0.8~1.2	0.7~1.0	0.6~0.8	0.5~0.6	—
	20×30 25×25	20	0.3~0.4	—	—	—	—
		40	0.4~0.5	0.3~0.4	—	—	—
		60	0.6~0.7	0.5~0.7	0.4~0.6	—	—
		100	0.8~1.0	0.7~0.9	0.5~0.7	0.4~0.7	—
		600	1.2~1.4	1.0~1.2	0.8~1.0	0.6~0.9	0.4~0.6
	25×40	60	0.6~0.9	0.5~0.8	0.4~0.7	—	—
		100	0.8~1.2	0.7~1.1	0.6~0.9	0.5~0.8	—
		1000	1.2~1.5	1.1~1.5	0.9~1.2	0.8~1.0	0.7~0.8
铸铁及铜合金	16×25	40	0.4~0.5	—	—	—	—
		60	0.6~0.8	0.5~0.8	0.4~0.6	—	—
		100	0.8~1.2	0.7~1.0	0.6~0.8	0.5~0.7	—
		400	1.0~1.4	1.0~1.2	0.8~1.0	0.6~0.8	—
	25×30 25×25	40	0.4~0.5	—	—	—	—
		60	0.6~0.9	0.5~0.8	0.4~0.7	—	—
		100	0.9~1.3	0.8~1.2	0.7~1.0	0.5~0.8	—
		600	1.2~1.8	1.2~1.6	1.0~1.3	0.9~1.1	0.7~0.9

注：1. 加工断续表面及进行有冲击的加工时，表内的进给量应乘系数 $k=0.75~0.85$；
  2. 加工耐热钢及其合金时，不采用大于1.0mm/r的进给量；
  3. 加工淬硬钢时，表内进给量应乘以系数 $k=0.8$（当材料硬度为44~56HRC时）或 $k=0.5$（当硬度为57~62HRC时）。

（3）切削速度的选择。在背吃刀量和进给量选定以后，可在保证刀具合理耐用度的条件下，确定合适的切削速度。粗加工时，背吃刀量和进给量都较大，切削速度受刀具耐用度和机床功率的限制，一般较低。精加工时，背吃刀量和进给量都取得较小，切削速度主要受工件加工质量和刀具耐用度的限制，一般较高。选择切削速度时，还应考虑工件材料的强度和硬度以及切削加工性等因素。表6-7为车削外圆时切削速度的参考值。

表 6-7　硬质合金外圆车刀切削速度参考值

工件材料	热处理状态	$a_p = 0.3 \sim 2mm$ $f = 0.08 \sim 0.3mm/r$	$a_p = 2 \sim 6mm$ $f = 0.3 \sim 0.6mm/r$	$a_p = 6 \sim 10mm$ $f = 0.6 \sim 1mm/r$
		$V/$（m/s）		
低碳钢 易削钢	热轧	2.33 ~ 3.0	1.67 ~ 2.0	1.17 ~ 1.5
中碳钢	热轧	2.17 ~ 2.67	1.5 ~ 1.83	1.0 ~ 1.33
	调质	1.67 ~ 2.17	1.17 ~ 1.5	0.83 ~ 1.17
合金结构钢	热轧	1.67 ~ 2.17	1.5 ~ 1.83	0.83 ~ 1.17
	调质	1.33 ~ 1.83	0.83 ~ 1.17	0.67 ~ 1.0
工具钢	退火	1.5 ~ 2.0	1.0 ~ 1.33	0.83 ~ 1.17
不锈钢		1.17 ~ 1.33	1.0 ~ 1.17	0.83 ~ 1.0
灰铸铁	HBS < 190	1.5 ~ 2.0	1.0 ~ 1.33	0.83 ~ 1.17
	HBS = 190 ~ 225	1.33 ~ 1.83	0.83 ~ 1.17	0.67 ~ 1.0
高锰钢			0.17 ~ 0.33	
铜及铜合金		3.33 ~ 4.17	2.0 ~ 0.30	1.5 ~ 2.0
铝及铝合金		5.1 ~ 10.0	3.33 ~ 6.67	2.5 ~ 5.0
铸铝合金		1.67 ~ 3.0	1.33 ~ 2.5	1.0 ~ 1.67

注：切削钢及灰铸铁时刀具耐用度约为 60 ~ 90min。

（4）切削用量的优化设计。切削参数优化设计主要包括确定目标函数和确定约束条件两方面。

1）确定目标函数。切削加工中常用的优化目标包括以下三种：

① 最高生产率（即最短加工时间）；

② 最低成本（即最低生产费用）；

③ 最大利润率。

一般情况下，多采用最低成本或最大利润率为优化的目标，当生产任务紧迫或在整个生产过程中出现不平衡时才以最高生产率为优化目标。目标确定以后，要建立以切削用量为自变量的目标函数。背吃刀量 a_p 主要取决于加工余量，往往没有什么选择的余地，不予优化，通常只以切削速度 v 和进给量 f 进行优化组合。

2）确定约束条件。在实际生产过程中，选择的切削用量要受加工设备、加工条件及工件的质量要求等技术条件的限制，在进行优化时，一般从机床、工件、刀具及夹具的特性等方面给出对应的约束条件。包括：切削速度与进给量、切削力、机床电动机功率、机床的刚度与强度；工件表面质量、工件表面粗糙度；刀具的刚度和强度、刀具合理的耐用度；夹具的最大夹紧力、夹具的刚度和强度等等。

在实际问题中，并不一定全部考虑上述所有的约束条件，在具体情况下，某些约束条件很重要，而另外一些可能无关紧要，可忽略不计。在某些特殊场合，还须加入一些特殊的约束条件，如切屑的状态对进给量和切削速度取值范围的限制，工艺系统的振动特性对切削用量的限制等。

对于目标函数和约束方程可用线性规化进行求解。如果目标函数和约束函数中含有非线性项，属于二维非线性优化问题，可使用各种标准的非线性规划的算法，如可行方向法、罚函数法等求解。

6.5.5 切削液的选择

(1) 切削液的作用。

1) 冷却作用。切削液能从切削区域带走大量切削热，使切削温度降低。其中冷却性能取决于它的导热系数、比热容、汽化热、汽化速度、流量和流速等。

2) 润滑作用。切削液能渗入到刀具与切屑、加工表面之间形成润滑膜或化学吸附膜，减小摩擦。其润滑性能取决于切削液的渗透能力、形成润滑膜的能力和强度。

3) 清洗作用。切削液可以冲走切削区域和机床上的细碎切屑和脱落的磨粒，防止划伤已加工表面和导轨。清洗性能取决于切削液的流动性和使用压力。

4) 防锈作用。在切削液中加入防锈剂，可在金属表面形成一层保护膜，起到防锈作用。防锈作用的强弱，取决于切削液本身的成分和添加剂的作用。

(2) 切削液的添加剂。为改善切削液的性能而加入的一些化学物质，称为切削液的添加剂。常用的添加剂有以下几种。

1) 油性添加剂。它含有极性分子，能与金属表面形成牢固的吸附膜，主要起润滑作用，常用于低速精加工。常用的油性添加剂有动物油、植物油、脂肪酸、胺类、醇类和脂类等。

2) 极压添加剂。它是含有硫、磷、氯、碘等元素的有机化合物，在高温下与金属表面起化学反应，形成耐较高温度和压力的化学吸附膜，能防止金属界面直接接触，减小摩擦。

3) 表面活性剂。它是使矿物油和水乳化而形成稳定乳化液的添加剂。表面活性剂是一种有机化合物，由可溶于水的极性基团和可溶于油的非极性基团组成，可定向地排列并吸附在油水两相界面上，极性端向水，非极性端向油，将水和油连接起来，使油以微小的颗粒稳定地分散在水中，形成乳化液。表面活性剂还能吸附在金属表面上，形成润滑膜，起油性添加剂的润滑作用。常用的表面活性剂有石油磺酸钠、油酸钠皂等。

4) 防锈添加剂。它是一种极性很强的化合物，与金属表面有很强的附着力，吸附在金属表面上形成保护膜，或与金属表面化合形成钝化膜，起到防锈作用。常用的防锈添加剂有碳酸钠、三乙醇胺、石油磺酸钡等。

(3) 常用切削液的种类与选用。

1) 水溶液。它的主要成分是水，其中加入了少量的防锈剂、清洗剂和润滑剂。水溶液的冷却效果良好，多用于普通磨削和粗加工。

2) 乳化液。它是将乳化油（由矿物油和表面活性剂配成）用水稀释而成，用途广泛。低浓度的乳化液具有良好的冷却效果，主要用于普通磨削、粗加工等。高浓度的乳化液润滑效果较好，主要用于精加工等。

3）切削油。它主要是矿物油（如机械油、轻柴油、煤油等），少数采用动植物油或复合油。普通车削、攻螺纹时，可选用机油。精加工有色金属或铸铁时，可选用煤油。加工螺纹时，可选用植物油。在矿物油中加入一定量的油性添加剂和极压添加剂，能提高其高温、高压下的润滑性能，可用于精铣、铰孔、攻螺纹及齿轮加工。

常用切削液的种类和选用见表6-8。

表6-8 切削液的种类和选用

序 号	名 称	组成	主 要 用 途
1	水溶液	硝酸钠、碳酸钠等溶于水的溶液，用100～200倍的水稀释而成	磨削
2	乳化液	①矿物油很少，主要为表面活性剂的乳化油，用40～80倍的水稀释而成，冷却和清洗性能好	车削、钻孔
		②以矿物油为主，少量表面活性剂的乳化油，用10～20倍的水稀释而成，冷却和润滑性能好	车削、攻螺纹
		③在乳化液中加入极压添加剂	高速车削、钻孔
3	切削油	①矿物油（10号或20号机械油）单独使用	滚齿、插齿
		②矿物油加植物油或动物油形成混合油，润滑性能好	车削精密螺纹
		③矿物油或混合油中加入极压添加剂形成极压油	高速滚齿、插齿、车螺纹等
4	其他	液态的二氧化碳	主要用于冷却
		二硫化钼＋硬脂酸＋石蜡——做成蜡笔，涂于刀具表面	攻螺纹

6.6 习题

6-1 切削加工由哪些运动组成？它们各有什么作用？

6-2 切削用量三要素是什么？

6-3 刀具正交平面参考系由哪些平面组成？它们是如何定义的？

6-4 刀具的工作角度和标注角度有什么区别？影响刀具工作角度的主要因素有哪些？

6-5 什么是积屑瘤？试述其成因、影响和避免方式。

6-6 金属切削层的三个变形区各有什么特点？

6-7 各切削分力对加工过程有何影响？

6-8 切削热是如何产生的？它对切削过程有什么影响？

6-9 刀具磨损的形式有哪些？磨损的原因有哪些？

6-10 什么是刀具的磨钝标准？什么是刀具的耐用度？

6-11 何谓工件材料的切削加工性？它与哪些因素有关？

6-12 试对碳素结构钢中含碳量大小对切削加工性的影响进行分析。

6-13 说明前角和后角的大小对切削过程的影响。

6-14 说明刃倾角的作用。

6-15 切削液的主要作用是什么？

第 7 章　金属切削加工

7.1　金属切削机床的基本知识

金属切削机床是利用刀具对金属毛坯（或半成品）进行切削加工的一种加工设备。所以金属切削机床是一种制造机器的机器，又称为工作母机或工具机（Machine Tools），通常简称为机床。在一般的机械制造厂中，机床可占机器总台数的 50% ~ 70%；机床所负担的加工工作量，约占机器制造总工作量的 40% ~ 60%。可见，机床的技术性能的高低直接影响着机械产品的质量及其制造经济性。

7.1.1　金属切削机床的分类

1. 基本分类法

基本分类法是指按加工性质和所用刀具对金属切削机床进行分类。目前我国机床分为 12 类：车床、钻床、镗床、磨床、齿轮加工机床、螺纹加工机床、铣床、刨（插）床、拉床、超声波及电加工机床、切断机床及其他机床。

2. 其他分类法

除了基本分类法外，还可按机床具有的特性进行以下分类。

按机床的通用化程度可分为：通用机床、专门化机床和专用机床。

按机床的加工精度可分为：普通精度机床、精密精度机床和高精度机床。

按机床的自动化程度可分为：手动机床、机动机床、半自动机床和自动机床。

按机床的质量不同可分为：仪表机床、中型机床、大型机床和重型机床。

7.1.2　金属切削机床型号的编制方法

我国的机床型号是按 1994 年颁布的标准 GB/T15375—94《金属切削机床型号编制方法》编制而成的，即采用汉语拼音字母和阿拉伯数字相结合的方式来表示机床型号。下面具体介绍通用机床及专用机床的型号表示方法。

1. 通用机床型号

通用机床型号编制方法有如下几个要点。

（1）机床的类别代号。机床的类别代号用汉语拼音大写字母表示。如"车床"的汉语拼音是"Che chuang"，用"C"表示，读做"车"。机床的类别代号见表 7-1。

表 7-1　机床的类别代号

类别	车床	铣床	刨床	磨床			齿轮加工机床	螺纹加工机床	钻床	镗床	拉床	电加工机床	切断机床	其他机床
代号	C	X	B	M	2M	3M	Y	S	Z	T	L	D	G	Q
读音	车	铣	刨	磨	2磨	3磨	牙	丝	钻	镗	拉	电	割	其

（2）机床的特性代号。机床的特性代号用汉语拼音大写字母表示。

1）通用特性代号。当某类型机床除了有普通形式外，还有某种通用特性时，则在类别代号之后加上表 7-2 所示的通用特性代号予以区别，如 CM6132 型精密卧式车床型号中的"M"表示通用特性为"精密"。如果某类机床仅有某种通用特性，而无普通形式，则通用特性代号不表示。如 C1107 型单轴纵切自动车床，由于这类车床没有"非自动"型，所以不必用"Z"表示通用特性。

表 7-2　机床通用特性代号

通用特性	高精度	精密	自动	半自动	数字控制	自动换刀	仿形	万能	轻型	简式
代号	G	M	Z	B	K	H	F	W	Q	J
读音	高	密	自	半	控	换	仿	万	轻	简

2）结构特性代号。为了区别主参数相同而结构不同的机床，在型号中用汉语拼音字母区分。结构特性的代号字母是由各生产厂家自己确定的，在不同型号中的意义可以不一样。当机床有通用特性代号时，结构特性代号应排在通用特性代号之后。通用特性代号已用的字母及字母"I"和"O"，都不能作为结构特性代号，以免误解或与数字"1"和"0"混淆。

（3）机床的组、型代号。机床的组、型代号用两位数字表示。每类机床按用途、性能、结构和相近或有派生关系分为 10 组（0~9 组），每组中分为 10 型（0~9 型）。机床的类、组、型的划分及其代号可查阅有关资料。

（4）主参数的代号。主参数是代表机床规格大小的一种参数，在机床型号中用阿拉伯数字表示，通常用主参数的折算值（1、1/10 或 1/100）来表示。在型号中第三及第四位数字都是表示主要参数的，有的还标有第二主参数（如机床轴数、最大加工长度、最大跨度等）。有关表示方法可查阅有关资料。

（5）机床重大改进序号。当机床的性能和结构有重大改进，并按新产品重新试制和鉴定后，按其设计改进的次序分别用大写字母"A、B、C⋯⋯"表示，附在机床型号的末尾。

（6）同一型号机床的变型代号。某些专门用途的通用机床（如曲轴车床、双端面磨床等）往往需按不同的加工对象，在基型机床的基础上，变换机床的结构形式，这种变型机床，在原机床型号之后加 1、2、3 等数字，并用"/"分开，读做"之"。

通用机床的型号表示方法通式如下：

（△）□（□）△△（·△）（□）（/△）（×△）

其中，△和□分别表示数字和字母，有"（）"的表示无内容不写，有内容则不带括号。

以上通式从左到右分别为：分类代号、类代号、通用特性代号或结构特性代号（一个或几个）、组型代号、主参数代号、主轴数（用"·"分开）、重大改进顺序号、同一机床的变型代号（用"/"分开）、第二主参数（用"×"分开）。

如 MGB1432A×750 型万能外圆磨床的型号的含义为：

M 为类代号，代表磨床类；G 通用特性代号，表示高精度；B 通用特性代号，表示半自动；1 组代号，表示外圆磨床组；4 系代号，表示万能型；32 主参数，表示最大磨削直径为 320mm；A 重大改进序号，表示经第一次重大改型；750 为第二主参数，表示最大磨削长度为 750mm。

2. 专用机床型号

专用机床型号表示方法通式如下：

□—△

其中，"□"表示设计单位代号，用汉语拼音大写字母表示，代号由北京机床研究所统一规定；"△"表示设计顺序号，按该单位的设计顺序编排，用阿拉伯数字表示，由"001"起始，位于单位代号之后，用"—"分开，读做"之"。

7.1.3 金属切削机床的运动

各种类型的机床，为了进行切削加工以获得所需的具有一定几何形状、一定精度和表面质量的工件，必须使刀具与工件完成一系列运动。这些运动，按其功用可分为表面成形运动和辅助运动。

1. 表面成形运动

机床在切削过程中，使工件获得一定表面形状所必需的刀具和工件间的相对运动称为表面成形运动。图 7-1 所示为工件的旋转运动 I 和车刀的纵向直线移动 V，形成圆柱面的成形运动。机床加工时所需表面成形运动的形式、数目与被加工表面形状、所采用的加工方法和刀具结构有关。根据切削过程中所起的作用不同，表面成形运动又可分为主运动和进给运动。直接切除毛坯上的被切削层，使之变为切屑的运动称为主运动。例如车床上工件的旋转运动。进给运动是保证将被切削层不断地投入切削，以逐渐加工出整个工件表面的运动。如车削外圆柱面时，车刀的纵向直线运动。

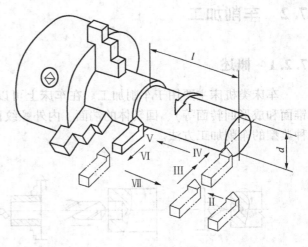

图 7-1　车削圆柱面时的运动

机床在进行切削加工时，必定有且通常只有一个主运动，但进给运动可能有一个或几个，也可能没有。

2. 辅助运动

除表面成形运动外，机床在切削加工过程中所必需的其他运动，都是辅助运动。例如图 7-1 中为保证获得一定加工尺寸所需的车刀切入运动 IV，为创造加工条件的快速引进车刀的运动 II、III，快速返回运动 VI、VII，都是机床的辅助运动。

7.1.4 金属切削机床的技术性能

（1）工艺范围。是指机床适应不同生产要求的能力，即在机床上能够完成的工序种类、能加工零件的类型与大小以及适用的生产规模等。

（2）技术参数。机床的主要技术参数有尺寸参数、运动参数和动力参数。

尺寸参数是指机床的主要结构尺寸；运动参数是指机床执行件的运动参数；动力参数主要是指机床的电动机功率。

（3）加工质量。主要指机床加工精度和表现粗糙度。即在正常工艺条件下，机床加工的零件所能达到的尺寸、形状和位置精度及表面粗糙度。各种通用机床的加工精度和表面粗糙度在国家制定的机床精度标准中都有规定。机床的加工精度主要由机床本身的精度来保证。

（4）自动化程度。自动化程度高的机床可以减少工人操作水平对加工质量的影响程度，有利于产品质量的稳定，有利于提高劳动生产率。

（5）人机关系。人机关系主要指机床应符合"人机工程学"原理，即操作方便、省力、安全可靠、易于维护和修理等。

（6）成本。选用机床时应根据加工零件的类型、形状、尺寸、技术要求和生产批量等，选择技术性能与零件加工要求相适应的机床，以充分发挥机床的性能，取得较好的经济效益。

7.2 车削加工

7.2.1 概述

车床类机床主要用于车削加工。在车床上可以加工各种回转表面（如内外圆柱面、圆锥面和成形回转面等）、回转体的端面、内外螺纹面等。图7-2以卧式车床为例，列举了几种典型的车削加工方法。

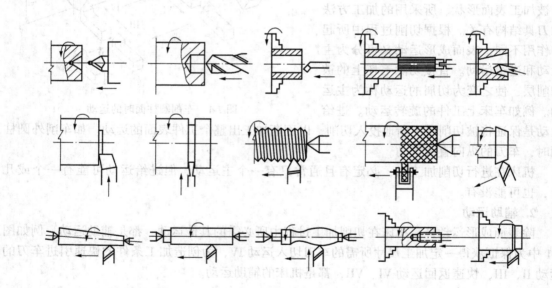

图 7-2　卧式车床能加工的典型表面

在车床上使用的刀具主要是车刀，还可使用钻头、扩孔钻、铰刀等孔加工刀具。

车床的主运动为主轴的回转运动，进给运动通常为刀具的直线运动。

车床的种类很多，按用途和结构的不同有卧式车床、立式车床、转塔车床、自动和半自动车床以及各种专门化车床等。其中卧式车床应用最广泛，它的经济加工精度一般可达 IT8 左右，精车的表面粗糙度 R_a 值可达 1.25～2.5μm。

7.2.2　CA6140 型卧式车床

1. 机床的组成

图 7-3 是 CA6140 型卧式车床的外形图，其主要组成部件分述如下。

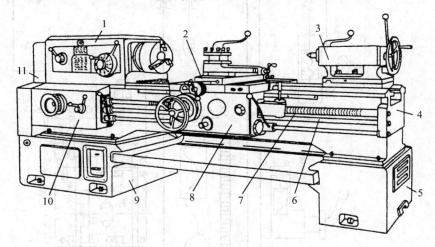

图 7-3　CA6140 型卧式车床外形
1—主轴箱　2—刀架　3—尾座　4—床身　5、9—床腿　6—光杠　7—丝杠　8—溜板箱
10—进给箱　11—挂轮变速机构

（1）主轴箱。主轴箱 1 固定在床身 4 的左面。装在主轴箱中的主轴，通过卡盘等夹具装夹工件。主轴箱的功用是支承主轴并传动主轴，使主轴带动工件按照规定的转速旋转，以实现主运动。

（2）进给箱。进给箱 10 固定在床身 4 的左前侧，它是进给运动传动链中的传动比变换装置，功用是改变所加工螺纹的导程或机动进给的进给量。

（3）溜板箱。溜板箱 8 固定在刀架部件 2 的底部，可带动刀架一起作纵向进给运动。溜板箱的功用是把进给箱传来的运动传递给刀架，使刀架实现纵向进给、横向进给、快速移动或车螺纹。在溜板箱上装有各种操纵手柄及按钮，以供操作人员方便地操作机床。

（4）刀架部件。刀架部件 2 装在床身 4 的刀架导轨上，并可沿此导轨纵向移动。刀架部件由两层溜板和四方刀架组成，刀架部件的功用是装夹车刀，并使车刀作纵向、横向或斜向运动。

（5）床身。床身 4 固定在左床腿 9 和右床腿 5 上。床身是车床的基础支承件，其上安装着车床的主要部件。床身的功用是支承各主要部件并使它们在工作时保持准确的相对位置。

（6）尾座。尾座 3 装在床身 4 的尾架导轨上，并可沿此导轨纵向调整位置。尾座的功用是用后顶尖支承工件。在尾座上还可安装钻头等孔加工刀具，以进行孔加工。

2. 机床的传动系统

图 7-4 为 CA6140 型卧式车床的传动系统图，它是反映机床全部运动传递关系的示意图。

（1）主运动传动链。车床的主运动传动链的两末端件是电动机和主轴。由图 7-4 可见，电动机将运动经过 V 带传动 I 轴。I 轴上装有双向多片式摩擦离合器 M_1。离合器左半部接合

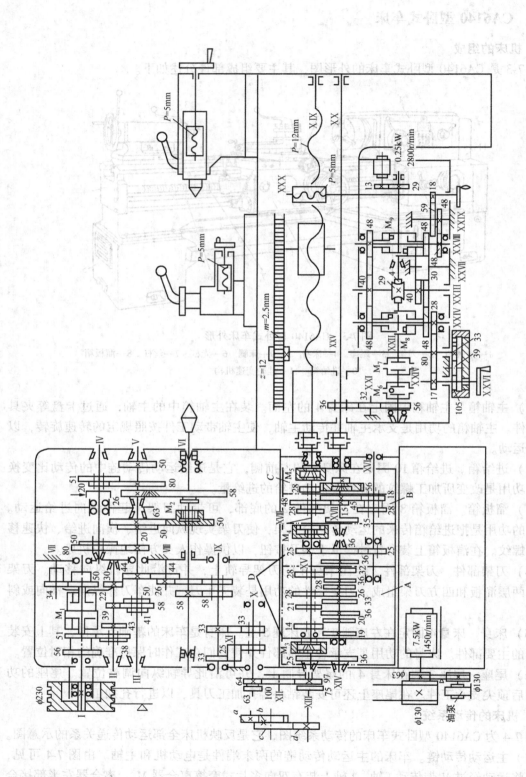

图7-4 CA6140型卧式车床传动系统图

时，主轴正转；右半部接合时，主轴反转；左右都不接合时，主轴停止转动。I轴的运动经过 M_1 通过相应的齿轮传动，将运动传动 II 轴和 III 轴。当主轴（VI）上的滑移齿轮 50 向左移动时，齿轮式离合器 M_2 断开，运动从轴 III 经过齿轮副 63/50 传动主轴；当滑移齿轮 50 右移时，M_2 接合，运动从 III 轴通过相应齿轮经 IV 轴和 V 轴，传动主轴 VI 轴。

1）主运动传动路线如下：

$$
电动机 \atop (1\,450r/min,\ 7.5kW) - \frac{\phi130mm}{\phi230mm} - I -
\begin{cases}
M_1（左）- \begin{cases} \frac{56}{38} \\ \frac{51}{43} \end{cases} - \\[2mm]
（正转） \\[2mm]
M_1（右）- \frac{50}{34} - VII - \frac{34}{30} - \\
（反转）
\end{cases}
$$

$$
- II - \begin{cases} \frac{39}{41} \\ \frac{22}{58} \\ \frac{30}{50} \end{cases} - III -
\begin{cases} \frac{63}{50} - M_2（左）- \\[2mm]
\begin{cases} \frac{20}{80} \\ \frac{50}{50} \end{cases} - IV - \begin{cases} \frac{20}{80} \\ \frac{51}{50} \end{cases} \end{cases} - V - \frac{26}{58} - M_2（右）-
\Bigg\} VI（主轴）
$$

由于 III 轴至 V 轴间的 4 种传动比为：

$$
u_1 = \frac{50}{50} \times \frac{51}{50} \approx 1, u_2 = \frac{20}{80} \times \frac{51}{50} \approx \frac{1}{4}, u_3 = \frac{50}{50} \times \frac{20}{80} = \frac{1}{4}, u_4 = \frac{20}{80} \times \frac{20}{80} = \frac{1}{16}
$$

其中 $u_2 \approx u_3$，所以主轴实际获得 $2 \times 3 \times (3+1) = 24$ 级正转转速，$3 \times (3+1) = 12$ 级反转转速。

2）主运动的运动平衡式如下：

$$
n_主 = 1\,450 \times \frac{130}{230} \times (1 - \varepsilon) u_{I-II} u_{II-III} u_{III-VI}
$$

式中　$n_主$——主轴转速（r/min）；

ε——V 带传动的滑动系数，一般近似取 $\varepsilon = 0.02$；

u_{I-II}——由 I 轴到 II 轴的传动比；

u_{II-III}——由 II 轴到 III 轴的传动比；

u_{III-VI}——由 III 轴到 VI 轴的传动比。

例如，图 7-4 所示的齿轮啮合情况，离合器 M_1 左半部接合，离合器 M_2 接合时，主轴的转数为

$$
n_主 = 1\,450 \times \frac{130}{230} \times (1 - 0.02) \times \frac{51}{43} \times \frac{22}{58} \times \frac{20}{80} \times \frac{20}{80} \times \frac{26}{58} = 10(r/min)
$$

（2）车削螺纹传动链。CA6140 型卧式车床可以车削普通、英制、模数制和径节制 4 种标准螺纹、大导程螺纹、非标准的和较精密的螺纹，以及上述各种螺纹的左旋和右旋螺纹。

加工螺纹时，主轴 VI 的运动经齿轮副 58/58 传至轴 IX，再经 33/33 或（33/25）×（25/33）变向机构（用于车削左、右螺纹）传至轴 X 及挂轮。挂轮架有三组挂轮：一组为（63/100）×（100/75），用于车削普通和英制螺纹；一组为（64/100）×（100/97），用于车削模数制和径节制螺纹；一组为（a/b）×（c/d）挂轮，根据需要进行配换，用来车削非标准

的和较精密的螺纹。

其中若 M_3 分离，与之联动的 XVI 轴上 25 齿轮同时处于右位，运动经 M_5 传至丝杠，此为车削公制和模数制螺纹；若 M_3 合上，与之联动的 XVI 轴上 25 齿轮同时处于左位，运动经 M_5 传至丝杠，此为车削英制和径节制螺纹；若 M_3 合上，同时 M_4 也闭合，挂轮的运动经 M_3、M_4、M_5 直接传至丝杠，此为车削非标准的和较精密的螺纹，螺纹螺距根据需要用挂轮进行配换（用精密螺纹路线加工螺纹，中间齿轮少，齿侧误差低，故精度高）。

将 IX 轴的 58 齿轮右移，可车削 4 倍和 16 倍的大导程螺纹。

车削螺纹时，主轴与刀具之间必须保持严格的运动关系，即主轴每转 1 转，刀具应均匀地移动 1 个工件导程 S 的距离。

车削螺纹传动链的平衡方程式为

$$1_{(主轴)} \times uS_丝 = S$$

式中　u——从主轴至丝杠之间全部传动机构的传动比；

　　　$S_丝$——机床丝杠的导程（mm）。

1）车削普通螺纹。普通螺纹的导程 S（mm）为 $S = KP$（K 为头数，P 为螺距）。

车削普通螺纹时，进给箱中的离合器 M_3 和 M_4 脱开，M_5 接合。运动由主轴（VI轴）经齿轮副 58/58、换向机构 33/33 或 $(33/25) \times (25/33)$、挂轮 $(63/100) \times (100/75)$ 传到进给箱中 XIII 轴，然后由齿轮副 25/36 传至 XIV 轴。XIV 轴至 XV 轴之间的传动可经 8 对齿轮副中的任何一对来实现。再由齿轮副 $(25/36) \times (36/25)$ 传至 XVI 轴，经过 XVII 轴至 XVIII 轴之间的齿轮副传至 XVIII 轴，最后经 M_5 传至丝杠 XIX。当溜板箱中的开合螺母与丝杠接合时，就可带动刀架车削普通螺纹。

车削普通螺纹的传动路线表达式为：

$$主轴 VI - \frac{58}{58} - IX - \begin{cases} \dfrac{33}{33} \\ (右旋) \\ \dfrac{33}{25} \times \dfrac{25}{33} \\ (左旋) \end{cases} - X - \frac{63}{100} \times \frac{100}{75} - XIII - \frac{25}{36} - XIV - u_{XIV-XV} -$$

$$XV - \frac{25}{36} \times \frac{36}{25} - XVI - u_{XVI-XVIII} - XVIII - M_5 - XIX （丝杠） - 刀架$$

车削普通螺纹（右旋）的运动平衡式为

$$S = 1_{(主轴)} \times \frac{58}{58} \times \frac{33}{33} \times \frac{63}{100} \times \frac{100}{75} \times \frac{25}{36} \times u_基 \times \frac{25}{36} \times \frac{36}{25} \times u_倍 \times 12 (\text{mm})$$

式中　$u_基$——基本组的传动比；

　　　$u_倍$——增倍组的传动比

将上式化简后得

$$S = 7u_基 u_倍$$

可见，适当地选择 $u_基$ 和 $u_倍$ 的值，就可以得到各种 S 值。下面分析 $u_基$ 和 $u_倍$ 的值。

在 XIV 轴和 XV 轴之间共有 8 种不同的传动比：

$$u_{基1} = \frac{26}{28} = \frac{6.5}{7}, u_{基2} = \frac{28}{28} = \frac{7}{7}, u_{基3} = \frac{32}{28} = \frac{8}{7}, u_{基4} = \frac{36}{28} = \frac{9}{7}$$

$$u_{\text{基5}} = \frac{19}{14} = \frac{9.5}{7}, u_{\text{基6}} = \frac{20}{14} = \frac{10}{7}, u_{\text{基7}} = \frac{33}{21} = \frac{11}{7}, u_{\text{基8}} = \frac{36}{21} = \frac{12}{7}$$

这组变速机构传动副的传动比值近似等于等差级数，是获得螺纹导程的基本机构，称为基本组。

ⅩⅥ轴和ⅩⅧ轴之间有 4 种不同的传动比：

$$u_{\text{倍1}} = \frac{18}{45} \times \frac{15}{48} = \frac{1}{8}, u_{\text{倍2}} = \frac{28}{35} \times \frac{15}{48} = \frac{1}{4}$$

$$u_{\text{倍3}} = \frac{18}{45} \times \frac{35}{28} = \frac{1}{2}, u_{\text{倍4}} = \frac{28}{35} \times \frac{35}{28} = 1$$

它们之间成倍数关系排列，称为增倍机构或增倍组，可将由基本组获得的导程值成倍扩大或缩小。

普通螺纹的螺距数列是分段的等差数列，每段又是公比为 2 的等比数列。将基本组与增倍组串联使用，就可车出不同螺距（导程）的螺纹。

2）车削其他螺纹。

① 车削模数制螺纹。模数制螺纹主要用于米制蜗杆，它用模数 m 表示，则螺纹的导程 S_{m}（mm）为

$$S_{\text{m}} = K P_{\text{m}} = K \pi m$$

式中　P_{m} 为螺距，$P_{\text{m}} = \pi m$。

运动平衡式为：

$$S_{\text{m}} = K \pi m = 1_{(\text{主轴})} \times \frac{58}{58} \times \frac{33}{33} \times \frac{64}{100} \times \frac{100}{97} \times \frac{25}{36} \times u_{\text{基}} \times \frac{25}{36} \times \frac{36}{25} \times u_{\text{倍}} \times 12(\text{mm})$$

整理后得：

$$m = \frac{7}{4K} u_{\text{基}} \, u_{\text{倍}}$$

② 车削英制螺纹。英制螺纹以每英寸长度上螺纹扣（牙）数 a（扣/英寸）表示。为使传动计算方便，将英制导程换算成米制导程，则螺纹的导程

$$S_{\text{a}} = K P_{\text{a}} = 25.4 \frac{K}{a}(\text{mm})$$

式中　P_{a} 为螺距，$P_{\text{a}} = 25.4/a$。

其换置公式如下（推导过程读者可参照车削普通螺纹）。

$$a = \frac{7K u_{\text{基}}}{4 \, u_{\text{倍}}}$$

③ 车削径节制螺纹。径节制螺纹用在英制蜗杆中，它是以径节 DP（牙/英寸）来表示的。径节表示齿轮或蜗杆折算到 1 英寸分度圆直径上的齿数，所以英制蜗杆的轴向齿距（径节螺纹的螺距）P_{DP}（mm）为

$$P_{\text{DP}} = \frac{\pi}{DP}(\text{英寸}) = \frac{25.4}{DP} \pi(\text{mm})$$

则螺纹的导程 S_{DP}（mm）为

$$S_{\text{DP}} = K P_{\text{DP}} = 25.4 \frac{\pi K}{DP}$$

其换置公式为：

$$DP = 7K\frac{u_{基}}{u_{倍}}$$

④ 车削非标准螺距螺纹和较精密螺纹。其运动平衡式为

$$S = KP_{非} = 1_{(主轴)} \times \frac{58}{58} \times \frac{33}{33} \times u_{挂} \times 12(\text{mm})$$

化简后得挂轮的计算公式

$$u_{挂} = \frac{a}{b} \times \frac{c}{d} = \frac{S}{12} = \frac{KP_{非}}{12}$$

式中 $P_{非}$——非标准螺距；a、b、c、d——4 个挂轮的齿数。

（3）机动进给传动链。刀架的纵向和横向机动进给传动链，由主轴至进给箱 XVIII 轴的传动路线与车削螺纹时的传动路线相同。其后运动由 XVIII 轴经齿轮副 28/56 传至光杠（XX轴），再由光杠经溜板箱中的传动机构，分别传至齿轮齿条机构和横向进给丝杠（XXX 轴），使刀架作纵向或横向机动进给运动。其传动路线表达式如下：

$$\text{主轴VI} - \left\{ \begin{array}{l} 普通螺纹传动路线 \\ 英制螺纹传动路线 \end{array} \right\} - \text{XVIII} - \frac{28}{56} - \text{XX（光杠）} - \frac{36}{32} \times \frac{32}{56} -$$

$$\text{M}_6（超越离合器）- \text{M}_7（安全离合器）- \text{XXII} - \frac{4}{29} - \text{XXIII} -$$

$$- \left\{ \begin{array}{l} \frac{40}{48} - \text{M}_9 \uparrow \\ \frac{40}{30} \times \frac{30}{48} - \text{M}_9 \downarrow \end{array} \right\} - \text{XXVIII} - \frac{48}{48} \times \frac{59}{18} - \text{XXX（丝杠）} - 刀架（横向进给）$$

$$- \left\{ \begin{array}{l} \frac{40}{48} - \text{M}_8 \uparrow \\ \frac{40}{30} \times \frac{30}{48} - \text{M}_8 \downarrow \end{array} \right\} - \text{XXIV} - \frac{28}{80} - \text{XXV} - 齿轮齿条 - 刀架（纵向进给）$$

1）当进给运动经普通螺纹正常螺距的传动路线时，其运动平衡式：

$$f_{纵} = 1_{(主轴)} \times \frac{58}{58} \times \frac{33}{33} \times \frac{63}{100} \times \frac{100}{75} \times \frac{25}{36} \times u_{基} \times \frac{25}{36} \times \frac{36}{25} \times u_{倍} \times$$

$$\frac{28}{56} \times \frac{36}{32} \times \frac{32}{56} \times \frac{4}{29} \times \frac{40}{30} \times \frac{30}{48} \times \frac{28}{80} \times \pi \times 2.5 \times 12(\text{mm/r})$$

化简后得

$$f_{纵} = 0.71 u_{基} u_{倍}(\text{mm/r})$$

变换 $u_{基}$ 和 $u_{倍}$，可得 32 级进给量，范围为 0.08 ~ 1.22mm/r。

2）当进给运动经英制螺纹正常螺距的传动路线时，其运动平衡方程式为：

$$f_{纵} = 1_{(主轴)} \times \frac{58}{58} \times \frac{33}{33} \times \frac{63}{100} \times \frac{100}{75} \times \frac{1}{u_{基}} \times \frac{36}{25} \times u_{倍} \times \frac{28}{56} \times \frac{36}{32} \times$$

$$\frac{32}{56} \times \frac{4}{29} \times \frac{40}{30} \times \frac{30}{48} \times \frac{28}{80} \times \pi \times 2.5 \times 12(\text{mm/r})$$

化简后得

$$f_{纵} = 1.474 \frac{u_{倍}}{u_{基}}(\text{mm/r})$$

变换 $u_{倍} = 1$，可得 8 级进给量，范围为 0.86 ~ 1.59mm/r。

两条传动路线可共得到 40 级正常纵向进给量。

3）当主轴转速为 10～125r/min，运动经扩大螺距机构及英制螺纹传动路线时，可将进给量扩大 4 倍或 16 倍，除去重复和过大的，可得 16 种加大进给量，范围为 1.71～6.33mm/r，以满足低速、大进给量强力切削和精车的需要。

4）当主轴转速为 450～1 400r/min 时（其中 500 r/min 除外），将轴 Ⅸ 上滑移齿轮 Z_{58} 右移，主轴运动经齿轮副 50/63、44/44、26/58 传至轴 Ⅸ，再经普通螺纹传动路线（使用 $u_{倍}$ = 1/8），可得 8 级细进给量，范围为 0.028～0.054mm/r。

横向进给量同样可通过上述四种传动路线获得，只是以同样传动路线传动时，横向进给量是纵向进给量的一半。

刀架的纵向和横向机动快速移动由装在溜板箱内的快速电动机驱动，经齿轮副 13/29 传至 Ⅻ 轴，然后沿工作进给时同样的传动路线，传至纵向进给齿轮齿条机构或横向进给丝杠，使刀架作纵向或横向快速移动，并依靠单向超越离合器 M_6，保证快速移动与工作进给运动不发生干涉。

利用 ⅩⅩⅥ 轴上的手轮和横向进给丝杠（ⅩⅩⅩ 轴）上的手把，可手动操纵刀架纵、横向移动。

7.2.3 其他车床简介

1. 立式车床

立式车床用于加工径向尺寸大而轴向尺寸相对较小、且形状比较复杂的大型和重型零件。图 7-5 为立式车床，其中图 7-5a 为单柱式，图 7-5b 为双柱式，前者用于加工直径小于 1.6m 的零件，后者可加工直径大于 2m 的零件。

立式车床在结构布局上的主要特点是主轴垂直布置，工作台台面水平布置，以使工件的装夹和找正都比较方便，而且工件及工作台的重量能均匀地作用在工作台导轨或推力轴承上，机床易于长期保持工作精度。

立式车床的工作台 2 装在底座 1 上，工件装夹在工作台上并由工作台带动作旋转主运动。进给运动由垂直刀架 4 和侧刀架 7 来实现。侧刀架可在立柱 3 的导轨上移动作垂直进给，还可沿刀架滑座的导轨作横向进给。垂直刀架可沿其刀架滑座的导轨作垂直进给，而且中小型立式车床的一个垂直刀架上通常带有转塔刀架。横梁 5 沿立柱导轨上下移动，以适应加工不同高度工件的需要。

2. 转塔车床

转塔车床与卧式车床在结构上的主要区别是没有尾座和丝杠。卧式车床的尾座由转塔车床的转塔刀架代替。转塔车床适于在成批生产中加工形状比较复杂、需要较多工序和较多刀具加工的工件，特别是有内孔和内外螺纹的工件，如各种阶梯小轴、套筒、螺钉、螺母、接头、法兰盘和齿轮坯等。

图 7-6 为 CB3463-1 型转塔车床。转塔刀架 4 可绕垂直轴线转位，它只能作纵向进给，主要用于车削外圆柱面及对内孔作钻、扩、铰或镗加工，还可使用丝锥、板牙等加工内外螺纹。前刀架 3 可作纵、横向进给运动，车削大直径的外圆柱面和端面，以及加工沟槽和切断等。

该机床主传动系统由一双速电动机驱动，采用四组摩擦片式液压离合器和双联滑移齿轮

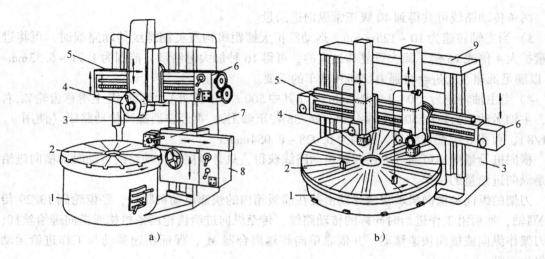

图 7-5 立式车床

a) 单柱式 b) 双柱式

1—底座 2—工作台 3—立 柱 4—垂直刀架 5—横梁 6—垂直进给箱 7—侧刀架

8—侧刀架进给箱 9—顶梁

变速，由插销板电-液控制，可半自动获得 16 级不同转速；六工位的转塔刀架和前、后刀架均由机、电、液联合控制，实现"快速趋近工件—工作进给—快速退回原位"的工作循环。

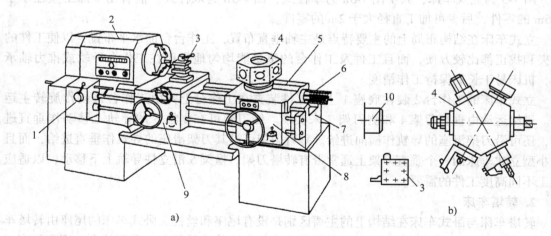

图 7-6 转塔车床

1—进给箱 2—主轴箱 3—前刀架 4—转塔刀架 5—纵向溜板 6—定程装置 7—床身

8—转塔刀架溜板箱 9—前刀架溜板箱 10—主轴

机床主轴箱正面装有一较为完善的"矩阵插销板"程序控制系统，可按照事先制定好的零件加工程序（包括加工顺序、辅助工具和刀具的布置，每一工步所选用的主轴转速和进给量等），通过插销板调节机床，使机床按程序完成零件加工的半自动工作循环。

该车床加工前需将刀架上的全部刀具装调好，加工中不需频繁地更换刀具，而且机床上设有纵向、横向行程挡块，加工过程中也不需经常对刀和测量工件尺寸，从而可以大大缩短辅助时间。当零件改变时，只要改变程序并重新调整机床上纵向、横向行程挡块即可。

7.2.4 车刀

车刀是金属切削加工中应用最为广泛的刀具之一。它直接参与车削加工过程。车刀由刀体和切削部分组成。按使用要求不同，可有不同的结构和选用不同的材料。

（1）按用途分类。车刀可分为图7-7所示的七种类型：

1）直头外圆车刀。如图7-7a所示，主要用于车削工件外圆，也可车削外圆倒角。

2）弯头车刀。如图7-7b所示，用于车削工件外圆、端面或倒角。

3）偏刀。如图7-7c所示，分左偏刀和右偏刀，用于车削工件外圆、轴肩或端面。

4）车槽或切断刀。如图7-7d所示，用于切断工件，或在工件上车槽。

5）镗孔刀。如图7-7e所示，用于镗削工件的内孔。

6）螺纹车刀。如图7-7f所示，用于车削工件的外螺纹。

7）成形车刀。如图7-7g所示，用于加工工件的成形回转面。

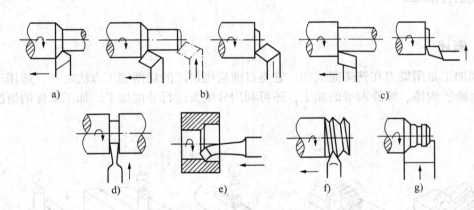

图 7-7 车刀的种类及用途

（2）按切削部分材料分类。车刀可分为以下三种：

1）高速钢车刀。高速钢车刀条采用 W18Cr4V（简称 W18）或相近材料制成，切削部分与刀体一般用同一材料的车刀条按需要的形状、尺寸、角度等刃磨而成。高速钢综合力学性能好，易刃磨，在精细车削和成形车削中应用较为普遍。

2）硬质合金车刀。硬质合金是由硬度很高的难熔金属碳化物（WC、TiC、TaC 和 TbC 等）和金属粘结剂（Co、Ni、Mo 等）用粉末冶金的方法烧结而成，比高速钢硬、耐磨、耐热，切削性能较好，因而目前应用最为广泛。

3）陶瓷车刀。属于超硬刀具，可在高温下高速切削，多用于精车和半精车加工。

（3）按结构形式分类。车刀可分为以下四种：

1）整体式车刀。刀体和切削部分为一整体结构，仅用于高速钢刀具。

2）焊接式硬质合金车刀。这种车刀是将一定形状的硬质合金刀片用黄铜、紫铜或其他特制的焊料，焊接在刀杆的刀槽内而制成。因结构简单、紧凑，制造方便，使用灵活，抗振性好，使用十分广泛。但由于硬质合金刀片与刀杆材料的膨胀系数和导热性能不同，在焊接和刃磨时产生的内应力极易导致刀片出现裂纹而降低切削性能，影响其耐用度。

3）机夹重磨式车刀。采用机械方法将普通硬质合金刀片夹固在刀杆上，可以避免刀片因焊接而产生的裂纹，并且刀杆可以多次重复使用，也便于刀片的集中刃磨，但因刀片用钝后仍需刃磨，不能完全避免产生裂纹。

4）机夹可转位车刀。它是采用机械夹固的方法将可转位刀片夹固在刀杆上而构成的。

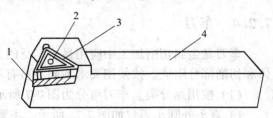

图7-8 可转位车刀
1—刀垫 2—夹紧机构 3—刀片 4—刀杆

可转位刀片通常制成三角形、正四边形、正五边形、菱形和圆形等，刀片的切削刃不需刃磨，各刃可转位轮流使用。机夹可转位车刀与其他车刀相比，切削效率和刀具耐用度都大为提高，适应自动线与数控机床对刀具的要求。图7-8是一种机夹可转位车刀的外形。

7.3 铣削加工

7.3.1 概述

铣削加工是用铣刀在铣床完成的，它是目前应用最广的切削加工方法之一，适用于各种平面、台阶、沟槽、螺旋面等的加工，还可利用分度头进行分度加工。加工工件的情况如图7-9所示。

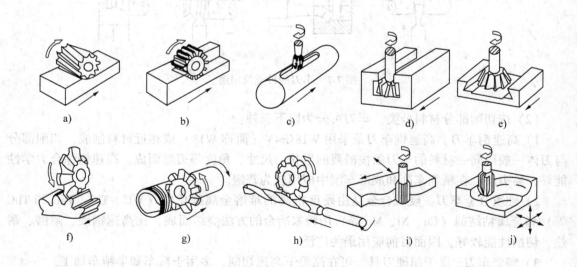

图7-9 铣床加工的典型表面
a）铣平面 b）铣台阶 c）铣键槽 d）铣T形槽 e）铣燕尾槽 f）铣齿形 g）铣螺纹
h）铣螺旋槽 i）铣外曲面 j）铣内曲面

铣床的主运动是铣刀的旋转运动，进给运动是工件的直线移动。在有些铣床上，进给运动也可以是工件的回转运动或曲线运动。

7.3.2 铣床

铣床的类型很多，有立式或卧式升降台式铣床、工作台不升降铣床、龙门铣床、工具铣床、仿形铣床及其他专门化铣床。

铣床所用铣刀为多刃刀具，工作时连续切削，生产率较高。

1. X6132 卧式万能升降台铣床

X6132 卧式万能升降台铣床主要用于加工平面、沟槽和成形面等，常用于单件及成批生产中。

（1）主要组成部件。X6132 卧式万能升降台铣床如图 7-10 所示。机床由底座1、床身2、悬梁3、悬梁支架4、主轴5、工作台6、床鞍7、升降台8、回转盘9等组成。工作时，工件安装在工作台上，主轴通过刀杆带动铣刀作旋转主运动，工件可随工作台分别作纵向、横向（主轴轴向）和垂直三个方向的进给运动和快速移动，传动装置及操纵机构在升降台内。悬梁支承架4用于支承刀杆的悬伸端，以提高刀杆刚度。工作台6与床鞍7之间的回转盘9，可在 ±45°范围内调整位置，使工作台的运动轨迹与主轴成一定的夹角，以加工螺旋槽等表面。

（2）机床的传动系统。

1）主运动。图 7-11 为 X6132 型万能卧式升降台铣床的传动系统图，主运动由 7.5kW、1 450r/min 的主电动机驱动，共获 18 级转速。

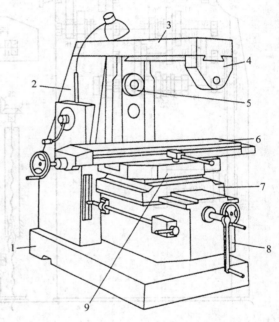

图 7-10　X6132 万能卧式升降台铣床
1—底座　2—床身　3—悬梁　4—悬梁支架　5—主轴
6—工作台　7—床鞍　8—升降台　9—回转盘

2）进给运动。进给运动由 1.5kW、1 410r/min 的进给电动机单独驱动，使纵向、横向、垂直方向均可获 21 级进给运动和一个快速运动。工作进给运动的传动路线表达式为：

$$\text{电动机}\atop 1.5\text{kW} - \frac{17}{32} - \text{VI} - \frac{20}{44} - \text{VII} - \begin{Bmatrix} \frac{29}{29} \\ \frac{36}{22} \\ \frac{26}{32} \end{Bmatrix} - \text{VIII} - \begin{Bmatrix} \frac{29}{29} \\ \frac{22}{36} \\ \frac{32}{26} \end{Bmatrix} - \text{IX} - \begin{Bmatrix} \frac{40}{49} \\ \frac{18}{40}\times\frac{18}{40}\times\frac{18}{40}\times\frac{18}{40}\times\frac{40}{49} \\ \frac{18}{40}\times\frac{18}{40}\times\frac{40}{49} \end{Bmatrix} -$$

$$M_1 - X - \frac{38}{52} - XI - \frac{29}{47} - \begin{cases} \frac{47}{38} - XIII - \begin{cases} \frac{18}{18} - XVIII - \frac{16}{20} - M_5 - XIX \text{（纵向进给）} \\ \frac{38}{47} - M_4 - XIV \text{（横向进给）} \end{cases} \\ M_3 - XII - \frac{22}{27} - XV - \frac{27}{33} - XVI - \frac{22}{44} - XVII \text{（垂向进给）} \end{cases}$$

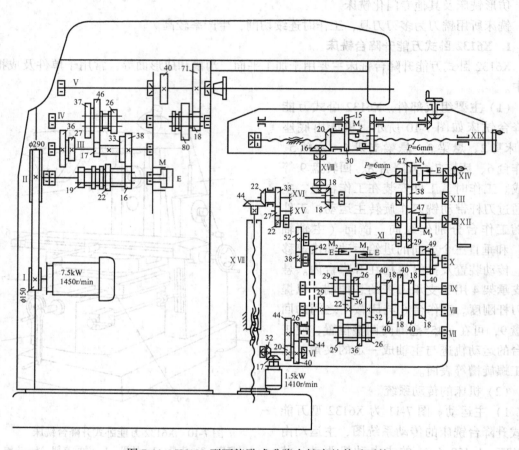

图 7-11　X6132 型万能卧式升降台铣床的传动系统

2. 其他铣床

（1）立式升降台铣床。立式升降台铣床如图 7-12 所示，与卧式升降台铣床的主要区别是主轴为垂直安装，其工作台 3、床鞍 4 和升降台 5 的结构与卧式升降台铣床相同。立铣头 1 可根据加工需要在垂直面内调整角度，主轴 2 可沿轴线方向调整或作进给运动。

立式升降台铣床可用端铣刀或立铣刀加工平面、沟槽、台阶、齿轮、凸轮及封闭轮廓表面等，适于单件及成批生产。

（2）工作台不升降铣床。该铣床的工作台不作升降运动，机床的垂直运动由安装在立柱上的主轴箱来实现。这种机床的刚性好，可用较大的切削用量加工中型工件。

工作台不升降铣床根据工作台形状可分为圆形工作台铣床和矩形工作台铣床两类。

图 7-13 为双轴圆工作台铣床，主要用于粗铣和半精铣工件顶面。机床由主轴箱 1、立柱

176

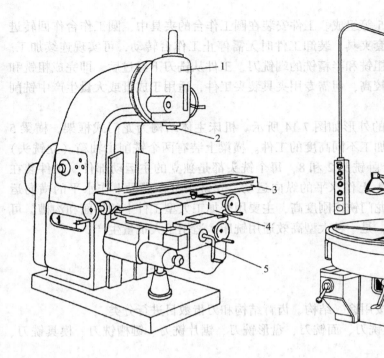

图 7-12　立式升降台铣床　　　　　　　　图 7-13　圆形工作台铣床

1—立铣头　2—主轴　3—工作台　4—床鞍　5—升降台　　　1—主轴箱　2—立柱　3—圆工作台　4—滑座　5—床身

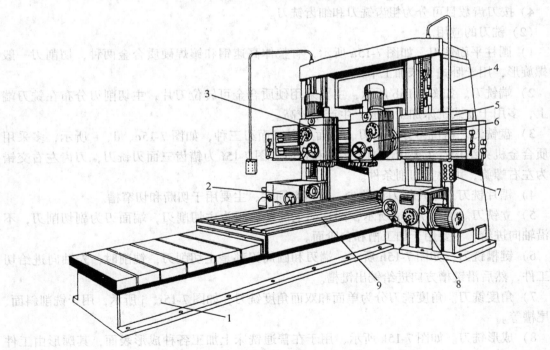

图 7-14　龙门铣床

1—床身　2—卧铣头　3—立铣头　4—立柱　5—横梁　6—立铣头　7—操纵箱
8—卧铣头　9—工作台

2、圆工作台 3、滑座 4、床身 5 等组成。工件安装在圆工作台的夹具中，圆工作台作回转进给运动。工作台上可同时装几套夹具，装卸工件时无需停止工作台转动，可实现连续加工。主轴箱的两个主轴可分别安装粗铣和半精铣的端铣刀，工件从铣刀下经过后，即完成粗铣和半精铣加工。该机床的生产率较高，但需专用夹具装夹工件，适用于成批或大量生产中铣削中、小型工件的顶平面。

（3）龙门铣床。龙门铣床的外形如图 7-14 所示。机床主体结构为龙门式框架，横梁 5 可以在立柱 4 上升降，以适应加工不同高度的工件。横梁上装有两个铣削主轴箱（立铣头）3 和 6，两个立柱上分别装两个卧铣头 2 和 8，每个铣头都是独立的主运动部件。工件装在工作台 9 上，工作台可在床身 1 上作水平的纵向运动。立铣头可在横梁上作水平的横向运动，卧铣头可在立柱上升降。龙门铣床刚度高，主要用来加工大型工件上的平面和沟槽，可多刀加工多个表面或多个工件，是一种大型高效通用铣床，适用于大批量生产。

7.3.3 铣刀

（1）铣刀的分类。

铣刀的种类很多，一般可按用途、结构、齿背结构和刀齿数目进行分类。

1）按用途铣刀可分为圆柱铣刀、面铣刀、盘形铣刀、锯片铣刀、键槽铣刀、模具铣刀、角度铣刀和成形铣刀等。

2）按结构铣刀可分为整体式、焊接式、装配式和可转位式等。

3）按齿背形式铣刀可分为尖齿铣刀和铲齿铣刀。

4）按刀齿数目可分为粗齿铣刀和细齿铣刀。

（2）铣刀的应用。

1）圆柱平面铣刀。如图 7-15a 所示，有整体高速钢和镶焊硬质合金两种，切削刃一般为螺旋形，用于卧式铣床加工平面。

2）端铣刀。如图 7-15b 所示，主要采用硬质合金可转位刀片，主切削刃分布在铣刀端面上，多用于立式铣床加工平面，生产率较高。

3）盘铣刀。盘铣刀分单面刃、双面刃和三面刃三种，如图 7-15c、d、e 所示，多采用硬质合金机夹结构，主要用于加工沟槽和台阶。图 7-15f 为错齿三面刃铣刀，刀齿左右交错并为左右螺旋，可改善切削条件。

4）锯片铣刀。锯片铣刀齿数少，容屑空间大，主要用于切断和切窄槽。

5）立铣刀。如图 7-15g 所示，圆柱面上的螺旋刃为主切削刃，端面刃为副切削刃，不能沿轴向进给，主要用于加工槽和台阶面。

6）键槽铣刀。如图 7-15h 所示，端刃和圆周刃都是主切削刃，铣削时，先轴向进给切入工件，然后沿键槽方向进给铣出键槽。

7）角度铣刀。角度铣刀分为单面和双面角度铣刀，如图 7-15i、j 所示，用于铣削斜面、燕尾槽等。

8）成形铣刀。如图 7-15k 所示，用于在普通铣床上加工各种成形表面，其廓形由工件的廓形确定。

（3）铣削方式。

1）顺铣和逆铣。圆周铣削有顺铣和逆铣两种方式。图 7-16a 为逆铣，铣削时，在铣刀

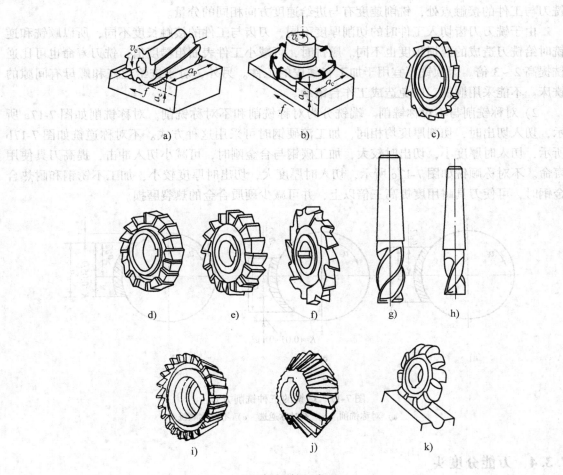

a)   b)   c)

d)   e)   f)   g)   h)

i)   j)   k)

图 7-15　铣刀类型

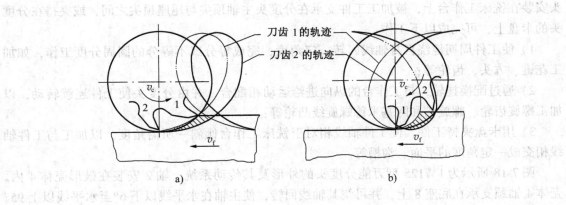

刀齿 1 的轨迹

刀齿 2 的轨迹

a)   b)

图 7-16　逆铣和顺铣

a) 逆铣　b) 顺铣

与工件的接触点处，铣削速度有与进给速度方向相反的分量。图 7-16b 为顺铣，铣削时，在铣刀与工件的接触点处，铣削速度有与进给速度方向相同的分量。

由于铣刀刀齿切入工件时的切削厚度不同，刀齿与工件的接触长度不同，所以顺铣和逆铣时给铣刀造成的磨损程度也不同。顺铣时，可减小工件表面粗糙度值，铣刀寿命也可比逆铣提高 2～3 倍。但顺铣不宜用于加工有硬皮的工件。另外，对于进给丝杠和螺母有间隙的铣床。不能采用顺铣，以免造成工作台窜动。

2）对称铣削与不对称铣削。端铣分为对称铣削和不对称铣削。对称铣削如图 7-17a 所示，切入切出时，切削厚度均相同，加工淬硬钢时可采用这种方式。不对称逆铣如图 7-17b 所示，切入时厚度小，切出时较大，加工碳钢与合金刚时，可减小切入冲击，提高刀具使用寿命。不对称顺铣如图 7-17c 所示，切入时厚度大，切出时厚度较小，加工不锈钢和耐热合金钢时，可使刀具耐用度提高三倍以上，并可减少硬质合金的热裂磨损。

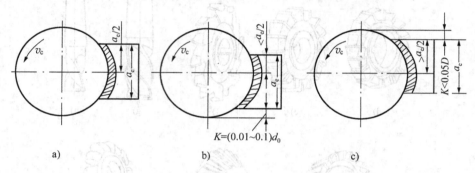

图 7-17　端铣的三种铣削方式
a）对称铣削　b）不对称逆选　c）不对称顺铣

7.3.4　万能分度头

（1）分度头的用途。分度头是铣床上常用的一种附件，用来扩大机床的工艺范围。分度头安装在铣床工作台上，被加工工件支承在分度头主轴顶尖与尾座顶尖之间，或夹持在分度头的卡盘上，可完成以下工作：

1）使工件周期地绕自身轴线回转一定角度，完成等分或不等分的圆周分度工作，如加工花键、方头、齿轮等；

2）通过配换挂轮，与工作台的纵向进给运动相配合，并由分度头使工件连续转动，以加工螺旋齿轮、螺旋槽和阿基米德螺旋线凸轮等；

3）用卡盘夹持工件，使工件轴线相对于铣床工作台倾斜一所需角度，以加工与工件轴线相交成一定角度的平面、沟槽等。

图 7-18 所示为 FW125 型万能分度头的外形及其传动系统。轴 2 安装在鼓形壳体 4 内。壳体 4 轴颈支承在底座 8 上，并可绕其轴线回转，使主轴在水平线以下 6°至水平线以上 95°范围内调整所需角度。主轴前端有一莫氏锥孔，用于安装顶尖 1；主轴前端有一定位锥面，作为三爪卡盘定位之用。转动分度手柄 K，经传动比为 1：1 的齿轮和 1：40 的蜗杆蜗轮副，可使主轴回转到所需分度位置。分度盘 7 在若干不同圆周上均布着不同的孔数，每一圆周上

的均布小孔称为孔圈。手柄K在分度时转过的转数，由插销J所对的分度盘上孔圈的孔数目来计算。FW125型万能分度头带有三块分度盘7，可按分度需要选用其中一块。每块分度盘有8圈孔，每一圈的孔数分别为：

第一块：16，24，30，36，41，47，57，59；

第二块：23，25，28，33，39，43，51，61；

第三块：22，27，29，31，37，49，53，63。

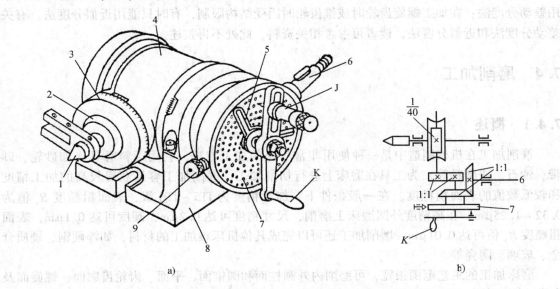

图 7-18　FW125 型万能分度头的外形及其传动系统

1—顶尖　2—分度头主轴　3—刻度盘　4—壳体　5—分度叉　6—分度头外伸轴
7—分度盘　8—底座　9—锁紧螺钉　J—插销　K—分度头手柄

插销 J 可在分度手柄 K 的长槽中沿分度盘径向调整位置，以使插销能插入不同孔数的孔圈内。

（2）分度方法。

1）直接分度法。分度时，脱开蜗杆与蜗轮的啮合，用手直接利用刻度盘上的读数进行分度。适用于精度不高且分度数较少（如 2，3，4，6 等分）的工件。

2）简单分度法。当分度数目较多时，分度前应使蜗杆与蜗轮啮合，并用锁紧螺钉 9 将分度盘 7 锁紧。选好分度盘的孔圈后，应调整插销 J 对准所选用的孔圈，然后转动手柄进行分度。分度时，手柄每次应转的转数为

$$n_K = \frac{1}{z} \times \frac{40}{1} \times \frac{1}{1} = \frac{40}{z} = a + \frac{p}{q}$$

式中　n_K——手柄每次应转的转数；

z——工件每次需要的分度数；

a——每次分度时，手柄 K 应转的整数转（当 $z > 40$ 时，$a = 0$）；

q——所选用孔圈的孔数；

p——插销 J 在 q 个孔的孔圈上应转的孔距数。

例如，加工 $z=35$ 的直齿圆柱齿轮用简单分度时，由上式可知：

$$n_K = 40/z = 1 + 5/35$$

因无35孔的孔圈，故可将 5/35 化简为 1/7，则 $1/7 = 4/28 = 7/49 = 9/63$，因此可选用第二块分度盘的28孔的孔圈，或第三块分度盘的49孔和63孔的孔圈。

若选用28孔的孔圈，则 $a=1$，$p=4$，$q=28$，即手柄K每次转1整转，再转4个孔距。

3）其他分度法。有些分度数如73、83等，不能与40约简，又无合适孔圈可用，可采用差动分度法；在加工螺旋齿轮时或锥齿轮时因受结构限制，有时只能用近似分度法。有关差动分度法和近似分度法，读者可参考相关资料，此处不再赘述。

7.4 磨削加工

7.4.1 概述

磨削加工在机械制造中是一种使用非常广泛的加工方法，它用磨料磨具（如砂轮、砂带、油石、研磨料等）为工具在磨床上进行切削加工。磨削加工容易获得较高的加工精度和较低数值的表面粗糙度。在一般条件下，加工精度为 IT5 ~ IT6 级，表面粗糙度 R_a 值为 $0.32 ~ 1.25\mu m$。在高精度外圆磨床上磨削，尺寸精度可达 $0.2\mu m$，圆度可达 $0.1\mu m$，表面粗糙度 R_a 值可达 $0.01\mu m$，磨削加工还可以完成其他机床难加工的材料，如淬硬钢、硬质合金、玻璃、陶瓷等。

磨床加工的工艺范围很宽，可磨削内外圆柱面和圆锥面、平面、齿轮齿廓面、螺旋面及各种成形面等，还可刃磨刀具和切断等。随着磨料磨具的不断发展，机床结构和性能的不断改进，以及高速磨削、强力磨削等高效磨削工艺的采用，磨削已逐步扩大到粗加工领域。选用小切削余量的毛坯，以磨代车（或镗、铣、刨），既节省原料，又节省工时，为机械加工的方向之一。

磨削加工时的运动，随所用磨具、工艺方法和工件加工表面形状的不同而异。对于用砂轮进行加工的磨床，主运动都是砂轮的高速旋转运动，进给运动的形式取决于加工工件表面的形状和采用的磨削方法，可以由工件或砂轮分别完成，也可以由两者共同完成。

磨床的种类很多，可适应加工各种不同表面、不同形状的工件。主要类型有：外圆磨床、内圆磨床、平面磨床、工具磨床、刀具刃具磨床及各种专门化磨床等；还有以柔性砂带为切削工具的砂带磨床，以油石和研磨剂等为切削工具的精磨机床。

7.4.2 M1432A 型万能外圆磨床

1. 机床的组成

图 7-19 是 M1432A 型万能外圆磨床的外形，机床的主要组成部件如下。

（1）床身。床身1是磨床的基础支件，它支承着砂轮架5、工作台3、头架2、尾架6等部件，使它们在工作时保持准确的相对位置。床身内部是液压部件及液压油的油池。

（2）头架。头架2用于安装和夹持工件，并带动工件转动。

（3）尾架。尾架6和头架2的前顶尖一起，用于支承工件。

（4）砂轮架。砂轮架5用于支承并传动高速旋转的砂轮主轴。砂轮架装在横向拖板上，

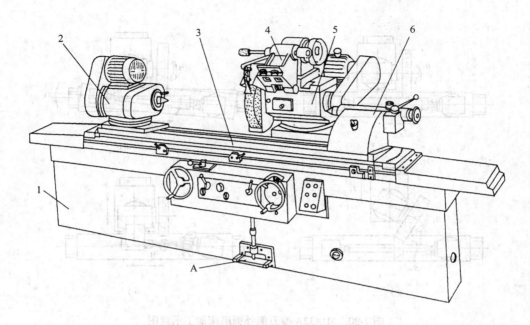

图 7-19　M1432A 型万能外圆磨床

1—床身　2—头架　3—工作台　4—内圆磨具　5—砂轮架　6—尾架　A—脚踏操纵板

当磨削短圆锥面时，砂轮架和头架可分别绕垂直轴线转动 30°和 90°的角度。

（5）内圆磨具。内圆磨具 4 用于支承磨内孔的砂轮主轴，内圆磨具主轴由单独的电动机驱动。

（6）工作台。工作台 3 分上下两层。上工作台可绕下工作台的心轴在水平面内偏转 ±10°左右的角度，以磨削锥度不大的圆锥面。工作台台面上的头架 2 和尾架 6，可随工作台沿床身作纵向直线往复运动。

（7）脚踏操纵板。用于控制尾架上的液压顶尖，进行快速装卸工件。

2. 机床的典型加工方法

图 7-20 为机床的几种典型加工方法。

（1）用纵磨法磨削外圆柱面。如图 7-20a 所示，砂轮的高速旋转为主运动 n_t，工件的旋转为圆周进给运动 n_w，同时工作台带动工件作纵向直线进给运动 f_a，这两个进给运动共同形成外圆柱面。砂轮的横向切入进给运动 f_r 为周期间歇式的，可以在单行程完毕后进行，也可以在往复行程完毕后进行。

（2）用纵磨法磨削小锥度的长圆锥面。如图 7-20b 所示，上工作台相对于下工作台偏转一工件锥体的角度，加工时的运动与磨削外圆柱面相同。

（3）用切入法磨削锥度较大的短锥面。如图 7-20c 所示，砂轮架需转动一锥体的角度，作连续的横向切入进给运动，工作台不需作纵向直线往复运动。

（4）用内圆磨具磨削内圆锥面。如图 7-20d 所示，磨外圆的砂轮不转，将内圆磨具翻下对准工件并作高速旋转主运动，工作台带动卡盘夹持的工件作纵向往复直线进给运动，同时工件作圆周进给运动，砂轮架带动内磨具作周期间歇式的横向切入进给运动。

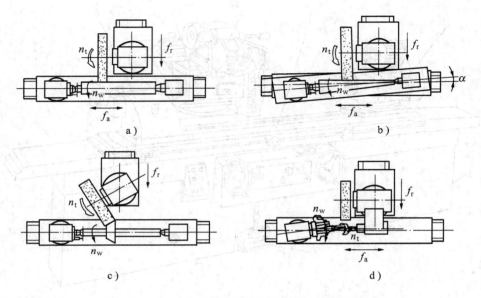

图 7-20　M1432A 型万能外圆磨床加工示意图

3. 机床的机械传动系统

M1432A 型万能外圆磨床的运动由机械和液压联合传动,除工作台的纵向往复运动、砂轮架的快速进退和周期自动切入进给及尾座顶尖套筒的伸缩为液压传动外,其余运动都是机械传动。图 7-21 为机床的机械传动系统图。

(1) 砂轮架主轴的旋转主运动。砂轮架主轴由主电动机经 4 根 V 带直接获得 1670r/min 的高转速。

(2) 内圆磨具主轴的旋转主运动。内圆磨具主轴由内磨装置上的电动机经平皮带直接传动,通过更换皮带轮,可获 10000r/min 和 15000 r/min 两种转速。

(3) 工件头架主轴的圆周进给运动。工件头架主轴由双速电动机驱动,经 I 轴与 II 轴间的三级 V 带变速,通过 II 轴与 III 轴间的 V 带传动和 III 轴与 IV 轴间的 V 带传动,可使头架主轴获得 25、50、80、112、160、224 r/min 六级转速。

(4) 砂轮架的横向进给。砂轮架的横向进给由手轮 B 操纵,分为粗进给和细进给。粗进给时,将手柄 E 向前推,使齿轮副 50/50 啮合,砂轮架作横向粗进给运动。细进给时,将手柄 E 拉到图示位置,通过转动手轮 B,直接转动 VIII 轴,经齿轮副 20/80、44/88 和丝杠 (X 轴),使砂轮架作横向进给运动。根据上述传动路线可知,当手轮 B 转一周,砂轮架横向进给量为 2mm (粗进给) 或 0.5 mm (细进给)。手轮 B 上的刻度盘 D 的刻度为 200 格,因此每格进给量分别为 0.01 mm 或 0.0025 mm。

(5) 工作台的手动纵向直线移动。工作台的手动纵向直线移动由手轮 A 来操纵。机构中设置一互锁油缸,当用液压传动工作台运动时,互锁油缸的上腔接通压力油,推动活塞活动,经活塞杆使齿轮副 18/72 脱开,手动操纵不起作用。当不用液压传动工作台运动时,活塞在弹簧作用下,活塞杆使齿轮副 18/72 啮合,转动手轮 A,经齿轮副 15/72、18/72,齿轮 Z_{18} 与工作台齿条啮合,实现工作台手动纵向直线移动。

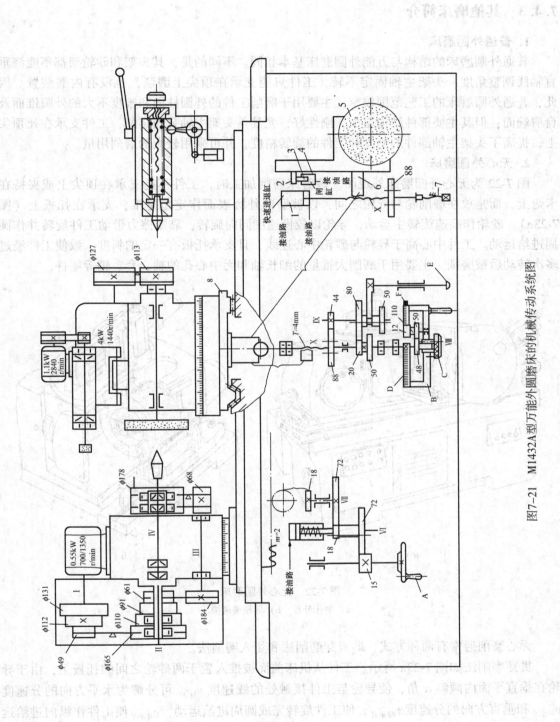

图7-21　M1432A型万能外圆磨床的机械传动系统图

7.4.3 其他磨床简介

1. 普通外圆磨床

普通外圆磨床的结构与万能外圆磨床基本相同。不同的是，其头架和砂轮架都不能绕垂直轴线调整角度，头架主轴固定不转，工件只能支承在顶尖上磨削，也没有内磨装置。因此，普通外圆磨床的工艺范围较窄，主要用于磨削工件的外圆柱面和锥度不大的外圆锥面及台肩端面；但其主要部件结构层少，刚性好，尤其是头架主轴是固定的，工件支承在死顶尖上，提高了头架主轴部件的刚度和工件的旋转精度，并可采用较大的磨削用量。

2. 无心外圆磨床

图 7-22 为无心外圆磨床外观图。该磨床磨削加工时，工件不是支承在顶尖上或夹持在卡盘上，而是放在磨削轮与导轮之间，以被磨削外圆表面作定位基准，支承在托板上（图7-23a），砂轮作高速旋转主运动，导轮以较慢速度同向旋转，靠摩擦力带动工件旋转并作圆周进给运动。工件中心高于导轮与砂轮中心连线，且支承托板有一定的斜度，致使工件经过多次转动后被磨圆。主要用于磨削大批量的细长轴和无中心孔的轴、套、销等零件。

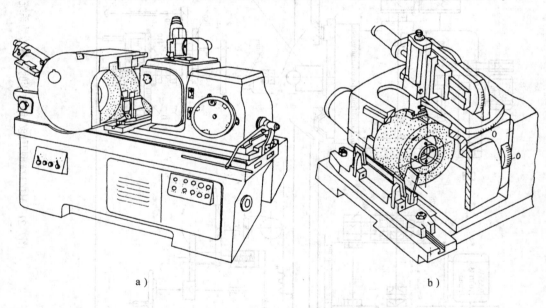

a）   b）

图 7-22　无心外圆磨床
a）磨床外形　b）导轮架结构

无心磨削通常有两种方式，即贯穿磨削法和切入磨削法。

贯穿磨削法如图 7-23a 所示。工件从机床前面被推入置于两砂轮之间的托板上，由于导轮在垂直平面内倾斜 α 角，使导轮与工件接触处的线速度 $v_导$，可分解为水平方向的分速度 $v_{导水平}$ 和垂直方向的分速度 $v_{导垂直}$，使工件旋转完成圆周进给运动，$v_{导水平}$ 使工件作纵向进给运动。为了保证导轮与工件间为直线接触，导轮的形状应为回转双曲面。

切入磨削法如图 7-23b 所示。将工件置入砂轮和导轮之间，由砂轮横向切入进给。导轮的中心线稍有倾斜（约30′），以对工件有较小的轴向推力，使之靠住挡块 5，得到可靠定

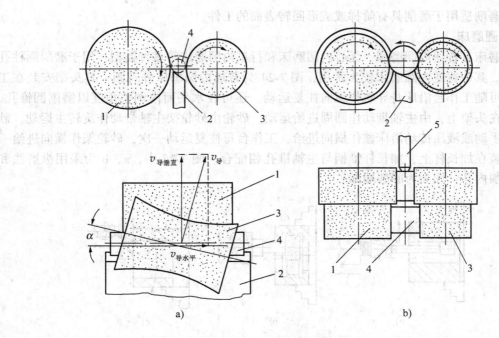

图 7-23 无心外圆磨床工作原理

a) 贯穿磨削法 b) 切入磨削法

1—磨削砂轮 2—托板 3—导轮 4—工件 5—挡块

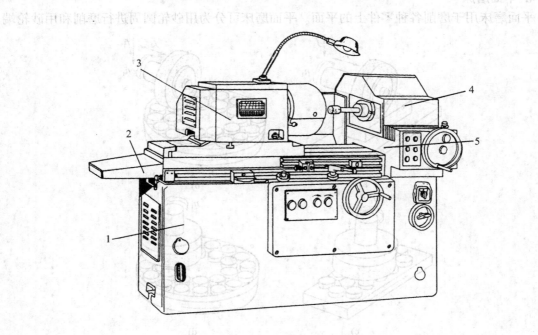

图 7-24 普通内圆磨床

1—床身 2—工作台 3—头架 4—砂轮架 5—床鞍

位。切入磨削适用于磨削具有阶梯或成形回转表面的工件。

3. 内圆磨床

内圆磨床有普通内圆磨床、无心内圆磨床和行星内圆磨床等多种类型，用于磨削圆柱孔和圆锥孔。其中普通内圆磨床较为常用，图7-24为普通内圆磨床外观图。其头架安装在工作台上，可随工作台沿床身导轨作纵向往复运动，还可在水平面内调整角度以磨削圆锥孔。工件安装在头架上，由主轴带动作圆周进给运动。砂轮由砂轮架主轴带动作旋转主运动，砂轮架可由手动或液压传动沿床鞍作横向进给，工作台每往复运动一次，砂轮架作横向进给一次。砂轮装在加长杆上，加长杆锥柄与主轴锥孔相配合。图7-25中，a、b为采用纵磨法和切入法磨削内孔；图c为磨削端部。

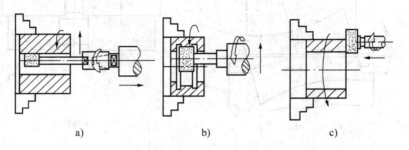

a)　　　　　　　　b)　　　　　　　　c)

图7-25　普通内圆磨床磨削方法

4. 平面磨床

平面磨床用于磨削各种零件上的平面。平面磨床可分为用砂轮圆周进行磨削和用砂轮端

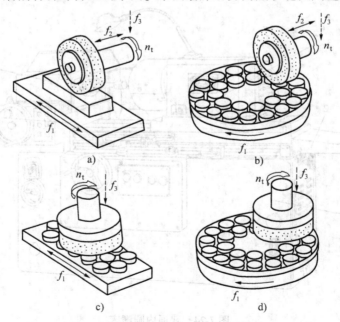

a)　　　　　　　　b)

c)　　　　　　　　d)

图7-26　平面磨床加工方法

a）卧轴矩台平面磨床磨削情况　b）卧轴圆台平面磨床磨削情况
c）立轴矩台平面磨床磨削情况　d）立轴圆台平面磨床磨削情况

面进行磨削两类。用砂轮圆周磨削的平面磨床，砂轮主轴处于水平位置；用砂轮端面磨削的平面磨床，砂轮主轴处于垂直位置（图7-26）。平面磨床的工作台又分为矩形工作台和圆形工作台两类。各类平面磨床中最为常见的是卧轴矩台平面磨床和立轴圆台平面磨床。

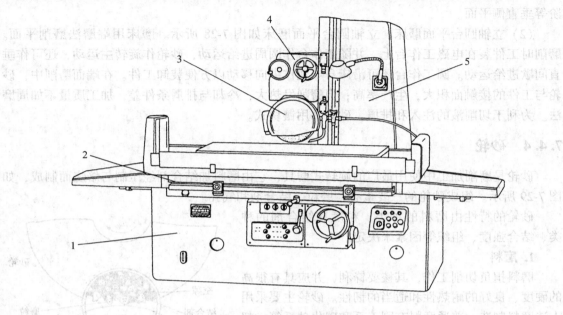

图 7-27　卧轴矩台平面磨床
1—床身　2—工作台　3—砂轮　4—进给箱　5—立柱

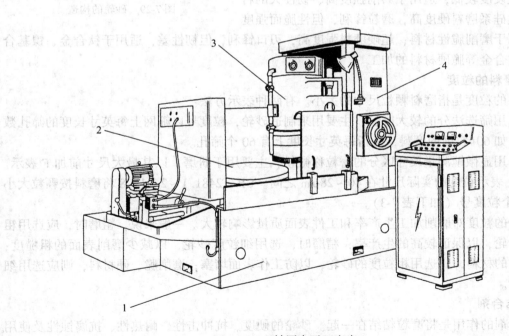

图 7-28　立轴圆台平面磨床
1—床身　2—工作台　3—主轴　4—立柱

（1）卧轴矩台平面磨床。卧轴矩台平面磨床如图 7-27 所示。磨床主要用周边磨削平面。磨削时，工件装在电磁工作台上作纵向往复进给运动，砂轮作旋转主运动。砂轮的横向间歇进给由手动液压传动实现，垂直间歇进给由手动实现。该磨床还可用砂轮端面磨削沟槽及台阶等垂直侧平面。

（2）立轴圆台平面磨床。立轴圆台平面磨床如图 7-28 所示。磨床用端磨法磨削平面。磨削时工件装在电磁工作台上，并随工作台作圆周进给运动，砂轮作旋转主运动，还可作垂直间歇进给运动。圆工作台还可沿床身导轨作纵向移动以方便装卸工件。在端面磨削中，砂轮与工件的接触面积大，生产率高；但磨削发热大，冷却与排屑条件差，加工质量不如周磨法。为利于切削液的注入和排屑，砂轮常用镶块式。

7.4.4 砂轮

砂轮是磨削加工中使用最广的旋转式磨具，它由磨料加结合剂经压制与焙烧而制成，如图 7-29 所示。组成砂轮的三要素有：磨粒、结合剂和气孔。

砂轮的特性由磨料的种类、粒度和结合剂的种类、结合强度、组织等因素来决定。

1. 磨料

磨料担负切削工作，其棱要锋利，并应具有很高的硬度、良好的耐热性和适当的韧性。砂轮主要采用人造磨料制造，普通磨料有刚玉系和碳化硅系等，超硬磨料有人造金刚石、立方氮化硼等。刚玉系磨料韧性好，但硬度较低，适用于磨削强度高、韧性大的材料；碳化硅系磨料硬度高，磨粒锋利，但性脆而强度

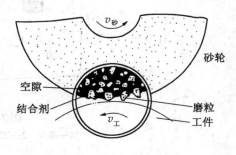

图 7-29　砂轮的构造

低，适用于磨削脆性材料；超硬磨料强度高，刃口锋利，但韧性差，适用于钛合金、镍基合金、硬质合金等脆硬材料的加工。

2. 磨料的粒度

磨料的粒度是指磨料颗粒尺寸的大小。有两种表示方法：

（1）用筛选法分的较大磨粒，主要用来制造砂轮，粒度号以筛网上每英寸长度的筛孔数来表示。如 60# 粒度的磨料，是指每英寸长度上有 60 个筛孔。

（2）用显微镜测量尺寸区分的磨粒称微粉，主要用于研磨，以其最大尺寸前加 F 表示。如 F320，表示粒度的实际尺寸在 $40 \sim 28 \mu m$ 之间。GB/T2481.1～2—1998 将磨料按颗粒大小分成 37 个粒度号（如下表 7-3）。

砂轮的粒度对磨削加工生产率和工件表面质量影响较大。一般来说，粗磨时，应选用粗粒度的砂轮，以保证较高的生产率；精磨时，选用细粒度砂轮，以减少磨削表面的粗糙度；磨软而粘的材料，应选用粗粒度的砂轮，以防工作表面堵塞；磨削脆、硬材料，则应选用细粒度砂轮。

3. 结合剂

结合剂的作用是将磨粒粘结在一起。砂轮的硬度、抗冲击性、耐热性、抗腐蚀性及使用寿命等，主要取决于结合剂的性能。常用的结合剂有陶瓷结合剂、树脂结合剂、橡胶结合剂和金属结合剂等，其中以陶瓷结合剂应用最广。

表 7-3　标准磨料的粒度

粗磨粒	F4，F5，F6，F7，F8，F10，F12，F14，F16，F20，F22，F24，F30，F36，F40，F46，F54，F60，F70，F80，F90，F100，F120，F150，F180，F220
微粉	F230，F240，F280，F320，F360，F400，F500，F600，F800，F1000，F1200

4. 硬度

砂轮的硬度是指在磨削力作用下磨粒脱落的难易程度。磨粒容易脱落，表明砂轮硬度低；磨粒难以脱落，表明砂轮硬度高。

砂轮硬度的选择，对磨削质量、磨削效率和砂轮损耗都有很大影响。一般来说，磨削较硬的材料，应选用较软的砂轮；磨削较软的材料，应选用较硬的砂轮。磨削有色金属时，应选用较软砂轮，以免切屑堵塞砂轮；在精磨和成形磨削时，应选用较硬砂轮。砂轮的硬度等级和表示的代号见表 7-4。

表 7-4　砂轮的硬度等级及代号（GB2484—84）

等级	大级	超软			软			中软		中		中硬			硬		超硬
	小级	超软			软1	软2	软3	中软1	中软2	中1	中2	中硬1	中硬2	中硬3	硬1	硬2	超硬
代号		D	E	F	G	H	J	K	L	M	N	P	Q	R	S	T	Y

注：表中硬度代号后可跟数字，数字越大，表示硬度越高。

5. 组织

砂轮的组织表示磨粒、结合剂和气孔三者之间体积的比例关系。磨粒和结合剂在砂轮中占据的体积大，气孔占据的体积就小，组织就紧密，反之，组织就疏松。砂轮组织的表示方法有两种：一种是用砂轮中气孔数量的大小即气孔率来表示；另一种是用磨粒在砂轮中所占的百分比即磨料率来表示。砂轮的组织见表 7-5。

表 7-5　砂轮的组织

类别	紧密				中等				疏松						
组织号	0	1	2	3	4	5	6	7	8	9	10	11	12	13	14
磨料率	62	60	58	56	54	52	50	48	46	44	42	40	38	36	34

砂轮组织号大，组织松，砂轮不易被磨屑堵塞，切削液和空气能带入磨削区域，可降低磨削区域的温度，减少工件因发热引起的变形或烧伤，故适用于磨削韧性大而硬度不高的工件和磨削热敏性材料及薄板薄壁工件；相反，砂轮组织号小，组织紧密，砂轮易被磨屑堵塞，磨削效率低，但可承受较大磨削力，且砂轮廓形可保持持久，故适用于成形磨削和精密磨削；中等组织的砂轮适用于一般磨削，如磨削淬火钢工件及刃磨刀具等。

7.4.5　磨削加工的特点及砂轮的修整

1. 磨削加工的特点

磨削是用分布在砂轮表面的磨粒通过砂轮与被磨工件的相对运动来进行切削的，本质上属于切削加工。砂轮可看做是很多刀齿的刀具，磨削就是利用这些刀齿进行超高速切削，它与通常的切削加工相比有如下的特点。

（1）磨削过程复杂。由于磨粒在砂轮表面上分布的高度不同，且锋利程度也不同，在磨削过程中各个磨粒的作用也不尽相同。

1）切削作用。一些比较突出和比较锋利的磨粒切入工件较深，切削厚度较大，起切削作用，切下的切屑沿磨粒前刀面流出。磨粒切下的切屑很细小，但温度很高，当沿砂轮切向飞出时，在空气中急速氧化，形成火花。

2）刻划作用。突出高度较小和较钝的磨粒，切削厚度很小，切不下切屑，只起刻划作用，在工件表面上挤压成微细的沟槽，并使金属向沟槽两侧发生塑性流动，形成微微隆起。

3）抛光作用。更钝更低的磨粒，不能切入工件，仅与工件表面摩擦，起抛光作用。

因此，磨削过程是在高速旋转的条件下，砂轮表面上的磨粒对工件表面进行切削、刻划、挤压和抛光的综合作用。

（2）磨削速度高，切削厚度小，产生热量大。

1）磨削时砂轮的线速度可达 $35 \sim 50 m/s$，约为车削和铣削速度的 10 倍，又由于磨粒通常为负前角，又不能保证有足够的后角，磨削时磨粒对工件表面产生严重的挤压变形，使磨削区产生大量的热，再加上砂轮本身导热性能差，使得磨削区的瞬时高温可达 $800 \sim 1\,000\,℃$。

2）磨削时每个磨粒的切削厚度可小到数微米，因而可得到较高的加工精度（IT5 ~ IT6）和较低的加工表面粗糙度值（$R_a = 0.2 \sim 0.8\mu m$）。

3）由于磨削时切削区温度很高，为防止工件表面烧伤和硬度下降，要使用大量的切削液，以有效降低温度。使用切削液还可以冲走切屑和起一定的润滑作用。

（3）可以加工高硬材料。磨削可以加工一般的金属切削刀具难加工甚至是无法加工的高硬度材料，如淬火钢、高强度合金、硬质合金和陶瓷等。

（4）砂轮的自锐性。砂轮的自锐性是指磨粒磨钝后，在切削力作用下可自行脱落露出锋利的新磨粒来进行切削工作。这是一般刀具所不具备的一大特点，特别是在工件硬度和磨粒硬度十分接近时也能进行磨削。

（5）径向磨削力大。磨削时由于磨粒以负前角切削等因素，径向磨削力较大，一般是切向磨削力的 2 ~ 3 倍。径向磨削力大会引起工件、夹具及机床产生弹性变形，一方面会影响工件的加工精度，另一方面会造成实际磨削深度与名义磨削深度的不同。

2. 砂轮的修整

砂轮上有多层磨粒，磨削时磨粒逐渐磨钝和碎裂。尽管砂轮本身有一定的自锐性，但毕竟有限，当有可能产生工件烧伤或表面质量变差时，砂轮就要修整。

砂轮通过修整，可除去外层已经钝化的磨粒和附着在砂轮表面的磨屑，纠正失真的廓形，使砂轮具有足够数量的有效切削刃，提高加工质量。

砂轮的修整方法有以下几种。

1）用单颗金刚石或单排金刚石笔修整。修整时砂轮作旋转运动。用单颗金刚石笔修整砂轮时，一般修整深度为 0.005 ~ 0.1mm，轴向进给量为 0.05 ~ 0.4mm。

2）用金刚石修整滚轮修整。修整时修整滚轮与砂轮作对滚运动，它与单颗或单排金刚石修整方法相比，可缩短很多时间。

3）用滚压轮修整。滚压轮材料有金属、硬质合金或磨料。修整时，砂轮通常以 0.5 ~ 2m/s 的速度带动滚压轮旋转，将砂轮的磨粒挤碎或使磨粒脱落。

此外，还有磨削和修整同时进行的方法。即在磨削过程中使用滚轮对砂轮进行不停地连续修整，从而使砂轮在磨削时连续保持锋利，提高磨削效率，保证了工件的加工质量。但该方法砂轮和滚轮的消耗量较大，而且砂轮半径在磨削过程中会按一定比例减小，需要不断改变砂轮轴的位置予以补偿。

7.5 齿轮的齿形加工

7.5.1 概述

1. 齿轮齿形加工方法

齿轮齿形加工的方法很多，按齿形的成形原理可分为成形法和展成法两大类。

（1）成形法。成形法加工齿轮，所用刀具切削部分的廓形与被加工齿轮齿槽的截面形状相同。用单齿廓成形刀具加工时，每次仅加工齿轮的一个齿槽，通过分度，依次对各个齿槽进行加工。

图 7-30 为用圆盘模数铣刀和指状模数铣刀加工齿轮轮齿的示意图。用这种方法加工时，刀具不但应与工件具有相同的模数、压力角，二者的齿数也应相近，否则就得不到较准确的齿形。因此需要的刀具数量较多，加工精度较低，生产率也很低，仅适用于单件、小批量生产和修理工作。

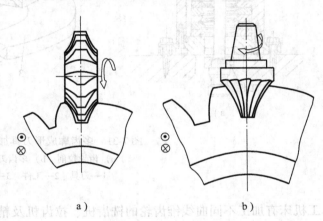

图 7-30　单齿廓成形刀具加工齿轮轮齿
a）圆盘铣刀加工轮齿　b）指状铣刀加工轮齿
⊙、⊗表示工件作轴向进给运动

图 7-31 为用多齿廓成形刀具加工齿轮齿形的情况，它可同时加工出齿轮的各个齿槽。图 a 为用齿轮拉（推）刀加工圆柱直齿轮；图 b 为用多齿刀盘加工齿轮。这些加工方法具有较高的生产率和加工精度，但要求刀具有较高的制造精度，且刀具制造工艺复杂，成本较高，仅适用于大批量生产。

（2）展成法。展成法是利用齿轮与齿轮或齿条与齿轮啮合的原理，将其中一个做成刀具，用它对另一个进行切削加工，在齿坯上留下刀具刃形的包络面，生成齿轮的齿面。这种加工方法所用刀具的截形，是齿条或齿轮的齿廓形状，与被加工齿轮工件的齿数无关，因此，加工同一模数和压力角而不同齿数的齿轮齿形只需用一把刀具，且加工精度和生产率较高，是目前齿轮齿形加工的主要方法。

2. 齿轮齿形加工机床的种类

（1）圆柱齿轮齿形加工机床。圆柱齿轮齿形加工机床分为圆柱齿轮切齿机床和圆柱齿轮精加工机床。切齿机床中，主要有插齿机、滚齿机、花键铣床及铲齿机床等；精加工机床中，有剃齿机、珩齿机及各种圆柱齿轮磨齿机等。

（2）锥齿轮齿形加工机床。锥齿轮齿形加工机床分为直齿锥齿轮加工机床和曲线锥齿轮加工机床。直齿锥齿轮加工机床有刨齿机、铣齿机、拉齿机及精加工机床等；曲线锥齿轮加

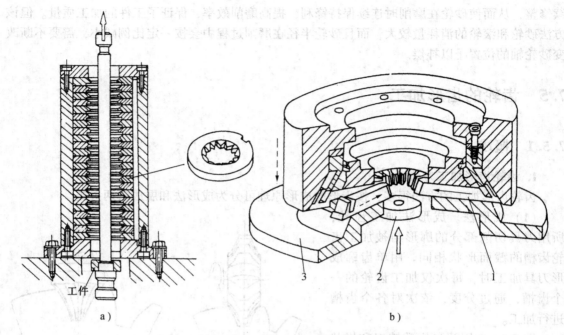

图 7-31　多齿廓成形刀具加工齿轮轮齿
a）齿轮拉削　b）多齿刀盘切齿
1—刀具　2—工件　3—刀盘

工机床有加工不同曲线锥齿轮的铣齿机、拉齿机及精加工机床等。此外，还有齿轮倒角机、淬火机等。

7.5.2　滚齿

滚齿是在滚齿机上进行，主要用于滚切直齿和斜齿外啮合圆柱齿轮及蜗轮的轮齿。滚齿的加工精度一般在 7～9 级，最高可达 4～5 级，齿面粗糙度值 R_a 可达 0.4～1.6μm。滚齿可作为剃齿或磨齿等齿形精加工之前的粗加工和半精加工。

1. 滚齿原理

滚齿是用展成法加工齿轮齿形的一种方法。齿轮滚刀是一个齿数极少（单头滚刀齿数为 1）的螺旋齿轮，它的螺旋升角很小，轮齿很长，可绕轴线很多圈，呈蜗杆状。为了形成切削刃的前角、后角，在轮齿上开槽和铲背，即形成滚刀，齿轮滚刀在按给定的切削速度作回转运动并与被加工齿轮工件作一定速比的啮合运动过程中，可切出工件的齿形。

2. 滚齿运动分析

滚切直齿圆柱齿轮的齿形时，机床的传动原理如图 7-32 所示。图中虚线表示定比传动副，菱形表示可调环节（换置机构）并在旁边注出传动比 u。从图中的传动链可知，该机床有如下运动。

（1）主运动。主运动为滚刀的旋转运动，其传动链的两末端件为电动机和滚刀，切削速度根据刀具的材料及直径、工件材料的性质及加工精度确定，并由可调环节 u_v 予以保证。

（2）展成运动。展成运动为工件和滚刀所作的啮合运动，两者之间必须准确地保持一对啮合齿轮的传动比关系。其传动链的两末端件为工件和滚刀，当滚刀的头数为 K，工件齿数为 z 时，滚刀转一转，工件相对于滚刀转动 K/z 转，由可调环节 u_c 予以保证。

（3）垂直进给运动。垂直进给运动为滚刀沿工件轴线方向作连续的进给运动，以切出工件整个齿宽上的齿形。其传动链的两末端件为工件和滚刀。当工件转一转时，滚刀沿工件轴线垂直进给量由可调环节 u_f 予以保证。

滚切斜齿圆柱齿轮的齿形时，除需滚切直齿圆柱齿轮齿形的三个运动外，还需给工件一个附加运动，如图 7-33 所示。这个附加运动如同车床切削螺纹一样，当刀具沿工件轴线进给等于工件螺旋线的一个导程 T 时，工件应转一转，通过可调节 u_t 予以保证。

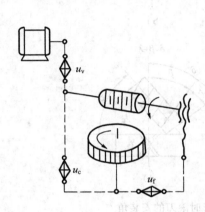 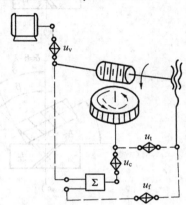

图 7-32　加工直齿圆柱齿轮齿形的传动原理　　　图 7-33　加工斜齿圆柱齿轮齿形的传动原理

展成运动要求工件作有规律的旋转运动，附加运动也要求工件作有规律的补充旋转运动。因此在加工斜齿圆柱齿轮时，展成运动和附加运动这两条传动链需要将两种不同要求的旋转运动同时传给工件。在一般情况下，两个运动同时传到一根轴上时，运动要发生干涉现象。所以，在滚齿机上设有把两个任意方向和大小的转动进行合成的机构，即运动合成机构，见图 7-33，并以符号 Σ 表示。因此滚齿机是按加工斜齿圆柱齿轮的传动原理设计的。

3. 滚刀的安装

滚齿时，为了切出准确的齿形，应使滚刀和工件处于正确的"啮合"位置，即滚刀在切削点的螺旋线方向应与被加工齿轮齿槽的方向一致。为此，需要将滚刀轴线与工件顶面安装成一定的角度，即为安装角 δ。

加工直齿圆柱齿轮齿形时，滚刀安装角 δ 等于滚刀的螺旋升角 λ。倾斜方向与滚刀螺旋方向有关，如图 7-34 所示。

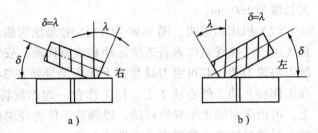

图 7-34　加工直齿圆柱齿轮齿形时滚刀的安装角
a）右旋滚刀　b）左旋滚刀

加工斜齿圆柱齿轮时，滚刀的安装角 δ 不仅与滚刀的螺旋线方向及螺旋升角 λ 有关，还与齿轮工件的螺旋方向及螺旋角 β 有关。即 $\delta = \beta \pm \lambda$。当滚刀与工件的螺旋方向相同时，取"－"号；当滚刀与工件的螺旋方向相反时，取"＋"号，如图7-35所示。

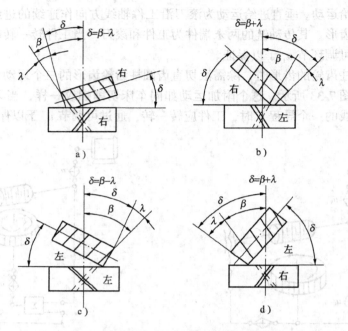

图7-35 加工斜齿圆柱齿轮齿形时滚刀的安装角

a) 右旋滚刀、右旋工件　b) 右旋滚刀、左旋工件　c) 左旋滚刀、左旋工件
d) 左旋滚刀、右旋工件

4. Y3150E 型滚齿机

（1）机床的用途及主要技术参数。Y3150E 型滚齿机用于加工直齿和螺旋齿圆柱齿轮的齿形，并可用手动径向进给加工蜗轮齿形。

机床的主要技术参数是：加工的工件最大直径为500mm，最大加工宽度为250mm，最大模数为8mm，最小齿数为5K（K为滚刀头数），允许安装滚刀的最大直径为160mm，最大长度为160mm。

（2）机床的组成。图7-36 为 Y3150E 型滚齿机外形图。立柱 2 固定在床身 1 上，刀架溜板 3 可沿立柱导轨作垂直进给运动和快速移动，安装滚刀的刀杆 4 装在滚刀架 5 的主轴上，滚刀与滚刀架一起可沿刀具溜板上的圆形导轨在 240° 角的范围内调整安装角度。工件安装在工作台 9 的工件心轴 7 上，同工作台一起作旋转运动。工作台和后立柱 8 装在同一溜板上，可沿床身的水平导轨移动，以调整工件的径向位置或手动径向进给运动。后立柱上的支架 6 可通过轴套或顶尖支承工件的心轴。

（3）机床的传动系统。图7-37 为机床的传动系统图，下面分别介绍加工圆柱直齿齿轮和斜齿齿轮的传动链。

1）滚切直齿圆柱齿轮齿形。

① 主运动传动链。

主运动传动链传动路线表达式为：

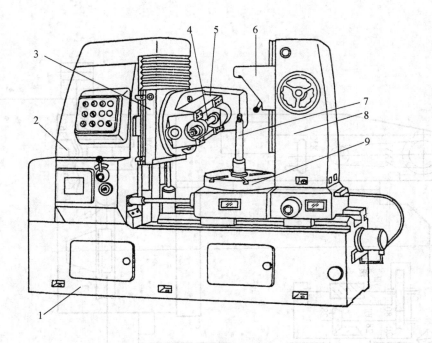

图 7-36 Y3150E 型滚齿机外形图

1—床身 2—立柱 3—刀具溜板 4—滚刀杆 5—滚刀架 6—后支架 7—工件心轴
8—后立柱 9—工作台

$$\text{电动机}(4\text{kW}) - \frac{115}{165} - \text{I} - \frac{21}{42} - \text{II} - \left\{ \begin{array}{c} \frac{31}{39} \\[4pt] \frac{35}{35} \\[4pt] \frac{27}{43} \end{array} \right\} - \text{III} - \frac{A}{B} - \text{IV} - \frac{28}{28} - \text{V} - \frac{28}{28} - \text{VI} - \frac{28}{28} - \text{VII} - \frac{20}{80}$$

$$- \text{VIII}(\text{滚刀主轴})$$

主运动传动链的平衡式为

$$1\ 430\ (\text{r/min}) \times \frac{115}{165} \times \frac{21}{42} \times u_{\text{II} - \text{III}} \times \frac{A}{B} \times \frac{28}{28} \times \frac{28}{28} \times \frac{28}{28} \times \frac{20}{28} = n_{刀}\ (\text{r/min})$$

化简后可得主运动变换挂轮的计算公式:

$$\frac{A}{B} = \frac{n_{刀}}{124.583 u_{\text{II} - \text{III}}}$$

式中 $n_{刀}$——滚刀主轴转速;

  $u_{\text{II} - \text{III}}$——II 轴与 III 轴之间的传动比。

② 展成运动传动链。

展成运动传动路线表达式为:

$$\text{滚刀主轴VIII} - \frac{80}{20} - \text{VII} - \frac{28}{28} - \text{VI} - \frac{28}{28} - \text{V} - \frac{28}{28} - \text{IV} - \frac{42}{56} - \text{IX} - \text{合成机构} - \text{X} - \frac{E}{F} - \text{XII} - \frac{a}{b}$$

$$\times \frac{c}{d} - \text{XIII} - \frac{1}{72} - \text{工作台}(\text{工件})$$

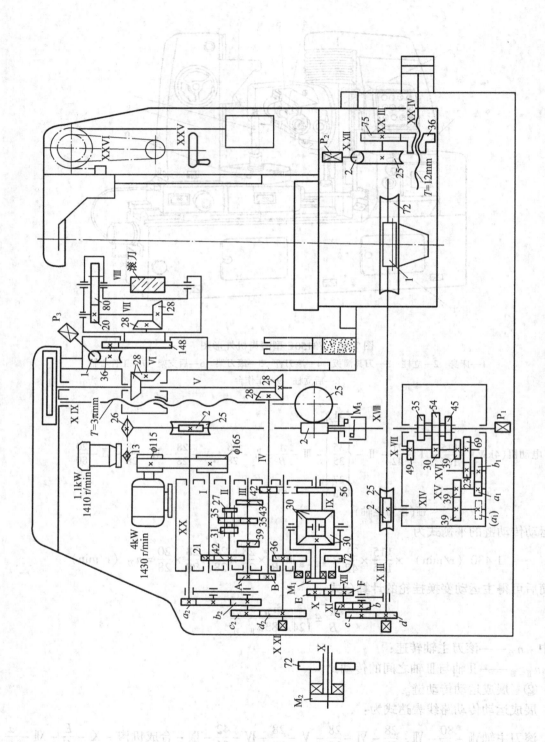

图7-37　Y3150E型滚齿机传动系统图

展成运动传动链的平衡式

$$1（滚刀）\times\frac{80}{20}\times\frac{28}{28}\times\frac{28}{28}\times\frac{28}{28}\times\frac{42}{56}\times u_{合}\times\frac{E}{F}\times\frac{a}{b}\times\frac{c}{d}\times\frac{1}{72}=\frac{K}{z}（工件）$$

滚切直齿圆柱齿轮时，牙嵌离合器 M_1 接合，$u_{合}=1$，化简平衡式后得展成运动挂轮的计算公式：

$$\frac{a}{b}\times\frac{c}{d}=\frac{F}{E}\frac{24K}{z}$$

式中 E/F 挂轮的作用是使 $(a/b)\times(c/d)$ 的分子分母相差倍数不致过大，当 $5\leqslant(z/K)\leqslant20$ 时，E/F 取 48/24；当 $21\leqslant(Z/K)\leqslant142$ 时，E/F 取 36/36；当 $(Z/K)\geqslant143$ 时，E/F 取 24/48。

③ 垂直进给运动传动链。

运动平衡式为（传动路线表达式略）：

$$1（工件）\times\frac{72}{1}\times\frac{2}{25}\times\frac{39}{39}\times\frac{a_1}{b_1}\times\frac{23}{69}\times u_{XⅦ-XⅧ}\times\frac{2}{25}\times3\pi（mm）=f_{垂直}（刀架）$$

化简后得进给挂轮的计算公式：

$$\frac{a_1}{b_1}=\frac{f_{垂直}}{0.4608\pi u_{XⅦ-XⅧ}}=\frac{f_{垂直}}{1.448u_{XⅦ-XⅧ}}$$

式中　$f_{垂直}$——滚刀垂直进给量；

$u_{XⅦ-XⅧ}$——XⅦ轴与XⅧ之间的传动比。

2）滚切斜齿圆柱齿轮齿形。

① 主运动传动链。主运动传动链的调整计算与加工直齿圆柱齿轮时相同。

② 展成运动传动链。加工斜齿圆柱齿轮时，合成机构换上离合器 M_2，$u_{合1}=-1$，挂轮计算公式为

$$\frac{a}{b}\times\frac{c}{d}=-\frac{F}{E}\frac{24K}{z}$$

式中负号说明传动链中 Ⅸ轴与 Ⅺ轴的转向相反，在配换挂轮时，应按机床说明书规定加介轮。

③ 垂直进给传动链。垂直进给传动链的调整计算与加工直齿圆柱齿轮时相同。

④ 附加运动传动链。附加运动传动路线表达式为：

刀架垂直进给丝杠 XX $-\frac{25}{2}-M_3-$ XⅧ $-\frac{2}{25}-$ XX $-\frac{a_2}{b_2}\times\frac{c_2}{d_2}-$ XXI $-\frac{36}{72}-M_2-$ 合成机构 $-$

X $-\frac{E}{F}-$ XⅡ $-\frac{a}{b}\times\frac{c}{d}-$ XⅢ $-\frac{1}{72}-$ 工作台（工件）

附加运动传动链的平衡方程式为

$$T（刀架）\times\frac{1}{3\pi}\times\frac{25}{2}\times\frac{2}{25}\times\frac{a_2}{b_2}\times\frac{c_2}{d_2}\times\frac{36}{72}\times u_{合2}\times\frac{E}{F}\times\frac{a}{b}\times\frac{c}{d}\times\frac{1}{72}=\pm1（工件）$$

式中

$$T=\frac{\pi m_n z}{\sin\beta}$$

$$\frac{E}{F}\times\frac{a}{b}\times\frac{c}{d}=\frac{24K}{z}$$

$$u_{合2}=2$$

化简后得附加运动挂轮计算公式：

$$\frac{a_2}{b_2}\times\frac{c_2}{d_2}=\pm9\frac{\sin\beta}{m_n K}$$

式中　β——齿轮工件的螺旋角；

　　m_n——齿轮工件的法向模数（mm）；

　　K——滚刀头数。

式中"$\pm$"值说明附加运动的旋转方向可能与展成运动的旋转方向相同，也可能相反，要按机床说明书要求安装差动挂轮。在计算挂轮时，"$\pm$"值可不予考虑。

该机床还有其他功能，使用时参阅机床说明书。

7.5.3　其他齿轮齿形加工

1. 插齿

插齿是在插齿机上进行的，主要用于加工直齿圆柱齿轮的轮齿，尤其适合加工内齿轮和多联齿轮的轮齿，还可加工斜齿轮、人字齿轮、齿条、齿扇及特殊齿形的轮齿。插齿加工精度一般在 7 ~ 8 级，最高可达 6 级，齿面粗糙度值 R_a 可达 $0.2 ~ 1.6\mu m$，可作为齿轮淬硬前的粗加工和半精加工。

插齿是按展成法的原理来加工齿轮的，如图 7-38 所示。插齿加工的过程，类似一对相啮合的圆柱齿轮，在其中一个齿轮的端面上加工出前角，齿顶和齿侧面加工出后角，成为有切削刃的插齿刀。插齿刀与齿轮工件在作无间隙啮合的运动过程中，将工件加工出齿形。

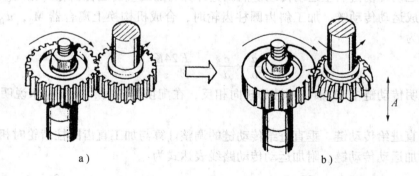

图 7-38　插齿原理及其成形运动

插齿加工时的运动有：插齿刀沿工件轴线所作的直线往复运动（主运动）；工件与插齿刀之间的展成运动；插齿刀绕自身轴线的圆周进给运动；插齿刀（或工件）径向进给运动；插齿刀在工作回程时的让刀运动等。

2. 剃齿

剃齿加工原理相当于一对斜齿轮副的啮合过程，能进行剃齿切削的必要条件是齿轮副的齿面间有相对滑移，相对滑移的速度就是剃齿的切削速度。

图 7-39a 为剃齿加工一直齿圆柱齿轮齿形，从图中可以看出其剃齿原理。剃齿时，刀具与工件的轴线在空间交叉成一个角度 ϕ，这个角度等于斜齿轮的螺旋角 β。在啮合传动中，

200

沿齿宽方向的齿面上会产生相对滑动。剃齿刀在啮合点处的线速度 v 与工件的线速度 v_a 方向不同，在齿面上产生相对滑动速度 v_t。剃齿刀的齿面上开有小槽，沿渐开线齿形形成刀刃。这样剃齿刀在 v_t 和一定压力的作用下，从齿面上刮下很薄的切屑，在啮合过程中逐渐将余量切除。

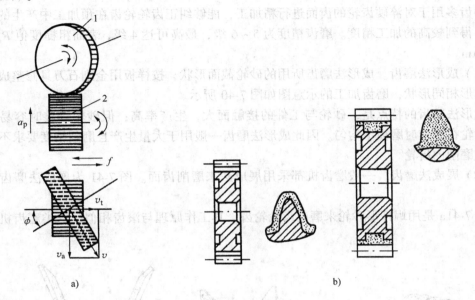

图 7-39　齿形的剃齿与珩齿
a）剃齿与珩齿的工作原理　b）两种珩磨轮结构

加工不同的齿轮所用的剃齿刀也各不相同。加工外啮合的直齿（如图 7-39a）、斜齿圆柱齿轮，一般用齿条形或盘形剃齿刀；加工内齿轮只能用盘状剃齿刀；加工蜗轮则需要用蜗轮剃齿刀。

剃齿是精加工齿轮齿形的一种方法。其加工质量较好，一般可达 5～6 级，表面粗糙度值 R_a 可达 0.2～0.8μm。剃齿加工的生产效率和刀具耐用度都较高，所用机床简单、调整方便，在机床、汽车、拖拉机制造中应用很广。

3. 珩齿

珩齿的加工精度可达 6 级，齿面粗糙度值 R_a 可达 0.2～0.8μm，可以修正淬火引起的变形，且加工成本低、效率高。

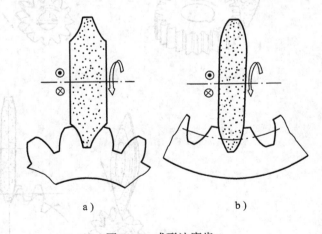

图 7-40　成形法磨齿
a）磨外齿　b）磨内齿
⊙、⊗ 表示工件作轴向进给运动

珩齿时，珩磨轮与工件的相对运动原理与剃齿相同。珩磨轮上的磨料借助于珩磨轮齿面与工件齿面间产生的相对滑动速度磨去工件齿面的金属。珩磨轮是由塑料加磨料制成的斜齿轮，其中央部分是铁质轮子。图7-39b为两种珩磨轮的结构，一是带齿芯的，一是不带齿芯的。

4. 磨齿

磨齿多用于对淬硬齿轮的齿面进行精加工，能够纠正齿轮轮齿在预加工中产生的各项误差，可得到较高的加工精度。磨齿精度为 5～6 级，最高可达 4 级，表面粗糙度值 R_a 为 0.1 ～0.8μm。

（1）成形法磨齿。成形法磨齿所用的砂轮截面形状，按样板用金刚石刀具修整成与工件齿间廓形相同形状，磨齿加工的示意图如图7-40所示。

成形法磨齿的特点是，砂轮与工件的接触面大，生产率高；但砂轮修整时容易产生误差，砂轮在工作时磨损不均匀。因此成形法磨齿一般用于大量生产且磨削精度要求不太高的齿轮或磨削内齿轮。

（2）展成法磨齿。一般磨齿机都采用展成法来磨削齿面。图7-41为展成法磨齿机的工作原理。

图7-41a 是用蜗杆形砂轮来磨削齿轮轮齿，其工作原理与滚齿相似。这类磨齿机的效率

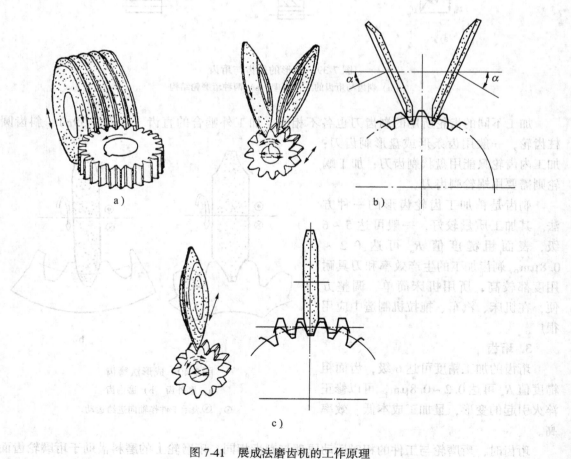

图 7-41　展成法磨齿机的工作原理

高，但砂轮形状复杂，修整较困难。

图 7-41b 是用两个碟形砂轮来代替齿条的两个齿侧面，利用齿条与齿轮相啮合的原理来磨削齿轮的。磨齿时，砂轮绕自身轴线作旋转运动。展成运动是利用滚圆盘机构来实现的，保证工件绕其轴线转过 $1/z$ 转时，其轴线沿假想齿条节线方向移动一个周节 πm，工件转动时还作横向直线运动，如同齿轮在齿条上滚动一样；同时还要作纵向直线运动，以磨削整个齿宽。这类机床的加工精度较高。

图 7-41c 是用锥面砂轮的侧面代替齿条的一个齿的齿侧面来磨削齿轮。磨削时砂轮除了作旋转主运动外，还要作纵向直线运动，以磨削出整个齿宽。

滚圆盘机构的工作原理如图 7-42 所示。支架 7 固定在纵向溜板 8 上，工件主轴 3 装在横向溜板 11 上，其前端安装工件 2，后端通过分度机构 4 与滚圆盘 6 连接，钢带 5 和钢带 9 的一端固定在滚圆盘 6 上，另一端固定在支架 7 上，并沿水平方向拉紧。当曲柄盘 10 传动横向溜板 11 作横向直线往复运动时，滚圆盘 6 受钢带 5 和 9 约束，模拟一定节圆的齿轮沿钢带所形成的节线作纯滚动，通过工件主轴 3，带动工件 2 沿假想齿条的节线作纯滚动，使工件被砂轮磨出所需的渐开线齿形。工件在完成一个或两个齿面的磨削后，继续滚动至脱离砂轮，随即由分度机构 4 带动进行一次分度，然后开始下一个齿槽的磨削。

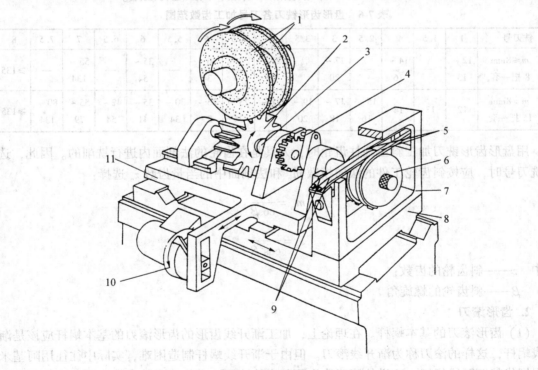

图 7-42　滚圆盘机构的工作原理

1—砂轮　2—工件　3—工件主轴　4—分度机构　5、9—钢带
6—滚圆盘　7—支架　8—纵向溜板　10—曲柄盘　11—横向溜板

由于滚圆盘机构能够制造得很精确，且传动链短，传动误差小，因而展成运动精度很高，但因磨量小，生产率较低。

7.5.4 齿轮齿形加工刀具

1. 轮齿成形铣刀

（1）轮齿成形铣刀的种类。轮齿成形刀具主要有盘形齿形铣刀和指状齿形铣刀（图 7-30）。

盘形齿形铣刀其本质上就是一把铲齿成形铣刀，切削刃廓形就是被加工齿轮的齿槽廓形，它用于在铣床上加工直齿及斜齿圆柱齿轮轮齿，也可加工齿条等齿轮工件的齿形。

指状齿形铣刀属于成形立铣刀，主要用于加工直齿、斜齿及人字齿圆柱齿轮轮齿，也用于加工大模数（$m > 10\text{mm}$）齿轮轮齿。

（2）齿形铣刀的选用。模数和压力角相同而齿数不同的齿轮，齿槽的形状各不相同。这样，在加工不同齿数的齿轮时，应采用不同齿形的铣刀。生产中为了减少刀具的数量，常用一把刀具加工模数和压力角相同，齿数在一定范围内的齿轮。每一号铣刀的刃形按可加工的最小齿数齿轮的齿槽设计，这样虽然所加工的不同齿数齿轮轮齿的分度圆齿厚相同，但齿顶与齿根处的齿厚均变薄。

盘形齿形铣刀各刀号可参考表 7-6，根据加工齿数和模数进行选用。

表 7-6 盘形齿形铣刀各刀号加工齿数范围

	铣刀号	1	1.5	2	2.5	3	3.5	4	4.5	5	5.5	6	6.5	7	7.5	8
齿数范围	$m \leq 8\text{mm}$ 8 把一套	12 ~ 13	—	14 ~ 16	—	17 ~ 20	—	21 ~ 25	—	26 ~ 34	—	35 ~ 54	—	55 ~ 134	—	≥135
	$m > 8\text{mm}$ 15 把一套	12	13	14	15 ~ 16	17 ~ 18	19 ~ 20	21 ~ 22	23 ~ 25	26 ~ 29	30 ~ 34	35 ~ 41	42 ~ 54	55 ~ 79	80 ~ 134	≥135

用盘形齿形铣刀加工斜齿圆柱齿轮时，刀具是在齿轮的法剖面内进行铣削的。因此，选择铣刀号时，应按斜齿轮工件的法向模数 m_n 和法剖面中的当量齿数 z_e 选择：

$$m_n = \frac{m}{\cos\beta}$$

$$z_e = \frac{z}{\cos^3\beta}$$

式中　z——斜齿轮的齿数；

　　　β——斜齿轮的螺旋角。

2. 齿形滚刀

（1）齿形滚刀的基本蜗杆。在理论上，加工渐开线齿形的齿形滚刀的基本蜗杆应该是渐开线蜗杆，这样的滚刀称为渐开线滚刀。但由于渐开线蜗杆制造困难，实际中往往用阿基米德蜗杆代替渐开线蜗杆，这样的滚刀称为阿基米德滚刀，它加工出的齿轮齿形虽然在理论上不是渐开线，但误差很小。此外，有一种法向直廓蜗杆，主要用于制造大模数滚刀。

（2）齿形滚刀的结构。整体齿形滚刀的几何结构如图 7-43 所示。该滚刀的切削部分由较多的刀齿组成。标准滚刀的前角为 0°，大量生产中采用正前角直槽齿形滚刀。滚刀的顶刃后角为 10°~12°，侧刃后角应大于 3°，均通过铲齿制成。安装时，滚刀装在滚齿机的心轴上，以孔定位，用螺母压紧滚刀的两端面。

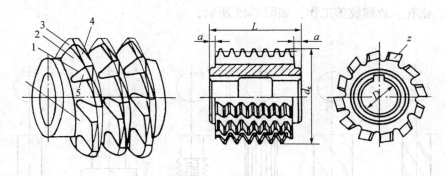

图 7-43 整体齿形滚刀的几何结构
1—切削刃 2—侧刃后面 3—螺旋面 4—顶刃后面 5—前刀面

除了整体滚刀外，还有适用于加工大模数齿轮的镶齿滚刀和加工硬齿面的硬质合金刀齿齿轮滚刀。

3. 齿形的插齿刀

插齿刀是按变位齿轮啮合的工作原理对齿轮齿形实行展成加工的常用刀具之一，可用来切削直齿和斜齿圆柱齿轮、扇形齿轮、齿条、双联和多联齿轮以及人字齿轮，并且是加工内齿轮的主要加工方法。常用的插齿刀有直齿插齿刀、斜齿插齿刀、人字齿插齿刀等。

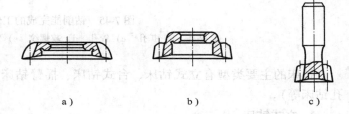

图 7-44 标准直齿插齿刀
a) 盘形插齿刀 b) 碗形插齿刀 c) 锥柄插齿刀

（1）标准直齿插齿刀。标准直齿插齿刀有三种形式，如图 7-44 所示。

1）盘形插齿刀。如图 7-44a 所示，是较常用的结构形式，用于加工直齿外齿轮及大直径的直齿内齿轮的轮齿。分度圆直径大的插齿刀采用镶齿结构。

2）碗形插齿刀。如图 7-44b 所示，刀体凹孔较深，能容纳紧固螺母，适合加工多联齿轮和带凸肩的齿轮轮齿。

3）锥柄插齿刀。如图 7-44c 所示，主要用于加工内齿轮轮齿及小模数外齿轮轮齿。

（2）斜齿插齿刀。用于加工斜齿的插齿刀有盘形插齿刀和加工斜齿内齿轮的锥柄插齿刀。

（3）人字齿插齿刀。人字齿插齿刀由两把组成一套，成对使用。每套中两把插齿刀的螺旋角相等，旋向相反，用以分别加工人字齿轮不同旋向的轮齿。

插齿刀一般用高速钢制造，为整体结构。大直径插齿刀也有做成镶齿结构的。

7.6 其他切削加工简介

7.6.1 钻削加工

钻削加工用机床属于孔加工机床，主要用钻头钻削精度要求不太高的孔，还可以完成扩孔、铰孔、锪孔、攻螺纹等工作，如图 7-45 所示。

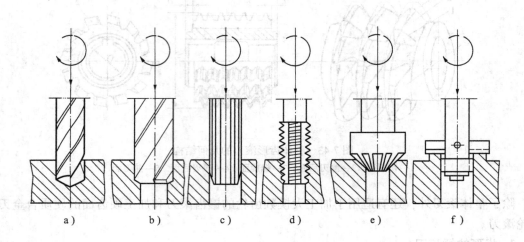

图 7-45　钻削能完成的工作
a) 钻孔　b) 扩孔　c) 铰孔　d) 攻螺纹　e) 钻埋头孔　f) 锪平面

钻床的主要类型有立式钻床、台式钻床、摇臂钻床和专门化钻床（如深孔钻床、中心孔钻床等）。

1. 立式钻床

图 7-46 为立式钻床的外形。机床由主轴变速箱 4、进给箱 3、立柱 5、工作台 1 和底座 6 等部件组成。工作时，工件安装在工作台上，电动机通过变速箱带动主轴 2 旋转，主轴既作旋转主运动又作轴向进给运动。进给箱和工作台可沿立柱的导轨调整上下位置，以适应加工不同高度的工件。

立式钻床工作时，要移动工件使刀具旋转轴线与所加工孔中心线重合，因此，仅适用于单件小批量生产中加工中小型工件。

2. 摇臂钻床

图 7-47 为摇臂钻床的外形。机床由底座 1、内立柱 2、外立柱 3、摇臂 4、主轴箱 5 等部件组成。主轴箱可沿摇臂的导轨水平移动，摇臂可沿外立柱的圆柱面上下调整位置，外立柱与摇臂一起又可绕内立柱转至不同位置。为了使主轴 6 在工作时保持准确位置，机床上设有立柱、摇臂和主轴箱的夹紧机构。

摇臂钻床工作时，工件可固定不动，机床的操作既方便又节省时间，因此广泛用于加工大、中型零件。

3. 其他钻床

台式钻床是一种主轴垂直的小型钻床，钻孔直径一般在 16mm 以下。由于加工的孔径小，主轴转速很高。台式钻床小巧灵活，使用方便，适用于加工小型零件上的各种小孔。

深孔钻床专门用于加工深孔，如枪管、炮筒和机床的主轴孔等。机床为卧式布局，工作时深孔钻头不转动，仅作直线进给，由工件转动实现主运动。

4. 麻花钻及铰刀

206

（1）麻花钻。麻花钻由柄部、颈部和切削部分组成，如图 7-48 所示。柄部是钻头的夹持部分，用来传递动力；颈部是柄部和工作部分的过渡部分，通常作为砂轮退刀和打印标记的部位；工作部分分为导向部分和切削部分。

导向部分由两条螺旋沟所形成的两螺旋形刃瓣组成，两刃瓣由钻芯连接。在两刃瓣上有两条称为刃带的螺旋棱边，用以引导钻头并形成副切削刃。螺旋沟用以排屑和导入切削液并形成前刀面。

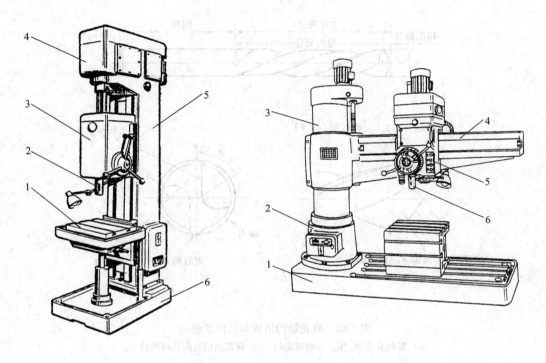

图 7-46　立式钻床

1—工作台　2—主轴　3—进给箱
4—主轴变速箱　5—立柱　6—底座

图 7-47　摇臂钻床

1—底座　2—内立柱　3—外立柱
4—摇臂　5—主轴箱　6—主轴

切削部分由下列要素组成：两螺旋沟形成的两个螺旋形前刀面，两个由刃磨得到的后刀面，前刀面和后刀面的交线形成的两切削刃，螺旋形前刀面和刃带的圆柱形副后刀面的交线形成的两副切削刃，两后刀面的交线形成的横刃。

（2）铰刀。如图 7-49 所示，铰刀由工作部分、颈部和柄部组成。工作部分包括切削部分和校准部分。切削部分由导锥和切削锥组成，切削锥角 ϕ 为 3°～15°，起主要切削作用；导锥起引入预制孔作用，亦参与切削。校准部分包括圆柱部分和倒锥，圆柱部分起校正导向和修光作用，倒锥主要起减少摩擦作用。

铰刀刀齿数较多，导向性好，刚性好，加工余量小，铰削时既有切削作用也有挤刮作用，加工精度可达 IT6～IT8 级，表面粗糙度可达 $R_a 0.4～1.6\mu m$，常用于中小孔的半精加工或精加工，故应用很广。铰刀的种类也很多，分为手用铰刀和机用铰刀，常用铰刀的类型参见图 7-50。

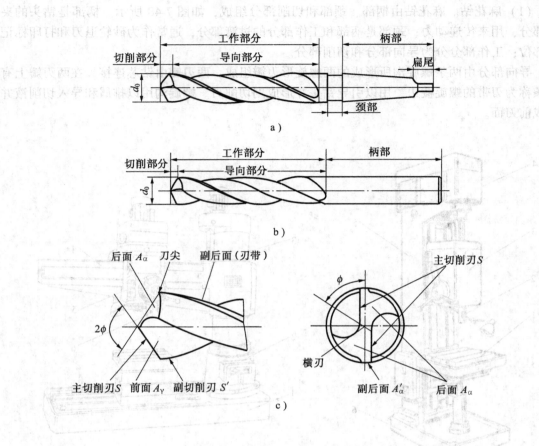

图 7-48　麻花钻的组成与几何参数

a）锥柄麻花钻　b）直柄麻花钻　c）麻花钻切削部几何参数

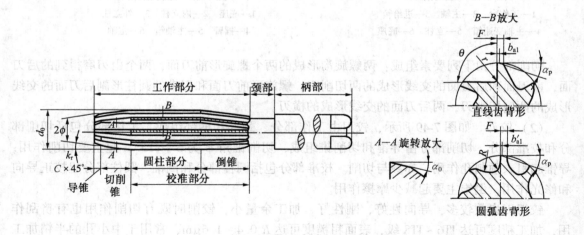

图 7-49　铰刀的结构

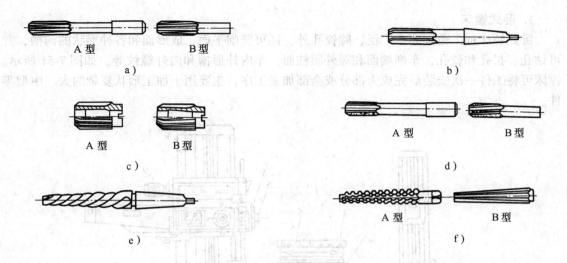

图 7-50 常用铰刀的类型

a) 圆孔直柄铰刀 b) 圆孔锥柄铰刀 c) 圆孔铰刀刀头 d) 圆孔直柄铰刀
e) 锥孔锥柄铰刀 f) 锥孔直柄铰刀

7.6.2 镗削加工

镗削加工主要是在镗床上完成的。镗床类机床是孔加工机床，可分为卧式镗床、坐标镗床及金刚镗床等，主要用镗刀镗削工件上的毛坯孔或已粗钻出的孔，适合加工尺寸较大、精度要求较高、特别是分布在不同位置上且轴线间距精度和相互位置精度要求很严格的箱体类零件。

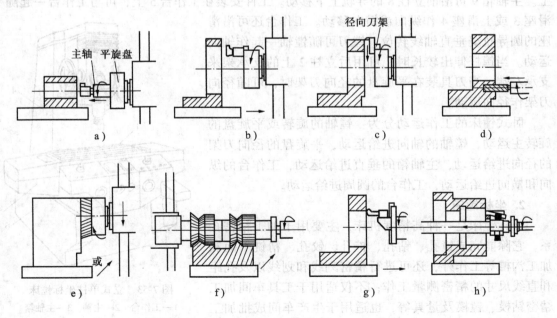

图 7-51 卧式镗床的主要加工方法

a)、b) 镗孔 c) 铣平面 d) 钻孔 e) 车端面 f) 铣组合面 g)、h) 车螺纹

1. 卧式镗床

卧式镗床加工范围非常广泛，除镗孔外，还可铣削平面、成形面和各种形状的沟槽，并可钻孔、扩孔和铰孔，车削端面和短外圆柱面，车内外形槽和内外螺纹等，如图7-51所示。镗床可将工件一次安装后完成大部分或全部加工工序，主要用于加工形状复杂的大、中型零件。

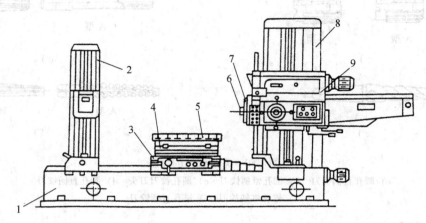

图 7-52　卧式镗床
1—床身主轴箱　2—后立柱　3—下滑座　4—上滑座　5—上工作台
6—镗轴　7—平旋盘　8—前立柱　9—主轴箱

卧式镗床的外形如图7-52所示。机床工作时，刀具安装在主轴箱9的镗轴6或平旋盘7上。主轴箱9可沿前立柱8的导轨上下移动。工件安装在工作台5上，可与工作台一起随下滑座3或上滑座4作纵向或横向移动。工作台还可沿滑座的圆导轨绕垂直轴线转位。镗刀可随镗轴一起作轴向运动。当镗杆伸出较长时，可用后立柱2上的支承架来支承左端。当刀具装在平旋盘的径向刀架时，可随径向刀架作径向运动。

卧式镗床的工作运动分为：镗轴的旋转或平旋盘的旋转主运动，镗轴的轴向进给运动，平旋盘的径向刀架的径向进给运动，主轴箱的垂直进给运动，工作台的纵向和横向进给运动，工作台的圆周进给运动。

2. 坐标镗床

坐标镗床是一种高精度机床，主要用于加工精密孔系。它除能完成镗孔、钻孔、扩孔、铰孔、精铣平面和加工沟槽等工作外，还可进行精密刻线和划线以及孔距和直线尺寸的精密测量工作；不仅适用于工具车间加工精密钻模、镗模及量具等，也适用于生产车间成批加工孔距精度要求较高的箱体及其他零件。

坐标镗床主要有立式单柱坐标镗床、立式双柱坐标镗床和卧式坐标镗床等几种类型。

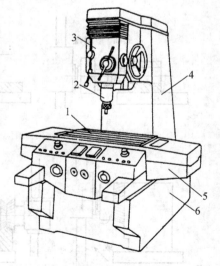

图 7-53　立式单柱坐标镗床
1—工作台　2—主轴　3—主轴箱
4—立柱　5—床鞍　6—床身

图 7-53 为立式单柱坐标镗床的外形。主轴箱 3 可沿立柱 4 的导轨上下调整位置。主轴的旋转运动由立柱的电动机经立柱内的变速箱及 V 带传动。主轴由套筒带动沿上下方向机动或手动进给。工作台 1 沿床鞍 5 的导轨的纵向移动和床鞍沿床身 6 的导轨的横向移动，可实现两个坐标方向的移动。此类形式多为中、小型坐标镗床，结构简单，操作方便。

3. 镗刀

（1）单刃镗刀。单刃镗刀适用于孔的粗、精加工。常用单刃镗刀如图 7-54 所示，有整体式（图 7-54a）和机夹式（图 7-54b、c、d）之分。整体式常用于加工小直径孔；大直径孔一般采用机夹式，以获得较好的刚度，防止切削时的振动或变形。

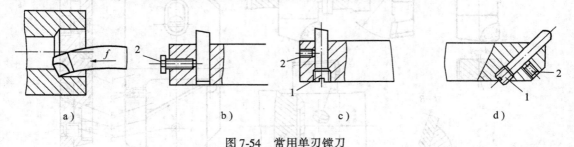

图 7-54 常用单刃镗刀

a）整体式镗刀　b）镗通孔镗刀　c）镗阶梯孔镗刀　d）镗盲孔镗刀

1—调整螺钉　2—紧固螺钉

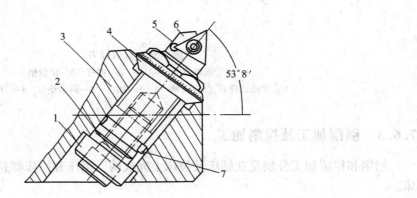

图 7-55 微调镗刀

1—垫圈　2—拉紧螺钉　3—镗刀杆　4—调整螺母　5—刀片　6—镗刀头　7—导向键

由于机夹镗刀调整较费时间，精度也不易控制，在坐标镗床上或数控机床上常使用微调镗刀。微调镗刀如图 7-55 所示。带有精密螺纹的圆柱形镗刀头插在镗刀杆的孔中，导向键起定位与导向作用。带刻度的调整螺母与镗刀头螺纹精确配合，并在镗刀杆的圆锥面上定位。拉紧螺钉通过垫圈将镗刀头拉紧固定在镗刀杆中。镗孔时，可通过调整螺母对镗刀头的径向尺寸进行微调。

（2）双刃镗刀。如图 7-56 所示，双刃镗刀的两条切削刃对称分布在镗杆的两侧，可消除径向力对镗杆产生变形的影响。双刃镗刀有固定式和浮动式两种。

1）固定式镗刀。工件尺寸及精度由镗刀来保证，但刃磨次数有限，材料利用率不高。

2）浮动式镗刀。刀片的直径尺寸可在一定范围内调节，而且镗孔时，刀片不紧固在镗杆上，可径向自由浮动，以消除由于镗杆偏摆和刀片安装造成的误差，加工精度较高。

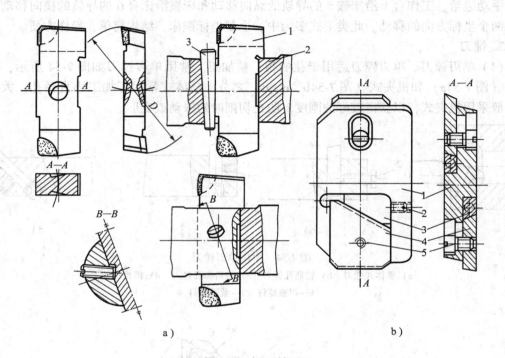

a)   b)

图 7-56 双刃镗刀

a) 固定式镗刀（1—刀块 2—刀杆 3—定位销）

b) 浮动式镗刀（1—刀块 2、5—螺钉 3—斜面垫板 4—刀片）

7.6.3 刨削加工及拉削加工

刨削和拉削加工分别是在刨床及拉床上完成的，刨床和拉床都是主运动为直线运动的机床。

1. 刨床

刨床类机床主要用于单件、小批量生产中加工水平面、垂直面、倾斜面等平面和 T 形槽、燕尾槽、V 形槽等沟槽，也可以加工直线成形面，如图 7-57 所示。

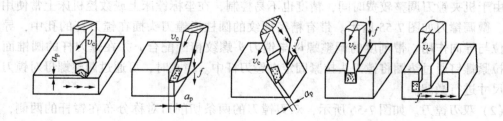

图 7-57 刨床加工的典型表面

刨床的主运动为刀具或工件的直线往复运动，进给运动是间歇性的直线运动，其方向与主运动方向垂直，由刀具或工件完成。

刨床类机床主要有牛头刨床、龙门刨床和插床等。

（1）牛头刨床。图 7-58 为牛头刨床的外形。机床由刀架 1、转盘 2、滑枕 3、床身 4、横梁 5、工作台 6 等部件组成。装有刀架 1 的滑枕 3 可沿床身 4 的导轨在水平方向作往复直线运动，以实现刀具的主运动。刀架座可绕水平轴线转至一定的位置以加工斜面，刀架能沿刀架座的导轨上下移动。工作台 6 可带动工件沿横梁 5 作间歇式的横向进给运动，横梁 5 可沿床身的垂直导轨上下移动，以适应不同高度工件的加工。

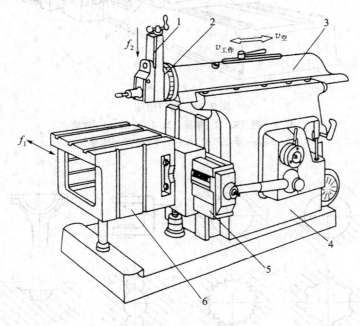

图 7-58　牛头刨床

1—刀架　2—转盘　3—滑枕　4—床身　5—横梁　6—工作台

（2）龙门刨床。图 7-59 为龙门刨床的外形。机床由床身 10、工作台 9、立柱 3 和 7、顶梁 4、横梁 2、垂直刀架 5 和 6、侧刀架 1 和 8 等组成。机床工作时，工件随工作台 9 一起作直线往复主运动。垂直刀架 5 和 6 可在横梁 2 的导轨上间歇地移动作横向进给运动，刨削工件的水平面。垂直刀架上的滑板可使刀具上下移动，作切入运动或刨垂直面，滑板还能绕水平轴旋转至一定的角度，以加工倾斜面。立柱 3 和 7 上的侧刀架 1 和 8 可沿立柱导轨上下间歇移动，以加工垂直面。横梁 2 还能沿立柱导轨升降至一定位置，以适应不同高度工件的加工。

龙门刨床主要用于加工大平面，特别是长而窄的平面，还可加工沟槽或同时加工几个中小型零件的平面，精刨时可得到较高的加工质量。

2. 拉床

拉床是使用拉刀加工各种内外成形表面的机床。采用不同结构形状的拉刀，可加工各种形状的通孔、通槽、平面及成形表面。图 7-60 是适合于拉削的一些典型表面形状。

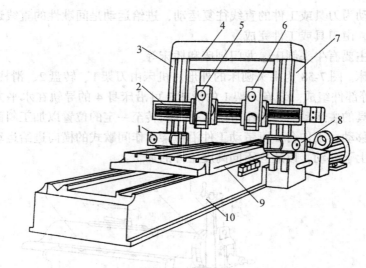

图 7-59　龙门刨床

1、8—侧刀架　2—横梁　3、7—立柱　4—顶梁
5、6—垂直刀架　9—工作台　10—床身

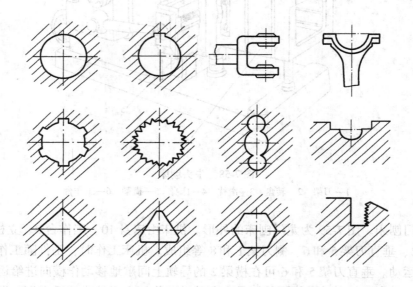

图 7-60　适用于拉削的典型表面形状

　　拉床有多种，按用途可分为内表面拉床和外表面拉床，按拉床的布局可分为卧式拉床和立式拉床。拉床的运动简单，拉削时工件的加工表面可一次走刀成形，切削运动平稳。拉削加工的生产率和加工质量都比较高，但一种拉刀只能加工一种表面，适用于大批量生产。

　　卧式内拉床及夹具如图 7-61 所示。床身 3 内部装有液压缸 4，由高压变量油泵提供压力油驱动活塞移动，活塞杆带动拉刀沿水平方向移动拉削工件。工件在加工时，其端面靠在工件支架 5 的表面上。拉削前，护送夹头和滚柱向左移动，将拉刀穿过工件预制孔，并将拉刀柄部插入拉刀夹头。

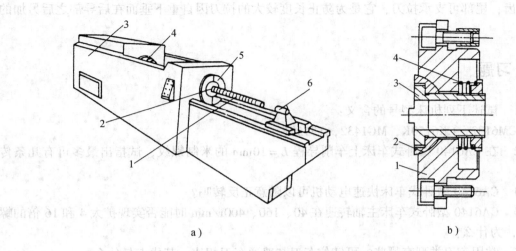

a)

b)

图 7-61　卧式内拉床及夹具

a) 卧式内拉床（1—拉刀　2—工件　3—床身　4—液压缸　5—工件支架　6—后托架）

b) 拉床夹具（1—支承体　2—球座　3—套筒　4—弹簧）

3. 拉刀

如图 7-62 所示，使用拉刀拉削时，由于拉刀的后一个（或后一组）刀齿比前一个（或前一组）刀齿高出一个齿升量 f_c，当拉刀从工件预加工孔内通过时，可将多余的金属一层一层地从工件上切去。

拉刀的种类很多，构造也不相同，但组成拉刀的各部分基本相同，图 7-63 为普通圆孔拉刀的结构，由工作部分和非工作部分两部分构成。

（1）工作部分。工作部分有很多刀齿，根据它们在拉削时起的作用可分为切削部分和校准部分。切削部分的刀齿直径逐齿依次增大，用它切去全部加工余量；校准部分的刀齿起修光与校准作用，齿数较少，各齿直径相同。相邻两齿的空间是容屑槽，在切削齿的刀刃上有分屑槽。

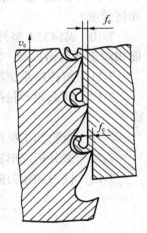

图 7-62　拉削过程

（2）非工作部分。非工作部分的组成为：头部与拉床连接，传递运动和动力；颈部为头部与过渡锥之间的连接部分；过渡锥为前导部前端的圆锥部分，用以引导拉刀进入工件；前导部起导向和定心作用，可防止拉刀进入工件后发生歪斜；后导部用于支承工件，防止刀齿切离工件前因工件下垂损坏已加工表面及

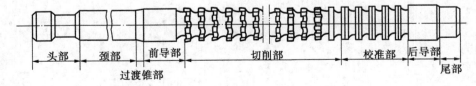

图 7-63　普通圆孔拉刀的构成

215

拉刀刀齿；尾部可支承拉刀，它是为防止长度较大的拉刀因自重下垂而在后导部之后另加的部分。

7.7 习题

7-1 试述下列机床型号的含义：

　　CM6132，CK6150K，MG1432，Y3150E

7-2 在 CA6140 型卧式车床上车削导程 $L = 10mm$ 的米制螺纹，试指出最多可有几条传动路线。

7-3 CA6140 型卧式车床快速电动机可以随意正反转吗？

7-4 CA6140 型卧式车床主轴转速在 40、160、400r/min 时能否实现扩大 4 和 16 倍的螺纹加工，为什么？

7-5 常用车刀类型有哪些？可转位车刀与普通车刀相比，其优点是什么？

7-6 铣床可加工哪些类型表面？

7-7 写出 X6132 型卧式升降台铣床进给传动路线表达式。

7-8 铣刀的类型有哪几类？各种类型的刀具主要用途是什么？

7-9 FW125 型万能分度头有何功用？用它加工 $z_1 = 32$、$z_2 = 55$ 的直齿圆柱齿轮时，应如何分度？

7-10 M1432A 型外圆磨床的砂轮架和工件头架均能转动一定角度，工作台的上台面又能相对于下台面扳动一定角度，问各有何用处，在什么场合下使用？

7-11 按传动系统图计算 M1432A 型外圆磨床工作台手动纵向进给量。

7-12 什么叫砂轮的"自锐性"？砂轮的磨料、粒度、硬度、结合剂和组织的含义是什么？

7-13 齿轮加工机床有哪几种类型？齿轮加工刀具如何分类？

7-14 试分析成形法和展成法加工齿轮的特点。

7-15 铰刀和镗刀同属精加工刀具，各用在什么场合？

第 8 章　精密加工与特种加工

8.1　精密加工和超精密加工

8.1.1　精密加工和超精密加工的基本概念

　　精密加工和超精密加工代表了加工精度发展的不同阶段。在不同的历史时期，各有不同的理解。由于生产技术的不断发展，划分的界限将随着历史进程而逐渐向前推移，过去的精密加工对今天来说已是一般加工，因此，其划分的界限是相对的，并且在具体数值上至今没有准确的定义。即精密加工与超精密加工是相对而言，精密加工和超精密加工的概念是与某个时期的加工工艺水平相关联的，随着科技的进步，精密加工和超精密加工所能达到的精度将逐步提高。

　　精密加工是指在一定的发展时期，加工精度和表面质量达到较高程度的加工工艺。超精密加工是指加工精度和表面质量达到最高程度的精密加工工艺。超精密加工技术是适应现代高技术发展需要而发展起来的一种机械加工新工艺，它综合应用了机械技术发展的新成果及现代电子技术、测量技术和计算机技术等新技术。另外，超精密加工不仅涉及精度指标，还必须考虑到工件的形状特点和材料等因素。例如在 19 世纪，加工工件尺寸公差为 $1\mu m$ 的加工被称为超精密加工，在 10 多年的时间，机械加工的精度提高了 $1 \sim 2$ 个数量级。当前，精密加工是指加工精度为 $1 \sim 0.1\mu m$、表面粗糙度值 R_a 为 $0.1 \sim 0.01\mu m$ 的加工技术；超精密加工是指加工精度高于 $0.1\mu m$，表面粗糙度值 R_a 小于 $0.025\mu m$ 的加工技术，又称亚微米级加工。目前超精密加工已进入纳米级，并称为纳米加工及相应的纳米技术。

　　超精密加工是尖端技术产品发展中不可缺少的关键加工手段，不管是军事工业，还是民用工业都需要这种先进的加工技术。例如，关系到现代飞机、潜艇、导弹性能和命中率的惯导仪表的精密陀螺，激光核聚变用的反射镜，大型天体望远镜的反射镜和多面棱镜，大规模集成电路的硅片，计算机磁盘及复印机的磁鼓等都需要超精密加工。超精密加工技术的发展也促进了机械、液压、电子、半导体、光学、传感器和测量技术以及材料科学的发展。从某种意义上说，超精密加工担负着支持最新科学技术进步的重要使命，也是衡量一个国家科学技术水平的重要标志。因此，各国政府和军方都对超精密加工技术十分重视，并投入大量资金和人力来开发这项新技术。

8.1.2　精密加工和超精密加工的特点

1. 加工方法

　　根据加工方法的机理和特点，精密和超精密加工方法可以分为切削加工、磨削加工、特种加工和复合加工四大类。

　　(1) 切削加工。包括精密切削、微量切削和超精密切削等；

　　(2) 磨削加工。包括精密磨削、微量磨削和超精密磨削等；

（3）特种加工。包括电火花加工、电解加工、激光加工、电子束加工、离子束加工等；

（4）复合加工。指将几种加工方法复合在一起的加工方法，如机械化学研磨、超声磨削、电解抛光等。

在精密加工和超精密加工中，特种加工和复合加工方法应用得越来越多。

2. 加工原则

一般加工时，机床的精度总是高于被加工零件的精度，这一规律称为"蜕化"原则。而在精密加工和超精密加工时，有时可利用低于工件精度的设备、工具，通过工艺手段和特殊的工艺装备，加工出精度高于"母机"的工作母机或工件。这种方法称为"进化"加工。

3. 加工设备

加工设备的几何精度向亚微米级靠近。关键元件，如主轴、导轨、丝杆等广泛采用液体静压或空气静压元件。定位机构中采用电致伸缩、磁致伸缩等微位移结构。设备广泛采用计算机控制、适应控制、在线检测与误差补偿等技术。

4. 切削性能

当精密切削的切深在 $1\mu m$ 以下时，切深可能小于工件材料的晶粒尺寸，因此切削就在晶粒内进行，这样切削力一定要超过晶粒内部非常大的原子结合力才能切除切屑，于是刀具上的切应力就变得非常大，刀具的切削刃必须能够承受这个巨大的切应力和由此产生的很大的热量，这对于一般的刀具或磨粒材料是无法承受的。这就需要找到满足加工精度要求的刀具材料和结构。

5. 加工环境

精密加工和超精密加工环境必须满足恒温、防振、超净三个方面对环境提出的要求。

6. 工件材料

用于精密加工和超精密加工的材料要特别注重其加工性。工件材料必须具有均匀性和性能的一致性，不允许存在内部或外部的微观缺陷。

7. 加工与检测一体化

精密测量是进行精密加工和超精密加工的必要条件。不具备与加工精度相适应的测量技术，就无法判断被加工件的精度。在精密加工和超精密加工中广泛采用精密光栅、激光干涉仪、电磁比较仪、圆度仪等精密测量仪器。

8.1.3　精密加工和超精密加工方法简介

1. 金刚石精密切削

（1）概念。金刚石具有非常高的硬度，是一种最佳的切削刀具材料。金刚石精密切削是指用金刚石车刀加工工件表面，获得尺寸精度为 $0.1\mu m$ 数量级和表面粗糙度 R_a 值为 $0.01\mu m$ 的超精加工表面的一种精密切削方法。实现金刚石精密切削的关键问题是如何均匀、稳定地切除如此微薄的金属层。

（2）金刚石超精密切削的机理。金刚石超精密切削属微量切削，切削层非常薄，常在 $0.1\mu m$ 以下，切削常在晶粒内进行，要求切削力大于原子、分子间的结合力，切应力高达 $13\,000MPa$。由于切削力大，应力大，刀尖处会产生很高的温度，使一般刀具难以承受。而金刚石刀具不仅有很好的高温强度和高温硬度，而且因其材料本身质地细密，刀刃可以刃磨得很锋利，切削刃钝圆半径可达 $0.02\mu m$，因而可加工出粗糙度值很小的表面。而且金刚石超精密切削速度很高，工件变形小，表层高温不会波及工件内层，因而可获得高的加工精度。

（3）影响金刚石超精密切削的主要因素。

1）加工设备要求具有高精度、高刚度、良好的稳定性与抗振性，以及数控功能等。

2）金刚石刀具的刃磨是一个关键技术。金刚石刀具通常在铸铁研磨盘上进行研磨，研磨时应使金刚石的晶向与主切削刃平行，并使刃口圆角半径尽可能小。理论上，金刚石刀具的刃口圆角半径可达 1nm，实际仅到 5nm。

3）由于金刚石精密切削的切深很小，因此要求被加工材料组织均匀，无微观缺陷。

4）工作环境要求恒温、恒湿、净化和抗振。

（4）金刚石精密切削的应用。目前金刚石超精密切削主要用于切削铜、铝及其合金。如高密度硬磁盘的铝合金片基，表面粗糙度 R_a 值可达 $0.003\mu m$，平面度可达 $0.2\mu m$。切削铁金属时，由于碳元素的亲和作用，会使金刚石刀具产生"碳化磨损"，从而影响刀具寿命和加工质量。

2. 精密与超精密磨削加工

精密与超精密磨削是目前对钢铁材料和半导体等脆硬材料进行精密加工的主要方法之一，在现代化的机械和电子设备制造技术中占有十分重要的地位。其磨削特点如下：

1）精密和超精密磨床是超精密磨削的关键。精密和超精密磨削在精密和超精密磨床上进行，其加工精度主要决定于机床。由于超精密磨削的精度要求越来越高，磨床精度已经进入纳米量级。

2）精密和超精密磨削是微量、超微量切除加工。精密和超精密磨削是一种极薄切削，其去除的余量可能与工件所要求的精度数量级相当，甚至于小于公差要求，因此在加工机理上与一般磨削加工是不同的。在超精密磨削时一般多采用人造金刚石、立方氮化硼等超硬磨料砂轮。

3）精密和超精密磨削是一个系统工程。影响精密和超精密磨削的因素很多，各因素之间相互关联，所以超精密磨削是一个系统工程。超精密磨削需要一个稳定的工艺系统，对力、热、振动、材料组织、工作环境的温度和净化等都有稳定性要求，并有较强的抗击来自系统内外干扰的能力，有了高稳定性，才能保证加工质量的要求。

（1）精密和超精密磨削加工方法分类。精密和超精密磨削加工可

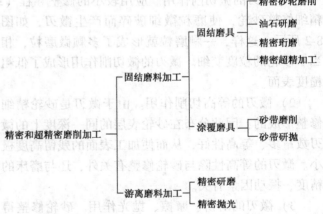

图 8-1　精密和超精密磨削加工方法分类

分为固结磨料和游离磨料两大类加工方式，加工方法分类如图 8-1 所示。

1）固结磨料加工。将磨粒或微粉与结合剂粘合在一起，形成一定的形状并具有一定强度，再采用烧结、粘接、涂敷等方法形成砂轮、砂条、油石、砂带等磨具。其中用烧结方法形成砂轮、砂条、油石等称为固结磨具；用涂敷方法形成砂带，称为涂覆磨具或涂敷磨具。

① 精密和超精密砂轮磨削。精密砂轮磨削是利用精细修整的粒度为 $60^{\#} \sim 80^{\#}$ 的砂轮进行磨削，其加工精度可达 $1\mu m$，表面粗糙度 R_a 值可达 $0.025\mu m$。超精密砂轮磨削是利用经过仔细修整的粒度为 F240 ~ F1000 的砂轮进行磨削，可以获得加工精度为 $0.1\mu m$，表面粗糙度 R_a 值为 $0.025 \sim 0.001\mu m$ 的加工表面。

② 精密和超精密砂带磨削。利用粒度为 F220 ~ F320 的砂带可进行精密砂带磨削，其加工精度可达 $1\mu m$，表面粗糙度 R_a 值可达 $0.025\mu m$。利用粒度为 F320 ~ F1200 的砂带可进行超精密砂带磨削，其加工精度可达 $0.1\mu m$，表面粗糙度 R_a 值可达 $0.025 \sim 0.008\mu m$。

③ 其他加工。如油石研磨、精密研磨、精密砂带研抛、精密珩磨等。

2）游离磨料加工。在加工时，磨粒或微粉不是固结在一起，而是成游离状态，其传统加工方法是研磨和抛光。近年来，在这些传统工艺的基础上，出现了许多新的游离磨料加工方法，如磁性研磨、弹性发射加工、液体动力抛光、液中研抛、磁流体抛光、挤压研抛、喷射加工等。

（2）精密磨削机理。精密磨削和超精密磨削一般多指砂轮磨削和砂带磨削，它们都是20 世纪 60 年代发展起来的，多用于机床主轴、轴承、液压滑阀、滚动导轨、量规等的精密加工。精密磨削主要是靠砂轮的精细修整，使磨粒具有微刃性和等高性，磨削后，被加工表面留下大量极微细的磨削痕迹，残留高度极小，加上无火花磨削阶段的作

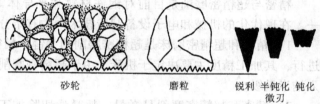

砂轮　　　磨粒　　　锐利 半钝化 钝化
　　　　　　　　　　　　　　微刃

图 8-2　磨粒微刃性和等高性

用，获得高精度和低表面粗糙度表面。因此，精密磨削机理可归纳为以下几点：

1）微刃的微切削作用。应用较小的修整导程（纵向进给量）和修整深度（横向进量）精细修整砂轮，使磨粒微细破碎而产生微刃，如图8-2 所示。这样，一颗磨粒就形成了多颗微磨粒，相当于砂轮的粒度变细。微刃的微切削作用形成了低粗糙度表面。

2）微刃的等高切削作用。由于微刃是砂轮精细修整形成的，因此分布在砂轮表层的同一深度上的微刃数量多、等高性好，从而使加工表面的残留高度极小。微刃的等高性除与砂轮修整有关外，还与磨床的精度、振动因素有关。

3）微刃的滑挤、摩擦、抛光作用。砂轮修整得到的微刃开始比较锐利，切削作用强，随着磨削时间的增加而逐渐钝化，同时，等高性得到改善。这时，切削作用减弱，滑挤、摩擦、抛光作用加强。磨削区

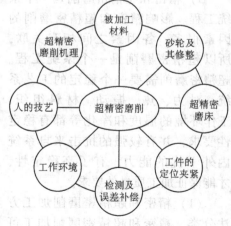

图 8-3　影响超精密磨削的主要因素

的高温使金属软化，钝化微刃的滑擦和挤压将工件表面凸峰辗平，降低了表面粗糙度值。

（3）影响精密与超精密磨削的因素。因为精密与超精密磨削是一个系统工程，这就决定了有很多因素影响精密与超精密磨削，图 8-3 给出了影响超精密磨削的主要因素。

3. 精密与超精密研磨和抛光加工

（1）研磨加工。研磨加工，通常使用1μm及其以下大小的氧化铝和碳化硅等磨粒及铸铁等硬质材料的研具进行研磨。研磨时磨粒的三种工作状态是：磨粒在工件与研具之间进行转动；由研具面支承磨粒研磨加工；由工件支承磨粒研磨加工面。但是，由于工件、磨粒、研具和研磨液等的不同，上述三种研磨方法的研磨表面状态也不同。由于工件材料及质量的不同，研磨面状态也各不相同。总之，这种表面的形成，是在产生切屑、研具的磨损和磨粒破碎等综合在一起的复杂情况下进行的。

研磨硬脆材料时，其磨屑产生的情况如图8-4所示。如在研磨玻璃时，玻璃面上几乎看不到有方向性的划伤，但散布有磨粒转动时所引起的裂纹并在部分表面上还产生相当于磨屑的碎片。这时的裂纹类似于玻璃面上压进金刚石压头所产生压坏的情况。研磨时，磨粒不是作用于镜面而是作用在有凸凹和裂纹等处的表面上，并产生磨屑。因而，在实际研磨中，认为因磨粒的转动和滑动引起的裂纹有助于产生磨屑是妥当的。研磨硬脆材料时，重要的是控制产生裂纹的大小。

塑性材料（如金属材料）的研磨机理与脆性材料的研磨机理有很大不同。研磨时，磨粒的研磨作用可看做是相当于普通切削和磨削的切削深度极小时的状态。但是，由于是使用游离状态的磨粒，难以形成连续的切削，可以推测，通过转动和加压，磨粒与工件间仅是断续的研磨动作，这与磨屑的产生是一致的。金属材料的研磨，其特点之一是没有裂纹，但对于铝材等软质材料研磨时，有很多磨粒被压入材料内。在研磨

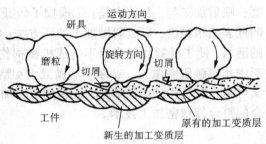

图8-4 研磨加工的模型

刀具和块规那样的硬质淬火钢时，由于材料组织非常细密，使用1μm左右的微小氧化铬磨料和采用铸铁研具进行研磨，可获得表面粗糙度R_a达0.02μm的镜面，也能进行高精度形状尺寸的加工。

（2）抛光加工。抛光也和研磨一样，是将研磨剂擦抹在抛光器上对工件进行抛光加工。但是，抛光使用的磨粒是1μm以下甚至几纳米的微细磨粒，而抛光器则需使用沥青、石蜡、合成树脂、聚氨酯和人造革等软质材料制成，即使抛光硬脆材料也能加工出一点裂纹也没有的镜面。

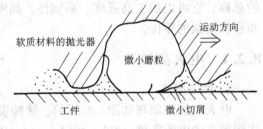

图8-5 抛光加工的模型

抛光加工的模型如图8-5所示。微小的磨粒被抛光器弹性地夹持研磨工件。因而，磨粒对工件的作用力很小。

抛光的加工机理是：

1）由磨粒进行的机械抛光可塑性地生成切屑。但是它仅利用极少磨粒强制压入产生作用。

2）借助磨粒和抛光器与工件流动摩擦使工件表面的凸凹变平。

3）在加工液中进行化学性溶析。

4）工件和磨粒之间有直接的化学反应，从而有助于上述过程进行。

（3）采用新工作原理的超精密研磨与抛光技术。传统的研磨抛光方法完全是靠微细磨粒的机械作用去除被加工表面的材质，达到精度很高的加工表面。有时某些平面有着极高的要求，如制造大规模集成电路的硅片，不仅要求极高的平面度，极小的表面粗糙度值（R_a0.18nm 以下），而且要求表面无变质层、无划伤；又如光学平晶、量块、石英振子基片等，除要求极高平面度、极小表面粗糙度值外，还要求两端面严格平行。这时传统的研磨、抛光方法已不能满足其加工要求，于是近年来出现了不少新的研磨与抛光方法，其工作原理有些已不完全是纯机械的去除，有些用的不是传统的研具和传统的研磨抛光磨料，已形成一系列系统的超精密复合加工技术。这些新的研磨抛光方法有的可以达到分子级和原子级材料的去除，并达到相应的极高几何精度和无缺陷无变质层的研磨抛光表面。如流体动力抛光加工、超声振动磨削、电化学抛光、超声电化学抛光、放电磨削、电化学放电修整磨削、动力悬浮研磨、磁流体研磨、磁性磨料抛光、机械化学抛光、化学机械抛光、电化学机械抛光、摆动磨料流抛光和电泳磨削技术、弹性发射加工（又称软质粒子抛光）、挤压研抛、滚动研磨、喷射加工等，其特点是：①模糊了研磨和抛光的概念，取研磨的高精度、高效率和抛光的低表面粗糙度，形成研抛加工的新方法；②采用软质磨粒，甚至采用比工件材料硬度更低的磨料，使工件被加工表面不造成机械损伤；③抛光、研磨工具与工件被加工表面不接触，形成非接触研磨抛光，或称浮动抛光；④整个研磨、抛光在工作液中进行，热变形影响小，又可防止空气中的尘埃影响；⑤采用复合加工，如化学机械抛光是化学作用和机械作用相结合的复合超精密加工技术。

8.2 特种加工简介

特种加工是指直接利用电能、光能、声能、化学能和电化学能等进行除去材料加工方法的总称。它可以加工高强度、高韧性、高硬度、高脆性、耐高温等难切削材料以及精密细小和形状复杂的零件。

8.2.1 电火花加工

1. 加工原理

电火花加工原理如图 8-6 所示。脉冲发生器将一脉冲电能量在电极间隙瞬时释放出来，达到很高的电流密度（$10^6 \sim 10^9 A/cm^2$），产生很高的温度（$10000 \sim 20000℃$），形成细小的颗粒，在电极表面形成一个小凹坑。当一个脉冲能量放完后，电极间恢复绝缘状态，下一个脉冲来到时又重复这个过程。将一个电极作为工具，另一个电极作为工件，可使工具电极的轮廓形状复印在工件上。整个工件的加工表面是由无数个微小的凹坑组成的。提高电流幅值、加大脉冲宽度可提高生产率，但同时使表面粗糙度值增大，加工精度降低。

2. 加工特点及应用

电火花加工速度慢，加工速度与表面质量矛盾十分明显，但不产生切削力引起的残余应力或变形，可用于各种导电材料型腔面和小孔、薄壁孔及曲线孔的加工，尤其适于加工模具及难加工材料。目前常用于穿孔加工、三维型腔加工和线切割加工等。

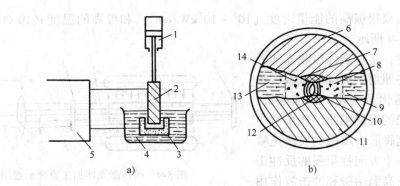

图 8-6 电火花加工原理

a) 加工组成部分　b) 加工微观过程

1—自动进给　2—工具　3—工件　4—煤油　5—脉冲电源　6—阴极　7—从阴极上抛出的
金属区域　8—熔化金属微粒　9—在工作液中凝固的区域　10—放电通道　11—阳极
12—从阳极上抛出的金属区域　13—工作液　14—气泡

8.2.2　电解加工

1. 加工原理

电解加工是利用金属在电解液中产生阳极溶解的原理将工件加工成形，如图 8-7 所示为电解加工成形原理图，图 8-8 为电解加工过程示意图。加工时，按照预定的形状制成工具电极（－）与工件电极（＋），使两者保持一定的间隙（0.02～0.7mm），中间通过高速流动的电解液。工具和工件间在低电压（5～25V）、大电流（100A/cm²）的作用下，使工件（阳极）的金属逐渐电解，其产生物被及时冲走。加工过程中，间隙小的地方电流密度大，阳极溶解速度快。随着工具电极不断进给，工件表面以不同的速度溶解，其形状逐渐接近工具的形状，直至工具的形状复制在工件上。

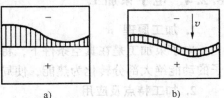

图 8-7　电解加工成形原理

a) 加工开始状态　b) 加工结束状态

2. 加工特点及应用

电解加工可加工各种金属材料，一次进给直接成形，生产率较高，加工表面不会产生残余应力和变形，工具阴极在加工过程中基本无损耗；但加工精度不高且难以控制，电解液对设备有腐蚀作用。电解加工主要用于各种模具的型腔和各种型孔及难加工材料的加工。

8.2.3　激光加工

1. 加工原理

利用激光的相干性、单色性、方向性好和能量密度高的特点，通过光学系统，将激光聚焦成直径仅几

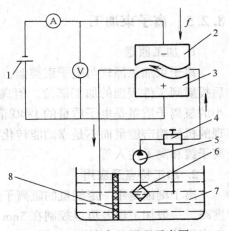

图 8-8　电解加工过程示意图

1—直流电源　2—工具阴极　3—工件
阳极　4—调压阀　5—电解液泵
6—过滤器　7—电解液　8—过滤网

微米的光斑，可获得极高的能量密度（$10^5 \sim 10^7 kW/cm^2$）和极高的温度（10 000℃以上）。加工原理如图8-9所示。

激光加工时，工件表面吸收光能并转化为热能，使照射的局部区域温度迅速升高，材料熔化至汽化，形成小坑。由于热扩散和光的继续吸收，使小坑中的材料气体迅速膨胀，熔融物质高速喷射出来，产生一个方向性很强的反冲击波，工件材料在高温熔融和冲击波作用下可被打出小孔。整个过程仅需千分之几秒甚至更短的时间。

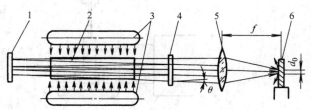

图8-9　固体激光器加工原理示意图

1—全反射镜　2—激光工作物质　3—光泵（激励脉冲氪灯）
4—部分反射镜　5—透镜　6—工件　θ—激光束发散全角
d_0—激光焦点直径　f—焦距

2. 加工特点及应用

激光可加工金属及非金属材料，加工效率高，切缝窄，因此工件热变形小，易于保证加工精度；由于属非接触性加工，没有切削力，可用于薄板类零件的高精加工；能通过透明介质，对隔离室内零件进行加工；节能、环保，易于实现加工自动化。激光在机械加工中主要用于打孔和切割。

8.2.4　电子束加工

1. 加工原理

电子束加工是在真空条件下，将具有很高速度和能量的电子束聚焦到被加工材料上，电子的动能绝大部分转化为热能，使局部材料瞬时熔融，汽化蒸发而除去。

2. 加工特点及应用

电子束加工的能量密度高，压力微小，污染少，易于实现自动化控制。电子束加工按功率密度和能量注入时间不同，可分别用于打孔、切割、蚀刻、焊接、热处理和光刻等；能加工超硬、难熔的金属和非金属材料，打孔的最小直径可达0.003mm。

8.2.5　离子束加工

1. 加工原理

离子束加工原理与电子束类似，即在真空条件下，将离子源产生的离子束经过加速聚集后投射到工件表面的加工部位。但离子带正电荷，其质量比电子大数千至数万倍（例如最小的氢离子质量是电子质量的1840倍，而氩离子的质量是电子的7.2万倍）。离子束是靠微观的机械撞击能量而不是靠动能转化为热能加工的。离子束加工包括离子刻蚀、离子溅射、离子镀和离子注入等。

2. 加工特点及应用

离子刻蚀是用一定能量的氩离子轰击工件，将加工部位的原子逐个剥离。离子束加工精度高，一般加工误差可以控制在5nm以下（几到十几个原子厚度），变形小，污染小，常用于半导体和光栅的刻蚀加工。

224

8.2.6 超声波加工

1. 加工原理

超声波加工原理如图 8-10 所示。它是使工具作超声振动，并沿工具头振动方向施加一定压力，通过液体磨料来加工工件材料。

超声波发生器产生 16000～30000Hz 的高频电流，通过磁致伸缩换能器转为相同频率的机械振动，振幅为 1～5μm，经过振幅扩大棒（变幅杆）使其扩大 10～20 倍。从而通过与其相连接的工具使液体分子及混在其中的固体磨粒得到极高的瞬时速度和加速度，撞击和抛磨工件表面，使加工区域的材料成为微粒被撞击下来。

2. 加工特点及应用

超声波适用于脆性材料的加工，不仅可加工硬质合金、淬火钢等，还可加工玻璃、陶瓷、半导体材料等。加工时工件只承受撞击力，加工表面不产生组织改变，不仅加工精度高（尺寸精度可达 0.01～0.02mm，R_a 可达 0.63～0.08μm），而且可使用不同的端部形状工具和不同的运动方法进行各种微细加工。

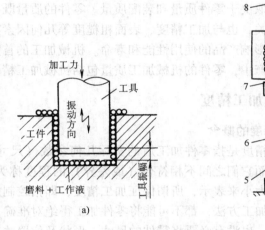

图 8-10　超声波加工
a) 加工原理　b) 加工装置
1—冷却器　2—磨料悬浮液抽油　3—工具　4—工件　5—磨料悬浮液送入　6—变幅杆　7—磁致伸缩换能器　8—高频发生器

超声波加工适合用于各种复杂的型孔、型腔、成形表面的加工，也可用于切割、雕刻、研磨以及薄板、薄壁零件等加工。

8.3　习题

8-1　什么是精密加工？什么是超精密加工？精密加工和超精密加工的特点是什么？

8-2　为实现精密与超精密加工，精密机床应该考虑哪些因素？

8-3　简述金刚石精密切削的机理。金刚石精密切削有哪些应用？

8-4　何谓固结磨料加工？何谓游离磨料加工？它们各有何特点？适用于什么场合？

8-5　精密与超精密磨削能获得高精度和低表面粗糙度值表面的主要原因是什么？

8-6　试从系统工程的角度来分析精密与超精密磨削能达到高质量的原因。

8-7　试述研磨与抛光的机理与特点。

8-8　简述常用的几种特种加工的原理、特点及应用场合。

第 9 章　机械加工质量

9.1　概述

产品质量取决于零件质量和装配质量。零件的质量既与材料性质、零件表面层组织状态等物理因素有关，也与加工精度、表面粗糙度等几何因素有关。尤其是零件的加工精度及表面粗糙度直接影响产品的使用性能和寿命。机械加工的首要任务就是要保证这方面的要求。

在实际生产中，零件的机械加工质量包括机械加工精度和机械加工表面质量两方面。

9.1.1　机械加工精度

1. 加工精度的概念

机械加工精度是指零件加工后的实际几何参数（尺寸、形状和位置）与理想几何参数的符合程度。而它们之间不相符合（或差异）的程度称为加工误差。加工精度在数值上通过加工误差的大小来表示，所谓保证加工精度，即指控制加工误差。

任何一种加工方法，都不可能将零件加工得绝对准确，总会存在一定的误差。从机器的使用性能来看，也没有必要将零件的尺寸、形状及位置关系制造得绝对准确，只要这些误差大小不影响机器的使用性能即可。

2. 获得规定的加工精度的方法

（1）获得尺寸精度的方法。

1）试切法。试切法是指通过对工件试切、测量、调整、再试切的反复过程，直到加工尺寸达到要求为止。这种方法效率较低，对操作者技术水平要求较高。

2）定尺寸刀具法。用刀具的相应尺寸来保证工件加工部位尺寸的方法称为定尺寸刀具法。如钻孔、拉孔、攻螺纹等。

3）调整法。预先调整好刀具和工件在机床上的相对位置，并在一批零件的加工过程中保持这个位置不变，以保证工件加工尺寸的方法称为调整法。工件的加工精度在很大程度上取决于调整的精度。

4）自动控制法。用测量装置、进给装置和控制装置组成一个自动加工的循环系统，使加工过程中的测量、补偿调整和切削工作等自动完成，以保证工件加工部位尺寸的方法称为自动控制法。

（2）获得形状精度的方法。

1）刀尖轨迹法。采用非成形刀具，利用机床的成形运动使刀尖与工件的相对运动轨迹符合加工表面形状的要求。如车削、刨削等。

2）成形刀具法。机床的某些成形运动用成形刀具刀刃的几何形状代替。如成形车、成形铣等。

3）仿形法。指刀具按照仿形装置进给对工件进行加工的方法。如车刀利用靠模和仿形刀架加工阶梯轴或回转体表面等。

4）展成法。其成形运动是工件和刀具间的相互啮合运动，加工表面是刀刃在相互啮合运动中的包络面。如滚齿、插齿等。

（3）获得位置精度的方法。加工表面的位置精度取决于它的基准面在机床上是否占有正确的位置。主要靠机床的运动之间、机床的运动与工件装夹后的位置之间及各工位位置之间的相互正确程度来保证。

9.1.2　机械加工表面质量

1. 表面质量的含义

任何机械加工所得的零件表面，都不是完全理想的表面，它总是会存在一定程度的微观不平度、残余应力、冷作硬化及金相组织变化等问题。这些问题虽然只产生在很薄的表面层中，却影响着零件的使用性能和寿命，对在高速、重载或高温条件下工作的零件的影响尤为显著。

机械加工表面质量主要包括两方面内容，即表面几何形状和表面层的物理力学性能。

（1）表面几何形状。任何加工后的表面几何形状，总是以"峰"和"谷"交替出现的形式偏离其理想的光滑表面。按波距 L 和波高 H 的比值不同，如图 9-1 所示，可分为以下三种误差：

1）表面粗糙度。$L/H \leqslant 50$，属微观几何形状误差。

2）表面波度。$L/H = 50 \sim 1000$，介于宏观和微观之间的几何形状误差，它主要是由加工过程中的振动所引起的。

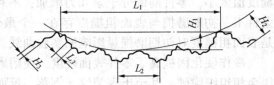

图 9-1　表面粗糙度与波度

3）宏观几何形状偏差。$L/H \geqslant 1000$，即加工精度中所指的"几何形状偏差"。

（2）表面层的物理力学性能。

1）表面层冷作硬化。这是指已加工表面由于挤压产生塑性变形，表面层硬度高于工件材料加工前的硬度的现象。

2）表面层金相组织的变化。机械加工中，工件表面加工区温度急剧升高，导致表面层金相组织发生变化，尤其在磨削加工中更为明显。

3）表面层残余应力。残余应力是指工件表面层发生形状变化或组织改变时，在表面层与基体材料交界处产生的应力。当引起应力的原因去除后，此应力仍然存在。

2. 机械加工表面质量对零件使用性能的影响

（1）对零件耐磨性的影响。表面粗糙度对零件耐磨性的影响很大。一对互相配合的表面最初只是两表面凸峰的接触，并且一个表面的凸峰可能进入另一表面的凹谷中去，由于接触面积小，单位压力大，使凸峰部分产生塑性变形。当两表面作相对运动时，摩擦阻力很大，在接触处产生弹性变形、塑性变形和剪切破坏等现象，使凸峰部分迅速被压平而造成严重磨损，即工作表面的初期磨损阶段（图 9-2a 中的 AB 段曲线），其初期磨损量有时可达 65% ~ 75%。其后随着接触面积的增大，单位压力降低，磨损减慢，进入正常磨损阶段（图 9-2a 中的 BC 段曲线）。正常磨损阶段后期表面粗糙度低于合理数值，接触面间的润滑油被挤出而几乎成为干摩擦，从而使磨损迅速增加直至接触表面被破坏为止（如图 9-2 a 中的点 C 以后）。

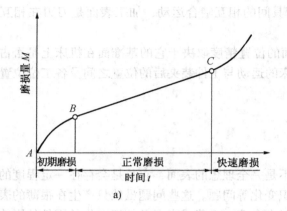
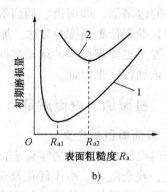

图 9-2　磨损曲线

a）磨损过程的三个阶段　b）初期磨损量与表面粗糙度的关系

1—轻载　2—重载

显然，要提高零件的使用性能和寿命，就要降低表面粗糙度值和初期磨损量。但表面粗糙度值太小，零件间的分子亲和力增加，不利于润滑油的贮存，磨损反而加剧。在一定工作条件下，初期磨损与表面粗糙度存在一个最佳点，摩擦副表面有一最佳粗糙度值。图 9-2b 是表面粗糙度对初期磨损量影响的实验曲线。

冷作硬化因提高了零件表面硬度，使耐磨性有所提高。但过度的冷作硬化会使零件表面层金相组织脆硬，甚至出现裂纹、剥落，反而使耐磨性下降。

残余压应力使得零件表面结构紧密，耐磨性高。

（2）对零件疲劳强度的影响。在交变载荷作用下，零件表面微观不平的凹谷处和缺陷处都会产生应力集中而形成疲劳裂纹，然后裂纹逐渐扩大和加深，导致疲劳破坏。

零件表面粗糙度值越大，应力集中越严重，疲劳强度就越低。

零件表面的冷作硬化有助于提高疲劳强度。因为强化过的表面层能阻碍裂纹的产生和继续扩大，但冷作硬化程度过高时，可能会出现较大的脆性裂纹反而降低了疲劳强度。

表面层的残余压应力可部分地抵消工作载荷引起的拉应力，因而可提高零件的疲劳强度；而残余拉应力，则会降低零件的疲劳强度。

如果淬火钢件的表面存在磨削烧伤或裂纹，则零件的疲劳强度会更为降低。

（3）对零件配合性质的影响。对于过盈配合，如果配合表面粗糙，装配时表面的凸峰被挤平而使实际有效过盈量减小，降低了配合强度。对于间隙配合，配合表面粗糙度值大，则在初期磨损阶段，表面迅速磨损而使间隙增大，改变了配合的性质。

残余应力将会使零件产生变形，从而影响配合精度和配合性质。

冷作硬化程度过高，在过盈配合中，有可能造成表面层金属与内部金属脱离的现象而破坏配合性质。

（4）对零件耐腐蚀性的影响。零件的表面粗糙度值越大，吸附在表面上的腐蚀性物质就越多，而且通过凹谷向内部渗透。当渗透到一定程度时，表层金属即被腐蚀掉，这时在金属新的表层又形成二次粗糙度，腐蚀作用又开始，直至破坏。凹谷越深，越尖锐，尤其有表面裂纹时，这种腐蚀作用越明显。

零件表面的冷作硬化和残余压应力可以提高零件的耐腐蚀性。

9.2　影响机械加工精度的因素

在机械加工中，零件的尺寸、几何形状和各表面间的相互位置，取决于工件和刀具的相互位置及相对运动关系。而加工时，工件和刀具又是安装在夹具和机床上的，并受到它们的约束，因此，在机械加工时，机床、夹具、刀具和工件就构成了一个完整的系统，称之为工艺系统。工艺系统本身的几何误差和切削过程中各种因素引起的工艺系统的误差，在不同的条件下以不同的程度反映为零件的尺寸、几何形状和各表面相互位置的加工误差。

影响零件加工精度（或加工误差）的因素可以归纳为以下三个方面：工艺系统的几何误差；工艺系统的力效应；工艺系统的热变形。

9.2.1　工艺系统的几何误差对加工精度的影响

工艺系统的几何误差是指机床、夹具、刀具和工件本身所具有的原始制造误差。这些误差在加工时会或多或少地反映到工件的加工表面上。另外，在长期生产过程中，机床、夹具和刀具逐渐磨损，使工艺系统的几何误差进一步扩大，工件的加工精度也就相应地进一步降低。

1. 加工原理误差

加工原理误差是指在加工工件时采用了近似的加工运动或近似的刀具刀刃廓形而产生的误差。

理论上完全正确的加工方法，有时很难实现：或者加工效率很低；或者要使用结构很复杂的机床和夹具；或者理论廓形的刀具不易制造或制造精度很低。在这种情况下，虽然加工方法是合乎理论的，但工件加工后所产生的加工误差，可能会比采用近似方法加工大得多或加工效率很低。因此，只要原理误差在允许的范围内，采用近似加工是保证加工质量、提高生产率和经济性的有效工艺措施。例如，用成形法加工直齿渐开线齿形时，理论上同一模数一种齿数的齿轮就要用相应的一种齿形刀具加工。而实际上，为简化刀具的设计和制造，常用一把模数铣刀加工几种不同齿数的齿轮；又如在齿轮滚齿加工中，用阿基米德蜗杆代替渐开线蜗杆，加工出来的齿廓是接近渐开线的折线；还有在数控加工中用直线或圆弧逼近所要求的曲线。以上这些都会产生加工原理误差。

2. 机床的几何误差

工件的加工精度在很大程度上取决于机床的制造精度。一般来说，一定精度的机床只能加工出一定精度的工件。机床误差中对加工精度影响较大的是主轴回转误差、导轨导向误差、传动链传动误差。

（1）主轴回转误差。主轴回转误差就是主轴的瞬时回转轴线相对于其平均回转轴线在加工表面的法线方向上的最大变动量。机床主轴是安装工件或刀具的基准，并将运动和动力传给工件或刀具，因此，主轴的回转误差直接影响工件的加工精度。在理想的情况下，主轴回转时回转中心线的空间位置是固定不动的。但实际上由于各种因素的影响，主轴回转中心的瞬时空间位置总是在发生变动，其回转误差表现为径向圆跳动、端面圆跳动和角向摆动，如图 9-3 所示。

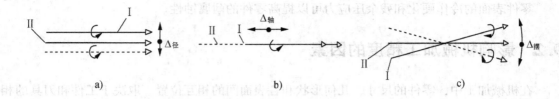

图 9-3 主轴回转误差的基本形式

a) 径向圆跳动 b) 端面圆跳动 c) 角向摆动

不同形式、不同的加工方法的主轴回转误差对加工精度的影响是不一样的。

机床主轴回转误差为纯径向圆跳动时，一般会引起工件圆柱表面横截面的圆度误差和圆柱面的形状误差。

主轴回转误差为纯端面圆跳动时，对于内孔和外圆的加工没有影响。但在车削端面时，会出现端面对轴线的垂直度误差，车螺纹时会出现内螺距误差。

主轴回转的角向摆动，主要影响工件的形状精度。在镗孔时，镗出的孔为椭圆形；在外圆车削时，车出的工件产生圆柱度误差。角向摆动，一般还会使加工表面远离主轴端的圆度误差加大。事实上，主轴的回转误差是上述三种基本形式误差的合成。因此，主轴的误差既影响工件的圆柱面的形状精度，又影响端面的形状精度。

（2）导轨误差。床身导轨是机床的一些主要部件间相对位置和相对运动的基准，依靠它来保持刀具与工件之间的导向精度。对机床导轨的精度要求主要有：在水平面内的直线度；在垂直面内的直线度；两导轨的平行度。

现以车削为例，分析导轨误差对零件加工精度的影响。

1）导轨在水平面内的直线度误差，使刀尖产生水平位移 Δy（图9-4 a），引起工件在半径方向的加工误差 ΔR（$\Delta R = \Delta y$），这一误差使工件被加工表面形成鞍形、鼓形或锥形等圆柱度误差。

2）导轨在垂直面内的直线度误差，使刀尖产生垂直位移 Δz（图9-4b），此位移使工件在半径方向上产生的加工误差 $\Delta R \approx \Delta z^2/D$，$D = 2R$。这一误差会使工件被加工表面形成双

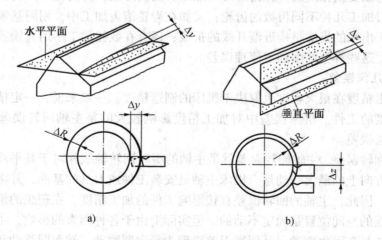

图 9-4 导轨的直线度误差对加工精度的影响

a) 在水平面内 b) 在垂直面内

曲旋转面或鼓形等圆柱度误差，但影响很小，可忽略不计。

3）两导轨在垂直方向上的平行度误差（扭曲度），会引起车床纵向溜板沿床身移动时发生倾斜，从而使刀尖相对于工件产生偏移，影响加工精度（图9-5）。设车床中心高为 H，导轨宽度为 B，导轨扭曲量为 Δ，刀尖水平位移为 Δy，则导轨扭曲量所引起的工件半径方向上的加工误差为 $\Delta R \approx \Delta y = \delta H/B$。由于沿导轨全长上不同位置处的扭曲量不同，因此工件将产生圆柱度误差。

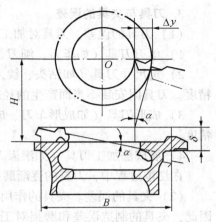

图9-5　导轨扭曲度对加工精度的影响

另外，主轴回转轴心线与床身导轨不平行对加工精度也有影响。以车削加工外圆柱面为例，在水平面内主轴轴线与导轨不平行时，加工出的表面呈锥形；在垂直面内不平行时，工件的表面形成双曲旋转面，如图9-6所示。

（3）传动链的传动误差。在机械加工中，工件表面的形成是通过一系列传动机构来实现的。这些传动机构由于本身的制造、安装误差和工作中的磨损，必将引起工件表面形成运动的不准确，产生加工误差。在切削运动需要有严格的内在联系的情况下，如车螺纹、滚齿、插齿、精密刻度等加工，传动误差是影响加工精度的主要因素。

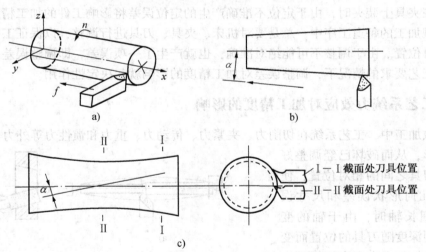

图9-6　主轴回转轴线与导轨平行度误差对车削外圆的影响

a）加工外圆柱面　b）加工出圆锥面　c）加工出双曲线

为减少传动误差对加工精度的影响，可采取下列措施：

1）减少传动链中的元件数目，缩短传动链，以减少误差来源；

2）提高传动元件，特别是末端传动元件的制造精度和装配精度；

3）降低传动比，尤其要降低最后一对传动元件的传动比；

4）消除传动链中齿轮间的传动间隙；

5）可采用误差校正机构来提高传动精度。

3. 刀具与夹具的误差

（1）刀具的误差。刀具对加工精度的影响，将因刀具种类的不同而不同。

1）单刃刀具（如车刀、刨刀、单刃镗刀）的制造误差对加工精度没有直接影响。

2）定尺寸刀具（如钻头、铰刀、拉刀及键槽铣刀等）的尺寸精度直接影响工件的尺寸精度。刀具因安装不当而产生的径向圆跳动和端面圆跳动等也会使加工面的尺寸扩大。

3）成形刀具（如成形车刀、成形铣刀、成形砂轮等）的形状精度直接影响工件的形状精度。

4）展成法加工刀具（如滚齿刀、插齿刀等）的尺寸和形状精度直接影响加工精度。

在切削过程中，刀具的逐渐磨损会直接影响加工精度。

（2）夹具的误差。夹具的作用是使工件或刀具在加工过程中相对机床保持正确的位置。因此，夹具的制造误差和磨损对工件的加工精度有很大影响。如车床常用的三爪自定心卡盘，若三个卡爪不同心，以工件外圆柱面定位夹紧时，则加工出来的孔与外圆柱面会产生同轴度误差。若三个卡爪的夹持面与主轴回转轴线不平行时，加工出来的工件端面对外圆柱面会产生垂直度误差。

夹具误差包括定位元件、引导元件、对刀装置、分度机构及夹具体等的制造误差，以及定位元件之间的相互位置误差。

4. 定位与调整误差

工件在夹具上装夹时，由于定位不准确产生的定位误差将影响工件的加工精度。

在机械加工的每道工序中，总是要对机床、夹具、刀具进行调整，以保证工件与刀具间准确的相对位置。由于调整不可能绝对准确，也就产生了一项误差，即调整误差。在工艺系统已达到工艺要求的情况下，调整误差对加工精度的影响就起决定性作用。

9.2.2　工艺系统力效应对加工精度的影响

在机械加工中，工艺系统在切削力、夹紧力、传动力、重力和惯性力等外力作用下会产生弹性变形，从而破坏已经调整好的工件和刀具之间的相对位置，使工件产生几何形状误差和尺寸误差。如车细长轴时，由于轴的变形，使切削深度随刀具的位置而变化，车出的轴就会出现中间粗两头细的形状，如图9-7所示。

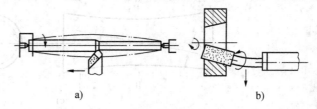

图9-7　工艺系统受力变形引起的加工误差
a）车削细长轴　b）磨削内孔

工艺系统弹性变形的大小，一方面取决于外力的大小，另一方面也取决于工艺系统抵抗外力的能力。物体受力后抵抗使其变形的外力的能力称为刚度。

对于工艺系统而言，切削加工时，沿加工表面法线方向上的切削力 $F_{法}$ 与工件和刀具在 $F_{法}$ 方向的相对位移 $Y_{系统}$ 的比值，称为工艺系统刚度，用 $K_{系统}$ 表示。即

$$K_{系统} = \frac{F_{法}}{Y_{系统}}$$

由于力与位移通常都是在静态条件下测量，故工艺系统刚度指的是静态下的刚度。

1. 工艺系统刚度对加工精度的影响

研究工艺系统的刚度，是为了解决工艺系统由于受力变形对加工精度带来的影响。

工艺系统在受力情况下，某处的法向总变形，就等于机床、夹具、刀具及工件在同一处法向变形的叠加。即

$$Y_{系统} = Y_{机床} + Y_{夹具} + Y_{刀具} + Y_{工件}$$

而工艺系统、机床、夹具、刀具及工件的刚度分别为

$$K_{系统} = F_{法}/Y_{系统}, \quad K_{机床} = F_{法}/Y_{机床}, \quad K_{夹具} = F_{法}/Y_{夹具}$$

$$K_{刀具} = F_{法}/Y_{刀具}, \quad K_{工件} = F_{法}/Y_{工件}$$

代入前式并整理得

$$K_{系统} = \cfrac{1}{\cfrac{1}{K_{机床}} + \cfrac{1}{K_{夹具}} + \cfrac{1}{K_{刀具}} + \cfrac{1}{K_{工件}}}$$

从上式可看出，若知道了工艺系统各组成部分的刚度，就可以求出整个工艺系统的刚度。

工艺系统刚度对加工精度的影响可归纳为切削力对加工精度的影响和其他作用力对加工精度的影响。

（1）切削力的变化对加工精度的影响。

1）切削力作用点位置的变化引起的加工误差。工艺系统的刚度除了受到各组成部分刚度的影响外，还随着切削力作用点位置的变化而变化，从而引起工件的加工误差。

例如，在车床上用两顶尖为支承车削刚性轴，如图 9-8a 所示，因工件短而粗，刚度大，其本身在受力下的变形忽略不计，所以工艺系统的变形取决于机床前后顶尖处和刀架的变形。

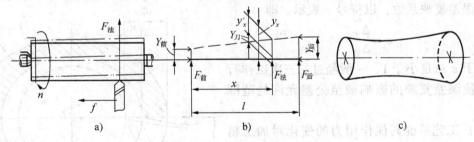

图 9-8 车削刚性轴时对加工精度的影响

图 9-8b 所示为刀具距离工件左端为 x 时，工艺系统的变形情况，其变形为

$$Y_x = Y'_x + Y_{刀}$$

$$Y'_x = Y_{前} + (Y_{后} - Y_{前})\frac{x}{l}$$

式中　Y'_x——切削力作用点机床的变形；

　　$Y_{刀}$——刀架变形量；

　　$Y_{前}$——前顶尖变形量；

　　$Y_{后}$——后顶尖变形量。

若刀架、床头、尾座的刚度分别为 $K_{刀}$、$K_{前}$、$K_{后}$，由法向切削分力 $F_{法}$ 产生的作用于前后顶尖处的力分别为 $F_{前}$、$F_{后}$，则有

$$Y_{刀} = F_{法}/K_{刀}, \quad Y_{前} = F_{前}/K_{前}, \quad Y_{后} = F_{后}/K_{后}$$

而

$$F_{前} = \frac{l-x}{l}F_{法}, \quad F_{后} = \frac{x}{l}F_{法}$$

可得工艺系统在 x 处的变形为

$$Y_x = F_{法}\left[\frac{1}{K_{刀}} + \frac{1}{K_{前}}\left(\frac{l-x}{l}\right)^2 + \frac{1}{K_{后}}\left(\frac{x}{l}\right)^2\right]$$

可见，工艺系统的刚度和变形随刀具位置变化而变化，加工出的工件各横截面上直径尺寸不同，工件呈中间细两端粗的鞍形形状，如图9-8c所示。

工艺系统刚度随刀具位置变化而变化造成加工误差的实例很多。如车削细长轴时，零件刚度不足，加工后会出现鼓形（见图9-7a）；磨内孔时，因砂轮轴杆刚度不足，则加工后工件内孔会呈锥形（图9-7b）。

2）切削力大小的变化引起的加工误差。工件在切削加工时，由于工件毛坯表面存在着形状及相互位置误差或材料硬度的不均匀（或由于其他原因），使背吃刀量发生变化而引起切削力的变化，从而产生加工误差。

图9-9所示为车削一个有圆度误差的毛坯。将刀尖调整到要求的尺寸后，在工件每一转过程中，背吃刀量 a_p 发生变化，当车刀切至毛坯长轴时为最大背吃刀量 a_{p1}，切至毛坯短轴时为最小背吃刀量 a_{p2}。因此，法向切削力 $F_{法}$ 也随背吃刀量 a_p 的变化而由最大变到最小，它所引起的变形量也由最大（Y_1）变到最小（Y_2），所以加工后工件仍有圆度误差。这种使毛坯形状误差复映到加工后的工件表面上的现象称为误差复映。为了定量地反映毛坯误差经加工后减小的程度，将工件误差 $\Delta_{工}$（$\Delta_{工} = Y_1 - Y_2$）与毛坯误差 $\Delta_{毛}$（$\Delta_{毛} = a_{p1} - a_{p2}$）的比值称为误差复映系数，以符号 ε 表示。即

$$\varepsilon = \frac{\Delta_{工}}{\Delta_{毛}}$$

由于 ε 总是小于1，一般经过二三次工作行程就可使误差复映的影响减至公差允许的范围内。

（2）工艺系统其他作用力的变化对加工精度的影响。在工件的加工过程中，传动力和惯性力在工件的每一转中经常改变方向，因此其法向分力的大小也随之变化，从而引起工艺系统的受力变形发生变化，造成工件的几何形状误差。

对于刚度较差的工件，若夹紧方法不当而产生夹紧变形，加工后因弹性恢复会出现加工误差。

立车、龙门刨、龙门铣等大型机床的横梁及刀架，其自重会引起导轨的变形，从而影响刀架成形运动的准确性，给工件带来误差。

在切削力很小的精密机床中，工艺系统因有关部件自身重力作用所引起的变形而造成的

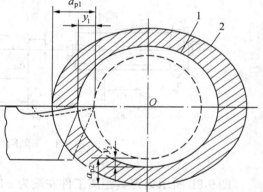

图9-9　车削时误差的复映
1—工件　2—毛坯

加工误差也较突出。

在铸、锻、焊及热处理等热加工过程中，由于材料各部分冷热收缩不均匀以及材料金相组织转变时的体积变化，使毛坯（或工件）内部产生相当大的内应力。内应力暂时处于相对平衡的状态，但切去一层金属后，就打破了这种平衡，内应力重新分布，工件将产生明显变形。

2. 减小工艺系统受力变形对加工精度的影响的途径

1）提高工艺系统中零件间的配合质量以提高接触刚度。如提高机床导轨的刮研质量，提高顶尖锥体同主轴和尾座套筒锥孔的接触质量，多次修研加工精密零件的中心孔等。

2）给机床部件以预加载荷，提高接触刚度。如机床主轴常采用能预紧的滚动轴承来支承。

3）设置辅助支承以提高工艺系统的刚度。如车细长轴时采用中心架或跟刀架来提高工件的刚度。在转塔车床上加工较短的轴套类零件时，采用导向杆和支承座来提高刀架的刚度。

4）采用合理的安装方法和加工方法，以提高工艺系统的刚度。

5）减小切削力和其他外力及其在加工过程中的变化。例如，合理选择刀具材料和切削用量；精加工时采用较小的背吃刀量和进给量；控制夹紧力大小并使其均匀分布；使机床旋转部件平衡以减小离心力和惯性力等。

6）采用时效处理以消除内应力对加工精度的影响。

9.2.3　工艺系统热变形对加工精度的影响

机械加工过程中，工艺系统因受切削热、运动副摩擦热、阳光及供暖设备的辐射热等影响而产生变形，破坏了工件与刀具间的相互位置关系和相对运动的准确性，引起加工误差。工艺系统热变形对加工精度的影响很大，尤其在精密加工中，热变形引起的加工误差占总加工误差的40%以上。

1. 机床热变形对加工精度的影响

由于各类机床的结构和工作条件相差很大，所以引起机床热变形的热源和变形形式也不尽相同。在机床的热变形中，以主轴部件、床身导轨及两者相对位置的热变形对加工误差的影响最为突出。图9-10为几种机床热变形的大概趋势。这种热变形必然影响刀具和工件间的预定相对位置和运动，引起加工误差。如铣床的热变形主要是主轴在垂直面内的倾斜，如图9-10b所示，它使得铣削后的平面与基面之间出现平行度误差。

2. 刀具热变形对加工精度的影响

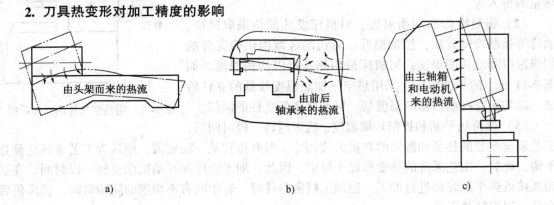

图9-10　几种机床的热变形趋势
a）车床　b）铣床　c）平面磨床

刀具热变形主要是由传到刀具上的切削热引起的。在加工过程中，刀具切削部分温度很高，刀具受热伸长，从而影响工件的加工精度。

刀具的热变形在加工不同的零件时产生的加工误差不同。断续切削时，如加工一批短轴的外圆，刀具热伸长对每一个工件的影响不明显，对一批工件而言，则尺寸逐渐减小，并影响一批工件的尺寸分散范围；连续切削时，如加工长轴外圆时，刀具热伸长会使工件产生锥度。但由于刀具体积小，能较快地达到热平衡，而且刀具的伸长又能与刀具的磨损互相补偿，所以对加工精度的影响不甚显著。

3. 工件热变形对加工精度的影响

工件的热变形主要受切削热的影响。在热膨胀下达到的加工尺寸，冷却收缩后会变小，甚至超差。在精加工时，工件的热变形对加工精度的影响很大，特别是对细长工件的加工影响尤为突出。如磨削丝杠时，工件的热伸长会引起加工螺距的累积误差，严重地影响螺距精度，必须采取适当的措施来减少热变形。工件的热变形一般对粗加工的影响不大，但在工序集中的场合，会给紧接着的精加工带来影响。如在一道工序中进行钻、扩、铰孔，钻孔后孔径的热膨胀量影响着随后的铰孔加工，使工件冷却收缩后孔径变小，甚至可能超差。

工件受热是否均匀对热变形的影响也很大。在车、镗、外圆磨等加工中，工件受热均匀，主要影响尺寸精度。但当加工精度要求高的长轴时，也会影响形状精度。在平面的刨、铣、磨等加工中，工件单面受热，受热不均匀，尤其是板类零件的单面加工，上下表面的温差造成工件弯曲变形，主要影响形状精度。

大型、复杂零件及铜、铝等有色金属的热变形对加工精度的影响更为显著。

4. 减小工艺系统热变形的途径

（1）减少发热和隔离热源。通过合理地选择切削用量、刀具的几何参数等来减少切削热；对机床各运动副，如主轴轴承、丝杠副、齿轮副、摩擦离合器等零部件，从改进结构和改善润滑等方面来减少摩擦热。

凡是能从工艺系统中分离出去的热源，如电动机、变速箱、液压装置和油箱等，尽可能放在机床的外部，若不能放在外部，应用隔热材料将发热部件和机床大件隔离开来。此外，还应及时清除切屑或在工作台上安装隔热板以阻止切屑热量的传入等。

（2）强制冷却和均衡温度。对机床发热部位采取风冷、油冷等强制冷却方法，控制温升；对切削区域内供给充分的切削液以降低切削温度；对机床采用热补偿以均衡温度。如图 9-11 所示的平面磨床，采用热空气加热温度较低的立柱后壁，以均衡立柱前后壁的温度场，可明显降低立柱的倾斜。

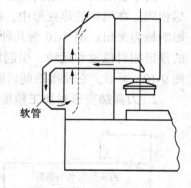

软管

图 9-11　用热空气加热立柱后壁

（3）保持热平衡和控制环境温度。机床运转一段时间后，工艺系统吸收的热量和散发的热量大致相等，温升达到某一稳定值，则认为工艺系统达到热平衡。此时，工艺系统的热变形趋于稳定。因此，加工前应先开动机床空转一段时间，在达到或接近热平衡时再进行加工。当加工精密零件时，若中间有不切削的间断时间，机床仍要空转，以保持热平衡。

环境温度的变化也会使工艺系统产生变形，因此，在精密零件的加工中，需要控制室温

236

的变化。如均匀地安排车间内的供暖设备，使热流的方向不朝向机床，避免阳光对机床的直接照射等。一般，一昼夜气温变化可达10℃左右，晚上10时至翌晨6时温度变化较小，所以精度要求较高的工件常在此时间进行加工。

精密机床应安放在恒温室内。恒温室的温度可按季节调整，恒温精度应严格控制。

9.3 机械加工精度的综合分析

前面已经对影响加工精度的各种主要因素进行了分析，并提出了解决问题的一些方法。但从分析方法来讲，是属于局部的、单因素的性质。在生产实际中影响加工精度的因素往往是错综复杂的，很难用单因素的方法来分析，而需要用数理统计的方法来解决。

9.3.1 加工误差的性质

各种因素产生的加工误差按其出现的有无规律，可分为两大类，即系统误差和随机误差。

（1）系统误差。当顺次加工一批零件时，若产生的误差大小和方向都保持不变或按一定的规律变化，这种误差称为系统误差。前者为常值系统误差，后者为变值系统误差。

例如，用比工件规定加工尺寸小0.02mm的铰刀铰孔，若不考虑其他因素，铰出的每一个孔在直径上都将小0.02mm，这一误差就是常值系统误差。又如，刀具的磨损使一批工件的尺寸依次有规律的变化，这一误差就是变值系统误差。

（2）随机误差。顺次加工一批零件时，产生的误差大小和方向均是无规律地变化，这种误差称为随机误差。如用一把铰刀加工一批工件，加工条件不变，但加工出的孔径尺寸仍在一定范围内分散。这可能是由于毛坯加工余量不均匀、材料硬度不均匀、内应力重新分布和定位夹紧等引起的。

在机械加工中，一批工件的加工误差往往是系统误差和随机误差共同作用的结果。

9.3.2 加工误差的统计分析

加工误差的统计分析就是对一批工件的实际尺寸用概率论和数理统计的方法进行处理，分析误差情况，找出产生误差的原因，从而采取相应的措施来提高加工精度。

机械加工中常用的误差统计分析方法有分布曲线法和点图法。

1. 分布曲线法

分布曲线法就是对一批工件加工后所测得的实际尺寸（或误差）进行分组处理，画出分组后的尺寸分布图，再按此分布图来分析工件的加工误差。

（1）实际分布曲线。测量一批精镗后的活塞销孔，图样规定的尺寸为 $\phi 28_{-0.015}^{0}$ mm，抽测100件。将测量结果按尺寸大小分成6组，每组的尺寸间隔为0.002mm，如表9-1所示。

表中 n 是测量的工件总数（$n=100$），m 是每组内的工件数，m/n 是每组的频率。以每组尺寸范围的中点值为横坐标，以频率为纵坐标，即可作出工件的实际尺寸分布图，如图9-12所示。

在图上标出公差带、公差带中心、尺寸分散范围和平均尺寸，就可以分析加工误差。

$$尺寸分散范围 = 28.004mm - 27.992mm = 0.012mm$$

表 9-1 活塞销孔直径测量结果

组别	尺寸范围/mm	尺寸范围中点尺寸 x/mm	组内工件数 m	频率 m/n
1	27.992 ~ 27.994	27.993	4	0.04
2	27.994 ~ 27.996	27.995	16	0.16
3	27.996 ~ 27.998	27.997	32	0.32
4	27.998 ~ 28.000	27.999	30	0.30
5	28.000 ~ 28.002	28.001	16	0.16
6	28.002 ~ 28.004	28.003	2	0.02

$$尺寸分散范围中心(即平均尺寸) = \frac{\sum_{i=1}^{6} m_i x_i}{n} = 27.9979\text{mm}$$

$$公差范围中心 = 28\text{mm} - \frac{0.015}{2}\text{mm} = 27.9925\text{mm}$$

经比较得出两点结论:

1) 尺寸分散范围(0.012mm)小于公差范围(0.015mm),说明镗孔的加工精度能满足加工要求;

2) 加工中出现了 18% 的废品(图中阴影部分),这是因为尺寸分散中心与公差带中心偏离所致,只要略微调整镗刀位置,使镗刀伸出量缩短 0.0054mm,就能使整个分布图沿横坐标向左平移一个距离 $\Delta_{系}$,使尺寸分散中心与公差带中心重合,工件全部合格。显然零件产生废品是常值系统误差 $\Delta_{系}$($\Delta_{系}$ = 27.9979mm − 27.9925mm = 0.0054mm)的影响。

由此可见,常值系统误差只影响分布曲线的位置,而分布曲线的形状和分散范围则受随机误差和变值系统误差的影响。

从实际尺寸分布图可看出,随着被测工件数目的增加和组距的缩小,分布图就越趋近于曲线,曲线形状与理论分布曲线中的正态分布曲线十分相似。于是,就可以用正态分布曲线来代替实际分布曲线研究加工误差。

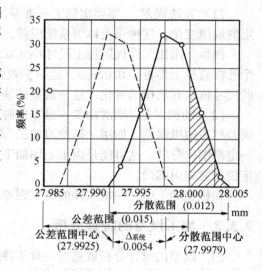

图 9-12 活塞销孔实际直径尺寸分布折线图

(2) 正态分布曲线。一般情况下(即无某种特别占优势的影响因素),用调整法加工一批零件所得的尺寸分布曲线符合正态分布曲线。如图 9-13 所示,其方程为

$$y = \frac{1}{\sigma \sqrt{2\pi}} e^{\frac{(x-\bar{x})^2}{2\sigma^2}}$$

方程中的 $\bar{x}$ 和 σ 是表示曲线特征的两个参数,分别称为算术平均值和均方根差。其中,$\bar{x}$ 决定曲线对称中心轴的坐标位置,如图 9-14a 所示;σ 决定曲线的形状和分散范围,如图 9-14b 所示。

当采用这个方程来分析一批工件加工尺寸的实际分布曲线时,上式各参数分别表示含义

238

如下：x 为工件尺寸；$\bar{x}$ 为该批工件尺寸的算术平均值；σ 为该批工件尺寸的均方根差；y 为工件尺寸为 x 时所出现的概率。

其中

$$\bar{x} = \frac{1}{n}\sum_{i=1}^{n} x_i$$

$$\sigma = \sqrt{\frac{\sum_{i=1}^{n}(x_i - \bar{x})^2}{n}}$$

式中　x_i——任意工件的测量尺寸；

　　　　n——该批工件的总数量。

正态分布曲线与横坐标所围成的面积代表了全部工件（即 100%）。若求正态分布曲线下某尺寸区间（$\bar{x}$，x_i）的面积 F（图 9-13），可用积分法。

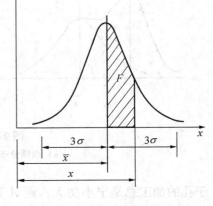

图 9-13　正态分布曲线

$$F = \int_{\bar{x}}^{x_i} y\mathrm{d}x = \frac{1}{\sigma\sqrt{2\pi}}\int_{\bar{x}}^{x_i} \mathrm{e}^{\frac{(x-\bar{x})^2}{2\sigma^2}}\mathrm{d}x$$

它表示在该尺寸（$\bar{x}$，x_i）区间工件数占工件总数的百分比。

在实际计算时，可以直接应用积分表，如表 9-2 所示。例如，当 $(x_i - \bar{x})/\sigma = \pm 0.3$ 时，$2F = 2 \times 0.1179 = 0.2358 \approx 25\%$，表示在这个尺寸区间（$\bar{x} - 0.3\sigma$，$\bar{x} + 0.3\sigma$）内的工件数占工件总数的 25%；当 $(x_i - \bar{x})/\sigma = \pm 2$ 时，$2F = 2 \times 0.4772 = 0.9544 \approx 95\%$；而当 $(x_i - \bar{x})/\sigma = \pm 3$ 时，$2F = 2 \times 0.49865 = 0.9973 = 99.73\%$，即工

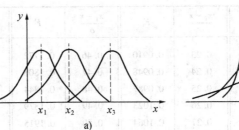

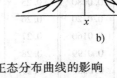

图 9-14　参数 $\bar{x}$，σ 对正态分布曲线的影响
a) σ 相同，$\bar{x}_3 > \bar{x}_2 > \bar{x}_1$　b) $\bar{x}$ 相同，$\sigma_3 > \sigma_2 > \sigma_1$

件尺寸落在 $x_i - \bar{x} = \pm 3\sigma$ 范围内的为 99.73%，差不多包含了整批工件，仅有 0.27% 的工件尺寸在 $\pm 3\sigma$ 以外，可忽略不计。因此，一般取正态分布曲线的分散范围为 $\pm 3\sigma$，即一批工件加工尺寸的分散范围为 6σ。考虑到常值系统误差的影响。保证工件不出废品的条件是

$$6\sigma + \Delta_{系} \leqslant T$$

式中　T——工件的尺寸公差；

　　　　$\Delta_{系}$——常值系统误差。

（3）分布曲线的应用。

1）分析加工误差。通过分布曲线可以分析出影响加工精度的主要原因。常值系统误差不影响分布曲线的形状，仅影响它的位置。当分布曲线的中心和公差带中心不重合时，说明加工中存在常值系统误差。变值系统误差和随机误差影响分布曲线的形状，这时就不是正态分布曲线，如图 9-15 所示。从这些曲线的形状可以初步分析其形成原因。当刀具的正常磨损起主要作用时，工件的尺寸分布如图 9-15b 所示；当用试切法加工时，为了怕出废品，对

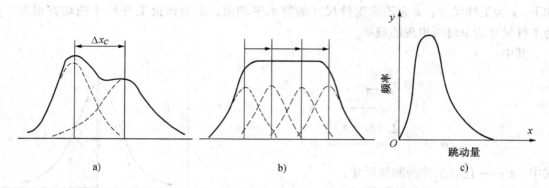

图 9-15 几种有明显特征的分布曲线

a) 双峰分布曲线 b) 平顶分布曲线 c) 偏态分布曲线

于孔的加工总是宁小勿大, 而对于轴的加工总是宁大勿小, 其尺寸分布曲线如图 9-15c 所示, 这是由随机误差 (主观误差) 所形成的; 当两次调整加工的工件混在一起测量时, 其尺寸分布曲线如图 9-15a 所示。

表 9-2 $F = \dfrac{1}{\sigma \sqrt{2\pi}} \displaystyle\int_{\bar{x}}^{x_i} e^{\frac{(x-\bar{x})^2}{2\sigma^2}} dx$ 的数值

$\dfrac{x_i - \bar{x}}{\sigma}$	F	$\dfrac{x_i - \bar{x}}{\sigma}$	F	$\dfrac{x_i - \bar{x}}{\sigma}$	F	$\dfrac{x_i - \bar{x}}{\sigma}$	F	$\dfrac{x_i - \bar{x}}{\sigma}$	F
0.00	0.0000	0.23	0.0910	0.46	0.1772	0.88	0.3106	1.85	0.4678
0.01	0.0040	0.24	0.0948	0.47	0.1808	0.90	0.3159	1.90	0.4713
0.02	0.0080	0.25	0.0987	0.48	0.1844	0.92	0.3212	1.95	0.4744
0.03	0.0120	0.26	0.1023	0.49	0.1879	0.94	0.3264	2.00	0.4772
0.04	0.0160	0.27	0.1064	0.50	0.1915	0.96	0.3315	2.10	0.4821
0.05	0.0199	0.28	0.1103	0.52	0.1985	0.98	0.3365	2.20	0.4861
0.06	0.0239	0.29	0.1141	0.54	0.2054	0.00	0.3413	2.30	0.4893
0.07	0.0279	0.30	0.1179	0.56	0.2123	0.05	0.3531	2.40	0.4918
0.08	0.0319	0.31	0.1217	0.58	0.2190	1.10	0.3643	2.50	0.4938
0.09	0.0359	0.32	0.1255	0.60	0.2257	1.15	0.3749	2.60	0.4953
0.10	0.0398	0.33	0.1293	0.62	0.2324	1.20	0.3849	2.70	0.4965
0.11	0.0438	0.34	0.1331	0.64	0.2389	1.25	0.3944	2.80	0.4974
0.12	0.0478	0.35	0.1368	0.66	0.2454	1.30	0.4032	2.90	0.4981
0.13	0.0517	0.36	0.1406	0.68	0.2517	1.35	0.4415	3.00	0.49865
0.14	0.0557	0.37	0.1443	0.70	0.2580	1.40	0.4192	3.20	0.49931
0.15	0.0596	0.38	0.1480	0.72	0.2642	1.45	0.4265	3.40	0.49966
0.16	0.0636	0.39	0.1517	0.74	0.2703	1.50	0.4332	3.60	0.499841
0.17	0.0675	0.40	0.1554	0.76	0.2764	1.55	0.4394	3.80	0.499928
0.18	0.0714	0.41	0.1591	0.78	0.2823	1.60	0.4452	4.00	0.499968
0.19	0.0753	0.42	0.1628	0.80	0.2881	1.65	0.4506	4.50	0.499997
0.20	0.0793	0.43	0.1664	0.82	0.2939	1.70	0.4554	5.00	0.499999
0.21	0.0832	0.44	0.1700	0.84	0.2995	1.75	0.4599		
0.22	0.0871	0.45	0.1736	0.86	0.3051	1.80	0.4641		

2）判断工艺能力。在机械加工中，某种加工方法能否满足工件的精度要求，可以进行工艺验证。

工件加工尺寸的公差 T 表示加工所要求达到的精度，6σ 的大小则代表了某一加工方法实际上所能达到的精度，二者的比值称为工艺能力系数，用 k_p 表示，即

$$k_p = \frac{T}{6\sigma}$$

工艺能力系数就表示了工艺能力的大小，即某种加工方法能否满足工件所要求精度的程度。若 $k_p \geqslant 1.67$，表示工艺能力过高；$1.67 > k_p \geqslant 1.33$ 表示工艺能力足够；$1.33 > k_p \geqslant 1.00$ 表示工艺能力勉强；$1 > k_p \geqslant 0.67$，表示工艺能力不足，加工中会出现少量不合格品；$0.67 > k_p$，表示工艺能力很差，加工中会出现大量不合格品，必须加以改进才能生产。

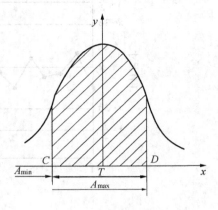

图 9-16　利用分布曲线
计算合格率及废品率

3）计算一批零件的合格率和废品率。图 9-16 所示为一批工件的加工尺寸分布曲线图。图中 C 点代表工件的最小极限尺寸，D 点代表工件的最大极限尺寸，曲线下 C、D 两点之间的面积代表工件的合格率，则其余部分的面积为该批工件的废品率。当加工外圆表面时，图左边的空白部分为不可修复的废品，而右边空白部分为可修复的废品。当加工孔时则相反。

分布曲线法分析加工误差的缺点在于：曲线只能在一批工件全部加工完后才能绘制出；分析时没有考虑工件的加工顺序，所以不能看出误差的发展趋势和变化规律，从而不能在加工过程中主动控制加工精度；同时，分布曲线主要表示了各工艺因素对加工精度的综合影响，因此很难区分开变值系统误差和随机误差。

用点图法分析加工误差，可弥补上述缺点。

2. 点图法

点图法是在一批工件的加工过程中，按加工顺序依次测量每个工件的尺寸，并依时记入相应图表中，以便及时对其进行分析，指导生产。

（1）单值点图。以工件的加工顺序号为横坐标，工件的尺寸为纵坐标，则可以画出如图 9-17 所示的点图，称为单值点图。该点图反映了工件加工尺寸的变化与加工顺序（或加工时间）的关系。从图上可看出变值系统误差的影响。

图中绘制出了工艺能力的上、下界线和公差中值尺寸，用以及时发现工件尺寸的变化。

（2）均值—极差点图。将一批工件按加工顺序每 m 个分为一组，以工件分组序号为横坐标，以每组工件的平均尺寸 $\bar{x}$ 为纵坐标，则可绘制出如图 9-18a 所示的点图，简称 $\bar{x}$ 图。该点图进一步显示了工件尺寸的变化趋势（突出了变值系统误差的影响）。

再以分组序号为横坐标，以每组工件的极差 R（组内工件的最大与最小尺寸之差）为纵坐标，画出的点图如图 9-18b 所示，简称 R 图。该点图主要用以显示加工过程尺寸分散范围（随机误差）的变化情况。

在分析问题时，$\bar{x}$ 和 R 图联合使用，因此称为均值–极差点图（$\bar{x}$ – R 图）。

在 $\bar{x}$ 图中，$\bar{x}$ 是中心线，UCL 和 LCL 分别为上、下控制线；在 R 图中，$\bar{R}$ 是中心线，

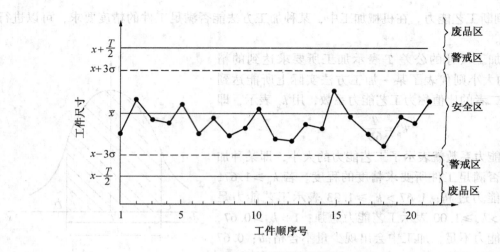

图 9-17 单值控制图

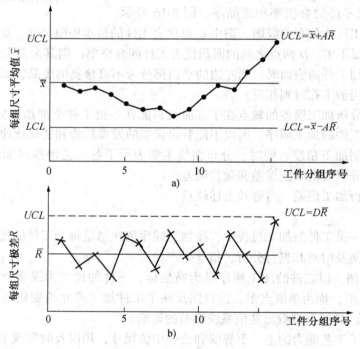

图 9-18 均值—极差控制图

a) $\overline{x}$ 图 b) R 图

UCL 是上控制线。其控制线式中的系数 A 和 D 的值见表9-3。

表 9-3 系数 A 和 D 的数值

每组零件数 m	A	D
4	0.73	2.28
5	0.58	2.11

9.4 影响机械加工表面质量的因素

9.4.1 影响零件表面粗糙度的因素

1. 影响一般机械加工表面粗糙度的因素

（1）残留面积。切削加工时，工件被切削层中总有一小部分材料未被切除而残留在已加工表面上，使表面粗糙。残留面积的高度 R_{max} 直接影响表面粗糙度 R_a 值的大小。以车削加工为例，无刀尖圆弧时，$R_{max} = f / (\cos \kappa_r + \cos \kappa_r')$；有刀尖圆弧时，$R_{max} = f^2 / 8r$，如图9-19所示。

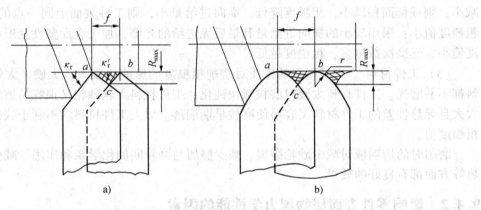

图 9-19　车外圆时的残留面积

由此可见，减小进给量 f、主偏角 κ_r、副偏角 κ_r' 或增大刀尖圆弧半径 r，残留面积高度 R_{max} 便会减小，从而减小表面粗糙度值 R_a。

（2）积屑瘤和鳞刺。在较低速度（20～80m/min）下加工塑性材料，容易产生积屑瘤和鳞刺。

积屑瘤的轮廓很不规则，从刀刃上伸出的长度又不一致，就会将已加工表面划出沟痕，部分脱落的积屑瘤碎片还会粘附在已加工表面上，影响表面粗糙度值。正确地选择切削速度，提高刀具刃磨质量和适当的冷却润滑，可防止积屑瘤的产生。

鳞刺就是在已加工表面上出现的鳞片状毛刺，可使已加工表面变得很粗糙。在用钝刀切削时，这种现象更明显。对于低碳钢进行正火或调质以提高硬度，及时磨刀并调整切削速度等，可以避免鳞刺的出现。

（3）工件材料性质。切削脆性材料时，由于切屑的崩碎在加工表面上留下很多麻点，使表面粗糙度增大。切削塑性材料时，随着挤压变形的同时切屑与工件分离而产生金属的撕裂，使表面粗糙度增大。

（4）加工时的振动。当切削加工发生振动时，会在工件表面产生明显的振痕，使粗糙度上升，表面质量恶化。所以在加工中应采取措施减小振动。

另外，切削液的冷却和润滑作用，可降低切削区的温度并减少摩擦，使表面粗糙度数值减小，改善表面质量。

2. 影响磨削加工表面粗糙度的因素

（1）砂轮。砂轮的粒度越细，单位面积上的磨粒就越多，磨削表面的刻痕就越细密均匀，粗糙度值就越小。但磨粒太细砂轮易堵塞，使工件表面温度增高、塑性变形增大，粗糙度反而增加，同时还容易引起加工表面磨削烧伤。

砂轮硬度太高，钝化的磨粒不易脱落；砂轮太软，磨粒虽易脱落，但难以保证刃口等高。这两种情况都会使加工表面粗糙度值增大。砂轮的硬度主要根据工件的材料和硬度选取。

砂轮的修整主要是使砂轮工作表面形成锐利而等高的微刃，从而使磨削的工件表面粗糙度值小。

（2）磨削用量。提高砂轮线速度或降低工件线速度，都会使每颗磨粒切去的金属厚度减小，则残留面积减小，粗糙度降低；纵向进给量小，则工件表面上同一点的磨削次数多，粗糙度值小；采用较小的横向进给量和最后无进给的光磨，加工表面塑性变形小，表面粗糙度值小，光磨次数越多，粗糙度越低。

（3）工件材料。工件材料的性质对磨削粗糙度的影响也很大，太硬、太软、太韧的材料都不易磨光。工件材料太硬时磨粒很快钝化；工件材料太软砂轮又很容易被堵塞；而韧性太大且导热性差的工件材料又容易使磨粒早期崩落。以上工件材料均不利于获得较低的表面粗糙度值。

磨削时的切削液对减少砂轮磨损、减少磨屑与磨粒间的化学亲和作用、减少摩擦及磨削热等方面都有良好的效果。

9.4.2 影响零件表面层物理力学性能的因素

1. 影响表面层冷作硬化的因素

（1）影响机械加工冷作硬化的因素。

1）刀具几何参数。刀具刃口圆弧半径的增大、前角的减小、后刀面的磨损及前后刀面不光洁等都将增加刀具对工件的挤压和摩擦作用，使工件表层的冷作硬化程度加大。

2）切削用量。随着切削速度的增加，刀具与工件的接触挤压时间缩短，工件的塑性变形减小，同时切削温度升高，对冷作硬化有回复作用，冷作硬化程度将下降；但切削速度进一步增大时，因切削热作用时间短，回复不充分，冷作硬化程度反而会增大。增大进给量时，切削力将增大，切削层塑性变形也会增大，从而增加冷作硬化程度；但进给量太小时，因切屑厚度极薄，增加了对表面的挤压，也会使冷作硬化程度加大。

3）工件材料。工件材料的硬度越低，塑性越好，则切削加工时的挤压变形也越大，冷作硬化程度增加。

（2）磨削加工对冷作硬化的影响。提高砂轮线速度，可减轻塑性变形并使磨削区的温度升高，加大回复作用，从而减弱冷作硬化程度。而提高工件转速，能缩短砂轮对工件表面热作用时间，使回复作用减小，从而增加冷作硬化程度。加大工件进给速度和增加砂轮横向进给量，均使磨削力增大，塑性变形增大，从而使冷硬程度变大。

磨削时工件材料的塑性越好，其冷硬程度也越好。

冷作硬化可提高已加工表面的硬度和耐磨性，有利于提高零件的质量。但冷作硬化往往是与表面残余应力和细微裂纹同时出现的，因此应控制表面层的冷作硬化程度。

2. 影响表面层金相组织变化的因素

一般情况下，切削加工的切削热大部分被切屑带走，加工区温升不很高，不会使工件表面层金相组织发生变化。但在磨削加工时，传给工件的切削热可达80%，磨削区温度急剧升高，将会使加工表层金相组织发生变化。

（1）磨削烧伤。在磨削加工中，工件表面层金相组织的变化，使表面层硬度下降，并伴随出现残余应力和产生细微裂纹，同时出现彩色的氧化膜，这种现象称为磨削烧伤。

在磨削淬火钢时，如果工件表面层温度超过材料的回火温度，未超过相变温度，则表层淬火组织（马氏体）会转变为回火组织（索氏体和托氏体），表层的硬度和强度将显著降低，称为回火烧伤。如果工件表面层温度超过相变温度时，表层组织转变成奥氏体，在切削液的急冷作用下，表面层形成极薄的二次淬火马氏体，但它的下一层转变为回火组织，其硬度要比原来低得多，称为淬火烧伤（夹心烧伤）。如果是干磨，表层温度超过相变温度后，冷却缓慢，表面层被退火，其硬度会急剧下降，称为退火烧伤。

磨削烧伤使零件的性能和使用寿命大为降低，甚至不能使用。

（2）影响磨削烧伤的因素。在磨削中，砂轮硬度太高、结合剂弹性差、组织紧密及磨粒不锋利等，均容易引起烧伤；砂轮横向进给量的增大，会使磨削力和磨削热急剧增加，更易引起烧伤；对于导热性差和硬度高的工件材料，在磨削中也容易烧伤。而增大砂轮线速度并相应地增大工件线速度或增加纵向进给量，可减轻或避免烧伤；充分的冷却润滑可大大降低磨削区温度，因此可避免或减轻烧伤。但由于砂轮线速度高，切削液很难进入磨削区，应采取一定的措施改善冷却条件。如采用内冷却砂轮、高压大流量切削液或喷雾冷却等。

3. 影响表面层残余应力的因素

（1）表面层残余应力的产生。

1）冷塑性变形。在切削、磨削及滚压加工中，工件表面层受后刀面的挤压和摩擦会发生伸长的塑性变形，但由于受到里层基体的阻碍，表层将产生残余压应力，而里层则产生与之平衡的残余拉应力。

2）热塑性变形。在切削或磨削加工中，表面层温度比里层基体高，表面层产生的热膨胀比里层的大，当表面层的温度超过材料的弹性变形范围时，就会产生塑性变形。切削结束后，表面层温度下降得快，表层金属的冷却收缩受到里层基体的阻碍，使表层产生残余拉应力，里层则产生残余压应力。

3）金相组织的变化。不同的金相组织有不同的质量体积，马氏体质量体积最大，奥氏体质量体积最小。当表面层金相组织发生变化时，由于质量体积的不同，表面层体积就要变化，但受到里层基体的阻碍，而产生残余应力。如磨削淬火钢时，表面层若产生回火烧伤，马氏体转变为托氏体或索氏体，表面层体积缩小，产生残余拉应力。

（2）零件加工后表面层的残余应力。零件加工后表面层的残余应力是上述三种因素综合的结果。在一定的条件下，可能是一种或两种因素起主要作用。切削加工中，一般切削温度较低，主要是冷塑性变形起作用，在较小的背吃刀量下，残余应力为压应力。而在磨削加工中，一般磨削温度较高，主要是热塑性变形和金相组织变化起主要作用，残余应力多为拉应力。但当金相组织变化引起淬火烧伤时，表面层残余应力就为压应力。

表面层的残余压应力一般能提高零件的使用性能，而残余拉应力则对零件的使用性能不利。如果磨削时表面层产生的残余应力为拉应力，并且其大小超过了材料的强度极限，零件表面就会产生裂纹，使零件的疲劳强度大为降低。因此，在磨削加工中应严格控制表面层残余拉应力，以避免磨削裂纹的产生。

影响磨削裂纹产生的因素与前述影响磨削烧伤的因素基本相同，这里就不作分析。

9.5 提高机械加工质量的途径与方法

9.5.1 提高机械加工精度的途径

1. 直接减小或消除误差

在查明产生加工误差的主要因素后，设法对其直接消除或减小，以提高加工精度。对于精密零件的加工，要尽量提高工艺系统的精度、刚度并控制热变形；对于刚度差的零件加工，要尽量减小零件的受力变形；对成形零件的加工，应减小成形刀具的制造误差。

如车削细长轴时，除采用跟刀架外，再采取反向进给的切削方法，使工件轴向受拉，可基本消除因切削力作用而引起的工件弯曲变形，如图 9-20 所示。

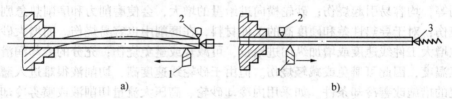

图 9-20　车细长轴的两种方法比较

a）顺向进给，对细长轴压缩　b）反向进给，使细长轴受拉

1—车刀　2—跟刀架　3—弹簧顶尖

2. 误差补偿或抵消

误差补偿指的是人为地造出一种新的误差以抵消工艺系统中的误差。误差抵消指的是利用工艺系统中原有的一种误差去抵消另一种误差。例如，龙门铣床的横梁导轨在两个立铣头自重的作用下会产生较大的向下凸起的弯曲变形，因此可按导轨面向上凸起的形状来修正刮研导轨，以抵消因铣头自重而产生的横梁导轨的受力变形。又如，为了提高滚齿机的分度精度，可在滚齿机上安装一个校正机构，利用与滚齿机分度误差正负方向相反的凸轮副来控制滚齿机的分度误差。

3. 误差转移

误差转移指的是将工艺系统的误差转移到不影响加工精度的方向或新的工艺装置上。例如，磨削主轴锥孔时，锥孔与轴颈的同轴度不是靠磨床主轴的旋转精度来保证，而是将工件主轴轴颈放在 V 形块上，靠夹具的 V 形块来保证，并将磨床主轴与工件主轴之间用万向联轴器作浮动联接。这样磨床主轴的旋转误差就被转移掉了。

4. 误差平均

误差平均指的是利用有密切联系的表面之间的相互比较、相互检查，从中找出差异，进而进行相互修正（如配偶件的对研）或互为基准进行加工（如多槽分度盘的精密加工），以达到很高的加工精度。

5. "就地加工"保证精度

这种方法不但可以用于机器的装配，也可用于零件的加工。如在机床上就地修正卡盘和花盘平面的平面度和垂直度，修正卡爪的同轴度，以及修正夹具的定位面等。

6. 加工过程的积极控制

在加工过程中经常测量刀具与工件间的相对位置变化或工件的加工误差，依此随时控制调整工艺系统的状态，以保证加工精度。例如，在外圆磨床加工过程中，使用主动量仪对工件尺寸进行连续测量，并随时控制砂轮和工件间的相对位置，直至工件尺寸达到要求为止。

9.5.2 提高机械加工表面质量的方法

1. 精密加工与超精密加工

精密加工与超精密加工方法详见第 8 章，这里仅就其他一些常见的精密加工方法作以简单补充。

（1）高速精镗。高速精镗可用于不适宜采用内圆磨削的各种零件的精密孔的加工。镗刀一般采用硬质合金刀具，切削速度高，背吃刀量和进给量都很小，加工精度为 IT6 ~ IT7，表面粗糙度值 R_a 为 0.1 ~ 0.8 μm。当要求 R_a 值小于 0.08 μm 时，可用金钢石刀具。

（2）宽刃精刨。宽刃精刨指采用宽刀刃（刃宽 60 ~ 500 mm）进行精刨，适用于在龙门刨床上加工铸铁件及钢件。刀具材料采用硬质合金或高

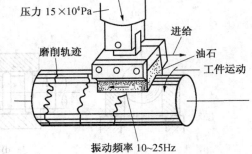

图 9-21　油石研磨外圆原理

速钢，切削速度低，背吃刀量小，在加工平面上可切去极薄一层金属，加工精度很高。例如，采用精刨加工机床床身导轨面，与研磨相比，不仅效率可提高 20 ~ 40 倍，而且加工直线度可达 1000：0.005，平面度不大于 1000：0.02，表面粗糙度值 R_a 在 0.8 μm 以下。刨削时应在前后刀面同时浇注切削液。

（3）油石研磨外圆。油石研磨的工作原理是用细粒度的磨条对工件施加最小的压力，并沿工件轴向作往复振动和低速轴向进给运动，工件同时作慢速旋转，如图 9-21 所示。加工中使用煤油或煤油与锭子油的混合液作切屑液。

这种加工磨粒运动的轨迹较复杂，磨条从切削过程自动过渡到挤压抛光，因此加工精度很高，工件粗糙度值 R_a 达 0.01 ~ 0.08 μm，且加工余量小，不会产生磨削烧伤。

（4）珩磨。珩磨的工作原理是将砂条安装在珩磨头圆周上，由胀开机构沿径向胀开砂条，对工件表面施加一定的压力。同时，珩磨头作回转运动和直线往复运动，对孔进行低速磨削、挤压和擦光。工作原理见图 9-22。

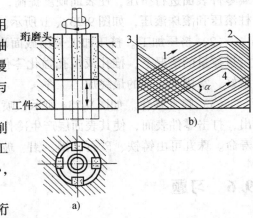

图 9-22　珩磨工作原理

a）成形运动　b）一根砂条在双行程中的切削轨迹（展开图）

1、2、3、4—形成纹痕的顺序　α—网纹交叉角

珩磨时压强小，磨粒负荷小，切削热也小。加工精度为 IT6 ~ IT7 级，表面粗糙度值 R_a 为 0.025 ~ 0.20μm，表面变质层极薄。

2. 表面强化

表面机械强化是指在常温下通过冷压方法使零件表面层金属产生塑性变形，提高表面硬度，并使表面层产生残余压应力，提高抗疲劳性能，同时还将微观凸峰压平，降低表面粗糙度的数值。常用表面机械强化方法如图 9-23 所示。

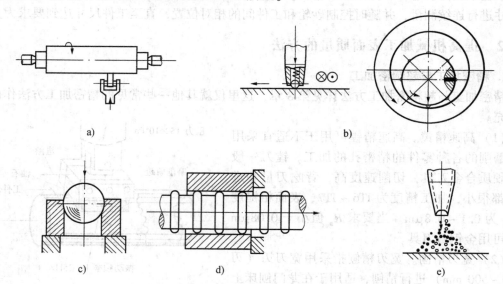

图 9-23　常用表面机械强化方法
a) 滚柱滚压　b) 滚珠滚压　c) 钢珠挤压　d) 涨孔　e) 喷丸

（1）滚压加工。滚压加工是用经过淬硬和精细抛光并可自由旋转的滚柱或滚珠，对金属零件表面进行挤压，使表面硬度提高，粗糙度值变小，并产生残余压应力。滚压方式有滚柱滚压和滚珠滚压，如图 9-23a、b 所示。

（2）挤压加工。挤压加工是用截面形状与零件孔的截面形状相同的挤压工具，在有一定过盈量的情况下，推孔或拉孔强化零件表面，如图 9-23c、d 所示。这种方法效率高、质量好，常用于小孔的最终加工工序。

（3）喷丸强化。如图 9-23e 所示，喷丸强化是用压缩空气或机械离心力将小珠丸高速喷出，打击零件表面，使其表面层产生冷作硬化层和残余压应力，提高零件的疲劳强度和使用寿命。珠丸可由铸铁、砂石、钢、铝、玻璃等材料制成，根据被加工零件的材料选定。

9.6　习题

9-1　零件的加工质量包含哪些内容？

9-2　简述机械加工表面质量对零件使用性能的影响。

9-3　车削加工时，导轨误差对加工精度有何影响？

9-4　在车床上加工圆盘端面时，有时会出现如图 9-24a、b 所示的形状，试分析其产生原因。

9-5 三批工件在三台车床上加工外圆，加工后经测量分别有如图 9-25 所示的形状误差：a 为鼓形，b 为鞍形，c 为锥形，分别分析可能产生上述形状误差的主要原因。

9-6 如图 9-26a，b 所示的工件，在拉孔或铰孔后产生了圆柱度误差和圆度误差，试分析其原因。

9-7 若工件为一长方形薄钢板（假设上、下面是平直的），当磨削平面 A 后，工件产生弯曲变形，如图 9-27 所示，试分析工件产生变形的原因。

9-8 横磨工件时，设横向磨削力为 100N，床头和尾座的刚度分别为 $K_{前} = 50000\text{N/mm}$，$K_{后} = 40000\text{N/mm}$，加工工件尺寸如图 9-28 所示，求加工后工件的锥度是多大？

9-9 举例说明常值系统误差、变值系统误差及随机误差。

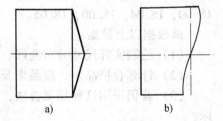

图 9-24 习题 9-4 图

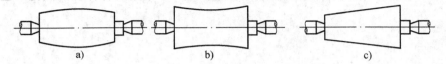

图 9-25 习题 9-5 图

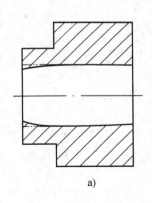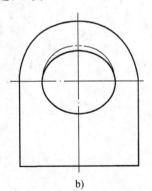

图 9-26 习题 9-6 图

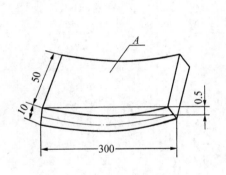

图 9-27 习题 9-7 图

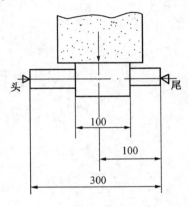

图 9-28 习题 9-8 图

9-10　在自动车床上加工一批直径为 $\phi 18^{+0.03}_{-0.08}$ mm 的小轴，抽检 25 件，其尺寸（单位为 mm）如下：17.89，17.92，17.93，17.93，17.94，17.95，17.97，17.95，17.97，17.96，17.97，17.96，17.98，17.96，17.98，17.99，17.98，18.01，18.02，17.99，18.02，18.00，18.04，18.00，18.05。

试根据以上数据：

（1）绘制实际尺寸分布曲线。

（2）计算合格品率、废品率及可修复的废品率，并判断产生废品的原因。

（3）若仍采用这种加工方法，但欲把不可修复的废品率控制在 1%，应如何补充调整机床？

9-11　简述影响机械加工表面粗糙度的因素。

9-12　何为磨削烧伤？它对零件的使用性能有何影响？如何减轻或避免磨削烧伤？

9-13　磨削加工时，影响加工表面粗糙度的主要因素有哪些？

9-14　表面强化工艺为什么能改善表面质量？生产中常用的各种表面强化工艺方法有哪些？

第10章 机械加工工艺规程制定

10.1 概述

10.1.1 生产过程与机械加工工艺过程

（1）生产过程。制造机械产品时，由原材料到成品之间各个相互关联的劳动过程的总和称为生产过程。它包括原材料运输和保管、生产准备工作、毛坯制造、零件的机械加工和热处理及其他表面处理、产品装配、调试、检验以及油漆和包装等。

（2）工艺过程。所谓"工艺"，就是制造产品的方法。工艺过程是生产过程中的主要部分，是指在生产过程中直接改变生产对象的形状、尺寸、相对位置和性能等，使其成为半成品或成品的过程。机械产品的工艺过程又可分为铸造、锻造、冲压、焊接、机械加工、热处理、电镀、装配等工艺过程。本章主要讨论机械加工工艺过程。

机械加工工艺过程是利用机械加工方法，直接改变毛坯的形状、尺寸、相对位置和性能等，使其转变为成品的过程。机械加工工艺过程直接决定零件和产品的质量，对产品的成本和生产周期都有较大的影响，是整个工艺过程的重要组成部分。

10.1.2 机械加工工艺过程的组成

机械加工工艺过程是由一个或若干个顺次排列的工序组成。每一个工序又可分为一个或若干个安装、工位、工步和走刀。

1. 工序

工序是指一个（或一组）工人，在一台机床上（或一个工作地点），对同一个（或同时对几个）工件进行加工所连续完成的那一部分工艺过程。划分工序的主要依据是工作地点（或机床）是否变动和加工是否连续。如图 10-1 所示的阶梯轴，当单件小批生产时，其工艺过程及工序的划分如表 10-1 所示，共有 3 个工序。当大批量生产时，其工艺过程及工序的划分如表 10-2 所示，共分为 5 个工序。

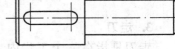

图 10-1 阶梯轴

表 10-1 阶梯轴单件小批生产的工艺过程

工序号	工序内容	设备
1	车一端面，钻中心孔；调头车另一端面，钻中心孔	车床
2	车大外圆及倒角，调头车小外圆及倒角	车床
3	铣键槽；去毛刺	铣床

表 10-2 阶梯轴大批大量生产的工艺过程

工序号	工序内容	设备
1	铣两端面，钻中心孔	组合机床
2	车大外圆及倒角	车床

工序号	工序内容	设　备
3	车小外圆及倒角	车床
4	铣键槽	键槽铣床
5	去毛刺	钳工台

工序是组成工艺过程的基本组成部分，是生产计划和经济核算的基本单元。

2. 工步

工步是指在一个工序中，当加工表面不变、切削工具不变、切削用量中的进给量和切削速度不变的情况下所完成的那部分工艺过程。以上三种因素中任一因素改变后，即成为新的工步。一个工序可以只包括一个工步，也可以包括几个工步。如图 10-2 所示，在多刀车床、转塔车床上，经常有用一把车刀和一个钻头同时加工外圆和孔的情况。这种用几把不同刀具同时加工一个零件的几个表面的工步，称为复合工步，在工艺文件中视为一个工步。对于在一次安装中连续进行的若干个相同的工步，为了简化工序内容的叙述，也视为一个工步。如图 10-3 所示零件，如用一把钻头连续钻削四个 $\phi15\text{mm}$ 的孔，可写成一个工步。

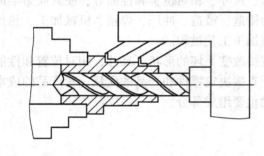

图 10-2　同时加工外圆和孔

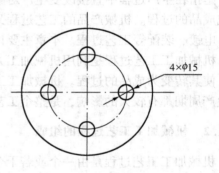

图 10-3　加工四个相同孔的工步

3. 走刀

走刀是指在一个工步内，如果被加工表面需切去的金属层很厚，一次切削无法完成，则应分几次切削，每进行一次切削就是一次走刀。一个工步可以包括一次或几次走刀。

4. 安装

安装是指工件在加工之前，在机床或夹具上占据正确的位置（即为定位），然后加以夹紧的过程。在一个工序中，工件可能安装一次，也可能需要安装几次。如表 10-1 中的工序 1 和工序 2 均有两次安装，而表 10-2 中的工序只有一次安装。为了减少误差和辅助时间，在一个工序中应尽量减少安装次数。

5. 工位

工位是指为了减少安装次数，常采用转位

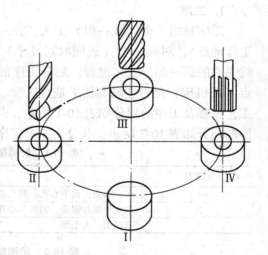

图 10-4　多工位加工

工位Ⅰ—装卸工件　工位Ⅱ—钻孔
工位Ⅲ—扩孔　工位Ⅳ—铰孔

（移位）夹具、回转工作台，使工件在一次安装中先后处于几个不同的位置进行加工。工件在机床上所占据的每一个待加工位置称为工位。如图 10-4 所示为回转工作台上一次安装完成工件的装卸、钻孔、扩孔和铰孔四个工位的加工实例。采用这种多工位加工方法，可以提高加工精度和生产率。

10.1.3　生产类型与工艺特征

企业在计划期内应当生产的产品产量和进度计划称为生产纲领。机器制造中某零件的生产纲领除了机器所需的数量以外，还要包括一定的备品和废品，所以，机械产品中某零件的年生产纲领可按下式计算：

$$N = Qn（1 + a\%）（1 + b\%）$$

式中　N——零件的年生产纲领（件/年）；

　　Q——产品的年生产纲领（台/年）；

　　n——每台产品中该零件的数量（件/台）；

　　$a\%$——该零件的备品率；

　　$b\%$——该零件的废品率。

一次投入或产出的同一产品（或零件）的数量称为生产批量。

根据零件的生产纲领或生产批量可以划分出不同的生产类型，它是企业生产专业化程度的分类，一般分为三种不同的生产类型：单件生产、成批生产、大量生产。

1. 单件生产

单件生产的基本特点是生产的产品品种繁多，每种产品仅制造一个或少数几个，很少重复生产。重型机械制造、新产品试制、非标准产品等都属于单件生产。

2. 成批生产

成批生产的基本特点是一年中分批次生产相同的零件，生产呈周期性重复。机床、工程机械、液压传动装置等许多标准通用产品的生产都属于成批生产。

成批生产中，每批投入生产的同一产品的数量称为批量。根据产品批量大小，又分为小批生产、中批生产、大批生产。小批生产的工艺特征接近单件生产，常将两者合称为单件小批生产。大批生产的工艺特征接近大量生产，常合称为大批大量生产。

3. 大量生产

大量生产的基本特征是同一产品的生产数量很大，通常是一工作地长期进行同一种零件的某一道工序的加工。汽车、拖拉机、轴承等的生产都属于大量生产。

生产类型的划分，通常根据生产纲领和产品及零件的特征或者按工作地点每月担负的工序数进行，可参考表 10-3。

表 10-3　不同产品生产类型的划分

生产类型	工作地点每月担负的工序数	产品年产量		
		重　型（零件重大于 2000kg）	中　型（零件重 100~2000kg）	轻　型（零件重小于 100kg）
单件生产	不作规定	<5	<20	<100

(续)

生产类型	工作地点每月担负的工序数	产品年产量		
		重 型（零件重大于2000kg）	中 型（零件重100~2000kg）	轻 型（零件重小于100kg）
小批生产	>20~40	5~100	20~200	100~500
中批生产	>10~20	100~300	200~500	500~5000
大批生产	>1~10	300~1000	500~5000	5000~50000
大量生产	1	>1 000	>5 000	>50 000

为了获得最佳的经济效益，对于不同的生产类型，其生产组织、生产管理、车间管理、毛坯选择、设备工装、加工方法和工人的技术等级要求均有所不同，具有不同的工艺特点，如表10-4所示。

表10-4　各种生产类型的工艺特征

特　点	单件生产	成批生产	大量生产
加工对象	经常变换	周期性变换	固定不变
毛坯的制造方法及加工余量	木模手工造型或自由锻，毛坯精度低，加工余量大	金属模造型或模锻，毛坯精度与余量中等	广泛采用模锻或金属模机器造型，毛坯精度高，余量少
机床设备	采用通用机床，部分采用数控机床。按机床种类及大小采用"机群式"排列	通用机床及部分高生产率机床。按加工零件类别分工段排列	专用机床、自动机床及自动线，按流水线形式排列
夹具	通用夹具或组合夹具	广泛采用专用夹具	采用高效率专用夹具
刀具与量具	通用刀具和万能量具	较多采用专用刀具及专用量具	采用高生产率刀具和量具，自动测量
对工人的要求	技术熟练的工人	一定熟练程度的工人	对操作工人的技术要求较低，对调整工人技术要求较高
工艺规程	简单的工艺路线卡	有比较详细的工艺规程	有详细的工艺规程
工件的互换性	零件不互换，主要靠钳工修配	多数互换，少数试配或修配	全部互换或分组互换
生产率	低	中	高
成本	高	中	低

254

特 点	单件生产	成批生产	大量生产
发展趋势	箱体类复杂零件采用加工中心加工	采用成组技术，数控机床或柔性制造系统等进行加工	在计算机控制的自动化制造系统中加工，并可能实现在线故障诊断、自动报警和加工误差自动补偿

10.1.4　机械加工工艺规程

把工艺过程的各项内容用表格的形式固定下来，并用于指导和组织生产的工艺文件就是工艺规程。

1. 工艺规程的内容

零件的机械加工工艺规程包含的内容有：工艺路线，各工序加工的内容与要求，所采用的机床和工艺装备，工件的检验项目及检验方法，切削用量及工时定额等。

2. 工艺规程的作用

工艺规程是机械制造企业最主要的技术文件之一，是企业规章制度的重要组成部分。其作用如下：

（1）它是指导生产的主要技术文件。合理的工艺规程是在依据工艺理论、生产实践经验和工艺试验的基础上制定的。是保证产品质量和提高经济效益的指导性文件。企业员工在生产中要严格执行既定的工艺规程。

（2）它是组织和管理生产的基本依据。产品原材料的供应，毛坯的制造，工夹量具的设计或采购，机床设备的安排，劳动力的组织，生产成本的核算，都要以工艺规程为基本依据。

（3）它是新建、扩建企业或车间的基本资料。只有依据工艺规程和生产纲领才能正确地确立生产需要的机床和其它设备的种类、规格和数量，机床的布置，车间的面积，生产工人的工种、等级和数量以及辅助部门的安排等。

3. 工艺规程的格式

将工艺规程的内容，填入一定格式的卡片，即成为生产准备和施工的工艺文件。各文件格式见表 10-5、表 10-6 和表 10-7。

（1）机械加工工艺过程卡片。工艺过程卡片主要列出零件加工所经过的工艺路线（包括毛坯制造、机械加工、热处理等），是编制其他工艺文件的基础，也是生产技术准备、编制作业计划和组织生产的依据。

由于这种卡片对各工序的说明不够具体，一般不能直接指导工人操作，而多作为生产管理方面使用。在单件小批生产中，通常不编制其他较详细的工艺文件，可用它指导工人操作。

（2）机械加工工艺卡片。工艺卡片是以工序为单位详细说明整个工艺过程的工艺文件。它用来指导工人操作和帮助管理人员及技术人员掌握零件加工过程，广泛用于成批生产的零件和小批生产的重要零件。

（3）机械加工工序卡片。工序卡片是用来指导生产的一种详细的工艺文件。它详细地说明该工序中的每个工步的加工内容、工艺参数、操作要求、所用设备和工艺装备等。一般

表 10-5 机械加工工艺过程卡片

工　厂	机 械 加 工 工 艺 过 程 卡 片		产品型号		零(部)件型号		共　页
			产品名称		零(部)件名称		第　页
材料牌号		毛坯种类		毛坯外形尺寸		每毛坯件数	每台件数	备注
工序号	工序名称	工序内容			车间	工段	设备	工艺装备	工时 准终 / 单件
					编制(日期)	审核(日期)	会签(日期)		
标记	处记	更改文件号	签字	日期	标记	处记	更改文件号	签字	日期

256

表 10-6 机械加工工艺卡片

工厂	机械加工工艺卡片		产品型号		零(部)件型号		共 页
			产品名称		零(部)件名称		第 页

材料牌号	毛坯种类	毛坯外形尺寸		每件毛坯数		每台件数	备注

工序号	工步	装夹	工序内容	同时加工零件数	设备名称及编号	工艺装备名称及编号				技术等级	工时定额	
						夹具	刀具	量具			单件	准终
				背吃刀量 (mm)	切削速度 (m/min)	每分钟转数或往复次数	进给量 (mm/r)					

				编制 (日期)	审核 (日期)	会签 (日期)	

标记	处记	更改文件号	签字	日期	标记	处记	更改文件号	签字	日期

表10-7 机械加工工序卡片

工　厂	机　械　加　工　工　艺　卡　片		产品型号	零(部)件型号	共　页
			产品名称	零(部)件名称	第　页
材料牌号	毛坯种类	毛坯外形尺寸	每毛坯件数	每台件数	备注

车间	工序号	工序名称	材料牌号
毛坯种类	毛坯外形尺寸	每毛坯件数	每台件数
设备名称	设备型号	设备编号	同时加工件数
夹具编号	夹具名称		冷却液

（工序图）

工步号	工步内容	工艺装备	主轴转速 (r/min)	切削速度 (m/min)	进给量 (mm/r)	背吃刀量 (mm)	进给次数	工时定额	
								准终	单件
								机动	辅助

		编制（日期）	审核（日期）	会签（日期）

标记	处记	更改文件号	签字	日期	标记	处记	更改文件号	签字	日期

258

都有工序简图，注明该工序的加工表面和应达到的尺寸公差、形位公差和表面粗糙度值。它主要用于大批大量生产。

10.1.5 制定机械加工工艺规程的原则和步骤

制定机械加工工艺规程的原则是：充分考虑采取各种措施保证产品质量，以最低的成本保证所要求的生产率和年生产纲领。在制定工艺规程时，应尽力做到技术上先进，经济上合理并具有良好的生产条件。

制定机械加工工艺规程的工作主要包括准备工作、工艺过程的拟定和工序设计三个阶段，其内容和步骤如下：

1）分析零件图和产品装配图；

2）选择毛坯；

3）选择定位基准；

4）拟定工艺路线；

5）确定加工余量和工序尺寸；

6）确定切削用量和工时定额；

7）确定各工序的设备、刀夹量具和辅助工具；

8）确定各工序的技术要求及检验方法；

9）填写工艺文件。

在准备阶段工作的基础上，拟定以工序为单位的加工工艺过程，再对每个工序确定详细内容，将有相互影响和联系的前后阶段内容作局部反复修改。最后对制定的工艺规程还要进行综合分析与评价：能否满足生产率及生产节拍的要求，能否做到大致均衡利用设备负荷，以及经济效益如何等。如果这一分析评价不可行，还要重新制定工艺规程。还可以同时编制出几个工艺规程进行方案分析比较，将最后认定的工艺规程的内容填入工艺卡片，形成工艺文件。

10.2 机械加工工艺规程编制的准备工作

10.2.1 原始资料准备及产品工艺性分析

1. 原始资料准备

制定工艺规程时，通常需要具有下列原始资料：

1）产品的全套装配图和零件工作图；

2）产品质量验收标准；

3）产品的生产纲领；

4）企业的毛坯制造和机械加工条件等资料，如毛坯的生产能力，工艺装备的制造能力，设备的品种、规格和性能，以及工人技术水平等；

5）国内外工艺技术的发展情况；

6）有关的工艺手册及图册。

2. 产品工艺性分析

设计的产品在能满足使用要求的前提下，制造、维修的可行性和经济性称为产品的结构工艺性。产品的工艺性分析是在产品技术设计之后进行的。通过分析产品装配图和零件图，熟悉产品的性能、用途和工作条件，了解各零件的装配关系和作用，分清加工表面的主次，分析各项公差和技术要求的制定依据，明确主要技术要求和关键技术问题，以便调动相应的工艺措施来给予保证。

10.2.2 零件的结构工艺性

零件的结构工艺性，是指零件所具有的结构是否便于制造、装配和拆卸。它是评价零件结构设计优劣的一个重要指标。如果某零件在一定的生产条件下，能高效低耗地制造出来，则认为该零件具有良好的结构工艺性。

表 10-8 列出了零件机械加工工艺性对比的一些实例。

表 10-8　零件结构工艺性的比较实例

序号	A 结构工艺性差	B 结构工艺性好	说　明
1	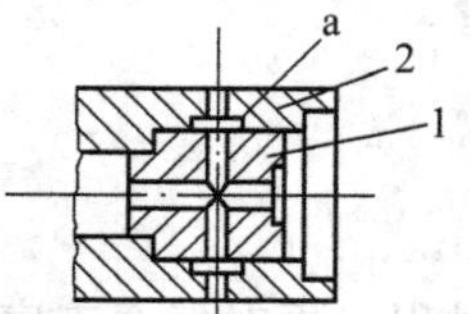	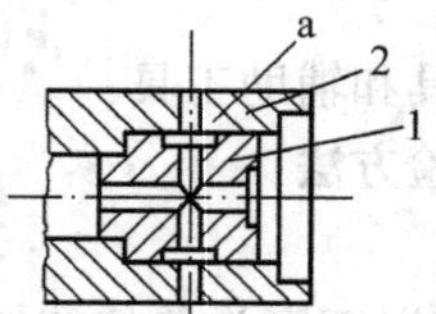	在结构 A 中，件 2 上的槽 a 不便于加工和测量，宜将槽 a 改在件 1 上，如 B 结构
2	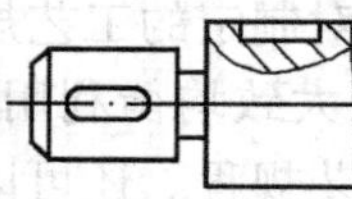	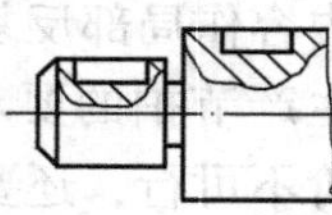	原设计的两个键槽，需要装夹两次加工，改进后只需要装夹一次即可
3	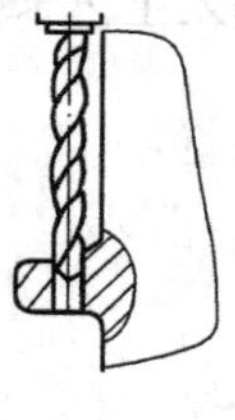	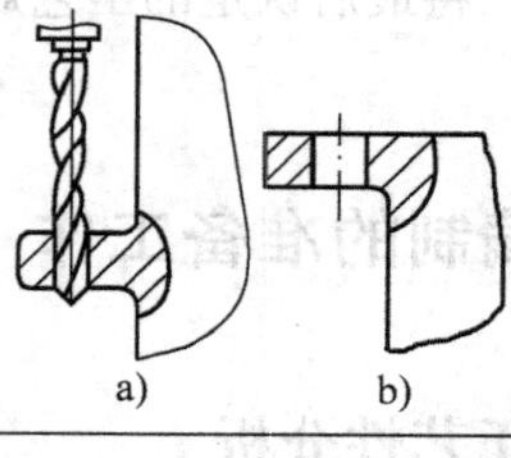	结构 A 上的小孔离箱壁太近，钻头向下引进时，钻床主轴碰到箱壁。改进后小孔与箱壁留有适当的距离，便于加工
4	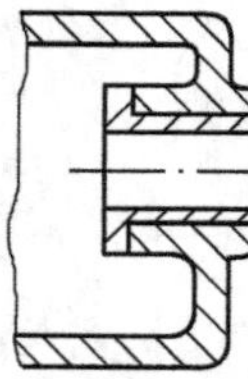	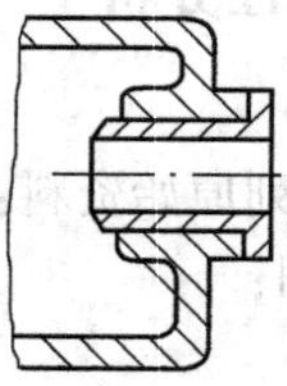	结构 A 中的加工面设计在箱体内，加工时调整刀具不方便。结构 B 中的加工面设计在箱体外部，便于加工和观察
5	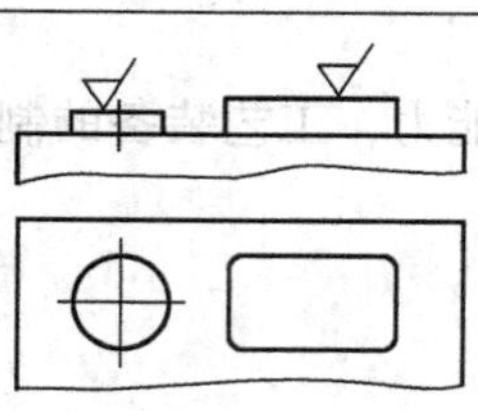	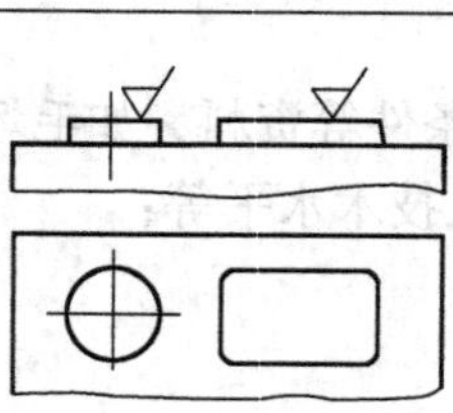	结构 B 的两个凸台表面可在一次走刀中加工完毕，以减少机床的调整次数

序号	A 结构工艺性差	B 结构工艺性好	说　明
6			箱体底面要安装在机座上，只需加工部分底面，如改进后 B 所示，既可减少加工工时，又提高了底面的接触刚度
7			结构 A 中的小齿轮无法加工，结构 B 中的小齿轮可以插削加工
8			加工结构 A 上的孔时，钻头容易引偏
9			加工深孔易断钻头。结构 B 避免了深孔加工，同时也节约了材料
10			锥面需要磨削加工，A 结构磨削时容易碰伤圆柱面，不能清根，结构 B 可方便地进行磨削加工
11			轴上的砂轮越程槽宽度、键槽宽度尽可能一致，以减少刀具种类
12			结构 B 采用了标准化，便于加工和检验

10.2.3　毛坯的选择

正确选择毛坯类型有着重要的技术经济意义。选择不同的毛坯，不仅影响着毛坯本身的制造，而且对零件机械加工的工序数目、设备、工具消耗、物流、能耗、工时定额都有很大影响。对于高效率的自动机床或自动化生产线，由于初投资很大，因而利用率必须很高。它对毛坯的精度尤有严格要求，不可能在装夹定位时进行个别调整，毛坯的一致性甚至是其正常运行的必要条件。为此毛坯制造与机械加工两方面的工艺人员必须密切配合，以兼顾冷、热加工两方面的要求。

1. 毛坯的种类

（1）铸件。适用于形状较复杂的零件毛坯。其方法有砂型铸造、精密铸造、金属型铸造、压力铸造等。

（2）锻件。适用于强度要求高、形状比较简单的零件毛坯。其方法有自由锻造和模锻两种。自由锻造毛坯精度低、加工余量大、生产率低，适用于单件小批生产以及大型零件毛坯。模锻毛坯精度高、加工余量小、生产率高，但成本也高，适用于中小型零件毛坯的大批大量生产。

（3）型材。型材有热轧和冷拉两种。热轧适用于尺寸较大、精度较低的毛坯；冷拉适用于尺寸较小、精度较高的毛坯。

（4）焊接件。即将型材或钢板等焊接成所需的零件结构，简单方便，生产周期短，但需经时效处理后才能进行机械加工。

2. 毛坯的选择原则

在选择毛坯时应考虑下列因素：

（1）零件的材料及机械性能。材料的可加工性决定其加工的难易程度，而工艺过程对材料的组织和性能又产生一定影响。例如材料为铸铁与青铜的零件，应选择铸件毛坯。对于钢质零件，还要考虑机械性能的要求。对于一些重要零件，为保证良好的机械性能，一般均须选择锻造毛坯，而不能选择棒料。

（2）零件的结构形状与外形尺寸。零件的结构形状和外形尺寸往往使毛坯的选择受到很大限制，设计时应照顾到毛坯制造的方便。在选用特殊方法时尤其要注意其在结构形状等方面的特殊要求。

（3）生产纲领大小。当零件的产量较大时，应选择精度和生产率较高的毛坯制造方法。尽管这样制造生产费用较高，但可由材料消耗的减少和机械加工费用的降低来补偿。零件的产量较小时，应选择精度和生产率均较低的毛坯制造方法。

（4）现有生产条件。选择毛坯时，既要考虑现有的生产条件，如毛坯制造的实际工艺水平和能力，又要考虑毛坯是否可以专业化协作生产。要学会通过市场采购毛坯。

（5）充分考虑利用新技术、新工艺、新材料的可能。为节约材料和能源，发展趋势是少切屑、无切屑毛坯制造，如精铸、精锻、精冲、冷轧、冷挤压、粉末冶金、压塑注塑成形等。这样，可以大大减少机械加工量甚至不需机械加工，大大提高经济效益。

3. 毛坯形状和尺寸的确定

现代机械制造的发展趋势之一，是通过毛坯精化使毛坯的形状和尺寸尽量与零件接近，减少机械加工的劳动量，力求实现少、无切屑加工。毛坯形状主要取决于毛坯种类、零件形状和各加工表面的总余量。同时还要注意几个问题。

1）为使加工时工件安装稳定，有些铸件毛坯需要铸出工艺凸台，如图 10-5 所示。工艺凸台在零件加工后一般均应切除。

2）将几个零件制成一个整体毛坯，加工到一定阶段后再切割分离，如图 10-6 所示。

3）有些表面不要求制出，如孔、槽、凹坑等。

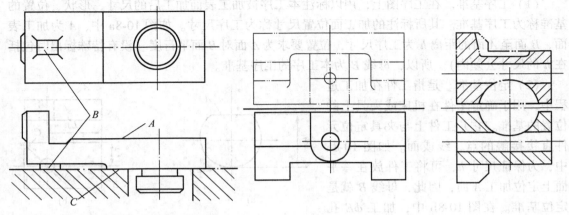

图 10-5　带工艺凸台的刀架毛坯
A—加工面　B—工艺凸台　C—定位面

图 10-6　车床开合螺母外壳简图

10.3　机械加工工艺路线的拟定

机械加工工艺路线的拟定是制定工艺过程的总体布局，其主要任务是选择各个表面的加工方法和加工方案，确定各个表面的加工顺序以及整个工艺过程中工序数目和各工序内容。拟定过程中应首先确定各次加工的定位基准和装夹方法。然后再将所需的辅助、热处理等工序插入相应顺序中，得到机械加工工艺路线。

10.3.1　基准及其分类

在机床上加工工件时，必须使工件在机床或夹具上处于某一正确的位置，这一过程称为定位。工件定位之后一般还需夹紧，以便在承受切削力时仍能保持其正确位置。

在零件图样和实际零件上，总要依据一些指定的点、线、面来确定另一些点、线、面的位置。这些作为依据的点、线、面就称为基准。根据基准功用的不同，它可以分为设计基准和工艺基准两大类。

1. 设计基准

设计基准是在零件图上用于标注尺寸和表面相互位置关系的基准。它是标注设计尺寸的起点。例如图 10-7 所示的钻套，轴线 O-O 是各外圆表面及内孔的设计基准；端面 A 是端面 B、C 的设计基准；内孔表面 D 的轴心线是 φ40h6 外圆表面的径向圆跳动和端面 B 端面圆跳动的设计基准。

2. 工艺基准

在零件加工、测量和装配过程中所使用的基准，

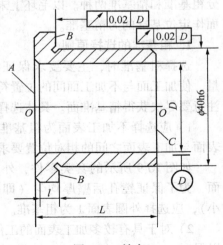

图 10-7　钻套

称为工艺基准。根据用途不同可以分为工序基准、定位基准、测量基准和装配基准。

（1）工序基准。在工序图上，用以标注本工序被加工表面加工后的尺寸、形状、位置的基准称为工序基准。其所标注的加工面位置尺寸称为工序尺寸。如图 10-8a 中，A 为加工表面，B 面至 A 面的距离 h 为工序尺寸，位置要求为 A 面对 B 面平行度（没有特殊标出时包括在 h 的尺寸公差内）。所以，母线 B 为本工序的工序基准。

（2）定位基准。是指工件在加工过程中，用于确定工件在机床或夹具上的位置的基准。它是工件上与夹具定位元件直接接触的点、线或面。如图 10-8a 中，为保证尺寸 h，可将工件放在一平面上定位加工 A 面，因此，母线 B 就是定位基准。在图 10-8b 中，加工 ϕE 孔时，为保证对 A 面的垂直度，要用 A 面作为定位基准；为保证 L_1、L_2 的距离尺寸，要用 B、C 面作为定位基准。

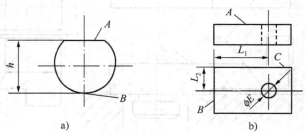

图 10-8　工艺基准及工序尺寸

定位基准除了是工件的实际表面外，也可以是表面的几何中心、对称线或对称面等，因此，有时定位基准在工件上并不一定存在，但它是由一些相应的实际表面来体现的，如内孔（或外圆）的中心线由内孔表面（外圆表面）来体现，我们把这些表面称为定位基面。

（3）测量基准。是指检验工件时，用于测量已加工表面的尺寸及各表面之间位置精度的基准。如图 10-8a 中，检验 h 尺寸时，B 为测量基准。

（4）装配基准。是指机器装配时用以确定零件或部件在机器中正确位置的基准。如图 10-7 中的钻套，$\phi 40h6$ 外圆及端面 B 为装配基准。

10.3.2　定位基准的选择

在零件加工过程中合理选择定位基准对保证零件加工质量起着决定性的作用。定位基准分粗基准和精基准两种。以毛坯上未加工的表面作定位基准的为粗基准；经过机械加工的表面作定位基准的为精基准。

1. 粗基准的选择原则

选择粗基准时，主要要求保证各加工面有足够的余量，使加工面与不加工面间的位置符合图样要求，并特别注意要尽快获得精基准面。具体选择时应考虑下列原则：

1）应选择不加工表面为粗基准。这样可保证不加工表面与加工表面之间的相对位置要求。

如图 10-9 所示的套类零件，外圆表面 1 为不加工表面，为了保证镗孔后壁厚均匀（即内外圆表面的偏心较小），应选择外圆表面 1 为粗基准。

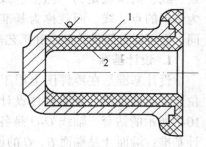

图 10-9　套的粗基准选择
1—外圆表面　2—内孔表面

2）对于具有较多加工表面的工件，粗基准的选择，应合理分配各加工表面的加工余量，以保证：

①　各加工表面都有足够的加工余量；

264

② 对某些重要的表面，尽量使其加工余量均匀，对导轨面则要求加工余量尽可能小一些，以便能获得硬度和耐磨性更好的表面；

③ 使工件上各加工表面总的金属切除量最小。

为了保证第一项要求，粗基准应选择毛坯上加工余量最小的面。例如图10-10所示的阶梯轴，选择 $\phi55mm$ 外圆作粗基准，它的加工余量较小。若选择 $\phi108mm$ 的外圆表面为粗基准加工 $\phi55mm$ 外圆表面，因毛坯两外圆表面的偏心为3mm，加工后的 $\phi50mm$ 的外圆表面，因一侧加工余量不足而出现部分毛面，造成工件报废。

为了保证第二项要求，应选择那些重要表面为粗基准。例如图10-11所示的车床床身，应选导轨面为粗基准加工床身底平面，可消除较大的毛坯误差，使底平面与导轨毛面基本平行。再以底平面为基准加工导轨面时，导轨面的加工余量就比较均匀，而且比较小。

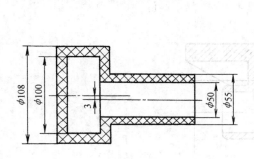

图10-10　阶梯轴粗基准选择

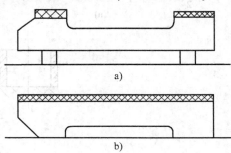

图10-11　床身加工粗基准选择
a）合理　b）不合理

为了保证第三项要求，应选择工件上那些加工面积较大、形状比较复杂、加工劳动量较大的表面为粗基准。以图10-11为例，当选择导轨面为粗基准加工床身底平面时，由于加工面是一个简单平面，且面积较小，金属切除量并不大，加之以后导轨面的加工余量比较小，故工件上总的金属切除量也就比较小。

3）作为粗基准的表面，应尽量平整，没有浇口、冒口或飞边等其他表面缺陷，以便使工件定位准确，夹紧可靠。

4）同一尺寸方向上的粗基准表面只能使用一次。因为毛坯面粗糙且精度低，定位精度不高，若重复使用，在两次装夹中会使加工表面产生较大的位置误差。对于相互位置精度要求高的表面，常常会造成超差而使零件报废。

2. 精基准的选择原则

选择精基准的目的是使装夹方便、正确、可靠，以保证加工精度。为此一般遵循如下原则：

（1）基准重合原则。应尽量选择零件上的设计基准作为精基准，即为"基准重合"的原则。如图10-12a所示的轴承座，1、2表面已精加工完毕，现欲加工孔3，要求孔3轴线与设计基准面1之间的尺寸为 $A^{+\delta_A}$。如果按图10-12b所示，用2面作为定位精基准，则工序尺寸为 $E_0^{+\delta_E}$（为从定位面2到孔中心的距离），则因2面与1面之间的尺寸有公差 δ_B，所以有 $A_{min} = E - (\delta_B + B)$，$A_{max} = E + \delta_E - B$，则 $\delta_A = A_{max} - A_{min} = \delta_E + \delta_B$，$\delta_B$ 为前道工序的公差，由于基准不重合而影响到尺寸 A。由此可见，当加工一批零件时，在孔3轴线与1面之间尺寸 A 的误差中，除因其他原因产生加工误差外，还应包括因定位基准与设计基准不重合引起的定位误差。该项误差值 $\varepsilon_{定位} = \delta_B$。如果按图 10-12c 所示，用 1 面作为精基准，此时的定位基准与设计基准相重合，则 $\varepsilon_{定位} = 0$。

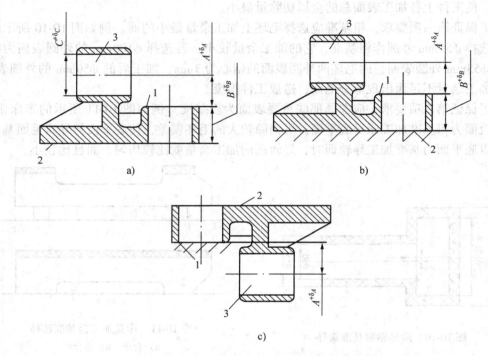

a)

b)

c)

图 10-12　定位误差与定位基准选择的关系

为此，定位精基准应尽量与设计基准重合，否则会因基准不重合而产生定位误差，有时还会因此造成零件尺寸超差而报废。

（2）基准统一原则。在加工位置精度较高的某些表面时，应尽可能在多数工序中采用同一组精基准，即"基准统一"的原则。这样可以保证加工表面的相互位置精度。例如加工轴类零件时，采用两中心孔定位加工各外圆表面，就符合基准统一原则。

（3）互为基准原则。当对工件上两个相互位置精度要求较高的表面进行加工时，需要用两个表面互相作为基准，反复进行加工，即为"互为基准"的原则。这样进行反复加工，可不断提高定位基准的精度，工件可以达到很高的加工要求。例如，要保证精密齿轮的齿圈跳动精度，在齿面淬硬后，先以齿面定位磨内孔，再以内孔定位磨齿面，从而保证位置精度。

（4）自为基准原则。对于工件上的重要表面要求余量小且均匀的精加工，应尽量选择加工表面本身作为精基准，但该表面与其他表面的位置精度由前道工序保证，即"自为基准"原则。例如磨削车床导轨面时，就利用导轨面作为基准进行找正安装，以保证加工余量少而且均匀。还有无心磨外圆、浮动镗刀镗孔等均采用自为基准原则。

在实际生产中，选择定位粗、精基准有时是相互矛盾的，这时就需要结合实际情况，从解决主要问题着手，对加工全过程的定位基准通盘考虑，灵活运用，确定出切合实际的合理方案。

10.3.3 表面加工方法的确定

任何零件都是由一些简单表面如外圆、内孔、平面和成形表面等进行不同组合而形成的。根据这些表面所要求的精度和表面粗糙度以及零件的结构特点，将每一表面的加工方法和加工方案确定下来，也就确定了零件的全部加工内容。确定零件表面的加工方法，是以各种加工方法的加工经济精度和其相应的表面粗糙度为依据的。加工经济精度是指在正常条件下，采用符合质量标准的设备、工艺装备和标准技术等级的工人，不延长加工时间所能保证的加工精度。相应的粗糙度称为经济粗糙度。各种加工方法所能达到的经济精度和表面粗糙度如表10-9所示。详细资料可查阅有关手册。

某一表面的加工方法的确定，主要由该表面所要求的加工精度和表面粗糙度来确定。通常是根据零件图上给定的某表面的加工要求按加工经济精度确定应使用的最终加工方法，然后，则要根据准备加工应具有的加工精度，按加工经济精度确定倒数第二次表面加工的方法，照此办法，可由最终加工反推至第一次加工，而形成一个获得该加工表面的加工方案。

由于获得同一精度和粗糙度的加工方法往往有几种，选择时要考虑生产率要求和经济效益，考虑零件的结构形状、尺寸大小、材料和热处理要求以及企业生产条件等。表10-10、表10-11、表10-12分别列出了外圆、内孔和平面的加工方案，可供选择时参考。

表 10-9　各种加工方法的经济精度和表面粗糙度（中批生产）

被加工表面	加工方法	经济精度等级	表面粗糙度 R_a/μm
外圆和端面	粗车	IT11 ~ IT13	50 ~ 12.5
	半精车	IT8 ~ IT11	6.3 ~ 3.2
	精车	IT7 ~ IT9	3.2 ~ 1.6
	粗磨	IT8 ~ IT11	3.2 ~ 0.8
	精磨	IT6 ~ IT8	0.8 ~ 0.2
	研磨	IT5	0.2 ~ 0.012
	超精加工	IT5	0.2 ~ 0.012
	精细车（金刚车）	IT5 ~ IT6	0.8 ~ 0.05
孔	钻孔	IT11 ~ IT13	50 ~ 6.3
	铸锻孔的粗扩（镗）	IT11 ~ IT13	50 ~ 12.5
	精扩	IT9 ~ IT11	6.3 ~ 3.2
	粗铰	IT8 ~ IT9	6.3 ~ 1.6
	精铰	IT6 ~ IT7	3.2 ~ 0.8
	半精镗	IT9 ~ IT11	6.3 ~ 3.2
	精镗（浮动镗）	IT7 ~ IT9	3.2 ~ 0.8
	精细镗（金刚镗）	IT6 ~ IT7	0.8 ~ 0.1
	粗磨	IT9 ~ IT11	6.3 ~ 3.2
	精磨	IT7 ~ IT9	1.6 ~ 0.4
	研磨	IT6	0.2 ~ 0.012
	珩磨	IT6 ~ IT7	0.4 ~ 0.1
	拉孔	IT7 ~ IT9	1.6 ~ 0.8

（续）

被加工表面	加工方法	经济精度等级	表面粗糙度 $R_a/\mu m$
	粗刨、粗铣	IT11 ~ IT13	50 ~ 12.5
	半精刨、半精铣	IT8 ~ IT11	6.3 ~ 3.2
	精刨、精铣	IT6 ~ IT8	3.2 ~ 0.8
平面	拉削	IT7 ~ IT8	1.6 ~ 0.8
	粗磨	IT8 ~ IT11	6.3 ~ 1.6
	精磨	IT6 ~ IT8	0.8 ~ 0.2
	研磨	IT5 ~ IT6	0.2 ~ 0.012

表 10-10　外圆表面加工方案

序号	加工方案	经济精度等级	表面粗糙度 $R_a/\mu m$	适用范围
1	粗车	IT11 以下	50 ~ 12.5	适用于淬火钢以外的各种金属
2	粗车—半精车	IT8 ~ IT10	6.3 ~ 3.2	
3	粗车—半精车—精车	IT7 ~ IT8	1.6 ~ 0.8	
4	粗车—半精车—精车—滚压（或抛光）	IT7 ~ IT8	0.2 ~ 0.025	
5	粗车—半精车—磨削	IT7 ~ IT8	0.8 ~ 0.4	主要用于淬火钢，也可用于未淬火钢，但不宜加工有色金属
6	粗车—半精车—粗磨—精磨	IT6 ~ IT7	0.4 ~ 0.1	
7	粗车—半精车—粗磨—精磨—超精加工（或轮式超精磨）	IT5	0.2 ~ 0.012	
8	粗车—半精车—精车—金钢石车	IT6 ~ IT7	0.4 ~ 0.025	主要用于要求较高的有色金属的加工
9	粗车—半精车—粗磨—精磨—超精磨或镜面磨	IT5 以上	0.025 ~ 0.006	极高精度的外圆加工
10	粗车—半精车—粗磨—精磨—研磨	IT5 以上	0.1 ~ 0.006	

表 10-11　孔加工方案

序号	加工方案	经济精度等级	表面粗糙度 $R_a/\mu m$	适用范围
1	钻	IT11 ~ IT12	12.5	加工未淬火钢及铸铁的实心毛坯，也可用于加工有色金属（但表面粗糙度稍大，孔径小于 15 ~ 20mm）
2	钻—铰	IT9	3.2 ~ 1.6	
3	钻—粗铰—精铰	IT7 ~ IT8	1.6 ~ 0.8	
4	钻—扩	IT10 ~ IT11	12.5 ~ 6.3	同上，但是孔径大于 15 ~ 20mm
5	钻—扩—铰	IT8 ~ IT9	3.2 ~ 1.6	
6	钻—扩—粗铰—精铰	IT7	1.6 ~ 0.8	
7	钻—扩—机铰—手铰	IT6 ~ IT7	0.4 ~ 0.1	
8	钻—扩—拉	IT7 ~ IT9	1.6 ~ 0.1	大批大量生产（精度由拉刀的精度而定）
9	粗镗（或扩孔）	IT11 ~ IT12	12.5 ~ 6.3	除淬火钢外各种材料，毛坯有铸出孔或锻出孔
10	粗镗（粗扩）—半精镗（精扩）	IT8 ~ IT9	3.2 ~ 1.6	
11	粗镗（扩）—半精镗（精扩）—精镗（铰）	IT7 ~ IT8	1.6 ~ 0.8	

序号	加工方案	经济精度等级	表面粗糙度 R_a/μm	适用范围
12	粗镗（扩）—半精镗（精扩）—精镗—浮动镗刀精镗	IT6 ~ IT7	0.8 ~ 0.4	除淬火钢外各种材料，毛坯有铸出孔或锻出孔
13	粗镗（扩）—半精镗—磨孔	IT7 ~ IT8	0.8 ~ 0.4	主要用于淬火钢，也用于未淬火钢，但不宜用于有色金属加工
14	粗镗（扩）—半精镗—粗磨—精磨	IT6 ~ IT7	0.2 ~ 0.1	
15	粗镗—半精镗—精镗—金刚镗	IT6 ~ IT7	0.4 ~ 0.05	主要用于精度要求高的有色金属加工
16	钻（扩）—粗铰—精铰—珩磨 钻（扩）—拉—珩磨 粗镗—半精镗—精镗—珩磨	IT6 ~ IT7	0.2 ~ 0.025	精度要求很高的孔
17	以研磨代替上述方案中的珩磨	IT6 以上	0.1 ~ 0.006	

表 10-12　平面加工方案

序号	加工方案	经济精度等级	表面粗糙度 R_a/μm	适用范围
1	粗车—半精车	IT9	6.3 ~ 3.2	端面
2	粗车—半精车—精车	IT6 ~ IT8	1.6 ~ 0.8	
3	粗车—半精车—磨削	IT7 ~ IT9	0.8 ~ 0.2	
4	粗刨（或粗铣）—精刨（或精铣）	IT7 ~ IT9	6.3 ~ 1.6	一般不淬硬平面（端铣的表面粗糙度可较小）
5	粗刨（或粗铣）—精刨（或精铣）—刮研	IT5 ~ IT6	0.8 ~ 0.1	精度要求较高的不淬硬平面，批量较大时宜采用宽刃精刨方案
6	粗刨（或粗铣）—精刨（或精铣）—宽刃精刨	IT6	0.8 ~ 0.2	
7	粗刨（或粗铣）—精刨（或精铣）—磨削	IT6	0.8 ~ 0.2	精度要求较高的淬硬平面或不淬硬平面
8	粗刨（或粗铣）—精刨（或精铣）—粗磨—精磨	IT5 ~ IT6	0.4 ~ 0.025	
9	粗刨—拉	IT6 ~ IT9	0.8 ~ 0.2	大量生产，较小的平面（精度视拉刀的精度而定）
10	粗铣—精铣—磨削—研磨	IT5 以上	0.1 ~ 0.006	高精度平面

10.3.4　加工顺序的安排

1. 加工阶段的划分

对于加工形状较复杂和质量要求较高的零件，工艺过程应分几个阶段进行。各加工阶段的目的、尺寸公差等级和表面粗糙度的范围及相应的加工方法见表 10-13。

应当指出，加工阶段的划分是指零件加工的整个过程，不能以某一表面的加工或某一工序的性质来判断。同时，在具体应用时，也不可以绝对化，对有些重型零件或余量小、精度不高的零件，则可以在一次安装中完成表面的粗加工和精加工。

划分加工阶段的作用是：

（1）保证加工质量。工件在粗加工时切除金属较多，切削力、夹紧力大，切削热量多，加工后内应力要重新分布，由此而引起的工件变形较大，需要通过半精加工和精加工来纠正。

（2）合理使用设备。加工过程划分阶段后，粗加工可在功率大、刚度好、精度低的高效率机床上进行。精加工则可采用高精度机床，以确保零件的精度要求，也有利于长期保持设备精度。

（3）便于安排热处理工序。工件的热处理应在精加工之前进行，这样可通过精加工去除热处理后的变形。对一些精密零件，在粗加工后安排去应力的时效处理，可减少内应力变形对精加工的影响。

（4）便于及时发现毛坯缺陷。毛坯经粗加工后可及时发现工件的缺陷，如气孔、砂眼、裂纹和加工余量不足等，以便及时报废和修补，避免继续加工造成浪费。

表 10-13　切削加工阶段的划分

阶段名称	目　　　的	尺寸公差等级范围		R_a 值范围 /μm	相应加工方法
粗加工	尽快从毛坯上切除多余材料，使其接近零件的形状和尺寸	IT12 ~ IT11		25 ~ 12.5	粗车、粗镗、粗铣、粗刨、钻孔等
半精加工	进一步提高精度和降低表面粗糙度 R_a 值，并留下合适的加工余量，为主要表面精加工作准备	IT10 ~ IT9		6.3 ~ 3.2	半精车、半精镗、半精铣、半精刨、扩孔等
精加工	使一般零件的主要表面达到规定的精度和粗糙度要求，或为要求很高的主要表面进行精密加工作准备	一般精加工	IT8 ~ IT7（精车外圆可达 IT6）	1.6 ~ 0.8	精车、精镗、精铣、精刨、粗磨、粗拉、粗铰等
		精密精加工	IT7- ~ IT6（精磨外圆可达 IT5）	0.8 ~ 0.2	精磨、精拉、精铰等
精密加工	在精加工基础上进一步提高精度和减小表面粗糙度 R_a 值的加工（对于其中不提高精度，只减小表面粗糙度 R_a 值的加工又称光整加工）	IT5 ~ IT3		0.1 ~ 0.008	研磨、珩磨、超精加工、抛光等
超精密加工	比精密加工更高级的亚微米加工和纳米加工，只用于加工极个别的超精密零件	高于 IT3		0.012	金刚石刀具切削、超精密研磨和抛光等

2. 加工顺序的安排

（1）机械加工工序的安排。

在安排加工顺序时要注意以下几点：

1）基准先行。用作精基准的表面，要先加工出来，然后以精基准定位加工其他表面。

在精加工阶段之前，有时还需对精基准进行修复确保定位精度。

2）先粗后精。整个零件的加工工序，应是粗加工在先，半精加工次之，最后安排精加工和光整加工。

3）先主后次。先安排主要表面的加工（即零件的工作表面、装配基面），后进行次要表面的加工（即键槽、螺纹孔等）。因为主要表面加工容易出废品，应放在前阶段进行，以减少工时浪费，次要表面的加工一般安排在主要表面的半精加工之后，也有放在精加工后进行加工。

4）先面后孔。先加工平面，后加工内孔。因为箱体、支架等类零件，平面所占轮廓尺寸较大，用它定位稳定。然后用它作为精基准，加工零件上的各种孔，利于保证孔与平面的位置精度。

（2）热处理工序的安排。

1）预备热处理。包括正火、退火、时效和调质等。这类热处理的目的是改善加工性能，消除内应力和为最终热处理作好组织准备。其工序位置安排在粗加工前后。

① 正火、退火。经过热加工的毛坯，为改善切削加工性能和消除毛坯的内应力，常进行退火、正火处理。一般安排在粗加工之前。

② 时效处理。主要用于消除毛坯制造和机械加工中产生的内应力。对形状复杂的铸件，一般在粗加工后安排一次时效处理，对于精密零件，要进行多次时效处理。

③ 调质处理。调质即淬火后进行高温回火，能消除内应力，改善加工性能并能获得较好的综合力学性能。考虑材料的淬透性，一般安排在粗加工之后进行。

2）最终热处理。常用的有淬火-回火、渗碳淬火、渗氮等。它们的主要目的是提高零件的硬度和耐磨性，一般安排在精加工（磨削）之前进行，或安排在精加工之后，光整加工之前。

（3）辅助工序的安排。检验工序是主要的辅助工序，除每道工序由操作者自行检验外，在粗加工之后，精加工之前；零件转换车间时；重要工序之后和全部加工完毕，入库之前，一般都安排检验工序。

除检验外，其他工序有：表面强化、去毛刺、倒棱、清洗和防锈等，均不要遗漏应同等重视。

3. 工序的集中与分散

确定加工方法以后就要划分工序。在零件加工的工步、顺序已经排定后，如何将这些工步组成工序，就需要考虑采用工序集中还是工序分散的方法。

（1）工序集中。就是指零件的加工集中在少数几个工序中完成，每道工序加工的内容较多，工艺路线短。其特点是：

1）可以采用高效机床和工艺装备，生产率高；

2）减少了设备数量以及操作工人和占地面积，节省人力、物力；

3）减少了工件安装次数，有利于保证表面间的位置精度；

4）采用的工装设备结构复杂，调整维修较困难，生产准备工作量大。

（2）工序分散。就是指每道工序的加工内容很少，甚至一道工序只含一个工步，工艺路线很长，主要特点是：

1）设备和工艺装备比较简单，便于调整，容易适应产品的变换；

2）对工人的技术要求较低；

3）可以采用最合理的切削用量，减少机动时间；

4）所需设备和工艺装备的数目多，操作工人多，占地面积大。

工序集中与工序分散各有优缺点，要根据生产类型、零件的结构特点和技术要求、机械设备等条件进行综合分析，来决定按照哪一种原则安排工艺过程。一般情况下，单件小批生产时，只能工序集中，在一台普通机床上加工出尽量多的表面；大批大量生产时，既可以采用多刀、多轴等高效、自动机床，将工序集中，也可以将工序分散后组织流水生产。但从发展趋势来看，一般多采用工序集中的方法来组织生产。

10.4 工序设计

10.4.1 加工余量的确定

1. 加工余量的基本概念

加工余量是指加工时从加工表面上切除的金属层总厚度。加工余量可分为工序余量和总余量。

（1）工序余量。工序余量是指某一表面在一道工序中切除的金属层厚度，即相邻两工序的尺寸之差，如图 10-13 所示。

对于外表面，$Z_b = a - b$（图 10-13a）。

对于内表面 $Z_b = b - a$（图 10-13b）。

式中　Z_b——本工序的工序加工余量；

　　　a——前工序的工序尺寸；

　　　b——本工序的工序尺寸。

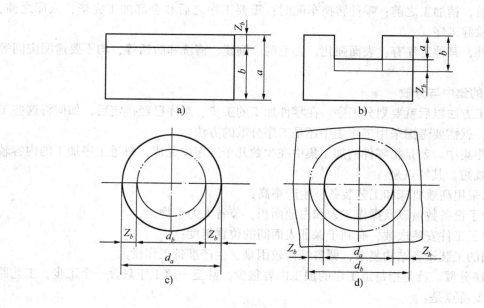

图 10-13　工序余量

272

上述表面的加工余量为非对称的单边加工余量，旋转表面（外圆和孔）的加工余量是对称加工余量。

对于轴，$2Z_b = d_a - d_b$（图10-13c）。

对于孔，$2Z_b = d_b - d_a$（图10-13d）。

式中　Z_b——半径上的加工余量；

　　　d_a——前工序的加工表面的直径；

　　　d_b——本工序的加工表面的直径。

由于毛坯制造和各个工序尺寸都存在着误差，因此，加工余量也是个变动值。当工序尺寸用基本尺寸计算时，所得到的加工余量称为基本余量或称公称余量。若以极限尺寸计算时，所得余量会出现最大或最小余量，其差值就是加工余量的变动范围。如图10-13a所示，以外表面单边加工余量情况为例，其值为

$$Z_{b\min} = a_{\min} - b_{\max}$$
$$Z_{b\max} = a_{\max} - b_{\min}$$

式中　$Z_{b\min}$——最小加工余量；

　　　$Z_{b\max}$——最大加工余量；

　　　$a_{\min}$——前工序最小工序尺寸；

　　　$b_{\min}$——本工序最小工序尺寸；

　　　$a_{\max}$——前工序最大工序尺寸；

　　　$b_{\max}$——本工序最大工序尺寸。

图10-14表示了工序尺寸公差与加工余量间的关系。余量公差是加工余量的变动范围，其值为 $T_{Zb} = Z_{b\max} - Z_{b\min} = (a_{\max} - b_{\min}) - (a_{\min} - b_{\max}) = T_a + T_b$

式中　T_{Zb}——本工序余量公差；

　　　T_a——上工序尺寸公差；

　　　T_b——本工序尺寸公差。

（2）加工总余量。加工总余量是指零件从毛坯变为成品的整个加工过程中，某一表面所切除金属层的总厚度，也即零件上同一表面毛坯尺寸与零件设计尺寸之差，也等于各工序加工余量之和。即

$$Z_{总} = \sum_{i=1}^{n} Z_i$$

式中　$Z_{总}$——总加工余量；

　　　Z_i——第i道工序的工序余量；

　　　n——该表面总共加工的工序数。

总加工余量也是个变动值，其值及公差一般是从有关手册中查得或凭经验确定。

2. 影响加工余量的因素

加工余量的大小对零件的加工质量、生产率和经

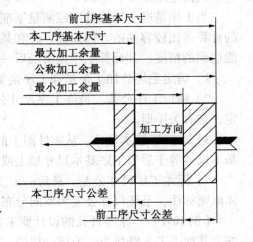

图10-14　工序尺寸公差与加工余量

济性都有较大的影响。确定加工余量的基本原则是在保证加工质量的前提下，尽量减少加工余量。影响加工余量大小的因素有：

1) 前工序加工面（或毛坯）的表面质量（包括表面粗糙度和表面破坏层深度）；

2) 前工序（或毛坯）的工序尺寸公差；

3) 前工序的各表面相互位置的空间偏差，如轴心线的平行度、垂直度和同轴度误差等；

4) 本工序的安装误差，如定位误差和夹紧误差；

5) 热处理后出现的变形。

3. 确定加工余量的方法

（1）经验估计法。工艺人员根据经验可以确定加工余量。为了避免产生废品，所估计的加工余量一般偏大。此法常用于单件小批生产。

（2）查表修正法。此法是以企业生产实践和工艺试验积累的有关加工余量的资料数据为基础，并结合实际加工情况进行修正来确定加工余量，应用比较广泛。根据有关手册可查得相关数值。

（3）分析计算法。此法是根据一定的试验资料和计算公式，对影响加工余量的各项因素进行分析和综合计算来确定加工余量的方法。这种方法确定的加工余量最经济合理，但需要全面的试验资料，计算也较复杂，实际应用较少。

10.4.2 工序尺寸及其公差的确定

零件的设计尺寸一般要经过几道工序的加工才能得到，每道工序所应保证的尺寸叫工序尺寸，它们是逐步向设计尺寸接近的，直到最后工序才保证设计尺寸。工序尺寸及其公差的确定与工序加工余量的大小、工序尺寸的标注以及定位基准的选择和变换有着密切的联系。下面就工艺基准与设计基准重合和不重合两种情况，分别进行工序尺寸及其公差的计算。由于基准不重合时的工序尺寸及其公差的计算在工艺尺寸链的计算中还要进行详细叙述，因此这里只讲述基准重合时的工序尺寸及其公差的计算。

当工序基准、定位基准或测量基准与设计基准重合，表面多次加工时，工序尺寸及公差的计算是比较容易的。例如轴、孔和某些平面的加工，计算只需考虑各工序的加工余量和所能达到的精度。其计算顺序是由最后一道工序开始向前推算，计算步骤为：

1) 确定毛坯总加工余量和工序余量。

2) 确定工序公差。最终工序尺寸公差等于设计尺寸公差，其余工序公差按经济精度确定，查有关手册。

3) 求工序基本尺寸。从零件图上的设计尺寸开始，一直往前推算到毛坯尺寸，某工序基本尺寸等于后道工序基本尺寸加上或减去后道工序余量。

4) 标注工序尺寸公差。最后一道工序的公差按设计尺寸标注，其余工序尺寸公差按入体原则标注，毛坯尺寸公差为双向分布。

【例 10-1】 某零件孔的设计要求为 $\phi 100^{+0.035}_{0}$ mm，粗糙度 R_a 值为 0.8μm，毛坯为铸铁件，其加工工艺路线为：毛坯—粗镗—半精镗—精镗—浮动镗。求各工序尺寸。

解： 通过查表或凭经验确定毛坯总加工余量与其公差、工序余量以及工序的经济精度和公差值（见表 10-14），计算工序基本尺寸，结果列于表 10-14 中。

表 10-14   工序尺寸及公差的计算　　　　　　　　　　（单位：mm）

工序名称	工序加工余量	基本工序尺寸	工序加工精度等级及工序尺寸公差	工序尺寸及公差
浮动镗	0.1	100	H7 ($^{+0.035}_{0}$)	$\phi100^{+0.035}_{0}$
精镗	0.5	100 - 0.1 = 99.9	H8 ($^{+0.054}_{0}$)	$\phi99.9^{+0.054}_{0}$
半精镗	2.4	99.9 - 0.5 = 99.4	H10 ($^{+0.14}_{0}$)	$\phi99.4^{+0.14}_{0}$
粗镗	5	99.4 - 2.4 = 97	H13 ($^{+0.54}_{0}$)	$\phi97^{+0.54}_{0}$
毛坯	8	97 - 5 = 92	±1.2	$\phi92 \pm 1.2$
数据确定方法	查表确定	第一项为图样规定尺寸，其余计算得到	第一项图样规定，毛坯公差查表，其余按经济加工精度及入体原则定	

10.4.3   工艺尺寸链的计算

在零件加工中，如果多次转换工艺基准，使得测量基准、定位基准或工序基准与设计基准不重合，则需通过工艺尺寸链原理进行工序尺寸及其公差的计算。

1. 工艺尺寸链的基本概念

(1) 工艺尺寸链的定义和特征。在零件加工（测量）或机械的装配过程中，经常遇到的不是一些孤立的尺寸，而是一些相互联系的尺寸。这些关联尺寸，按一定顺序连接成封闭形式的尺寸组合称为工艺尺寸链。

如图 10-15 所示零件，先按尺寸 A_2 加工台阶，再按 A_1 加工左端面，则 A_0 由 A_1 和 A_2 所确定，即 $A_0 = A_1 - A_2$。那么，这些相互联系的尺寸组合 A_1、A_2 和 A_0 就是一个尺寸链。

同样，测量这个零件，尺寸 A_1、A_2 和 A_0 也可形成一个尺寸链。

再如，在圆柱形零件的装配过程中（图 10-16），其间隙 A_0 的大小由孔径 A_1 和轴径 A_2 所决定，即 $A_0 = A_1 - A_2$。这样，尺寸 A_1、A_2 和 A_0 也形成一个尺寸链。

通过以上分析可以知道，工艺尺寸链的主要特征是：封闭性和关联性。

封闭性——这些互相关联的尺寸必须按一定顺序排列成封闭的形式。

关联性——某一个尺寸及精度的变化必将影响其他尺寸和精度的变化，也就是说，它们的尺寸和精度互相联系、互相影响。

(2) 工艺尺寸链的组成。工艺尺寸链中各尺寸简称环。根据各环在尺寸链中的作用，可分为封闭环和组成环两种。

1) 封闭环（终结环）。是尺寸链中惟一的一个特殊环，是在加工、测量或装配等工艺过程完成时最后形成的。封闭环用 A_0 表示。在装配尺寸链中，封闭环很容易确定，如图 10-16 所示，封闭环 A_0 就是零件装配后形成的间隙。在加工尺寸链中封闭环必须在加工（测量）顺序确定后才能判定。如图 10-15 所示，封闭环 A_0 是在所述加工（测量）顺序条件下，最后形成的尺寸。若加工（测量）顺序改变，封闭环也随之改变。

2）组成环。是尺寸链中除封闭环以外的各环。同一尺寸链中的组成环，一般以同一字母加下标表示，如 A_1，A_2，A_3 等。组成环的尺寸是直接保证的，它又影响到封闭环的尺寸。根据组成环对封闭环的影响不同，组成环又可分为增环和减环。

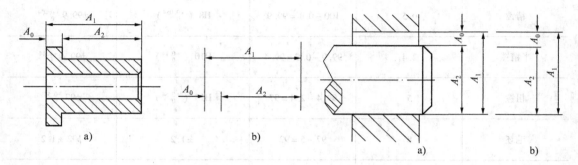

图 10-15　零件加工与测量中的尺寸关系　　　图 10-16　零件装配过程中的尺寸关系

①　在其他组成环不变的条件下，若某组成环增大时，封闭环随之增大，则此组成环称为增环，在图 10-15、10-16 中尺寸 A_1 为增环。为简明起见，增环可标记为 $\overrightarrow{A}_z$。

②　在其他组成环不变的条件下，若某组成环增大时，封闭环随之减小，则此组成环称为减环，在图 10-15、10-16 中尺寸 A_2 为减环，减环可标记为 $\overleftarrow{A}_j$。

当尺寸链环数较多、结构复杂时，增环及减环的判别也比较复杂。为了便于判别，可按照各尺寸首尾相接的原则，顺着一个方向在尺寸链中各环的字母上划箭头。凡组成环的箭头与封闭环的箭头方向相同者，此环为减环，反之则为增环。如图 10-17 所示尺寸链由 4 个环组成，按尺寸走向顺着一个方向画各环的箭头，其中 A_1、A_3 的箭头方向与 A_0 的相反，则 A_1、A_3 为增环；A_2 的箭头方向与 A_0 的相同，则 A_2 为减环。需要注意的是，所建立的尺寸链，必须使组成环数最少，这样可以更容易满足封闭环的精度或者使各组成环的加工更容易，更经济。

2. 工艺尺寸链计算的基本公式

工艺尺寸链的计算方法有两种：极值法和概率法。生产中一般多采用极值法，或称极大极小值法。

由于尺寸链的各环连接成封闭形式，因此可从图 10-18 中得其计算的基本公式。

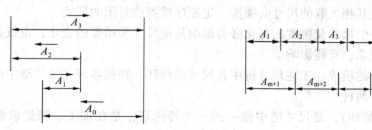

图 10-17　组成环增减性的判别　　　图 10-18　组成环的构成

276

（1）基本尺寸间的关系。

$$A_0 = \sum_{z=1}^{m} A_z - \sum_{j=m+1}^{n-1} A_j \qquad (10\text{-}1)$$

式中　m——为增环的环数；

　　　　n——为总环数；

　　　　A_0——封闭环的基本尺寸。

即：封闭环的基本尺寸等于所有增环基本尺寸之和减去所有减环的基本尺寸之和。

（2）极限尺寸间的关系

1）当所有增环皆为最大极限尺寸、减环皆为最小极限尺寸时，封闭环必为最大极限尺寸。即

$$A_{0\max} = \sum_{z=1}^{m} A_{z\max} - \sum_{j=m+1}^{n-1} A_{j\min} \qquad (10\text{-}2)$$

2）当所有增环皆为最小极限尺寸、减环皆为最大极限尺寸时，封闭环必为最小极限尺寸。即

$$A_{0\min} = \sum_{z=1}^{m} A_{z\min} - \sum_{j=m+1}^{n-1} A_{j\max} \qquad (10\text{-}3)$$

（3）极限偏差间的关系。由式（10-2）减去式（10-1），得封闭环的上偏差为

$$\mathrm{ES}A_0 = \sum_{z=1}^{m} \mathrm{ES}A_z - \sum_{j=m+1}^{n-1} \mathrm{EIA}_j \qquad (10\text{-}4)$$

即：封闭环的上偏差等于所有增环上偏差之和减去所有减环下偏差之和。

由式（10-3）减去式（10-1），得封闭环的下偏差为

$$\mathrm{EIA}_0 = \sum_{z=1}^{m} \mathrm{EIA}_z - \sum_{j=m+1}^{n-1} \mathrm{ES}A_j \qquad (10\text{-}5)$$

即：封闭环的下偏差等于所有增环下偏差之和减去所有减环上偏差之和。

（4）公差间的关系。由式（10-2）减去式（10-3），得封闭环的公差为

$$TA_0 = \sum_{i=1}^{n-1} TA_i \qquad (10\text{-}6)$$

即：封闭环的公差等于所有组成环的公差之和。由此可知，封闭环的公差比任一组成环的公差都大。因此，在工艺尺寸链中，一般选最不重要的环作为封闭环。在装配尺寸链中，封闭环是装配的最终要求。为了减小封闭环的公差，应尽量减小尺寸链的环数，这就是在设计中应遵守的最短尺寸链原则。

3. 工艺尺寸链的分析与计算

解尺寸链的步骤一般是：画尺寸链图；确定封闭环、增环和减环；进行尺寸链计算。要使计算正确，必须正确地确定封闭环、增环和减环，尤其是封闭环的确定。

（1）测量基准与设计基准不重合时的工序尺寸计算。在零件加工时，会遇到一些表面加工之后设计尺寸不便直接测量的情况。因此需要在零件上另选一个易于测量的表面作测量基准进行测量，以间接检验设计尺寸。

【例10-2】　如图10-19a所示套筒零件，两端面已加工完毕，加工孔底面 C 时，要保证尺寸 $16_{-0.35}^{\ 0}$ mm，因该尺寸不便测量，试标出测量尺寸。

解：由于孔的深度可以用深度游标卡尺测量，因而尺寸$16_{-0.35}^{0}$mm可以通过尺寸$A=60_{-0.17}^{0}$mm和孔深尺寸x间接计算出来，列出尺寸链如图b所示。尺寸$16_{-0.35}^{0}$mm显然是封闭环。

由式（10-1）得　$16\text{mm}=60\text{mm}-x$　　　　则$x=44\text{mm}$

由式（10-4）得　$0=0-\text{EI}(x)$　　　　　　则$\text{EI}(x)=0$

由式（10-5）得　$-0.35\text{mm}=-0.17\text{mm}-\text{ES}(x)$　则$\text{ES}(x)=+0.18\text{mm}$

所以测量尺寸$x=44_{0}^{+0.18}$mm

通过分析以上计算结果，可以发现，由于基准不重合而进行尺寸换算，将带来两个问题：

1）换算的结果明显提高了对测量尺寸的精度要求。如果能按原设计尺寸进行测量，其公差值为0.35mm，换算后的测量尺寸公差为0.18mm，测量公差减小了0.17mm，此值恰是另一组成环的公差值。

2）假废品问题。测量零件时，当A的尺寸在$60_{-0.17}^{0}$mm之间，x的尺寸在$44_{0}^{+0.18}$mm时，则A_0必在$16_{-0.35}^{0}$mm之间，零件为合格品。

假如x的实测尺寸超出$44_{0}^{+0.18}$mm的范围，如偏大或偏小0.17mm，即x尺寸为44.35mm或43.83mm时，只要A的尺寸也相应为最大60mm或最小59.83mm，则算得A_0的尺寸相应为（60－44.35）mm＝15.65mm和（59.83－43.83）mm＝16mm，零件仍为合格品，这就出现了假废品。由此可见，只要超差量小于另一组成环的公差时，则有可能出现假废品，这时，需重新测量其他组成环的尺寸，再算出封闭环的尺寸，以判断是否是废品。

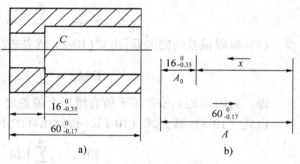

图10-19　测量尺寸的换算

（2）定位基准与设计基准不重合时的工序尺寸计算。零件调整法加工时，如果加工表面的定位基准与设计基准不重合，就要进行尺寸换算，重新标注工序尺寸。

【例10-3】　如图10-20a所示零件，孔D的设计基准为C面。镗孔前，表面A、B、C已加工。镗孔时，为了使工件装夹方便，选择表面A为定位基准，并按工序尺寸A_3进行加工，试求工序尺寸A_3及其公差。

解：经分析，列尺寸链如图b所示，由于设计尺寸A_0是本工序加工中间接得到的，即为封闭环。用画箭头方法判断出A_2、A_3为增环，A_1为减环。则尺寸A_3的计算如下：

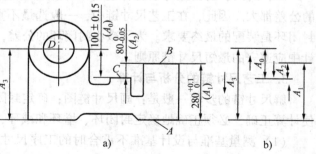

图10-20　定位基准与设计基准不重合的尺寸换算

按式（10-1）求基本尺寸：$A_0=A_3+A_2-A_1$

$$A_3 = A_0 + A_1 - A_2 = (100 + 280 - 80) \text{ mm} = 300\text{mm}$$

按式（10-4）求上偏差：$ESA_0 = ESA_3 + ESA_2 - EIA_1$

$$ESA_3 = (+0.15 - 0 + 0) \text{ mm} = +0.15\text{mm}$$

按式（10-5）求下偏差：$EIA_0 = EIA_3 + EIA_2 - ESA_1$

$$EIA_3 = (-0.15 - (-0.05) + 0.1) \text{ mm} = 0$$

则工序尺寸 $A_3 = 300^{+0.15}_{0}\text{mm}$

当定位基准与设计基准不重合进行尺寸换算时，也需要提高本工序的加工精度，使加工更加困难。同时，也会出现假废品的问题。

在进行工艺尺寸链计算时，还有一种情况必须注意。以图10-20为例，如零件图中标注的设计尺寸 $A_0 = 100 \pm 0.15\text{mm}$，则经过计算可得工序尺寸 $A_3 = 300^{+0.15}_{0}\text{mm}$，其公差值 $TA_3 = 0.15\text{mm}$，显然，精度要求过高，加工难以达到。有时还会出现公差值为零或负值的现象。遇到这种情况一般可以采取以下两种措施。

一是减小其他组成环的公差，即根据各组成环加工的经济精度来压缩各环公差。二是改变定位基准或加工方式。

（3）从尚需继续加工的表面上标注的工序尺寸链计算。

【例10-4】 如图10-21所示为齿轮内孔的局部简图，设计要求为：孔径 $\phi 85^{+0.035}_{0}\text{mm}$，键槽深度尺寸为 $90.4^{+0.2}_{0}\text{mm}$，其加工顺序为：

1）镗内孔至 $\phi 84.8^{+0.07}_{0}\text{mm}$；

2）插键槽至尺寸 A_3；

3）热处理（淬火）；

4）磨内孔至 $\phi 85^{+0.035}_{0}\text{mm}$，同时保证键槽深度尺寸为 $90.4^{+0.20}_{0}\text{mm}$；

试确定插键槽的工序尺寸 A_3。

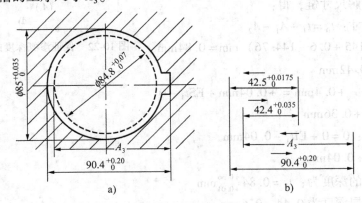

图10-21 内孔及键槽加工的工艺尺寸链

解： 根据加工顺序列出尺寸链如图10-21b所示。要注意的是，当有直径尺寸时，一般应考虑用半径尺寸来列尺寸链。镗孔后的尺寸为 $A_2 = 42.4^{+0.035}_{0}\text{mm}$，磨孔后的尺寸 $A_1 = 42.5^{+0.0175}_{0}\text{mm}$ 及键槽深度 A_3 都是直接获得的，为组成环。磨孔后所得的键槽深度尺寸 $A_0 = 90.4^{+0.2}_{0}\text{mm}$ 是间接得到的，为封闭环。利用尺寸链基本公式计算可得

A_3 基本尺寸计算 $A_0 = A_3 + A_1 - A_2$

$A_3 = A_0 + A_2 - A_1 = (90.4 + 42.4 - 42.5)\ \text{mm} = 90.3\text{mm}$

A_3 上偏差计算 $\text{ES}A_0 = \text{ES}A_3 + \text{ES}A_1 - \text{EI}A_2$

则 $\text{ES}A_3 = \text{ES}A_0 + \text{EI}A_2 - \text{ES}A_1 = (+0.2 + 0 - 0.017\ 5)\ \text{mm} = +0.182\ 5\text{mm}$

A_3 下偏差计算 $\text{EI}A_0 = \text{EI}A_3 + \text{EI}A_1 - \text{ES}A_2$

则 $\text{EI}A_3 = \text{EI}A_0 + \text{ES}A_2 - \text{EI}A_1 = (0 + 0.035 - 0)\ \text{mm} = +0.035\text{mm}$

所以 $A_3 = 90.3^{+0.182\ 5}_{+0.035}\text{mm}$

（4）渗氮、渗碳层的工艺尺寸链计算。有些零件的表面需进行渗氮或渗碳处理，并且要求精加工后要保持一定的渗层深度。为此，必须确定渗前加工的工序尺寸和热处理时的渗层深度。

【例 10-5】 如图 10-22 所示某零件内孔，材料为 38CrMoAlA，孔径为 $\phi145^{+0.04}_{0}\text{mm}$，内孔表面需要渗氮，精加工后要求渗氮层深度为 $0.3 \sim 0.5\text{mm}$（见图 10-22b）。其加工顺序为：

1）磨内孔至 $\phi144.76^{+0.04}_{0}\text{mm}$（见图 10-22c）；

2）渗氮，深度 t_1；

3）磨内孔至 $\phi145^{+0.04}_{0}\text{mm}$，并保留渗氮层深度 $t_0 = 0.3 \sim 0.5\text{mm}$。

试求渗氮时的深度 t_1。

解：在孔的直径方向上划尺寸链如图 10-22d 所示，显然 $t_0 = (0.6 \sim 1.0)\ \text{mm} = 0.6^{+0.4}_{0}\text{mm}$ 是间接获得，为封闭环。解尺寸链，得：

t_1 的基本尺寸：$t_0 = t_1 + A_1 - A_2$

得：$t_1 = (145 + 0.6 - 144.76)\ \text{mm} = 0.84\text{mm}$

则 $t_1/2 = 0.42\text{mm}$

t_1 的上偏差：$+0.4\text{mm} = +0.04\text{mm} + \text{ES}t_1 - 0$

则 $\text{ES}t_1 = +0.36\text{mm}$

t_1 的下偏差：$0 = 0 + \text{EI}t_1 - 0.04\text{mm}$

则 $\text{EI}t_1 = +0.04\text{mm}$

所以渗氮时的深度为：$t_1 = 0.84^{+0.36}_{+0.04}\text{mm}$

即单边渗氮层深度为 $0.44 \sim 0.6\text{mm}$。

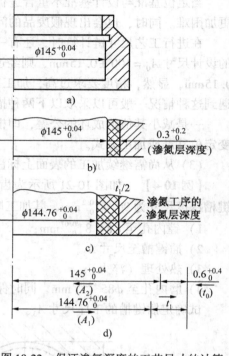

图 10-22 保证渗氮深度的工艺尺寸的计算

（5）镀层类零件的工艺尺寸链计算。电镀零件在实际生产中有两种情况，一种是零件表面上镀后不再加工；另一种是镀后尚需再加工，才能最后达到零件的设计要求。这两种情况在进行尺寸链计算时，仅其封闭环有所不同。

【例 10-6】 如图 10-23a 所示的轴套，其中 $\phi28^{0}_{-0.052}\text{mm}$ 外径表面上要求镀铬，镀层厚度为 $0.025 \sim 0.04\text{mm}$（双边即 $0.05 \sim 0.08$ 或 $0.08^{0}_{-0.03}\text{mm}$）。该表面的加工顺序：车—磨—镀铬，求 $\phi28^{0}_{-0.052}\text{mm}$ 外径在镀铬前的工序尺寸 A 和公差。

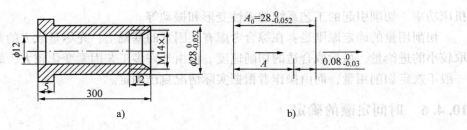

图 10-23　镀后不加工的尺寸换算及尺寸链图

解：因零件尺寸 $\phi 28_{-0.052}^{\ 0}$ mm 是镀铬以后间接保证的，所以它是封闭环。作尺寸链简图 10-23b。按尺寸链计算公式求出。

A 的基本尺寸	$28\,\text{mm} = A + 0.08\,\text{mm} - 0$
则	$A = 27.92\,\text{mm}$
A 的上偏差	$0 = ESA + 0$
则	$ESA = 0$
A 的下偏差	$-0.052\,\text{mm} = EIA + (-0.03)\,\text{mm}$
则	$EIA = -0.022\,\text{mm}$

所以镀铬前的工序尺寸 A 为 $27.92_{-0.022}^{\ 0}$ mm。

10.4.4　机床及工艺装备的选择

通常情况下大批大量生产时选用专用机床及专用工艺设备；成批生产时选用通用机床及专用工艺装备；单件小批生产时选用通用机床及通用工艺装备。

1. 机床的选择

选择机床时应注意下述几点：

1）机床的主要规格尺寸应与加工零件的轮廓尺寸相适应；

2）机床的的精度应与工序要求的加工精度相适应；

3）机床的生产率应与加工零件的生产类型相适应；

4）机床选择还应和现有生产条件相适应。

2. 工艺装备的选择

工艺装备的选择包括夹具、刀具和量具。

（1）夹具的选择。单件小批生产，应尽量选用通用夹具和组合夹具；大批大量生产，应使用专用夹具。夹具的精度应与零件的加工精度相适应。

（2）刀具的选择。刀具的选择与每个工序的加工方法、加工表面的尺寸、工件材料、所要求的精度及表面粗糙度、生产率和经济性等有关。一般应尽量采用标准刀具，必要时也可采用生产率高的复合刀具和专用刀具。刀具的类型、规格及精度等级应符合加工要求。

（3）量具的选择。单件小批生产应使用通用量具、量仪，大批大量生产应使用各种量规等高效率的专用检测量具。量具的精度要与加工精度相适应。

10.4.5　切削用量的确定

与确定切削用量有关的因素有：生产率、加工质量（主要是表面粗糙度）、刀具耐用度、机床功率、切削引起的工艺系统的弹性变形和振动等。

切削用量的确定原则是：在综合考虑有关因素的基础上，先尽量取大的背吃刀量，其次取较小的进给量，最后取合适的切削速度。但由于许多工艺因素变化较大，故在工艺文件上一般不规定切削用量，而由操作者根据实际情况自己确定。

10.4.6 时间定额的确定

定额是指在一定生产条件下，规定完成单件产品（如一个零件）或某项工作（如一个工序）所需的时间。时间定额不仅是衡量劳动生产率的指标，也是安排生产计划、计算生产成本的重要依据，还是新建或扩建企业（或车间）时计算设备和工人数量的依据。

单件时间定额 $t_{单件}$ 就是完成单件产品或一个工序所消耗的时间，它由下列各部分组成。

（1）基本时间 $t_{基本}$。它是指直接改变工件的形状、尺寸、相对位置与表面质量等所需的时间，即切除金属层耗费的时间。它包括刀具的趋近、切入、切削、切出等时间。

（2）辅助时间 $t_{辅助}$。它是为完成工艺过程所用于各种辅助动作而消耗的时间。它包括装卸工件、开停机床、改变切削用量、对刀、试切和测量等所消耗的时间。

（3）工作地服务时间 $t_{服务}$。指工人在工作时为照管工作地点及保持正常工作状态所消耗的时间。例如，在加工过程中调整更换和刃磨刀具、润滑和擦拭机床、清除切屑等所消耗的时间。工作地时间可取基本时间和辅助时间之和的 2% ~7%。

（4）休息与生理需要时间 $t_{休息}$。指工人在工作时间内为恢复体力和满足生理需要所消耗的时间。一般可取基本时间和辅助时间之和的 2%。

上述时间的总和称为单件时间，即

$$t_{单件} = t_{基本} + t_{辅助} + t_{服务} + t_{休息}$$

（5）准备终结时间 $t_{准终}$。指工人为了生产一批产品或零、部件，进行准备和结束工作所消耗的时间。

因该时间对一批产品或零、部件（批量为 N）只消耗一次，故分摊到每个零件上的时间为 $t_{准终}/N$。所以，成批生产时，时间定额为：

$$t_{定额} = t_{基本} + t_{辅助} + t_{服务} + t_{休息} + t_{准终}/N$$

在大量生产时，因 N 极大，时间定额为：

$$t_{定额} = t_{单件} = t_{基本} + t_{辅助} + t_{服务} + t_{休息}$$

这种时间定额的计算方法目前在成批和大量生产中广泛应用。对基本时间的确定，是通过手册上给出的各类加工方法的计算办法进行计算。辅助时间的确定，在大批大量生产中，将辅助动作分解，再分别查表计算；在成批生产中，可根据以往统计资料核定。

10.5 工艺方案的技术经济分析

制定机械加工工艺规程时，在满足加工质量的前提下，要特别注重其经济性。一般情况下，满足同一质量要求的加工方案可以有多种，这些方案中，必然有一个是经济性最好的方案。所谓经济性好，就是指在机械加工中能用最低的成本制造出合格的产品。这样，就需要对不同的工艺方案进行技术经济分析，从技术上和生产成本等方面进行比较。

制造一个零件或产品所消耗的费用总和叫生产成本。生产成本可分为两类费用：一类是与工艺过程直接有关的费用，称为工艺成本。工艺成本约占生产成本的70% ~ 75%。另一类是与工艺过程没有直接关系的费用，如行政人员的开支、厂房折旧费、取暖费等。

10.5.1 工艺成本的组成

按照工艺成本与零件产量的关系，可分为两部分费用。

（1）可变费用。与零件年产量直接有关，并与之成正比变化的费用。它包括：毛坯材料及制造费、操作工人工资、通用机床折旧费和修理费、通用工艺装备的折旧费和修理费以及机床电费等。

（2）不变费用。与零件年产量无直接关系，不随着年产量的变化而变化的费用。它包括：专用机床和专用工艺装备的折旧费和修理费、调整工人的工资等。

10.5.2 工艺方案的比较

一批零件的全年工艺成本可用下式表示：

$$E = VN + S$$

式中　E——全年工艺成本（元/年）；

　　　N——全年产量（件）；

　　　V——可变费用（元/件）；

　　　S——不变费用（元/件）。

每个零件的工艺成本为

$$E_{单件} = E_d = V + \frac{S}{N} \qquad （元／件）$$

式中　E_d——单件工艺成本（元/件）。

全年工艺成本与年产量的关系如图10-24所示，E 与 N 成线性关系，说明年工艺成本随着年产量的变化而成正比地变化。

单件工艺成本与年产量是双曲线的关系，如图10-25所示。在曲线的 A 段，N 值很小，设备负荷低，E_d 就高，如 N 略有变化时，E_d 将有较大的变化。在曲线的 C 段，N 值很大，大多采用专用设备（S 较大、V 较小），且 S/N 值小，故 E_d 较低，N 值的变化对 E_d 影响很小。以上分析表明，当 S 值一定时（主要是指专用工装设备费用），就应该有一个相适应的

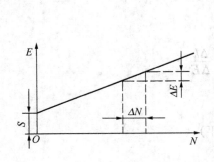

图10-24　全年工艺成本与年产量的关系

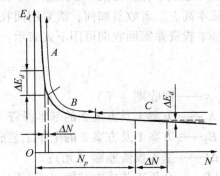

图10-25　单件工艺成本与年产量的关系

零件年产量。所以，在单件小批生产时，因 S/N 值占的比例大，就不适合使用专用工装设备（以降低 S 值）；在大批大量生产时，因 S/N 值占的比例小，最好采用专用工装设备（减小 V 值）。

对不同工艺方案进行评估时，比较其经济性的方法有以下两种。

（1）工艺成本比较。工艺方案的基本投资相近，或都使用现有设备时，可比较其工艺成本。

1）如两方案只有少数工序不同，可比其单件工艺成本。即

方案 1　　$E_{d1} = V_1 + \dfrac{S_1}{N}$

方案 2　　$E_{d2} = V_2 + \dfrac{S_2}{N}$

则 E_d 值小的方案经济性好。如图 10-26 所示。

2）当两种工艺方案有较多工序不同时，应比较其全年工艺成本。即

方案 1　　$E_1 = NV_1 + S_1$
方案 2　　$E_2 = NV_2 + S_2$

则 E 值小的方案经济性好。如图 10-27 所示。

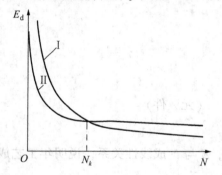

图 10-26　两种方案单件工艺成本的比较　　　　图 10-27　两种方案全年工艺成本的比较

（2）回收期比较。如果两种工艺方案的基本投资相差较大时，则应比较不同方案的基本投资差额的回收期。例如，方案 1 采用了高生产率而价格较贵的机床和工艺装备，基本投资大，但工艺成本低；方案 2 采用生产率较低而价格较低的机床和工艺装备，基本投资小，但工艺成本高。二者收益如何，需要用回收期来衡量。

基本投资差额回收期可用下式表示：

$$\tau = \frac{k_1 - k_2}{E_1 - E_2} = \frac{\Delta k}{\Delta E}$$

式中　τ——回收期（年）；
　k_1、k_2——方案 1 及方案 2 的基本投资（元）；
　E_1、E_2——方案 1 及方案 2 的全年工艺成本（元/年）；
　　Δk——基本投资差额（元）；
　　ΔE——全年工艺成本差额（元/年）。

所以，回收期限就是指需要多长时间由于工艺成本的降低，可以将方案 1 比方案 2 多花

费的投资收回来。显然，τ 愈小，则经济效益愈好。但 τ 至少应满足以下要求。

1）应小于所采用的设备或工艺装备的使用年限；

2）应小于生产产品更新换代年限；

3）应小于国家规定的回收期。如新普通机床为 4 ~ 6 年，新夹具 2 ~ 3 年。

10.6 提高机械加工生产率的工艺措施

制定机械加工工艺规程，要在保证零件质量的前提下，尽量采用先进工艺措施，提高劳动生产率，降低生产成本。

劳动生产率是衡量生产效率的一个综合技术经济指标，它不是一个单纯的工艺技术问题，而是与产品设计、生产组织和管理工作都有关，所以，改进产品结构设计，改善生产组织和管理工作，都是提高劳动生产率的有力措施。仅从工艺技术角度考虑，提高机械加工生产率的措施有缩短单件时间、采用成组技术等。

10.6.1 缩短基本时间

（1）提高切削用量 n、f、a_p。增加切削用量将使基本时间减小，但会增加切削力、切削热和工艺系统的变形以及刀具磨损等。因此，必须在保证质量的前提下采用。

要采用大的切削用量，关键要提高机床的承受能力特别是刀具的耐用度。要求机床刚度好、功率大，要采用优质的刀具材料，如陶瓷车刀的切削速度可达 500m/min，聚晶氮化硼刀具可达 900m/min，并能加工淬硬钢。

（2）减小切削长度。在切削加工时，可以通过采用多刀加工、多件加工的方法减小切削长度。

如图 10-28a 所示为采用三把刀具同时切削同一表面，切削行程约为工件长度的 1/3。

如图 10-28b 所示为合并走刀，用三把刀具一次性地完成三次走刀，切削行程约可减少 2/3。

如图 10-28c 所示的复合工步加工，也可大大减少切削行程长度。

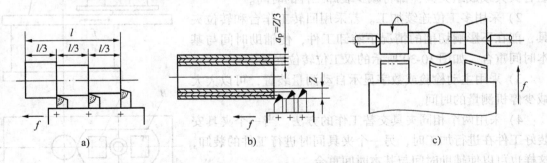

图 10-28 采用多刀加工减小切削行程长度

多件加工可分顺序多件加工、平行多件加工和平行顺序多件加工三种方式。如图 10-29a 所示为顺序多件加工，这样可减少刀具的切入和切出长度。这种方式多见于龙门刨床、镗削及滚齿加工中。

如图 10-29b 所示为平行多件加工，一次走刀可同时加工几个零件，所需基本时间与加工一个零件时相同。这种方式常用在铣床和平面磨床上。

如图 10-29c 所示为平行顺序多件加工，这种加工方式能非常显著地减少基本时间。常见于立轴式平面磨削和铣削加工。

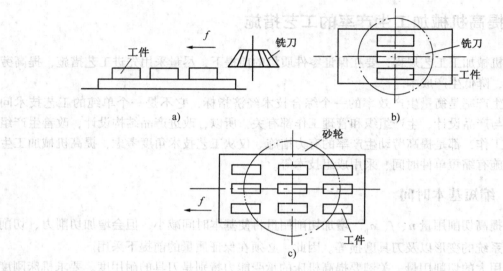

图 10-29 采用多件加工减少切削行程长度

10.6.2 缩短辅助时间

缩短辅助时间的方法主要是要实现机械化和自动化，或使辅助时间与基本时间重合。具体措施有：

1）采用先进高效夹具。在大批大量生产时，采用高效的气动或液压夹具；在单件小批生产和成批生产时，采用组合夹具或成组夹具，都将减少装卸工件的时间。

2）采用多工位连续加工。若采用回转工作台和转位夹具，能在不影响切削的情况下装卸工件，使辅助时间与基本时间重合。如图 10-30 所示的双工位转位夹具。

3）采用主动检验或数字显示自动测量装置，可以大大减少停机测量的时间。

4）采用两个相同夹具交替工作的方法。当一个夹具安装好工件在进行加工时，另一个夹具同时进行工件的装卸，这样也可以使辅助时间与基本时间重合。

10.6.3 缩短布置工作地时间

缩短布置工作地时间的主要途径是：缩短刀具的调整时间和每次更换刀具的时间，或者提高砂轮和刀具的耐用

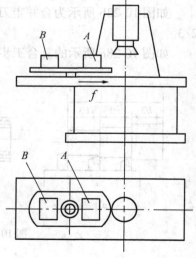

图 10-30 双工位转位夹具
A—工件 A B—工件 B
f—进给量（方向）

度，在实际中使用不重磨刀片、专用对刀样板、自动换刀装置等。

10.6.4　缩短准备和终结时间

缩短准备和终结时间的主要方法是减少机床、夹具和刀具的调整时间。可采用可调夹具、可换刀架或刀夹，采用刀具的微调机构和对刀辅助工具等。

10.6.5　高效及自动化加工

对于大批大量生产，采用流水线、自动线的生产方式，以及广泛采用专用自动机床、组合机床和工件运输装置，可达到很高的生产率。

10.7　习题

10-1　试述生产过程、工序、工步、走刀、安装、工位的概念。

10-2　什么是机械加工工艺过程？什么是机械加工工艺规程？工艺规程在生产中起什么作用？

10-3　拟定机械加工工艺规程的原则与步骤有哪些？

10-4　试述设计基准、定位基准、工序基准的概念，并举例说明。

10-5　根据什么原则选择粗基准和精基准？

10-6　机械加工为什么要划分加工阶段？各加工阶段的作用是什么？

10-7　举例说明在机械加工工艺过程中，如何合理安排热处理工序位置？

10-8　什么叫时间定额？单件时间定额包括哪些方面？

10-9　提高机械加工生产率的工艺措施有哪些？

10-10　试指明下列工艺过程中的工序、安装、工位及工步。小轴（坯料为棒料）加工顺序如下（如图 10-31 所示）：

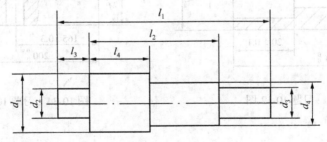

图 10-31　习题 10-10 图

（1）卧式车床上车左端面，钻中心孔；

（2）在卧式车床上夹右端，顶左端中心孔。粗车左端台阶；

（3）调头，在卧式车床上车右端面，钻中心孔；

（4）在卧式车床上夹左端，顶右端中心孔，粗车右端台阶；

（5）在卧式车床上用两顶尖，精车各台阶。

10-11　如图 10-32 所示小轴，加工 A、C 面时均以坯料表面 B 为粗基准，问是否恰当，为什么？

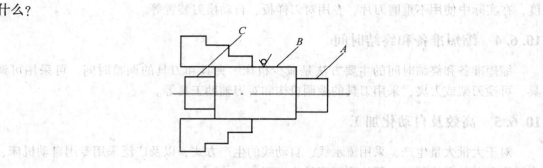

图 10-32　习题 10-11 图

10-12　如图 10-33 所示工件，内、外圆及端面已加工，现需铣出右端槽，并保证尺寸 $5_{-0.06}^{0}$mm，以及 26 ± 0.2mm，试求试切调刀的测量尺寸 H、A 及其上、下偏差。

10-13　如图 10-34 所示，为零件的尺寸要求，其加工过程为：

（1）在铣床上铣底平面；

（2）在另一铣床上铣 K 面；

（3）在钻床上钻、扩、铰 ϕ20H8 孔，保证尺寸 125 ± 0.1mm；

（4）在铣床上加工 M 面，保证尺寸 165 ± 0.3mm。

试求以 K 面定位加工 ϕ16H7 孔的工序尺寸，分析以 K 面定位的优缺点。

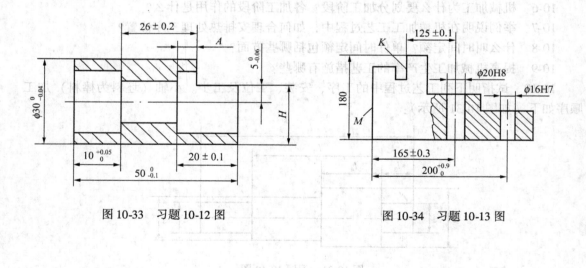

图 10-33　习题 10-12 图　　　　　图 10-34　习题 10-13 图

第11章 机床夹具

11.1 概述

在机械加工中，为了保证工件加工精度，使之占有确定位置以接受加工或检测的工艺装备统称为机床夹具，简称夹具。

11.1.1 机床夹具的分类

1. 从使用机床的类型来分

可分为车床夹具、磨床夹具、钻床夹具（又称钻模）、镗床夹具（又称镗模）、铣床夹具等。

2. 从专业化程度来分

（1）通用夹具。与通用机床配套，作为通用机床的附件，如三爪自定心卡盘、四爪单动卡盘、虎钳、分度头和转台等。

（2）专用夹具。根据零件工艺过程中某工序的要求专门设计的夹具，此夹具只为该零件用，一般都是成批和大量生产中所需，数量也比较大。

（3）成组夹具。适用于一组零件的夹具，一般都是同类零件，经过调整（如更换、增加一些元件）可用来定位、夹紧一组零件。

（4）组合夹具。由许多标准件组合而成，可根据零件加工工序的需要拼装，用完后再拆卸，可用于单件、小批生产。

（5）随行夹具。用于自动线上，工件安装在随行夹具上，随行夹具由运输装置送往各机床，并在机床夹具或机床工作台上进行定位夹紧。

3. 从用途来分

可分为机床夹具、装配夹具和检验夹具等。

4. 从动力来源来分

可分为手动夹具、气动夹具、液压夹具、气液夹具、电动夹具、电磁夹具、真空夹具、自紧夹具（靠切削力本身夹紧）等。

11.1.2 机床夹具的组成

虽然各类机床夹具结构不同，但就其组成元件的功能来看，可以分成下列组成部分。以图11-1钻床夹具为例。

1. 定位元件

用于确定工件在夹具中的加工位置。图11-1中与工件定位表面相接触的零件为定位元件，可用六点定位原理来分析其所限制的自由度。

2. 夹紧装置

用于将定位后的工件压紧固定，以保证在加工时保持所限制的自由度。通常夹紧装置的

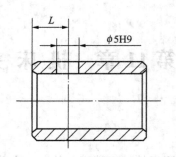

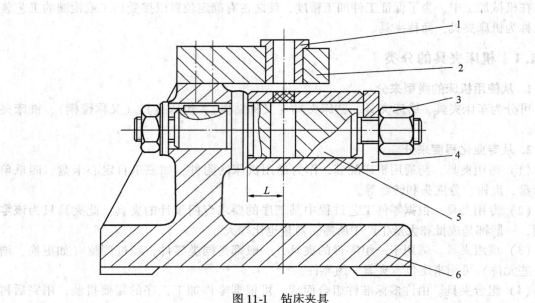

图 11-1　钻床夹具
1—钻套　2—钻模板　3—螺母　4—开口垫圈　5—定位销　6—夹具体

结构会影响夹具的复杂程度和性能。它的类型很多，设计时应注意选择。

3. 导向元件和对刀装置

用于保证刀具相对于夹具的位置，对于钻头、扩孔钻、铰刀、镗刀等孔加工刀具用导向元件（图 11-1），对于铣刀、刨刀等用对刀装置。

4. 连接元件

用于保证夹具和机床工作台之间的相对位置。对于铣床夹具，有定位键与铣床工作台上的 T 形槽相配以进行定位，再用螺钉夹紧。对于钻床夹具，由于孔加工刀具加工时只是沿轴向进给就可完成，用导向元件就可以保证相对位置，因此在将夹具装在工作台上时，用导向元件直接对刀具进行定位，不必再用连接元件定位了，所以一般的钻床夹具没有连接元件。

5. 夹具体

是整个夹具的基座，在夹具体上要安装该夹具所需要的各种元件、机构、装置等使之组成一整体；还要考虑便于装卸工件以及在机床上的固定。因此，夹具体的形状和尺寸主要取决于夹具上各组成件的分布情况、工件的形状、尺寸及加工性质等。

6. 其他装置或元件

根据工序要求的不同，有些夹具上还设有分度装置、靠模装置、工件顶出器、上下料装置及标准化了的其他联接元件。

11.1.3　机床夹具的作用

（1）保证加工质量。采用夹具装夹工件可以保证工件与机床（或刀具）之间的相对正确位置，容易获得比较高的加工精度和使一批工件稳定地获得同一加工精度，基本不受工人技术水平的影响。

（2）提高生产率，降低生产成本。用夹具来定位、夹紧工件，就避免了用划线找正等方法来定位工件，缩短了安装工件的时间。

（3）减轻劳动强度。采用夹具后，工件的装卸更方便、省力、安全。如可用气动、液压、电动夹紧。

（4）扩大机床的工艺范围。在铣床上加一个转台或分度装置，就可以加工有等分要求的零件；在车床上加镗夹具，可代替镗床完成镗孔。有些夹具对保证发挥机床基本性能的作用是很大的，如在牛头刨床上没有虎钳是很难进行加工的。

11.2　工件在夹具中的定位

工件在夹具中定位就是要确定工件与夹具定位元件的相对位置，并通过导向元件或对刀装置来保证工件与刀具之间的相对位置，使同一批工件在夹具中占据一致的加工位置，从而满足加工精度的要求。

11.2.1　工件的装夹方法

工件的装夹包含两方面的内容：一是定位，使工件在机床上相对于刀具占有正确的加工位置，保证工件的加工精度。二是夹紧，将定位后的工件压紧固定，使工件的定位基准面与夹具上定位元件的定位表面保持接触，在加工过程中不发生位置变化，保证工件的定位效果。

由此可知，工件从定位到夹紧的整个过程称为装夹。工件的装夹方法有以下两种。

1. 找正装夹法

找正装夹法是按工件的有关表面或专门划出的线痕作为找正依据，用划针或千分表，逐个地找正工件相对于刀具及机床的位置，然后把工件夹紧。这种安装方法简单，不需专门设备，但精度不高，生产率低，多用于单件小批生产。

2. 夹具装夹法

夹具装夹法是靠工件的定位基准面与夹具上定位元件的定位表面相接触，实现工件的迅速定位，并使其夹紧。这种方法可使同一批工件在夹具中占据一致的加工位置，保证同一批工件的精度稳定，容易获得较高的加工精度和生产率，广泛用于中批以上的生产类型。

11.2.2　工件定位的基本原理

在研究和分析工件定位问题时，定位基准的选择是一个关键问题，一般地说，工件的定位基准一旦被选定，则工件的定位方案也基本上被确定。定位方案是否合理，直接关系到工件的加工精度能否保证。关于定位基准的选择问题，在第 10 章中已有详细的阐述。

1. 六点定位原则

工件在直角坐标系中有六个自由度，即 $\vec{x}$、$\vec{y}$、$\vec{z}$、$\overset{\curvearrowright}{x}$、$\overset{\curvearrowright}{y}$、$\overset{\curvearrowright}{z}$，如图 11-2 所示。其中 $\vec{x}$、$\vec{y}$、$\vec{z}$ 称为沿 X、Y、Z 轴线方向的移动自由度；$\overset{\curvearrowright}{x}$、$\overset{\curvearrowright}{y}$、$\overset{\curvearrowright}{z}$ 称为绕 X、Y、Z 轴的转动自由度。如图 11-3 所示，夹具用合理分布的六个支承点限制工件的六个自由度，即用一个支承点限制工件的一个自由度的方法，使工件在夹具中的位置完全确定。这就是六点定位规则（又称"3·2·1"定则）。

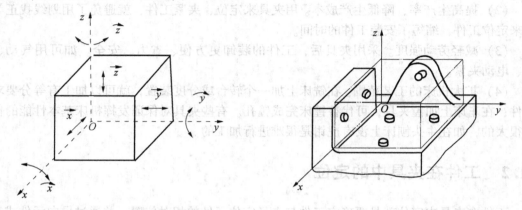

图 11-2　刚体在空间的自由度　　　　　　　　　图 11-3　工件的六点定位

在应用工件"六点定位规则"分析定位时，应注意以下几点：

1）定位支承点与工件定位基准面要始终保持接触，才能起到限制自由度的作用。

2）分析定位支承点的定位作用时，不考虑力的影响。工件的某一自由度被限制时，是指工件在该方向上有了确定的位置，并不是指工件在受到使其脱离定位支承点的外力时，不能运动。使工件在外力作用下不能运动，要靠夹紧装置来完成，所以，不要把"定位"和"夹紧"两个概念相混淆。

3）定位支承点是由定位元件抽象而来的。在夹具中，定位支承点是通过具体的定位元件体现的。某个具体的定位元件可转化为几个定位支承点，要结合其结构来分析。支承点的分布方式与工件的形状有关。

通过以上分析可知，定位就是限制自由度。工件定位基准按其所限制的自由度可分为：主要定位基准面、导向定位基准面、止推（或防转）定位基准面。

2. 工件定位中的几种情况

（1）完全定位。工件的六个自由度全部被限制的定位，称为完全定位。当工件在 X、Y、Z 三个坐标方向上均有尺寸要求或位置精度要求时，一般采用这种定位方式。如图 11-3 所示。

（2）不完全定位。根据工件的加工要求，并不需要限制工件的全部自由度，这样的定位，称为不完全定位。如图 11-4a 所示，在长方体工件上铣槽，本工序的要求是保证尺寸 L 和 H，以及槽侧面和底面与工件侧面和底面的平行度。因此需要限制 $\vec{y}$、$\vec{z}$、$\overset{\curvearrowright}{x}$、$\overset{\curvearrowright}{y}$、$\overset{\curvearrowright}{z}$ 五个自由度，而工件沿 x 轴方向无尺寸要求，可以不必限制 $\vec{x}$。又如图 11-4b 所示，在长方体上磨平面，仅要求被加工平面与工件底部基准面平行及 z 方向的高度尺寸，只需限制工件的 $\vec{z}$、$\overset{\curvearrowright}{x}$、$\overset{\curvearrowright}{y}$ 三个自由度。由此可见，在保证加工要求情况下的不完全定位是合理的定位方式。

（3）欠定位。根据工件的加工要求，应该限制的自由度没有完全被限制的定位，称为欠定位。欠定位是不允许的，因为欠定位保证不了工件的加工要求。

（4）过定位。同一个自由度被几个支承点重复限制的情况，称为过定位（也称重复定位、超定位）。一般来说，在工件上以形状精度和位置精度很低的面作为定位基准时，不允许出现过定位；以精度较高的面作为定位基准时，为提高工件定位的刚度和稳定性，在一定条件下是允许采用过定位的。

如图 11-5 中的齿坯 2 以内孔在心轴 5 上定位，限制齿坯 $\vec{x}$、$\vec{y}$、$\widehat{x}$、$\widehat{y}$ 四个自由度；又以端面在支承凸台 3 上定位，限制齿坯 $\vec{z}$、$\widehat{x}$、$\widehat{y}$ 三个自由度，其中 $\widehat{x}$、$\widehat{y}$ 被重复限制了，是过定位。若齿坯内孔与端面的垂直度误差较大，夹紧时将使齿坯或心轴产生变形，影响加工精度，一般不允许。但由于实际生产时，齿坯内孔与端面是在一次安装中车出，垂直度误差很小，心轴的制造精度更高，产生的较小垂直度误差可以利用心轴和定位孔间的间隙来补偿。这样可以增加定位的可靠性，是允许的。

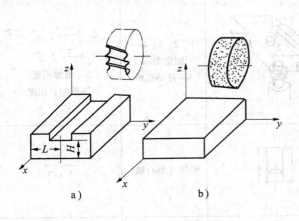

图 11-4　不完全定位示例

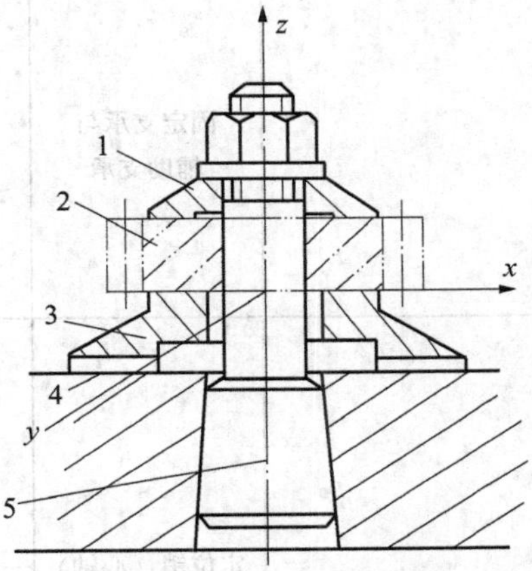

图 11-5　插齿时齿坯的定位

1—压板　2—齿坯　3—支承凸台　4—工作台　5—心轴

总之，无论何种情况下的过定位，必须看它对加工所产生的后果来判断过定位是否允许。

表 11-1 中列举了一些典型定位元件所能限制的自由度，供分析定位时参考。

表 11-1　常见定位元件及其组合定位所限制的自由度

工件定位基准面	定位元件	定位方式简图	定位元件特点	限制自由度数
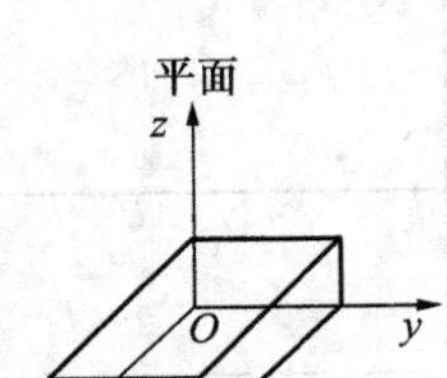 平面	支承钉	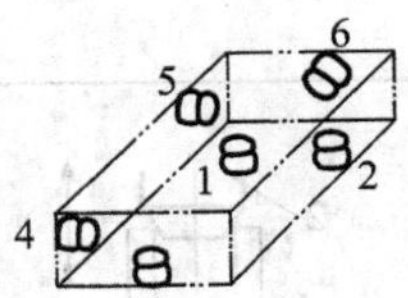		1、2、3 $\vec{z}$、$\widehat{x}$、$\widehat{y}$ 4、5 $\widehat{y}$、$\widehat{z}$ 6 $\vec{x}$

工件定位基准面	定位元件	定位方式简图	定位元件特点	限制自由度数
平面	支承板		每个支承板也可设计为两个或两个以上小支承板	1、2—$\vec{z}$、$\widehat{x}$、$\widehat{y}$ 3—$\widehat{y}$、$\widehat{z}$
	固定支承与浮动支承		1、3—固定支承 2—浮动支承	1、2—$\vec{z}$、$\widehat{x}$、$\widehat{y}$ 3—$\widehat{y}$、$\widehat{z}$
	固定支承与辅助支承		1、2、3、4—固定支承 5—浮动支承	1、2、3—$\vec{z}$、$\widehat{x}$、$\widehat{y}$ 4—$\widehat{y}$、$\widehat{z}$ 5—增加刚度、不限制自由度
圆柱孔	定位销（心轴）		短销（短心轴）	$\vec{x}$、$\vec{y}$
			长销（长心轴）	$\vec{x}$、$\vec{y}$、$\widehat{x}$、$\widehat{y}$
	锥销		单锥销	$\vec{x}$、$\vec{y}$、$\vec{z}$
			1—固定销 2—活动销	$\vec{x}$、$\vec{y}$、$\vec{z}$、$\widehat{x}$、$\widehat{y}$

工件定位基准面	定位元件	定位方式简图	定位元件特点	限制自由度数
外圆柱面	支承板或支承钉		短支承板或支承钉	$\vec{z}$ 或 $\vec{y}$
			长支承板或两个支承钉	$\vec{z}$、$\widehat{y}$
	V 形块		窄 V 形块	$\vec{y}$、$\vec{z}$
			宽 V 形块或两个窄 V 形块	$\vec{y}$、$\vec{z}$、$\widehat{y}$、$\widehat{z}$
			垂直运动的窄 V 形块	$\vec{y}$ 或 $\vec{z}$
	定位套		短套	$\vec{y}$、$\vec{z}$
			长套	$\vec{y}$、$\vec{z}$、$\widehat{y}$、$\widehat{z}$

工件定位基准面	定位元件	定位方式简图	定位元件特点	限制自由度数
外圆柱面 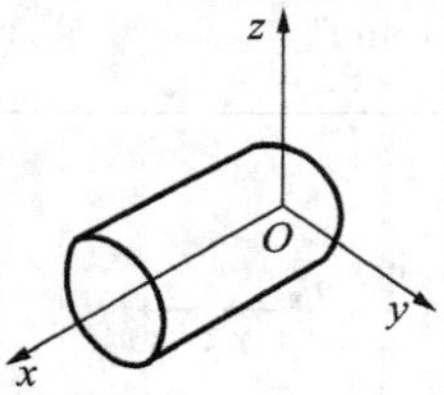	半圆孔	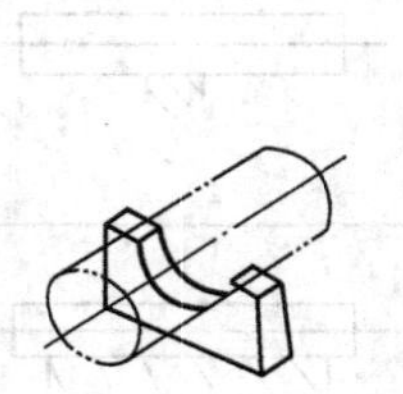	短半圆孔	$\vec{y}$、$\vec{z}$
			长半圆孔	$\vec{y}$、$\vec{z}$、$\overset{\curvearrowright}{y}$、$\overset{\curvearrowright}{z}$
	锥套	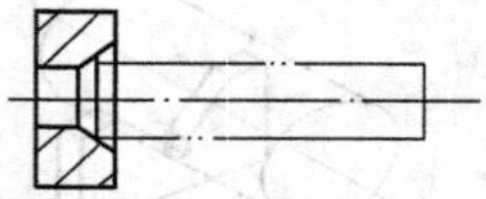	单锥套	$\vec{x}$、$\vec{y}$、$\vec{z}$
		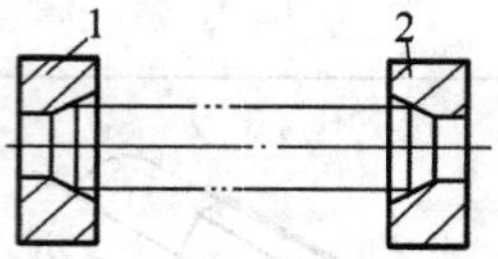	1—固定锥套 2—活动锥套	$\vec{x}$、$\vec{y}$、$\vec{z}$、$\overset{\curvearrowright}{y}$、$\overset{\curvearrowright}{z}$
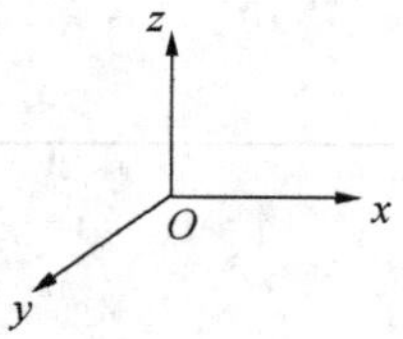	双顶尖	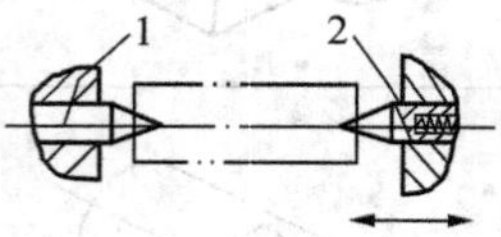	1—前死顶尖 2—活动后顶尖	$\vec{x}$、$\vec{y}$、$\vec{z}$、$\overset{\curvearrowright}{y}$、$\overset{\curvearrowright}{z}$

11.2.3 常见定位方式及其所用定位元件

定位方式和定位元件的结构，主要取决于工件的加工要求和工件定位基准面的形状尺寸。对于定位元件：要有与工件相应的精度；要有足够的刚度，定位元件不允许受力后产生变形，否则将影响定位精度；要有一定的耐磨性，以便在使用中保持精度。

定位元件按工件的定位表面来分类，可以分为：以平面为定位基准的定位元件，以外圆为定位基准的定位元件，以内孔为定位基准的定位元件，以复合面为定位基准的定位元件。

下面介绍三种常见定位基准面所用定位元件的结构形式。

1. 以平面为定位基准的定位元件

用工件的平面作为定位基准，是生产中常见的定位方式之一。常用的定位元件有：固定支承、可调节支承、自位（浮动）支承和辅助支承等。除辅助支承外，其余均对工件起定位作用。

（1）固定支承。固定支承分为支承钉和支承板两种形式，如图 11-6 所示。它们的共同特点是在使用过程中不能调整，高度尺寸是固定不动的。

固定支承大多已经标准化或规格化，选用时可参考《机械设计手册》。

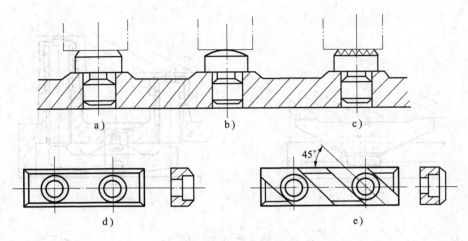

图 11-6　支承钉和支承板

a）平头支承　b）球头支承　c）网纹支承　d）简单型支承板　e）带斜槽支承板

为保证各固定支承的定位表面严格共面，装配后，需将其工作表面一次磨平。

（2）可调支承。可调支承是指支承钉的高度可以进行调节。图 11-7 为几种常用的可调支承，主要用于毛面定位，以调节补偿各批毛坯尺寸的误差。一般不是对每个工件进行一次调整，而是对一批毛坯调整一次。在同一批工件加工中，它的作用与固定支承相同，因此，可调支承在调整后需用锁紧螺母锁紧。

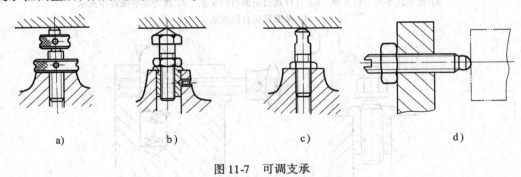

图 11-7　可调支承

a）平头可调支承　b）尖头可调支承　c）球头可调支承　d）球头可调支承

（3）自位支承。自位支承又称浮动支承，如图 11-8 所示，多用于毛面定位。它的工作特点是：在工件定位过程中，支承点的位置能随着工件定位基面的高低不同而自动调节，定位基面压下其中一点，其余点便上升，各点都与工件接触。接触点数的增加，提高了工件的装夹刚度和稳定性，但其作用仍相当于一个固定支承，只限制工件一个自由度。

（4）辅助支承。辅助支承不起定位作用。严格来说，辅助支承不能算是定位元件。如图 11-9 所示，它的工作特点是：待工件定位夹紧以后，再调整支承钉的高度，使其与工件的有关表面接触并锁紧。每安装一个工件就调整一次辅助支承。辅助支承锁紧后成为固定支承，能承受切削力，用来增强工件的刚度和稳定性。

2. 圆孔定位基准的定位元件

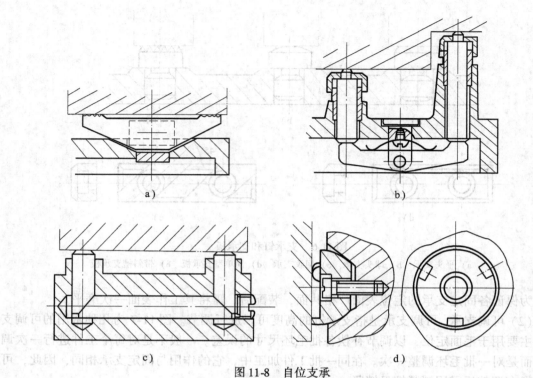

图 11-8　自位支承

a) 锯齿式平面自位支承　b) 杠杆式台阶面自位支承　c) 推力式平面自位支承

d) 球形平面自位支承

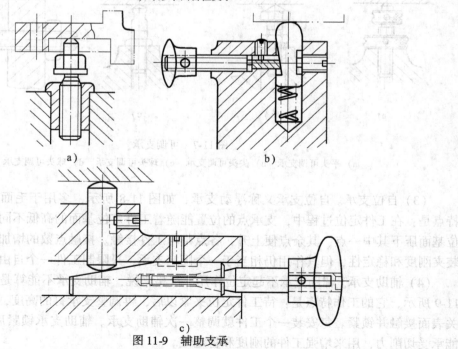

图 11-9　辅助支承

a) 螺杆式辅助支承　b) 弹簧式辅助支承　c) 推引式辅助支承

用工件的圆柱孔作为定位基准，其特点是：定位孔与定位元件之间处于配合状态。常用的定位元件有：定位销和定位心轴等。一般为孔与端面定位组合使用。

（1）定位销。定位销主要用于零件上的中小孔定位，一般直径不超过 50mm。图 11-10 所示为常用定位销结构，其中图 11-10a、b、c 为固定式，直接装配在夹具体上，图 11-10d 为带衬套的结构，便于更换。

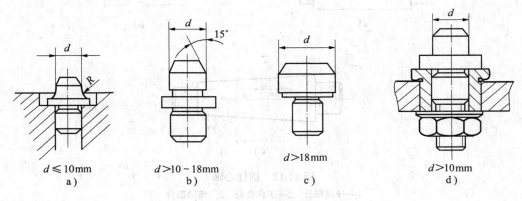

d≤10mm
a）

d>10~18mm
b）

d>18mm
c）

d>10mm
d）

图 11-10　定位销

定位销结构已标准化，也可设计特殊定位销。如图 11-11 所示，其中图 11-11a 为圆锥—圆柱组合心轴，锥度部分使工件准确定心，圆柱部分可减少工件倾斜。图 11-11b 以工件底面作主要定位基面，圆锥销是活动的，即使工件的孔径变化较大，也能准确定位。图 11-11c 为工件在双圆锥销上定位。以上三种定位方式均限制工件的五个自由度。

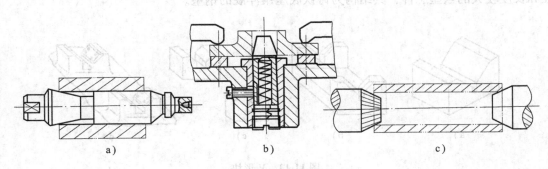

a）

b）

c）

图 11-11　圆锥销组合定位

（2）定位心轴。定位心轴主要用于盘套类工件的定位。图 11-12 所示为常用定位心轴的结构，其中图 11-12a 为间隙配合心轴，故装卸工件方便，但定心精度低，工件孔与端面联合定位，被限制五个自由度。图 11-12b 为过盈配合心轴，导向部分 1 的直径按间隙配合制造，工作部分 2 的直径按过盈配合制造（当定位孔的长径比 $L/d>1$ 时，稍有锥度），3 是传动部分。这种心轴定心精度高，但装卸工件不方便。图 11-12c 为小锥度心轴，锥度为 1/（1 000~5 000）。定位时工件楔紧在心轴上，靠弹性变形产生的摩擦力带动工件回转，L_k 为使孔与心轴配合的弹性变形长度。这种心轴定心精度很高。

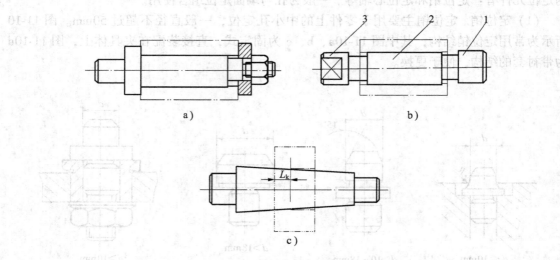

图 11-12 圆柱心轴

1—导向部分 2—工作部分 3—传动部分

3. 外圆定位基准的定位元件

用工件的外圆柱表面作定位基准，常用的定位元件有：V 形块、定位套筒、半圆孔和锥套定位等。其中 V 形块应用最广。

（1）V 形块。常用 V 形块的结构如图 11-13 所示，其中图 a 用于较短的精基面定位；图 b 适用于粗基准或阶梯轴定位；图 c 适用于两基准面相距较远的阶梯轴定位；图 d 适用于直径和长度较大的重型工件，其结构为铸铁底座镶淬硬的钢垫。

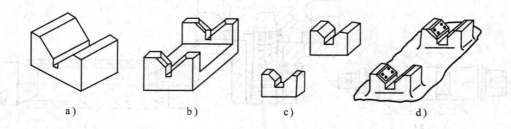

图 11-13 V 形块

V 形块两斜面的夹角有 60°、90°和 120°，以 90°应用最广。90°V 形块的典型结构和尺寸已标准化。

V 形块的优点是对中性好，它能使工件的定位基准轴线处在 V 形块两工作斜面的对称面上，而不受定位基准误差的影响，并且安装方便。

V 形块在使用中有固定式和活动式两种。图 11-14 为活动 V 形块的应用，其中图 a 是加工连杆孔的定位方式，活动 V 形块限制一个转动自由度，同时还有夹紧作用。图 b 的活动 V 形块，限制工件的一个移动自由度。

（2）定位套筒。图 11-15a 是一个用套筒定位的例子，这是一种定心定位，定心精度不

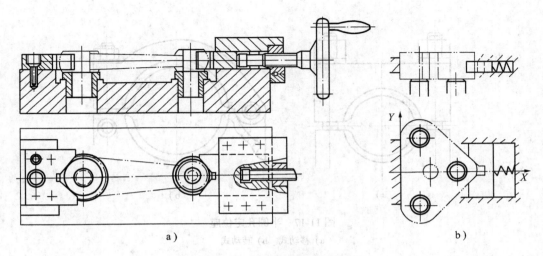

图 11-14 活动 V 形块的应用

高，适用于精基准定位。为防止工件偏斜，常采用套筒内孔与端面联合定位。见图 11-15b。

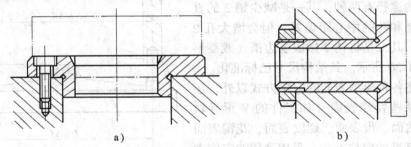

图 11-15 定位套筒

一般把套筒定位和定心夹紧机构联系在一起，如图 11-16 所示为推式弹簧夹头，在实现定心的同时，能将工件夹紧。

（3）半圆孔支承座和定位锥套。图 11-17 是用半圆支承定位的结构，活动的上半圆压板起夹紧作用。

4. 组合定位基准的定位元件

在生产中，通常是以工件上的几个表面同时作为定位基准，采取组合定位方式。

组合定位的方式很多，最常用的就是以"一面两孔"作为定位基准，相应的定位元件是支承板和两定位销（或其中一个为削边销），俗称"一面两销"定位，如图 11-18 所示。这种定位方式易于做到工艺过程中的基准统一，保证工件的位置精度。

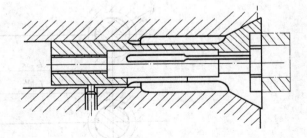

图 11-16 弹簧夹头

图 11-18 中，如果两销均为圆柱销，则 $\vec{x}$ 自由度被两销重复限制，即产生了过定位。在这种情况下，由于工件上两孔的孔心距和夹具上两销的销心距有误差（ $\pm\Delta K$ 和 $\pm\Delta J$）存

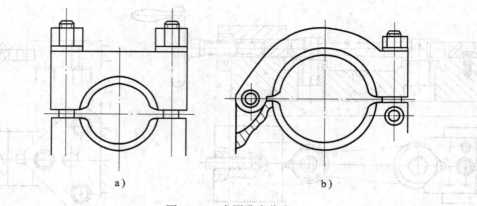

图 11-17 半圆孔定位座

a) 移动式 b) 转动式

在，会出现图 11-19 所示的干涉现象，使部分工件不能装入。因此，要正确处理过定位问题。解决这一问题的途径有两种，其一是减少销 2 的直径，以补偿销和孔的中心距偏差，但会增大孔 2 的定位误差。其二是将销 2 做成削边销（或菱形销），如图 11-20 所示。其结构尺寸已标准化。

除了上述各种典型表面的定位方式以外，还有以工件的某些特殊表面（如工件的 V 形导轨面、燕尾导轨面、齿表面、螺纹表面、花键表面等）为定位基准的定位方式，采用这样的定位方式，有时更有利于保证定位精度。

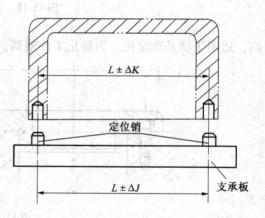

图 11-18 一平面与两孔的组合定位

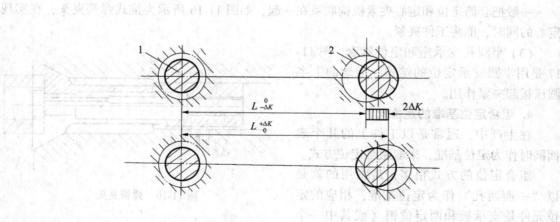

图 11-19 一平面与两孔定位时的干涉现象

1—销 1、孔 1 2—销 2、孔 2

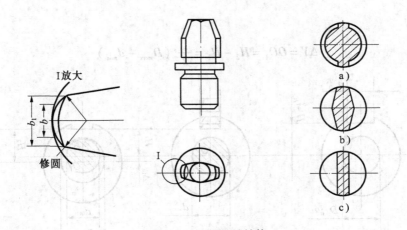

图 11-20　削边销结构

a）用于孔径很小的定位销　b）用于孔径 3～50mm 的定位销　c）用于孔径大于 50mm 的定位销

11.3　定位误差

工件按六点定位原则定位后，它在夹具中的位置就已被确定，然而由于某种原因，仍会使工序基准产生位置偏差。工序基准在加工尺寸方向上产生的最大位置变动量，被称为定位误差，用 ΔD 表示。

在加工中，因为影响加工精度的因素有多种，例如机床、夹具、刀具、量具本身的精度以及工艺系统受力变形、受热变形等等，其定位误差只是加工误差的一部分，所以在分析定位方案时，一般限定定位误差不超过工件加工公差 T_g 的三分之一。即

$$\Delta D = \frac{1}{3} T_g$$

定位误差的组成如下所示：

定位误差 $\begin{cases} \text{定位基准位移误差} \begin{cases} \text{工件定位基准不准确} \\ \text{夹具定位元件不准确} \end{cases} \\ \text{定位基准与设计基准不重合误差} \end{cases}$

11.3.1　产生定位误差的原因

1. 基准位移误差

如图 11-21 所示，工件以圆柱孔在心轴上定位铣键槽，要求保证尺寸 $b_0^{+T_b}$ 和 $H_{-T_H}^0$。其中尺寸 b 由铣刀保证，而尺寸 H 按心轴中心调整的铣刀位置来保证。如果孔的中心线与轴的中心线重合，则不存在因定位引起的误差。但实际上，心轴和内孔都有制造误差，为了便于工件套在心轴上，还留有间隙，孔的中心线与轴的中心线必然不重合，使定位基准的位置在 O_1 和 O 之间变动，导致这批工件的加工尺寸 H 中附加了工件定位基准变动误差。这是由于定位副的制造误差或定位副配合间隙所导致的定位基准在加工尺寸方向上的最大变动量，称为基准位移误差，用 ΔY 表示。当定位心轴是水平放置时，如图 11-21c 所示，定位基

准位移误差为

$$\Delta Y = OO_1 = H_2 - H_1 = \frac{1}{2}(D_{max} - d_{min})$$

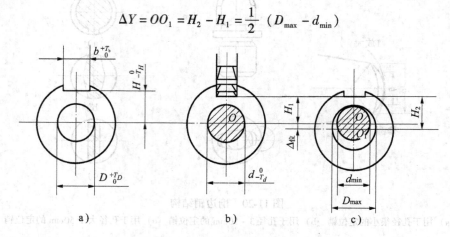

图 11-21　基准位移产生定位误差

2. 基准不重合误差

如图 11-22 所示，心轴水平放置，加工尺寸 H 的基准是外圆柱面的下母线，但定位基准是工件圆柱孔中心线。假定没有定位基准位移误差，当工件的外圆直径在 d_{1min} 和 d_{1max} 之间变化时，工序基准在 B_1 和 B_2 之间变动，引起这批工件的加工尺寸 H 在 H_1 和 H_2 之间变动。这种由于工序基准与定位基准不重合所导致的工序基准相对定位基准在加工尺寸方向上的最大变动量，称为基准不重合误差，用 ΔB 表示。在图 11-22b 中，基准不重合误差为

$$\Delta B = B_1 B_2 = H_2 - H_1 = \frac{1}{2}(d_{1max} - d_{1min})$$

由上述可知，若设定位基准到设计（工序）基准的尺寸为定位尺寸，则基准不重合误差就是定位尺寸在工序尺寸方向上的最大变动量，即定位尺寸在工序尺寸方向上的公差。因此在求基准不重合误差时，可直接求出定位尺寸的公差，然后再换算到工序尺寸方向上即可。

实际的定位情况如图 11-22c 所示，不但有基准不重合误差，还有基准位移误差，使工件在 B_1 和 B_3 之间变动，尺寸 H 在 H_1 和 H_3 之间变动。这时定位误差为基准不重合误差和基准位移误差在加工尺寸方向上的最大矢量和。如下式：

$$\Delta D = \Delta B + \Delta Y$$

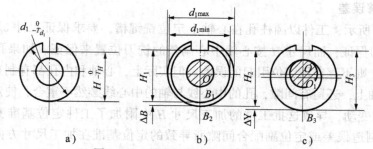

图 11-22　基准不重合产生定位误差

11.3.2 定位误差的计算

定位误差的计算方法很多，但总结起来有两种，一是分别求出基准位移误差和基准不重合误差，再求出它们在加工尺寸方向上的矢量和；二是按极值法，确定工序尺寸的两个极限尺寸，根据几何关系求出这两个极限尺寸的差值，即为定位误差。

1. 工件以圆柱孔定位

工件以圆柱孔在间隙配合的定位销（或心轴）上定位时，定位副有单边接触和任意边接触两种情况，产生的位移误差值不同。另外，如果工序基准和定位基准不重合，还产生基准不重合误差。应根据具体情况，进行定位误差分析计算。

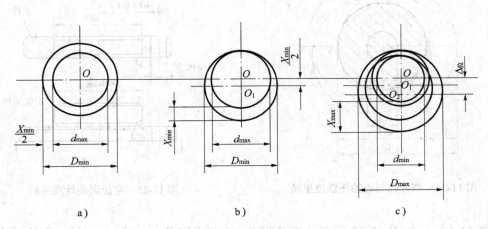

a)   b)   c)

图 11-23 圆柱孔与心轴固定单边接触

（1）圆柱孔与心轴（或定位销）固定单边接触。工件定位时，若加一固定方向的作用力（如工件重力），孔与心轴在一固定处接触，定位副间只存在单边间隙。如图 11-23 所示为圆柱孔在心轴上间隙配合定位。为装卸方便，在最小直径孔 D_{min} 与最大直径心轴 d_{max} 相配时，增加最小配合间隙 X_{min}，如图 11-23a 所示。在外力作用下孔与心轴上母线处固定接触，孔中心线从 O 变动到 O_1，变动量为 $X_{min}/2$，如图 11-23b 所示。当最大直径孔 D_{max} 与最小直径心轴 d_{min} 相配时，出现最大间隙 X_{max}，使孔中心线从 O_1 变动到 O_2，如图 11-23c 所示。孔的中心线位置在竖直方向的最大变动量即为竖直方向工序尺寸的基准位移误差：

$$\Delta Y = OO_2 = \frac{1}{2}X_{max} = \frac{1}{2}(D_{max} - d_{min})$$

$$= \frac{1}{2}\left[(D_{min} + T_D) - (d_{max} - T_d)\right]$$

$$= \frac{1}{2}\left[T_D + T_d + (D_{min} - d_{max})\right]$$

$$= \frac{1}{2}(T_D + T_d + X_{min})$$

式中　T_D——工件孔直径 D 的尺寸公差；

　　　T_d——定位心轴直径 d 的尺寸公差。

305

对于一批工件的定位，X_{min} 可以通过调整刀具相对定位元件的位置来消除。因此圆柱孔与心轴（或定位销）固定单边接触的基准位移误差可按下式计算：

$$\Delta Y = \frac{1}{2} (T_D + T_d)$$

（2）圆柱孔与心轴（或定位销）任意边接触。孔中心线相对于心轴中心线可以在间隙范围内作任意方向、任意大小的位置变动，如图 11-24 所示。孔中心线的变动范围是以最大间隙 X_{max} 为直径的圆柱体。其任意方向的基准位移误差为：

$$\Delta Y = X_{max} = D_{max} - d_{min} = T_D + T_d + X_{min}$$

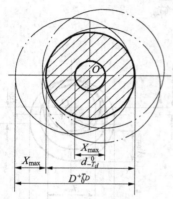

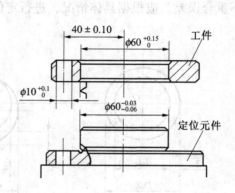

图 11-24　圆柱孔与心轴任意边接触　　　　图 11-25　定位误差计算实例

【例 11-1】　如图 11-25 所示，工件以孔 $\phi 60^{+0.15}_{0}$ 定位加工孔 $\phi 10^{+0.1}_{0}$，定位销直径为 $\phi 60^{-0.03}_{-0.06}$，要求保证尺寸 40 ± 0.1，计算定位误差。

解：1）求基准不重合误差。

因定位基准与工序基准重合，则有 $\Delta B = 0$

2）求基准位移误差（按任意方向计算）。

$\Delta Y = T_D + T_d + X_{min} = (0.15 + 0.03 + 0.03) \text{ mm} = 0.21 \text{ mm}$

3）计算定位误差。

$\Delta D = \Delta B + \Delta Y = (0 + 0.21) \text{ mm} = 0.21 \text{ mm}$

2. 工件以外圆柱面在 V 形块上定位

V 形块为定心对中元件，工件在 V 形块上定位，其定位基准为工件中心，如图 11-26 所示，若不计 V 形块的制造误差而仅考虑工件误差时，其工件的定位基准不会发生水平偏移，但由于工件外圆直径有制造误差，会使工件外圆中心在竖直方向上变动，其变动量即为基准位移误差：

$$\Delta Y = O'O'' = \frac{BO''}{\sin (\alpha/2)} = \frac{(d_{max} - d_{min})/2}{\sin (\alpha/2)} = \frac{T_d}{2\sin (\alpha/2)}$$

式中　T_d——工件定位基准的直径公差（mm）；

　　　$\alpha/2$——V 形块的半角（°）。

【例 11-2】 如图 11-26 所示，工件以外圆定位铣键槽，工序尺寸（槽底尺寸）的标注方法有 H_1、H_2、H_3 三种，现分别计算这三个尺寸的定位误差。

解：

1）求尺寸 H_1 的定位误差。

用作图法画出工件的最大直径和最小直径，则对于 H_1 其定位误差大小就等于 H_1'' – H_1'，即 $O'O''$。则

$$\Delta D_{H_1} = O'O'' = \frac{T_d}{2\sin\,(\alpha/2)}$$

2）求尺寸 H_2 的定位误差。

由图 11-26 知，H_2 的定位误差等于 H_2'' – H_2'，即 $C'C''$。则有

$$\Delta D_{H_2} = C'C'' = O'C'' - O'C'$$

$$= \frac{d_{\min}}{2} + O'O'' - \frac{d_{\max}}{2}$$

$$= \frac{T_d}{2\sin\,(\alpha/2)} - \frac{T_d}{2}$$

$$= \frac{T_d}{2}\left(\frac{1}{\sin\,(\alpha/2)} - 1\right)$$

3）求尺寸 H_3 的定位误差。

由图 11-26 知 H_3 的定位误差等于 H_3' – H_3''，即 $K'K''$。则有

$$\Delta D_{H_3} = K'K'' = K'O'' - K''O''$$

$$= \frac{d_{\max}}{2} + O'O'' - \frac{d_{\min}}{2}$$

$$= \frac{T_d}{2\sin\,(\alpha/2)} + \frac{T_d}{2}$$

$$= \frac{T_d}{2}\left(\frac{1}{\sin\,(\alpha/2)} + 1\right)$$

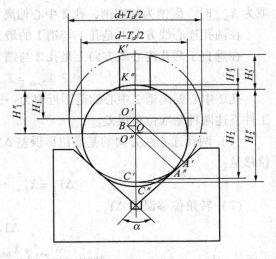

图 11-26　用 V 形块定位时定位误差计算示意图

3. 工件以一面两孔定位

工件用一面两孔定位时，夹具上一个是圆柱定位销，另一个为菱形销，其基准位移误差表现在位移误差和转角误差两个方面，如图 11-27 所示。

当孔 1 直径 D_1 的尺寸公差为 T_{D_1}、销 1 直径 d_1 的尺寸公差为 T_{d_1}、孔 1 与销 1 的最小间隙为 $X_{1\min}$ 时，孔 1 与销 1 的最大间隙 $X_{1\max}$ 为

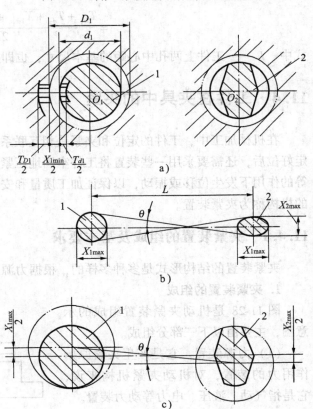

图 11-27　一面两销定位时的定位误差
1—孔 1、销 1　2—孔 2、销 2

$$X_{1max} = T_{D_1} + T_{d_1} + X_{1min}$$

孔 1 中心偏离销 1 中心的范围是以 O_1 为中心、X_{1max} 为直径的圆。

当孔 2 直径 D_2 的尺寸公差为 T_{D_2}、销 2 直径 d_2 的尺寸公差为 T_{d_2}、孔 2 与销 2 的最小间隙为 X_{2min} 时，因销为削边销，孔 2 中心偏离销 2 中心的范围为：

在两孔连心线方向上是孔 1 与销 1 的最大间隙 X_{1max}；

在垂直于两孔连心线方向上是孔 2 与销 2 的最大间隙 X_{2max}，即：

$$X_{2max} = T_{D_2} + T_{d_2} + X_{2min}$$

孔 2 中心偏离销 2 中心的范围近似为一椭圆。这样，孔 1 和孔 2 中心的位移误差将引起工件下述两种基准位移误差。

（1）两孔连心线方向的基准位移误差 ΔY_1。即定位基准在两孔连心线方向上的最大可能位移量：

$$\Delta Y_1 = X_{1max} = T_{D_1} + T_{d_1} + X_{1min}$$

（2）转角位移误差 ΔY_2。

$$\Delta Y_2 = \pm\theta$$

$$\tan\theta = \frac{X_{1max} + X_{2max}}{2L}$$

$$= \frac{T_{D_1} + T_{d_1} + X_{1min} + T_{D_2} + T_{d_2} + X_{2min}}{2L}$$

式中　L ——工件上两孔中心距的基本尺寸，也即夹具上两定位销中心距的基本尺寸。

11.4　工件在夹具中的夹紧

在机械加工中，工件的定位和夹紧是相互联系非常密切的两个过程。工件在定位元件上定好位后，还需要采用一些装置将工件牢固地压紧，防止工件在切削力、工件重力、离心力等的作用下发生位移或振动，以保证加工质量和安全生产。这种把工件压紧在夹具或机床上的机构称为夹紧装置。

11.4.1　夹紧装置的组成及基本要求

夹紧装置的结构形式是多种多样的，根据力源不同可分为手动和机动两种夹紧装置。

1. 夹紧装置的组成

图 11-28 是机动夹紧装置组成的示意图，主要由以下三部分组成。

（1）力源装置。它是产生夹紧原始作用力的装置，对机动夹紧机构来说，它是指气动、液压、电力等动力装置。

（2）传力机构。是把力源产生的力传给夹紧元件的中间机构。中间传动机

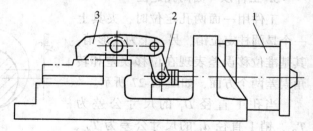

图 11-28　夹紧装置组成示意图

1—气缸　2—杠杆　3—压板

构的作用如下：

1）改变力的作用方向。气缸作用力的方向通过铰链杠杆机构后改变为垂直方向的夹紧力。

2）改变作用力的大小。为了把工件牢固地夹住，有时往往需要有较大的夹紧力，这时可利用中间传动机构（如斜楔、杠杆等）将原始力增大，以满足夹紧工件的需要。

3）起自锁作用。在力源消失以后，工件仍能得到可靠的夹紧。这一点对于手动夹紧特别重要。

（3）夹紧元件。是夹紧装置的最终执行元件，它与工件直接接触，把工件夹紧。

在一些手动夹紧装置中，夹紧元件与中间传力机构往往是混在一起的，很难截然分开，因此常将二者统称为夹紧机构。

2. 对夹紧装置的基本要求

（1）夹紧既不应破坏工件的定位，又要有足够的夹紧力，同时又不应产生过大的夹紧变形，不允许产生振动和损伤工件表面。

（2）夹紧动作迅速，操作方便、安全省力。

（3）手动夹紧机构要有可靠的自锁性；机动夹紧装置要统筹考虑其自锁性和稳定的原动力。

（4）结构应尽量简单紧凑，工艺性要好。

11.4.2 夹紧力的确定

确定夹紧力包括正确地选择夹紧力的三要素，即：夹紧力的方向、作用点和大小。它是一个综合性问题，必须结合工件的形状、尺寸、重量和加工要求，定位元件的结构及其分布方式，切削条件及切削力的大小等具体情况确定。

1. 夹紧力方向的确定

（1）夹紧力的作用方向应垂直指向主要定位基准面。如图 11-29 所示是在角铁形工件上镗孔的示例。加工要求孔中心线垂直 A 面，因此应以 A 面为主要定位基面，并使夹紧力垂直于 A 面，如图 11-29a 所示。但若使夹紧力指向底面，如图 11-29b、c 所示，则由于 A 与底面间存在垂直度偏差，就无法满足加工要求。当夹紧力垂直指向 A 面有困难而必须指向底面时，则必须提高 A 与底面间的垂直度。

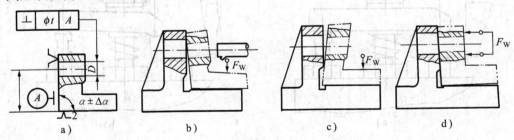

图 11-29　夹紧力应指向主要定位基面
a）工序简图　b）、c）错误　d）正确

（2）夹紧力的作用方向应使所需夹紧力尽可能小。图 11-30a 所示为钻削轴向切削力 F_x、夹紧力 F_1 和 F_2、工件重力 G 都垂直于定位基面的情况，三者方向一致，钻削扭矩由这

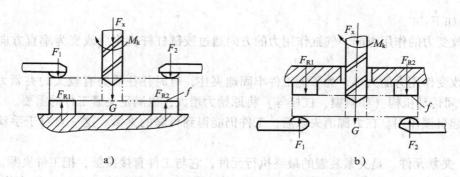

图 11-30　夹紧力方向对夹紧力大小的影响

a）夹紧力与切削力、工件重力方向相同　b）夹紧力与切削力、工件重力方向相反

些同向力作用在支承面上产生的摩擦力矩所平衡，此时所需的夹紧力最小。图 11-30b 所示

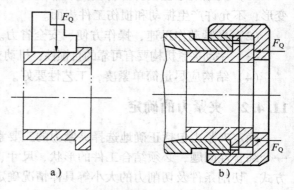

为夹紧力 F_1、F_2 与轴向切削力 F_x 和工件重力 G 方向相反，这时所用的夹紧力除了要平衡轴向力 F_x 与重力 G 之外，还要由夹紧力产生的摩擦阻力矩来平衡钻削扭矩，因此需要很大的夹紧力，一般应尽量避免。

（3）夹紧力的作用方向应使工件变形尽可能小。如图 11-31 所示，夹紧薄壁套筒时，图 11-31a 的径向夹紧比图 11-31b 的轴向夹紧引起工件的变形要大。

2. 夹紧力作用点的选择

图 11-31　套筒的夹紧

夹紧力作用点是指夹紧元件与工件接触的一小块面积。选择作用点的问题是指在夹紧方向已定的情况下，确定夹紧力作用点的位置和数目。合理选择夹紧力作用点必须注意以下几点：

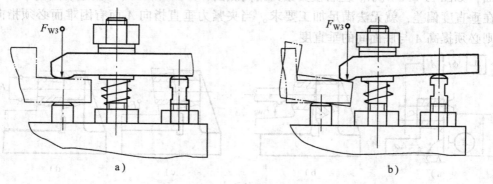

图 11-32　夹紧力作用点与工件稳定的关系

a）正确　b）错误

（1）夹紧力应落在支承元件上或几个支承元件所形成的支承面以内。如图 11-32 所示，图 11-32b 中虚线表示的夹紧力作用在支承面范围之外，会使工件产生倾斜或移动，是错误

的，图 11-32a 表示的夹紧力作用点是合理的。

（2）夹紧力作用点应落在工件刚性较好的部位上。如图 11-33 所示，将作用点由中间的单点改成两旁的两点夹紧，变形大为改善，且夹紧也较可靠。对于薄壁变形的工件，应采用多点夹紧或使夹紧力均匀分布，以减小工件的夹紧变形。如图 11-34 所示，通过增加夹紧面积，可减小工件局部压扁。

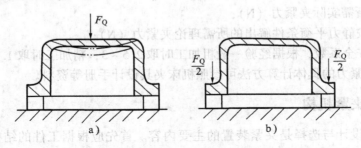

图 11-33　夹紧力作用点应在工件刚度大的地方

a）错误　b）正确

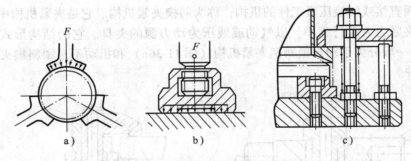

图 11-34　减小工件夹紧变形的措施

a）环形夹紧装置　b）平面夹紧装置　c）锥面夹紧装置

（3）夹紧力作用点应尽量靠近加工表面。如图 11-35 所示，由于主要夹紧力的作用点距加工面较远，所以在靠近加工表面的地方设置了辅助支承，增加了夹紧力 F_{Q2}，这样提高了工件的装夹刚性，减少了加工时的工件振动。

3. 夹紧力大小的估算

当夹紧力的方向和作用点确定之后，就应计算所需夹紧力的大小。夹紧力的大小直接影响夹具使用的安全性和可靠性。

采用手动夹紧时，可凭人力来控制夹紧力的大

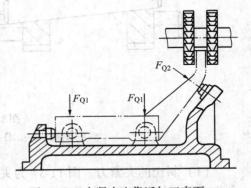

图 11-35　夹紧力应靠近加工表面

小，一般不需要算出所需夹紧力的确切数值，只是必要时进行概略的估算。

当设计机动（如气动、液动、电动等）夹紧装置时，则需要计算夹紧力的大小，以便决定动力部件的尺寸（如气缸、活塞的直径等）。

计算夹紧力是一个很复杂的问题，因为在加工过程中，工件受到切削力、重力、离心力

和惯性力等的作用，随加工条件的变化波动很大，一般只能粗略的估算。根据切削原理公式或切削力计算图表求出切削力的大小，必要时算出惯性力、离心力的大小，然后与工件重力及待求的夹紧力组成静平衡力系，按静力平衡条件列出平衡方程式，即可算出理论夹紧力，再乘以安全系数作为实际所需夹紧力，以确保安全，即：

$$F_{WG} = KF_W$$

式中　F_{WG}——所需实际夹紧力（N）；

　　　F_W——按静力平衡条件解出的所需理论夹紧力（N）；

　　　K——安全系数，根据经验一般粗加工时取 2.5 ~ 3；精加工时取 1.5 ~ 2。

实际所需夹紧力的具体计算方法可参照机床夹具设计手册等资料。

11.4.3　典型夹紧机构

夹紧机构的设计与选择是夹紧装置的主要内容。首先应根据工件的结构形状、加工方法、生产规模等因素确定夹紧机构的形式，然后再进行具体结构的设计计算。

1. 斜楔夹紧机构

利用斜面直接或间接压紧工件的机构，称为斜楔夹紧机构。它是夹紧机构中的最基本形式，适用于夹紧力大而行程小，以气动或液压为动力源的夹具。它的结构形式很多，如图11-36 所示。一般分为手动自锁斜楔夹紧机构（图11-36a）和机动不自锁斜楔夹紧机构（图11-36b）两种。

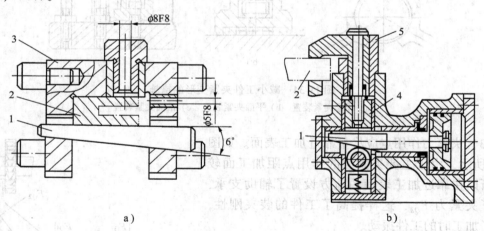

图 11-36　斜楔夹紧机构
1—斜楔　2—工件　3—夹具体　4—滑柱　5—钩形压板

（1）斜楔的夹紧力。图 11-37 为夹紧机构斜楔的受力分析图。根据图 11-37a 可推导出斜楔夹紧机构的夹紧力计算公式：

$$F_Q = F_W \tan\varphi_1 + F_W \tan(\alpha + \varphi_2)$$

$$F_W = \frac{F_Q}{\tan\varphi_1 + \tan(\alpha + \varphi_2)}$$

当 α、φ_1、φ_2 均很小且 $\varphi_1 = \varphi_2 = \varphi$ 时，上式可近似简化为

$$F_W = \frac{F_Q}{\tan(\alpha + 2\varphi)}$$

式中　F_W——夹紧力（N）；

F_Q——作用力（N）；

φ_1、φ_2——斜楔与支承面及与工件受压面间的摩擦角，常取 $\varphi_1 = \varphi_2 = 5° \sim 8°$；

α——斜楔的斜角，常取 $\alpha = 6° \sim 10°$。

（2）斜楔的自锁条件。如图 11-37b 所示，当作用力消失后，斜楔仍能夹紧工件而不会自行退出。根据力的平衡条件，合力 $F_1 \geqslant F_{Rx}$，即：

$F_W \tan\varphi_1 \geqslant F_W \tan(\alpha - \varphi_2)$，所以自锁条件为

$\alpha \leqslant \varphi_1 + \varphi_2$，设 $\varphi_1 = \varphi_2 = \varphi$ 则

$\alpha \leqslant 2\varphi$

一般钢铁的摩擦系数 $\mu = 0.1 \sim 0.15$，摩擦角 $\varphi = \arctan(0.1 \sim 0.15) = 5°43' \sim 8°32'$，

故有　　　　　　　　　　　　$\alpha \leqslant 11° \sim 17°$

通常，为可靠起见，取 $\alpha = 6° \sim 8°$。

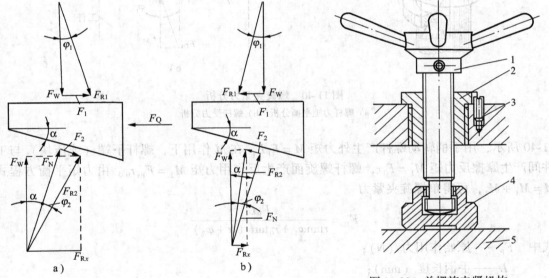

图 11-37　斜楔夹紧受力分析

图 11-38　单螺旋夹紧机构

1—螺杆　2—螺母　3—螺钉　4—压块　5—工件

2. 螺旋夹紧机构

由螺钉、螺母、垫圈、压板等元件组成的夹紧机构称为螺旋夹紧机构。其优点是结构简单、夹紧力大、自锁性能好，且有较大的夹紧行程，故在夹具中应用最广。它的结构形式很多，但从夹紧方式来分，可分为螺栓夹紧和螺母夹紧两种。如图 11-38 所示，为单螺旋夹紧机构。

设计时应根据所需的夹紧力的大小选择合适的螺纹直径。图 11-39 给出了螺栓端部的当量摩擦半径，以便计算出作用力的损失。

分析夹紧力时，可将螺旋看做是一个绕在圆柱上的斜面，展开后就相当于斜楔了。如图

313

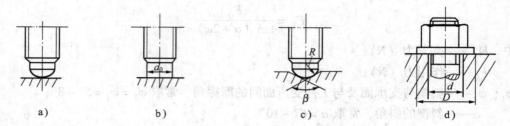

图 11-39　当量摩擦半径

a) $r=0$　b) $r=\dfrac{1}{3}d_0$　c) $r=R\tan\dfrac{\beta}{2}$　d) $r=\dfrac{1}{3}\dfrac{D^3-d^3}{D^2-d^2}$

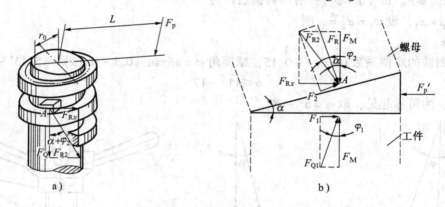

图 11-40　螺旋夹紧力分析

a) 螺杆力矩平衡分析　b) 螺杆受力分析

11-40 所示，用手柄转动螺杆产生外力矩 $M=F_PL$，在 M 作用下，螺杆下端（或压块）与工件间产生摩擦反力矩 $M_1=F_1r$，螺杆螺旋面产生反作用力矩 $M_2=F_{Rx}r_0$。由力矩平衡方程式 $M=M_1+M_2$，可得单螺旋夹紧力

$$F_M=\frac{F_PL}{r\tan\varphi_1+r_0\tan\left(\alpha+\varphi_2\right)}$$

式中　F_P——原始作用力（N）；

　　　L——手柄长度（mm）；

　　　r——螺杆下端与工件（或压块）的当量摩擦半径（mm），根据端部形状确定；

　　　r_0——螺旋作用中径之半（mm）；

　　　α——螺旋升角（°）；

　　　φ_1——螺杆下端与工件（或压块）间的摩擦角（°）；

　　　φ_2——螺旋配合面间的摩擦角（°）。

3. 偏心夹紧机构

用偏心件直接或间接夹紧工件的机构称为偏心夹紧机构。常用的偏心件是圆偏心轮和偏心轴。图 11-41 为常见的偏心夹紧机构。图 11-41a、b 用的是圆偏心轮，图 11-41c 用的是偏心轴，图 11-41d 用的是偏心叉。

（1）偏心夹紧的工作特性。如图 11-42a 所示的圆偏心轮，其直径为 D，偏心距为 e，由

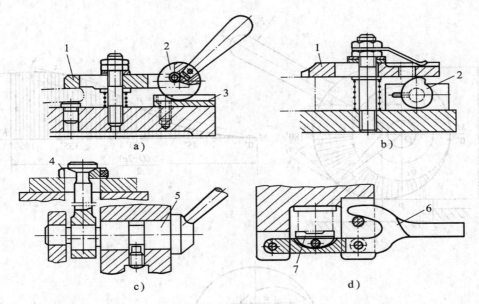

图 11-41　偏心夹紧机构

1—压板　2—偏心轮　3—偏心轮用垫板　4—快换垫圈　5—偏心轴　6—偏心叉　7—弧形压块

于其几何中心 C 和回转中心 O 不重合，当顺时针方向转动手柄时，就相当于一个弧形楔卡紧在转轴和工件受压表面之间而产生夹紧作用。将弧形楔展开，则得如图 11-42b 所示的曲线斜楔，曲线上任意一点的切线和水平线的夹角即为该点的升角。设 α_x 为任意夹紧点 x 处的升角，其值可由 $\triangle OXC$ 中求得。

$$\frac{\sin\alpha_x}{e} = \frac{\sin(180° - \phi_x)}{D/2}$$

$$\sin\alpha_x = \frac{2e}{D}\sin\phi_x$$

式中，转角 ϕ_x 的变化范围为 $0° \leqslant \phi_x \leqslant 180°$。由上式可知，当 $\phi_x = 0°$ 时，M 点的升角最小，即 $\alpha_M = 0°$，随着转角 ϕ_x 的增大，升角 α_x 也增大，当 $\phi_x = 90°$ 时（即 P 点），升角为最大值 α_{max}，此时

$$\sin\alpha_p = \sin\alpha_{max} = \frac{2e}{D}$$

$$\alpha_p = \alpha_{max} = \arcsin\frac{2e}{D}$$

当 ϕ_x 继续增大时，α_x 将随着 ϕ_x 的增大而减小，$\phi_x = 180°$ 时，即 N 点处，此处的 $\alpha_N = 0°$。

偏心轮的这一特性很重要，因为它与工作段的选择、自锁性能、夹紧力的计算以及主要结构尺寸的确定有极大关系。

（2）偏心轮工作段的选择。从理论上讲，偏心轮下半部整个轮廓曲线上的任何一点都可以用来作夹紧点，相当于偏心轮转过 180°，夹紧的总行程为 $2e$，但实际上为防止松夹和咬死，常取 P 点左右圆周上的 1/6 ~ 1/4 圆弧，即相当于偏心轮转角为 60° ~ 90° 的范围所对应的

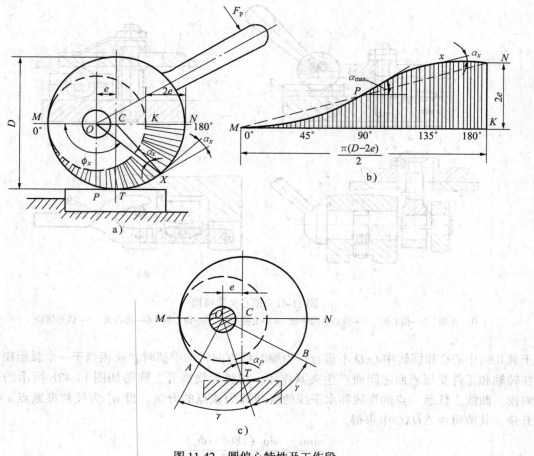

图 11-42　圆偏心特性及工作段

圆弧为工作段。如图 11-42c 所示的 AB 段。由图 11-42b 可知，该段近似为直线，工作段上任意点的升角变化不大，几乎近于常数，可以获得比较稳定的自锁性能。因而，在实际工作中多按这种情况来设计偏心轮。

（3）偏心轮夹紧的自锁条件。使用偏心轮夹紧时，必须保证自锁，否则将不能使用。分析圆偏心的夹紧力，与前述斜楔夹紧力的计算方法相同，这里不再叙述。要保证偏心轮夹紧时的自锁性能，和前述斜楔夹紧机构相同，应满足下列条件

$$\alpha_{\max} \leqslant \phi_1 + \phi_2$$

式中　$\alpha_{\max}$——偏心轮工作段的最大升角；

　　　ϕ_1——偏心轮与工件之间的摩擦角；

　　　ϕ_2——偏心轮转轴处的摩擦角。

因为 $\alpha_p = \alpha_{\max}$，$\tan\alpha_p \leqslant \tan(\phi_1 + \phi_2)$，已知 $\tan\alpha_p = \dfrac{2e}{D}$。为可靠起见，不考虑转轴处的摩擦，又 $\tan\phi_1 = \mu_1$，故得偏心轮夹紧点自锁时的外径 D 和偏心量 e 的关系如下：

$$\frac{2e}{D} \leqslant \mu_1$$

当 $\mu_1 = 0.1$ 时，$\dfrac{D}{e} \geqslant 20$；$\mu_1 = 0.15$ 时，$\dfrac{D}{e} \geqslant 14$。

称 $\dfrac{D}{e}$ 之值为偏心率或偏心特性。按上述关系设计偏心轮时，应按已知的摩擦系数和需要的工作行程定出偏心量 e 及偏心轮的直径 D。一般摩擦系数取较小的值，以使偏心轮的自锁更可靠。

从上述分析可知，偏心夹紧机构的特点是操作方便、动作迅速，但是夹紧力和夹紧行程都较小。一般用于切削力不大、振动小的场合，多用于小型工件的夹具中。

4. 其他夹紧机构

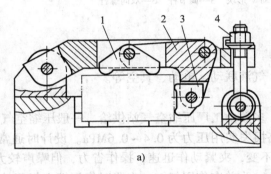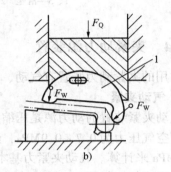

图 11-43　互垂力或斜交力多点联动夹紧机构
1、3—摆动压块　2—摇臂　4—螺母

（1）联动夹紧机构。它是指操纵一个手柄或利用一个动力装置，能对一个工件的同一方向或不同方向的多点进行均匀夹紧，或同时夹紧若干个工件。前者称为多点联动夹紧，如图 11-43 所示；后者称为多件联动夹紧，如图 11-44 所示。

（2）定心夹紧机构。它具有在实现定心作用的同时将工件夹紧的特点。工件的对称中心与夹具夹紧机构的中心重合，与工件接触的元件既是定位元件，又是夹紧元件（称工作元件）。工作元件的动作通常是联动的，能等速趋近或退离工件，所以能将定位基面的公差对称分布，使工件的轴线、对称中心不产生位移，从而实现定心夹紧作用。

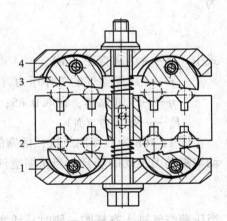

图 11-44　复合式多件联动夹紧机构
1、4—压板　2—工件　3—摆动压块

图 11-45 所示为左右螺旋定心夹紧机构。工件置于两活动 V 形块 2、4 之间，转动具有左右螺纹的螺杆 6 时，两 V 形块便等速趋近或退离工件，从而实现对工件的定心夹紧或松开。螺杆中间的台肩卡在固定叉座上，以保证螺杆不产生轴向移动。用调整杆 3 可以微量调节固定叉座的轴向位置，以保证两 V 形块的对中性。

夹紧机构的形式很多，详见《夹具设计手册》。设计时主要根据工件的结构特点和生产规模的要求来确定。

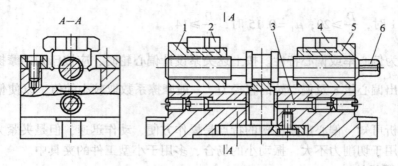

图 11-45　螺旋式定心夹紧机构

1、5—滑座　2、4—活动 V 形块　3—调节杆　6—双向螺杆

11.4.4　夹紧动力源装置

常用的夹紧动力装置有气动、液动、气液联动、电动、真空等。

1. 气动夹紧

气动夹紧装置的动力源是压缩空气。多数由工厂压缩空气站供给。一般压缩空气站供应的压缩空气压力为 0.7～0.9MPa，经管路损失实用压力为 0.4～0.6MPa。设计时通常以 0.4～0.6MPa 来计算。气动夹紧力基本稳定不变，夹紧动作迅速，操作省力，但噪声较大。

活塞式气缸如图 11-46 所示。图 11-46a 为单向作用气缸，夹紧时靠压缩空气驱动，松开时由弹簧推回，用于夹紧行程较短的场合。活塞在压缩空气作用下产生的原始推力 $F_{P单}$（N）为

$$F_{P单} = \frac{\pi D^2}{4} p \eta - F_s$$

式中　D——活塞直径（m）；

　　　p——压缩空气的工作压力（Pa）；

　　　η——气缸效率，常取 0.85；

　　　F_s——弹簧力（N）。

图 11-46b 为双作用气缸，活塞的双向移动都由压缩空气驱动，用于行程较大或往复移动均需动力推动的场合。当压缩空气进入无杆腔一侧时，活塞杆的推力 $F_{P双推}$（N）为

$$F_{P双推} = \frac{\pi}{4} D^2 p \eta$$

当压缩空气进入有杆腔一侧时，活塞杆的拉力 $F_{P双拉}$（N）为

$$F_{P双拉} = \frac{\pi}{4} (D^2 - d^2) p \eta$$

式中　d——活塞杆直径（m）。

2. 液压夹紧

液压夹紧的装置和工作原理与气压夹紧相似，但使用高压油产生动力。液压夹紧与气动夹紧相比，其优点是：工作压力比气压高出 10 多倍，达 5～6.5MPa，故液压缸尺寸比气缸小得多，可不用增力机构，使夹具结构简单、紧凑；因油液不可压缩，故夹紧刚度大，工作平稳，夹紧可靠，噪声小。因此，液压夹紧特别适用于切削力较大时工件的夹紧或加工大型

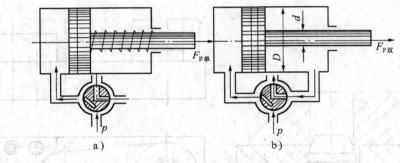

图 11-46　活塞式气缸

工件时的多处夹紧。但如果机床本身没有液压系统时，需设置专用的夹紧液压系统，将导致夹具成本的提高。

3. 气 – 液压组合夹紧

气 – 液压组合夹紧的动力源为压缩空气，但要使用特殊的增压器，比气动夹紧装置复杂。它的工作原理如图 11-47 所示，压缩空气进入气缸 1 的右腔，推动增压器活塞 3 左移，活塞杆 4 随之在增压缸 2 内左移。因活塞杆 4 的作用面积小，使增压缸 2 和工作缸 5 内的油压得到增加，并推动工作缸中的活塞 6 上抬，将工件夹紧。

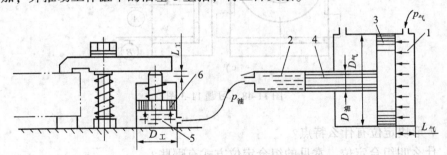

图 11-47　气 – 液压组合夹紧工作原理

1—气缸　2—增压缸　3—气缸活塞　4—活塞杆　5—工作缸　6—工作缸活塞

除了上述力源外，还有利用切削力或主轴回转时的离心力作为力源的自动夹紧装置，以及利用电磁吸力、大气压力（真空夹具）和电动机驱动的各种动力源。

11.5　习题

11-1　何谓机床夹具？夹具有哪些作用？

11-2　机床夹具有哪几个组成部分？各起何作用？

11-3　什么叫"六点定则"？什么是欠定位？过定位？试分析图 11-48 中定位元件限制哪些自由度？是否合理？如何改进？

11-4　为什么说夹紧不等于定位？

11-5　工件以平面为定位基准时，常用哪些定位元件？

11-6　除平面 定位外，工件常用的定位表面有哪些？相应的定位元件有哪些类型？

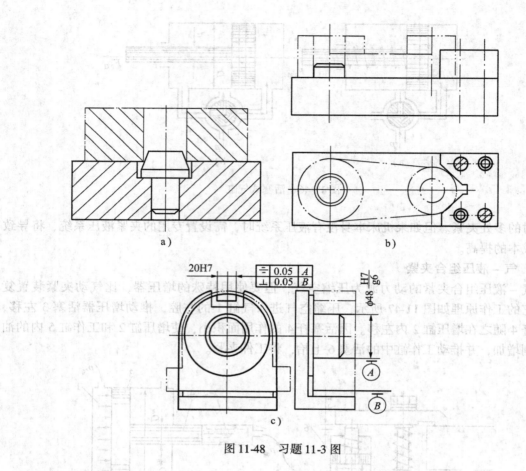

图 11-48　习题 11-3 图

11-7　V 形块定位有什么特点？

11-8　什么叫组合定位，常见的组合定位方式有哪些？

11-9　用图 11-49 所示的定位方式铣削连杆的两个侧面，计算加工尺寸（$12_0^{+0.3}$）mm 的定位误差。

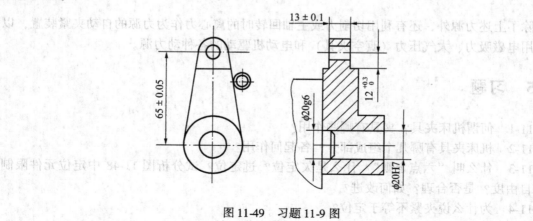

图 11-49　习题 11-9 图

11-10 用图 11-50 所示的定位方式在阶梯轴上铣槽，V 形块的 V 形角 $\alpha = 90°$，试计算加工尺寸（74 ± 0.1）mm 的定位误差。

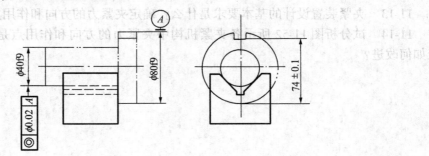

图 11-50 习题 11-10 图

11-11 如图 11-51 所示工件，采用一面两孔定位。两销垂直安置，加工孔 O_1 及 O_2。试

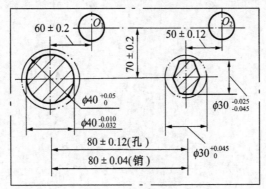

图 11-51 习题 11-11 图

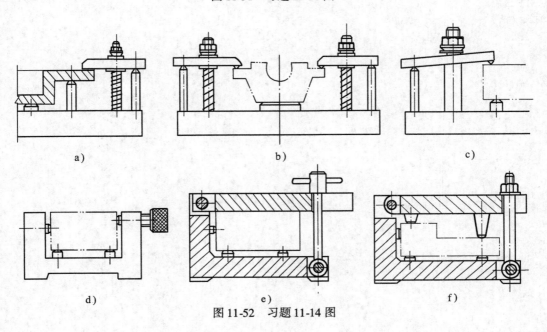

图 11-52 习题 11-14 图

计算其定位误差并判断其定位质量。

11-12 工件在夹具中夹紧的目的是什么？定位和夹紧有何区别？

11-13 夹紧装置设计的基本要求是什么？确定夹紧力的方向和作用点的准则有哪些？

11-14 试分析图 11-52 所示各夹紧机构中夹紧力的方向和作用点是否合理？若不合理应如何改进？

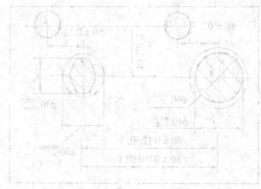

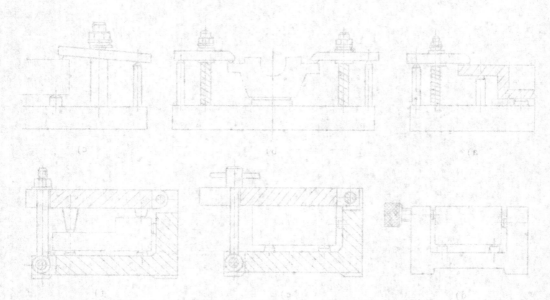

图 11-52 习题 11-14 图

第12章 典型零件加工工艺

12.1 轴类零件加工

12.1.1 概述

1. 轴类零件的功用与结构特点

轴类零件是机械零件中的关键零件之一，在机器中，它的主要功用是支承传动零件、传递扭矩、承受载荷，以及保证装在轴上的零件等有一定的回转精度。

轴类零件是回转体零件，其长度大于直径。加工表面通常有内外圆柱面、内外圆锥面、螺纹、键槽、横向孔和沟槽等。轴类零件按结构形状可分为光轴、空心轴、阶梯轴和异形轴（包括曲轴、凸轮轴、偏心轴、十字轴和花键轴等）等类，如图12-1所示。

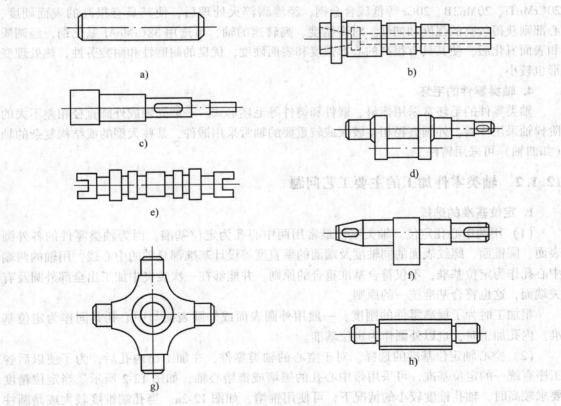

图12-1 轴的种类

a) 光轴　b) 空心轴　c) 阶梯轴　d) 曲轴　e) 凸轮轴　f) 偏心轴　g) 十字轴　h) 花键轴

2. 轴类零件的技术要求

（1）尺寸精度。尺寸精度包括直径尺寸精度和长度尺寸精度。精密轴颈为 IT5 级，重要轴颈为 IT6～IT8 级，一般轴颈为 IT9 级。轴向尺寸一般要求较低，当阶梯轴的阶梯长度要求较高时，其公差可达 0.005～0.01mm。

（2）几何形状精度。几何形状精度主要指轴颈的圆度、圆柱度，一般应在直径公差范围内。当几何形状精度要求较高时，零件图上应注出规定允许的偏差。

（3）相互位置精度。相互位置精度，主要指装配传动件的轴颈相对于支承轴颈的同轴度及端面对轴心线的垂直度等，通常用径向圆跳动来标注。普通精度轴的径向圆跳动为 0.01～0.03mm，高精度的轴通常为 0.005～0.01mm。

（4）表面粗糙度。轴类零件的表面粗糙度和尺寸精度应与表面工作要求相适应。通常支承轴颈的表面粗糙度值 R_a 为 3.2～0.4μm，配合轴颈的表面粗糙度值 R_a 为 0.8～0.1μm。

3. 轴类零件的材料与热处理

轴类零件应根据不同的工作状况，选择不同的材料和热处理规范。一般轴类零件常用中碳钢，如 45 钢，经正火、调质及部分表面淬水等热处理，得到所要求的强度、韧性和硬度。对中等精度而转速较高的轴类零件，一般选用 40Cr 等合金结构钢，经过调质和表面淬火处理，使其具有较高的综合力学性能。对在高转速、重载荷等条件下工作的轴类零件，可选用 20CrMnTi、20Mn2B、20Cr 等低碳合金钢，经渗碳淬火处理后，使其具有很高的表面硬度，心部则获得较高的强度和韧性。对高精度、高转速的轴，可选用 38CrMoAl 氮化钢，经调质和表面氮化后，使其具有很高的心部强度和表面硬度，优良的耐磨性和耐疲劳性，热处理变形也较小。

4. 轴类零件的毛坯

轴类零件的毛坯常采用棒料、锻件和铸件等毛坯形式。一般光轴或外圆直径相差不大的阶梯轴采用棒料，外圆直径相差较大或较重要的轴常采用锻件，某些大型的或结构复杂的轴（如曲轴）可采用铸件。

12.1.2 轴类零件加工的主要工艺问题

1. 定位基准的选择

（1）用两中心孔定位。轴类零件最常用两中心孔为定位基准。因为轴类零件的各外圆表面、圆锥面、螺纹表面的同轴度及端面的垂直度等设计基准都是轴的中心线，用轴的两端中心孔作为定位基准，不仅符合基准重合的原则，并能够在一次装夹中加工出全部外圆及有关端面，这也符合基准统一的原则。

粗加工时为了提高零件的刚度，一般用外圆表面或外圆表面与中心孔共同作为定位基准。内孔加工时，也以外圆作为定位基准。

（2）空心轴定位基准的选择。对于空心的轴类零件，在加工出内孔后，为了使以后各工序有统一的定位基准，可采用带中心孔的锥堵或锥堵心轴，如图 12-2 所示。当定位精度要求较高时，轴孔锥度较小的情况下，可使用锥堵，如图 12-2a。当孔端锥度较大或是圆柱孔时，可使用锥堵心轴，如图 12-2b。采用锥堵定位时，在加工过程中应尽量减少拆装次数，或不拆卸。因为锥堵锥角与工件锥孔的配合精度不可能完全一致，重新安装会引起安装误差。

（3）中心孔的修整。中心孔在使用过程中会因磨损和热处理变形而影响轴类零件的加工

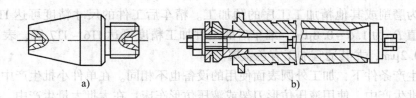

图 12-2　锥堵与锥堵心轴

a）锥堵　b）锥堵心轴

精度。在加工高精度轴类零件时，中心孔的形状误差会影响到加工表面的加工精度，因此要在各个加工阶段对中心孔进行修整。中心孔的修整是提高中心孔质量的主要手段，精度越高，中心孔的修研次数越多，并逐次加以提高。中心孔的修研方法有以下几种。

1）用硬质合金顶尖修研。如图 12-3 所示为修研中心孔的六棱硬质合金顶尖，其刃带具有切削和挤光作用，能纠正中心孔的几何形状误差。这种方法效率高，但质量稍差，常用于普通中心孔的修研。

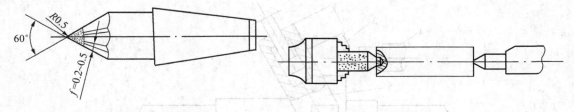

图 12-3　硬质合金顶尖　　　　　　　图 12-4　用油石研磨中心孔

2）用油石、橡胶砂轮或铸铁顶尖修研。将油石、橡胶砂轮或铸铁顶尖研磨工具夹在车床卡盘上，把工件顶在研磨工具和车床后顶尖之间，并加入一定的润滑油及研磨剂进行研磨，如图 12-4 所示。本法修研精度较高，但效率较低，可联合使用上述两种方法。

（4）用中心孔磨床磨削。图 12-5 为中心孔磨头的简图。磨头具有三种运动：主切削运动、行星运动、往复运动。加工出的中心孔表面圆度达到 0.8μm，中心孔表面粗糙度 R_a 为 0.32μm。此法生产率较高，适用于批量生产。

2. 外圆表面加工

（1）外圆表面的车削加工。轴类零件外圆表面的车削加工可划分为荒车、粗车、半精车、精车和细车等各加工阶段。

对于自由锻件或大型铸件毛坯，为减少外圆表面的形状误差，使后续工序的加工余量均匀，需荒车加工，加工后的尺寸精度可达 IT15～IT18 级。对中小型铸锻件可直接进行粗车加工，加工后的尺寸精度可达 IT10～IT13 级，表面粗糙度值 R_a 为 30～20μm。半精车后工件的尺寸精度可达 IT9～IT10 级，表面粗糙度值 R_a 为 6.3～3.2μm，可作为中等精度表面的最终加

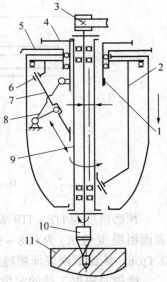

图 12-5　中心孔磨头简图

1—凸轮　2—内壳体　3—砂轮轴
4、5—齿轮　6—斜导轨　7—导轨副
8—杠杆　9—主轴套　10—砂轮
11—工件

工，也可作为磨削或其他精加工工序的预加工。精车后工件的尺寸精度可达 IT7 ~ IT8 级，表面粗糙度值 R_a 为 1.6 ~ 0.8μm。细车后的工件加工精度可达 IT6 ~ IT7 级，表面粗糙度值 R_a 为 0.4 ~ 0.2μm，尤其适宜加工有色金属。

在不同生产条件下，加工外圆表面使用的设备也不相同。在单件小批生产中，使用通用机床；在中批生产中，使用液压仿形刀架或液压仿形车床；在大批大量生产中，使用液压仿形车床或多刀半自动车床和自动车床。

使用液压仿形刀架可实现车削加工的半自动化，更换靠模、调整刀具都比较简单，可减轻劳动强度，提高加工效率。图 12-6 为在车床用液压仿形刀架加工的示意图。仿形刀架 3 安装在溜板 2 上，位于方刀架 1 的对面，样件 5 安装在床身的附加靠模支架上。工作时，仿形刀架随溜板作纵向移动，触头 4 沿样件轮廓滑动，使仿形刀架按照触头运动作仿形运动，车出与样件轮廓相同的零件。

（2）外圆表面的磨削加工。磨削是外圆表面精加工的主要方法，既能加工淬火件，也能加工未淬火件。磨削可划分为预（粗）磨、精磨、细磨和镜面磨削。

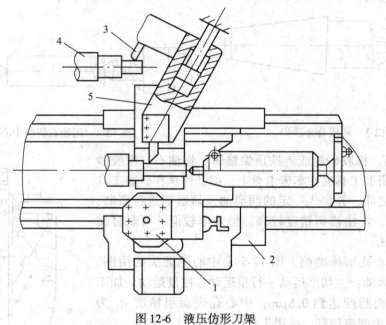

图 12-6　液压仿形刀架
1—方刀架　2—溜板　3—仿形刀架　4—触头　5—样件

预磨精度为 IT8 ~ IT9 级，表面粗糙度值 R_a 为 6.3 ~ 0.8μm。精磨精度为 IT6 ~ IT8 级，表面粗糙度值 R_a 为 0.8 ~ 0.4μm。细磨精度为 IT5 ~ IT6 级，表面粗糙度值 R_a 为 0.4 ~ 0.1μm。镜面磨削表面粗糙度值 R_a 可达 0.01μm。

磨削时根据工件的定位方式可分为中心磨削和无心磨削。中心磨削加工精度高，生产率高，通用性广，目前在机械加工中占有重要地位。无心磨削的生产率很高，但难以保证工件的相互位置精度和形状精度，并且不能磨削带有键槽和纵向平面的轴。

磨削加工是工件精加工的主要工序，由于精铸、精锻、热轧、冷轧等少切屑或无切屑加工的应用范围越来越广泛，磨削加工的比重也越来越大。因此，提高磨削效率，降低磨削成本，是磨削加工中不可忽视的问题。提高磨削效率的途径有两条：其一是缩短辅助时间，如自动装卸工件、自动测量及数字显示、砂轮的自动修整与补偿、开发新磨料和提高砂轮耐用度等；其二是缩短机动时间，如高速磨削、强力磨削、宽砂轮磨削和多片砂轮磨削等，如图12-7 所示。

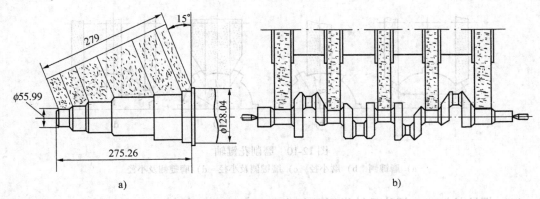

图 12-7　宽砂轮磨削和多片砂轮磨削

a）宽砂轮磨削　b）多片砂轮磨削

3. 其他表面的加工方法

（1）花键的加工。花键是轴类零件上的典型表面，与单键相比，具有联接强度高、各部位所受负荷均匀、导向性和对中性好、联接可靠和传递转矩较大等优点。花键按截面形状不同可分为矩形、渐开线形、梯形和三角形四种，其中矩形花键盘应用最广。定心方式常见的是以小径定心和大径定心，轴类零件的花键加工常用铣削、滚削和磨削三种方法。

对于花键的铣削加工，当单件小批量生产时，在装有分度头的卧式铣床上进行，先用盘铣刀铣花键侧面，再用弧形成形铣刀铣花键小径。也可用一把成形铣刀同时完成侧面和小径的加工。图12-8 为用盘形铣刀铣削外花键。当生产批量较大时，可在花键铣床上用花键滚刀加工花键，如果工件较短也可在滚齿机上加工花键。用花键滚刀加工外花键如图12-9 所示。

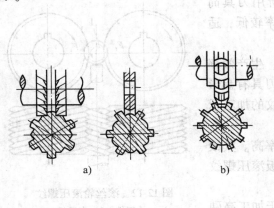

图 12-8　用铣刀铣削花键

a）分两次铣削　b）一次铣成

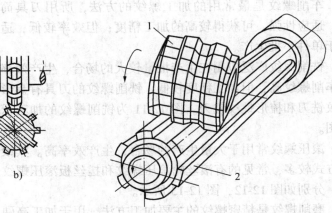

图 12-9　用花键滚刀加工花键

1—花键滚刀　2—工件

花键精度要求较高时或表面进行淬火后，常采用磨削作为最终加工。当生产批量较大时，通常在普通外圆磨床上磨削大径，在花键磨床上磨削键侧，而以小径定心的花键，小径和键侧都要磨削。当生产批量较小时，可在工具磨床或平面磨床上用分度头磨削外花键的小径和键侧。花键轴的磨削方式如图 12-10 所示。

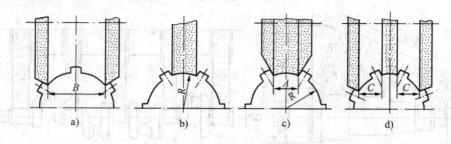

图 12-10　磨削花键轴

a）磨键侧　b）磨小径　c）磨键侧及小径　d）磨键侧及小径

（2）螺纹的加工。螺纹是轴类零件的常见加工表面，其加工方法很多，这里仅介绍车削、铣削、滚压和磨削螺纹的特点。

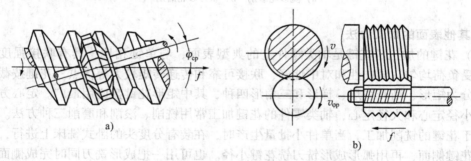

图 12-11　铣削螺纹

a）用盘铣刀铣削螺纹　b）用梳形铣刀铣削螺纹

车削螺纹是最常用的加工螺纹的方法，所用刀具简单，适应性强，可获得较高的加工精度；但效率较低，适用于单件小批生产。

铣削螺纹广泛应用在生产批量较大的场合，生产效率比车削螺纹高，但加工精度较低。铣削螺纹的刀具有盘形螺纹铣刀和梳形螺纹铣刀。图 12-11 为铣削螺纹的加工示意图。

滚压螺纹常用于大量生产的场合，生产效率高。其滚压方式较多，常见的有滚丝轮滚压螺纹和搓丝板滚压螺纹等，分别如图 12-12，图 12-13 所示。

磨削螺纹是精密螺纹的主要加工方法，用于加工高硬度和高精度的工件。磨削螺纹在螺纹磨床上进行，加工成本较高，其加工方法如图 12-14 所示。

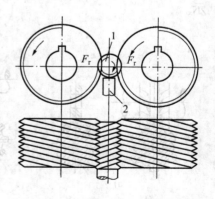

图 12-12　滚丝轮滚压螺纹

1—工件　2—支承板

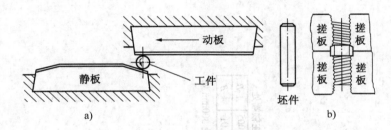

图 12-13　搓丝板滚压螺纹

a）工作原理　b）加工示意图

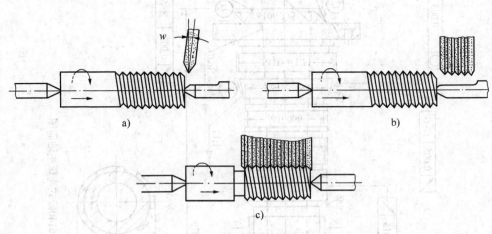

图 12-14　磨削外螺纹的方法

a）单线砂轮，纵向进给　b）多线砂轮，纵向进给　c）多线砂轮，切向进给

12. 1. 3　CA6140 型卧式车床主轴加工工艺

1. 主轴的结构与技术要求分析

CA6140 卧式车床的主轴简图如图 12-15 所示。该零件是结构复杂的阶梯轴，有外圆柱面、内外圆锥面、通长孔、花键及螺纹表面等，且精度要求较高。

主轴的主要加工表面有：前后支承轴颈 A 和 B，是主轴部件的装配基准，其制造精度直接影响主轴部件的回转精度；用于安装顶尖或工具锥柄的头部内锥孔，其制造精度直接影响机床精度；头部短锥面 C 和端面 D 是卡盘底座的定位基准，直接影响卡盘的定心精度；以及齿轮的装配表面和与压紧螺母相配合的螺纹等。其中，保证两支承轴颈本身的尺寸精度、形状精度、两支承轴颈间的同轴度、支承轴颈与其他表面的相互位置精度和表面粗糙度，是主轴加工的关键技术。

2. CA6140 型车床主轴工艺过程

根据上面的分析和生产条件，制定主轴的加工工艺过程如表 12-1 所示。

生产纲领：大批量生产，材料为 45 号钢

3. CA6140 车床主轴工艺过程分析

（1）定位基准的选择。主轴的工艺过程开始，以外圆柱面作粗基准铣端面，钻中心孔，

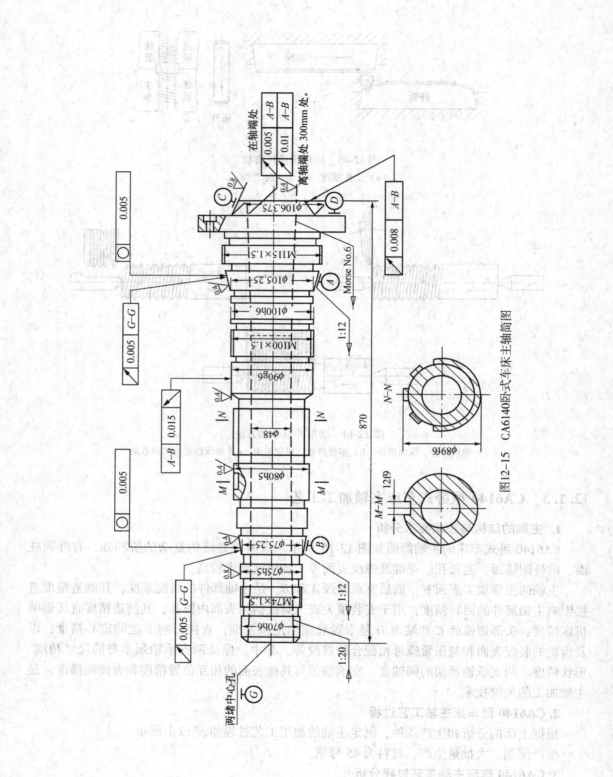

图12-15　CA6140卧式车床主轴简图

表 12-1　CA6140 车床主轴加工工艺过程

序号	工序名称	工 序 内 容	定位及夹紧
1	模锻		
2	热处理	正火	
3	钻中心孔	铣端面钻中心孔，总长 872mm	外圆
4	粗车	粗车外圆，留余量 2.5～3mm	夹一端，顶另一端
5	热处理	调质	
6	车大端	车大端各外圆、锥面、端面及台阶	中心孔
7	仿形车小端	车小端各部外圆	中心孔
8	钻通孔	钻 φ48mm 通孔	夹小端，托大端
9	车小端锥孔	车小端内锥孔及端面，配 1：20 锥堵	夹大端，托小端
10	车大端锥孔	车大端莫氏 6 号锥孔、外短锥及端面，配锥堵	夹小端，托大端
11	钻大端面各孔		大端内锥孔
12	热处理	高频淬火（短锥及莫氏 6 锥孔、φ75h5、φ90g6，φ100h6）	
13	精车外圆	精车各外圆、切槽、倒角	两锥堵中心孔
14	粗磨外圆	粗磨 φ75h5、φ90g6、φ100h6 外圆	两锥堵中心孔
15	磨小端锥孔	粗磨小端内锥孔（重配锥堵）	托 φ100h6 及 φ75h5 外圆
16	磨大端锥孔	粗磨大端莫氏 6 号锥孔（重配锥堵）	托 φ100h6 及 φ75h5 外圆
17	铣花键	粗精铣 φ89f6 花键	两锥堵中心孔
18	铣键槽	铣 12f9 键槽	托 φ85h5 及 M115×1.5 外圆
19	车螺纹	车 M115×1.5、M100×1.5、M74×1.5 三处螺纹	两锥堵中心孔
20	精磨外圆	精磨各外圆至尺寸	两锥堵中心孔
21	粗精磨圆锥面	粗精磨三圆锥面及端面 D	两锥堵中心孔
22	精磨大端锥孔	精磨莫氏 6 号锥孔	前后支承轴颈 φ75h5 外圆
23	检验	按图纸要求检验	

为粗车外圆准备了定位基准，粗车外圆又为深孔加工准备了定位基准，为了给半精加工和精加工外圆准备定位基准，又要先加工好前后锥孔，以便安装锥堵。由于支承轴颈是磨锥孔的定位基准，所以终磨锥孔前须磨好轴颈表面。

（2）加工阶段的划分。主轴是多阶梯通孔的零件，切除大量金属后会引起内应力重新分布而变形，为保证其加工精度，将加工过程划分为三个阶段。调质以前的工序为各主要表面的粗加工阶段，调质以后至表面淬火前的工序为半精加工阶段，表面淬火以后的工序为精加工阶段。要求较高的支承轴颈和莫氏 6 号锥孔的精加工，则放在最后进行。这样，整个主轴加工的工艺过程，是以主要表面（特别是支承轴颈）的粗加工、半精加工和精加工为主线，适当穿插其他表面的加工工序组成的。

（3）热处理工序的安排。主轴毛坯锻造后，首先进行正火处理，以消除锻造应力，改善金相组织结构，细化晶粒，降低硬度，改善切削性能。粗加工后，进行调质处理，以获得均匀细致的回火索氏体组织，使得在后续的表面淬火以后，硬化层致密且硬度由表面向中心降低。在精加工之前，对有关轴颈表面和莫氏 6 号锥孔进行表面淬火处理，以提高硬度和耐磨性。

（4）加工顺序的安排。加工顺序的安排主要根据基面先行、先粗后精、先主后次的原则。主轴的加工顺序是：备料—正火—切端面和钻中心孔—粗车—调质—半精车—精车—表面淬火—粗、精磨外圆表面—磨内锥孔。其特点如下：

1）深孔加工安排在调质和粗车之后进行，以便有一个较精确的轴颈作定位基准面，保证壁厚均匀；

2）先加工大直径外圆，后加工小直径外圆，避免一开始就降低工件刚度；

3）花键、键槽的加工放在精磨外圆之前进行，既保证了自身的尺寸要求，也避免了影响其他工序的加工质量；

4）螺纹对支承轴颈有一定的同轴度要求，安排在局部淬火之后进行加工，以避免淬火后的变形对其位置精度的影响。

（5）主轴锥孔的磨削。主轴锥孔对主轴支承轴颈的径向圆跳动，是机床的主要精度指标，因而锥孔的磨削是主轴加工的关键工序之一。磨削主轴锥孔的专用夹具如图 12-16 所示，由底座、支架和浮动夹头三部分组成。

前后支架和底座固定在一起，前支架由带锥度的巴氏合金衬套支撑主轴工件前锥轴颈，后支架由镶有尼龙的顶块支撑工件。必须保证工件轴线与砂轮轴线等高，以免将锥孔母线磨成双曲线。浮动夹头的锥柄装在磨床主轴的锥孔内，工件尾端夹于夹头弹性套内，用弹簧把弹性套连同工件向左拉，并通过钢球压向镶有硬质合金的锥柄端面以限制工件的轴向窜动。这样，可以保证主轴支承轴颈的定位精度不受磨床主轴回转误差的影响，也可减小磨床本身的振动对加工质量的影响。

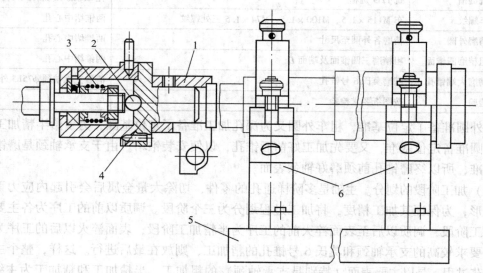

图 12-16　磨主轴锥孔夹具

1—弹性套　2—钢球　3—弹簧　4—浮动夹头　5—底座　6—支承架

12.1.4　轴类零件的检验

轴类零件在加工过程中和加工结束以后都要按工艺规程的要求进行检验。检验的项目包括尺寸精度、形状精度、相互位置精度、表面粗糙度和硬度等，以确定是否达到了设计图样上的全部技术要求。

1. 硬度

硬度在热处理后用硬度计全检或抽检。

2. 表面粗糙度

通常使用标准样板用外观比较法凭目测比较，对于表面粗糙度值较小的零件，可用干涉显微镜进行测量。

3. 形状精度

（1）圆度误差。当圆柱面的误差为椭圆形时，可用千分尺测出同一截面的最大与最小直径，其差的半值为该截面的圆度误差。当圆柱面的误差为奇数棱形状时，将被测表面放在 V 形架上用千分表测量，测出零件旋转一周表的最大与最小值，其差的半值为圆度误差。精度高的轴用圆度仪测量。

（2）圆柱度误差。将零件放在 V 形架或直角座上用千分表测量，精度高的轴用三坐标测量机测量。

4. 尺寸精度

在单件小批量生产中，一般用千分尺检验轴的直径；在大批大量生产中，常用极限卡规检验轴的直径。尺寸精度高时，可用杠杆千分尺或以块规为标准进行比较测量。长度尺寸可用游标卡尺、深度游标卡尺和深度千分尺等检验。

5. 相互位置精度

（1）两支承轴颈对公共基准同轴度。两支承轴颈对公共基准同轴度的检验如图 12-17 所示，将轴的两端顶尖孔或两个工艺锥堵作为定位基准，在支承轴颈上方分别装千分表 1 和 2，在转动轴的一周过程中读出表 1 和 2 的偏摆数，这两个读数分别代表了两个支承轴颈对于轴心线的圆跳动。当几何形状误差很小时，表 1 和表 2 读数值的一半，分别为这两个支承轴颈相对轴心线的同轴度。

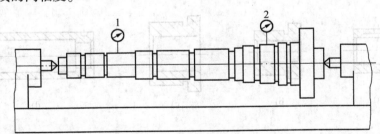

图 12-17　两支承轴颈同轴度的检验

（2）各表面对两支承轴颈的位置精度。各表面对两支承轴颈的位置精度检验如图 12-18 所示，将轴的两支承轴颈放在同一平板上的两个 V 形架（其中一个可调）上，在轴的一端用挡铁、钢球和工艺锥堵挡住，限制其轴向移动。测量时，先用千分表 1 和 2 调整轴的中心线，使其与测量平板平行。平板要有一定角度的倾斜，使轴靠自重压向钢球而紧密接触。对于前端为锥孔的空心阶梯轴，要在轴的前锥孔中插入验棒，并用验棒的轴心线代替锥孔的轴心线。

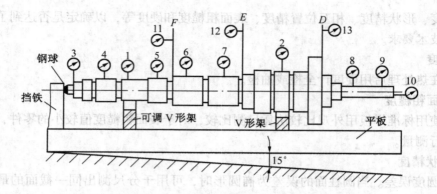

图 12-18　轴的相互位置精度的检验

测量时，均匀转动轴，以千分表分别测量 3、4、5、6、7、8 和 9 各处轴颈及锥孔中心相对于支承轴颈的径向圆跳动，千分表 11、12 和 13 分别检查端面 F、E 和 D 的端面圆跳动，千分表 10 则测量轴的轴向窜动。

12.2　套筒类零件的加工

12.2.1　概述

1. 套筒类零件的功用与结构特点

机器中套筒零件的应用非常广泛，例如，支承回转轴的各种形式的滑动轴承、夹具中的导向套、液压系统中的液压缸以及内燃机上的气缸套等，如图 12-19 所示。套筒类零件通常起支承和导向作用。

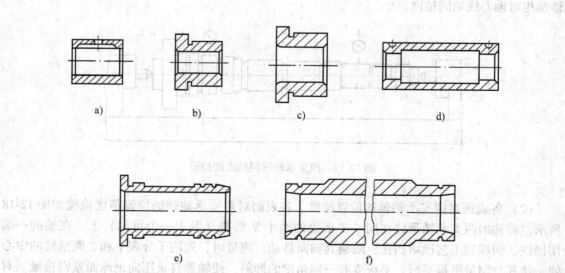

图12-19　套筒零件示例 a)、b) 滑动轴承　c) 钻套　d) 轴承衬套　e) 气缸套　f) 液压缸

套筒零件由于用途不同，其结构和尺寸有着较大的差异，但仍有其共同的特点：零件结构不太复杂，主要表面为同轴度要求较高的内、外旋转表面；多为薄壁件，容易变形；零件尺寸大小各异，但长度一般大于直径，长径比大于 5 的深孔比较多。

2. 套筒类零件的技术要求

套筒零件各主要表面在机器中所起的作用不同，其技术要求差别较大，主要技术要求大致如下。

（1）内孔的技术要求。内孔是套筒零件起支承或导向作用最主要的表面，通常与运动着的轴、刀具或活塞相配合。其直径尺寸精度一般为 IT7，精密轴承套为 IT6；形状公差一般应控制在孔径公差以内，较精密的套筒应控制在孔径公差的 1/3 ~ 1/2，甚至更小。对长套筒除了有圆度要求外，还应对孔的圆柱度有要求。为保证套筒零件的使用要求，内孔表面粗糙度 R_a 为 2.5 ~ 0.16μm，某些精密套筒要求更高，R_a 值可达 0.04μm。

（2）外圆的技术要求。外圆表面常以过盈或过渡配合与箱体或机架上的孔相配合起支承作用。其直径尺寸精度一般为 IT6 ~ IT7；形状公差应控制在外径公差以内；表面粗糙度 R_a 为 5 ~ 0.63μm。

（3）各主要表面间的位置精度。

1）内外圆之间的同轴度。若套筒是装入机座上的孔之后再进行最终加工，这时对套筒内外圆间的同轴度要求较低；若套筒是在装配前进行最终加工，则同轴度要求较高，一般为 0.01 ~ 0.05mm。

2）孔轴线与端面的垂直度。套筒端面（或凸缘端面）如果在工作中承受轴向载荷，或是作为定位基准和装配基准，这时端面与孔轴线有较高的垂直度或端面圆跳动要求，一般为 0.02 ~ 0.05mm。

3. 套筒类零件的材料与毛坯

套筒零件常用材料是钢、铸铁、青铜或黄铜等。有些要求较高的滑动轴承，为节省贵重材料而采用双金属结构，即用离心铸造法在钢或铸铁套筒的内壁上浇注一层巴氏合金等材料，用来提高轴承寿命。

套筒零件毛坯的选择，与材料、结构尺寸、批量等因素有关。直径较小（如 $d < 20$mm）的套筒一般选择热轧或冷拉棒料，也可选择实心铸件。直径较大的套筒，常选用无缝钢管或带孔的铸、锻件，大批量生产时可采用冷挤压和粉末冶金等先进的毛坯制造工艺，既提高了生产率又节约了金属材料。

12.2.2　套筒类零件加工工艺分析

套筒零件按其结构形状来分，大体上可以分为短套筒和长套筒两类。这两类套筒由于形状上的差异，其工艺过程有很大差别。下面仅就这两种套筒分别叙述一下其工艺特点。

1. 短套筒类零件加工工艺分析

（1）联接套的技术要求与加工特点。图 12-20 所示为联接套的零件图，其主要加工表面 $\phi 60_{-0.019}^{\ 0}$ mm 外圆和 $\phi 50_{\ 0}^{+0.025}$ mm 孔有较高的尺寸精度和同轴度要求，内外台阶端面对 $\phi 50_{\ 0}^{+0.025}$ mm 内孔的轴线有较高的端面圆跳动要求，并且表面粗糙度 R_a 值较小。很显然，上述四个表面一般不能在一次装夹中加工完成；$\phi 50_{\ 0}^{+0.025}$ mm 内孔的深度太短，又有台阶，不便采用可涨心轴装夹加工其他表面。因此，可将 $\phi40mm$、R_a 为 $12.5\mu m$ 的内孔改为 $\phi40^{+0.025}_{0}mm$、R_a 为 $1.6\mu m$，并先将 $\phi40^{+0.025}_{0}mm$、$\phi50^{+0.025}_{0}mm$ 内孔和台阶面在一次装夹中精车出来，再以 $\phi40^{+0.025}_{0}mm$ 内孔定位安装在心轴上精车 $\phi60^{0}_{-0.019}mm$ 外圆和台阶面，即可保证图纸要求。这个 $\phi40^{+0.025}_{0}mm$、R_a 为 $1.6\mu m$ 的内孔称为工艺基面（或工艺孔）。

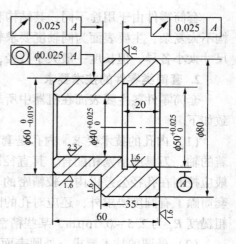

图 12-20　联接套

（2）联接套加工工艺分析。联接套加工工艺过程见表 12-2。

1）加工方法选择。从上述工艺过程中可见套筒零件主要表面的加工多采用车削加工，为提高生产率和加工精度也可采用磨削加工。孔加工方法的选择比较复杂，需要考虑零件结构、孔径大小、长径比、精度和表面质量的要求及生产批量等因素。对于精度要求较高的孔往往需要采用多种方法顺次进行加工，根据该联接套的精度要求，外圆采用精车；内孔的加工方法及加工顺序为钻孔—半精车—精车。

表 12-2　联接套加工工艺过程

序号	工序名称	工序内容	定位与夹紧
1	粗车	①车端面；外圆 $\phi80mm$ 长度为 $40mm$ ②调头车另一端面，取总长 $60.5mm$，车外圆 $\phi61mm$	三爪夹外圆
2	钻孔	钻孔 $\phi38.5mm$	夹 $\phi80mm$ 外圆
3	半精车及精车内表面	①车端面，保证总长 $60mm$ ②车内孔为 $\phi40^{+0.025}_{0}mm$、$\phi50^{+0.025}_{0}mm$ 及内台阶面	软爪夹 $\phi61mm$ 外圆
4	半精车及精车外表面	车外圆为 $\phi60^{0}_{-0.019}mm$，车外台阶面为 $35mm$	$\phi40^{+0.025}_{0}$ 孔可涨心轴
5	检验		

2）保证套筒零件表面位置精度的方法。套筒零件主要加工表面为内孔、外圆表面，其加工的主要矛盾是如何保证内孔与外圆的同轴度以及端面对孔轴线的垂直度要求。因此，套筒零件加工过程中的安装是一个十分重要的问题。为保证各表面间的位置精度，通常应注意以下几个问题。

① 套筒零件的粗精车内外圆一般在卧式车床或立式车床上进行，精加工也可以在磨床上进行。此时，常用三爪或四爪卡盘装夹工件如图 12-21a、b 所示。且经常在一次安装中完成内外表面的全部加工。这种安装方式可以消除由于多次安装而带来的安装误差，保证零件内外圆的同轴度及端面与轴心线的垂直度。对于有凸缘的短套筒，可先车凸缘端，然后调头夹压凸缘端，这种安装方式可防止套筒刚度降低而产生变形（图 12-21c）。但是，这种方法由于工序比较集中，对尺寸较大（尤其是长径比较大）的套筒安装不方便，故多用于尺寸较小套筒的车削加工。例如工序 3，为提高工艺基准 $\phi40^{+0.025}_{0}mm$ 内孔与 $\phi50^{+0.025}_{0}mm$ 内孔的同轴度，两孔在一次安装中同时进行半精车和精车，故可在工序 4 中用 $\phi40^{+0.025}_{0}mm$ 内孔代替 $\phi50^{+0.025}_{0}mm$ 内孔作基面加工外表面，保证了各主要表面间的相互位置精度。

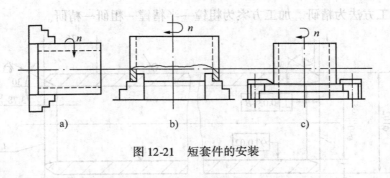

图 12-21　短套件的安装

② 以内孔与外圆互为基准，以达到反复提高同轴度的目的。

A. 以精加工好的内孔作为定位基面，用心轴装夹工件并用顶尖支承心轴。由于夹具（心轴）结构简单，而且制造安装误差比较小，因此可保证比较高的同轴度要求，是套筒加工中常见的装夹方法。

B. 以外圆作精基准最终加工内孔。采用这种方法工件装夹迅速可靠，但因卡盘定心精度不高，易使套筒产生夹紧变形，故加工后工件的形位精度较低。若欲获得较高的同轴度，则必须采用定心精度高的夹具，如弹性膜片卡盘、液性塑料夹具、经过修磨的三爪自定心卡盘和"软爪"等。

3）防止套筒变形的工艺措施。套筒零件由于壁薄，加工中常因夹紧力、切削力、内应力和切削热的作用而产生变形。故在加工时应注意以下几点。

① 为减少切削力和切削热的影响，粗、精加工应分开进行，使粗加工产生的热变形在精加工中可以得到纠正。并应严格控制精加工的切削用量，以减少零件加工时的变形。

② 减少夹紧力的影响，工艺上可以采取以下措施：改变夹紧力的方向，即变径向夹紧为轴向夹紧，使夹紧力作用在工件刚性较好的部位；当需要径向夹紧时，为减少夹紧变形和使变形均匀，应尽可能使径向夹紧力沿圆周均匀分布，加工中可用过渡套或弹性套及扇形夹爪来满足要求；或者制造工艺凸边或工艺螺纹，以减少夹紧变形。

③ 为减少热处理变形的影响，热处理工序应置于粗加工之后、精加工之前，以便使热处理引起的变形在精加工中得以纠正。

2. 长套筒类零件加工工艺分析

液压系统中的液压缸本体（图 12-22）是比较典型的长套筒零件，结构简单，壁薄容易变形，加工面比较少，加工方法变化不多，其加工工艺过程见表 12-3。现对长套筒零件加工的共性问题进行分析。

（1）液压缸本体的技术要求。主要加工表面为 $\phi 90_{\ 0}^{+0.035}$ mm 的内孔，尺寸精度、形状精度要求较高，壁厚公差为 1mm。为保证活塞在液压缸体内移动顺利且不漏油，还特别要求内孔光洁无划痕，不许用研磨剂研磨。两端面对内孔有垂直度要求，外圆面为非加工面，但自 A 端起在 35mm 以内，外圆允许加工到 $\phi 99_{\ 0}^{+0.035}$ mm。

（2）工艺过程分析。为保证内外圆的同轴度，长套筒零件的加工中也应采取互为基准、反复加工的原则。该液压缸本体外圆为非加工面，为保证壁厚均匀，先以外圆为粗基面加工内孔，然后以内孔为精基面加工出了 $\phi 99.3_{\ -0.12}^{\ 0}$ mm、$R_a 3.2\mu m$ 的工艺外圆，既提高了基面间的位置精度，又保证了加工质量。液压缸内孔因孔径尺寸较大，精度和表面质量要求较高，故孔的最后加工方法为精研。加工方案为粗镗—半精镗—粗研—精研。

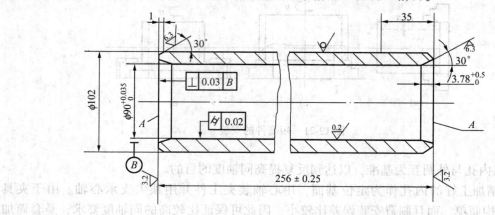

图 12-22　液压缸本体简图

表 12-3　液压缸本体加工工艺过程

序号	工序名称	工序内容	定位与夹紧
1	备料	无缝钢管切断	
2	热处理	调质 241～285HB	
3	粗镗、半精镗内孔	镗内孔到 $\phi89 \pm 0.2$mm	四爪单动卡盘与托架
4	精车端面及工艺圆	①车端面，保证全长 258mm，车倒角 $0.5 \times 45°$；车内锥角 $3.78^{+0.5}_{0} \times 30°$ ②车另一端面，保证全长 256mm；车工艺圆 $\phi99.3^{0}_{-0.12}$mm，$R_{a}3.2\mu$m，长 $16^{+0.43}_{0}$mm，倒内角、外角	$\phi89$ 孔可涨心轴
5	检查		
6	精镗内孔	镗内孔到 $\phi89.94 \pm 0.035$mm	夹工艺圆，托另一端
7	粗、精研磨内孔	研磨内孔到 $\phi90^{+0.035}_{0}$mm（不许用研磨剂）	夹工艺圆，托另一端
8	清洗		
9	终检		

12.2.3　深孔加工

孔的长度与直径之比 $L/D > 5$ 时，一般称为深孔。深孔按长径比又可分为以下三类。

$L/D = 5～20$ 属一般深孔。如各类液压缸体的孔。这类孔在卧式车床、钻床上用深孔刀具或用接长的麻花钻就可以加工。

$L/D = 20～30$ 属中等深孔。如各类机床主轴孔。这类孔在卧式车床上必须使用深孔刀具加工。

$L/D = 30～100$ 属特殊深孔。如枪管、炮管、电机转子等。这类孔必须使用深孔机床或专用设备，并使用深孔刀具加工。

（1）深孔加工的特点。钻深孔时，要从孔中排出大量的切屑，同时又要向切削区注放足够的切屑液。普通钻头由于排屑空间有限，切屑液进出通道没有分开，无法注入高压切屑液。所以，冷却、排屑是相当困难的。另外，孔越深，钻头就越长，刀杆刚性也越差，钻头易产生歪斜，影响加工精度与生产率的提高。所以，深孔加工中必须首先解决排屑、导向和冷却这几个主要问题，以保证钻孔精度，保持刀具正常工作，提高刀具寿命和生产率。

当深孔的精度要求较高时，钻削后还要进行深孔镗削或深孔铰削。深孔镗削与一般镗削不同，它所使用的机床仍是深孔钻床，在钻杆上装上深孔镗刀头，即可运行粗、精镗削。深孔铰削是在深孔钻床上对半精镗后的深孔进行加工的方法。

（2）深孔加工时的排屑方式。

1）外排屑（内冷外排屑）（图12-23a）。高压切屑液从钻杆内孔注入，由刀杆与孔壁之间的空隙汇同切屑一起排出。

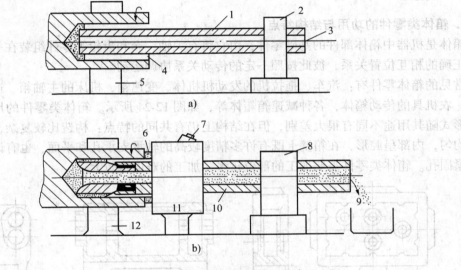

图 12-23　深孔加工时的排屑方式
a）内排式　b）外排式

1、10—钻杆　2、8—刀架　3、7—进液口　4—出液口　5、12—中心架
6—液封头　9—排液箱　11—受液器

外排屑的特点：刀具结构简单，不需用专用设备与专用辅具。排屑空间较大，但切屑排出时易划伤孔壁，孔面粗糙度值较大。适合于小直径深孔钻及深孔套筒钻。

2）内排屑（图12-23b）。高压切屑液从刀杆外围与工件孔壁间流入，在钻杆内孔汇同切屑一同排出。

内排屑的特点：可增大刀杆外径，提高刀杆刚度，有利于提高进给量和生产率。采用高压切屑液将切屑从刀杆中冲出来，冷却排屑效果好，也有利于刀杆的稳定，从而提高孔的精度和降低孔的表面粗糙度值。但机床必须装置受液器与液封，并须预设一套供液系统。

（3）深孔加工方式。深孔加工时，由于工件较长，工件安装常采用"一夹一托"的方式，工件与刀具的运动形式有以下三种。

1）工件旋转、刀具不转只作进给。这种加工方式多在卧式车床上用深孔刀具或用接长的麻花钻加工中小型套筒类与轴类零件的深孔时应用。

2）工件旋转、刀具旋转并作进给。这种加工方式大多在深孔钻镗床上用深孔刀具加工大型套筒类零件及轴类零件的深孔。这种加工方式由于钻削速度高，因此钻孔精度及生产率较高。

3）工件不转、刀具旋转并作进给。这种钻孔方式主要应用在工件特别大而笨重，工件不宜转动或孔的中心线不在旋转中心的情况。这种加工方式易产生孔轴线的歪斜，钻孔精度较差。

12.3 箱体类零件的加工

12.3.1 概述

1. 箱体类零件的功用与结构特点

箱体是机器中箱体部件的基础零件，由它将有关轴、套和齿轮等零件组装在一起，使其保持正确的相互位置关系，彼此按照一定的传动关系协调运动。

常见的箱体零件有：汽车、拖拉机的发动机机体、变速箱，机床的主轴箱、进给箱、溜板箱，农机具的传动箱体，各种减速箱箱体等，如图 12-24 所示。箱体类零件的尺寸大小和结构形式随其用途不同有很大差别，但在结构上仍有共同的特点：构造比较复杂，箱壁较薄且不均匀，内部呈腔形，在箱壁上既有许多精度较高的轴承支承孔和平面，也有许多精度较低的紧固孔。箱体类零件需要加工的部位较多，加工的难度也较大。

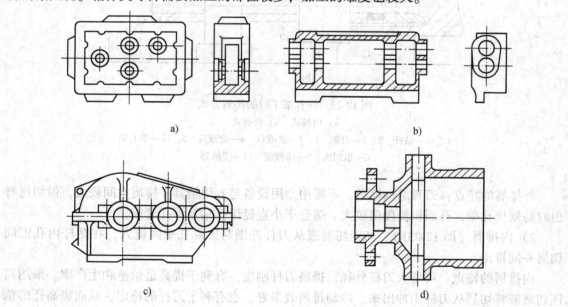

图 12-24　几种箱体的结构简图

a）组合机床主轴箱　b）车床进给箱　c）分离式减速箱　d）泵壳

2. 箱体类零件的材料及毛坯

箱体类零件的材料一般采用灰铸铁，常用的牌号为 HT200 ~ HT400。为缩短生产周期，可采用钢板焊接结构。为减轻重量，也可采用铝镁合金或其他合金。

铸件毛坯的加工余量视生产批量而定。单件小批量生产时，一般采用木模手工造型，毛坯的精度低，加工余量大。大批大量生产时，通常采用金属模机器造型，毛坯的精度较高，加工余量可适当减少。单件小批量生产时直径大于50mm的孔，成批生产时直径大于30mm的孔，一般均在毛坯上铸出。

3. 箱体类零件的主要技术要求

（1）支承孔的精度和表面粗糙度。箱体上轴承支承孔应有较高的尺寸精度和形状精度以及较小的表面粗糙度值，否则，将影响轴承外圈与箱体上孔的配合精度，使轴的旋转精度降低，若是机床主轴支承孔，还会影响其加工精度。

（2）支承孔之间的孔距尺寸精度及相互位置精度。箱体上有齿轮啮合关系的相邻孔之间，应有一定的孔距尺寸精度及平行度的要求，否则会使齿轮的啮合精度降低，工作时产生噪声和振动，并降低齿轮使用寿命；箱体上同轴线孔应有一定的同轴度，否则不仅给轴的装配带来困难，还会使轴承磨损加剧，温度升高，影响机器的工作精度和正常运转。

（3）主要平面精度和表面粗糙度。箱体的主要平面是装配基准面和加工中的定位基准面，它们应有较高的平面度和较小的表面粗糙度数值，否则将影响箱体与机器总装时的相对位置和接触刚度以及加工中的定位精度。

（4）支承孔与主要平面的尺寸精度和相互位置精度。箱体上支承孔对装配基面要有一定的尺寸精度和平行度要求，对端面要有一定的垂直度要求。如果车床主轴箱主轴孔轴心线对装配基面在水平面内有偏斜，则加工时会使工件产生锥度。

不同的箱体零件，对技术要求的指标也不一样。如某卧式车床主轴箱箱体的主要技术要求为：

主轴孔的尺寸精度为IT6级，圆度为$0.006 \sim 0.008$mm，表面粗糙度值R_a小于0.4μm，其他支承孔的尺寸精度为IT6～IT7级，表面粗糙度值R_a小于1.6μm。

主轴孔的同轴度为0.012mm，其他支承孔的同轴度为0.02mm。各支承孔轴心线的平行度为$(0.04 \sim 0.05)$ mm/400mm，中心距精度为$\pm (0.05 \sim 0.07)$ mm。

主要平面的平面度为0.04mm，表面粗糙度值R_a小于1.6μm，主要平面间的垂直度为0.1mm/300mm，主轴孔对装配基准的平行度为0.1mm/600mm。

12.3.2 箱体类零件加工的主要工艺问题

1. 箱体类零件平面的加工

箱体类零件平面的加工常采用刨削、铣削和磨削。

刨削加工箱体时，机床调整方便。如在龙门刨床上可在工件的一次安装中，利用几个刀架，完成几个表面的加工，并可保证这些表面间的相互位置精度；但在加工较大平面时，效率较低，适用于单件小批量生产。

铣削加工箱体的生产率较高，在成批和大量生产中，箱体类零件平面的粗加工和半精加工均由铣削完成，当加工尺寸较大的箱体平面时，可在多轴龙门铣床上进行组合铣削，以保证平面间的相互位置精度及提高生产率，如图12-25a所示。

磨削加工主要用于生产批量较大的箱体平面的精加工。为了提高生产率和保证平面之间的相互位置精度，可采用专用磨床进行组合磨削，如图12-25b所示。

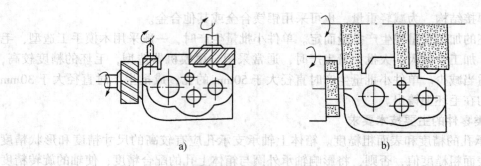

a)

b)

图 12-25　箱体类零件平面的组合加工

a）多轴龙门铣削箱体平面　b）组合磨削箱体平面

2. 箱体类零件的孔系加工

孔系是指一系列具有相互位置精度要求的孔。箱体零件的孔系主要有平行系、同轴系和交叉孔系，如图 12-26 所示。

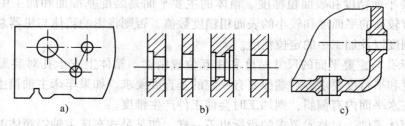

a)

b)

c)

图 12-26　箱体零件的孔系

a）平行孔系　b）同轴孔系　c）交叉孔系

（1）平行孔系的加工。平行孔系的主要技术要求是各平行孔轴心线之间及中心线与基准面之间的尺寸精度和相互位置精度。加工中常用找正法、镗模法和坐标法。

1）找正法。找正法是在通用机床上加工箱体类零件使用的方法，可分为划线找正法、心轴量块找正法和样板找正法，适用于单件小批量生产。

划线找正法是加工前在毛坯上划好各孔位置轮廓线，加工时按所划线找正进行。这种方法生产率较低，加工的孔距误差一般为 0.25 ~ 0.6mm。

心轴量块找正法如图 12-27 所示。将心轴分别插入机床主轴孔或已加工孔中，然后用一定尺寸的一组量块来找正主轴的位置。找正时，在量块与心轴间用塞尺测定间隙，采用这种方法，孔距精度可达 ± （0.02 ~ 0.06）mm，但效率低。

样板找正法是用样板进行找正的方法。样板上孔系的孔距精度比工件孔系的孔距精度高，孔径比工件的孔径大。将样板装在工件上，用装在机床主轴上的千分表定心器，按样板逐一找正机床主轴的位置进行加工。该方法找正快，不易出错，工艺装备简单，孔距精度可达到 ±0.05mm，常用于加工较大工件。

2）镗模法。用镗模法加工孔系如图 12-28 所示，工件装夹在镗模上，镗杆由模板上的导向套支承。加工时，镗杆与机床主轴浮动连接。影响孔系加工精度的主要是镗模的精度。用镗模法孔距精度可达 ± （0.025 ~ 0.05）mm。这种方法定位夹紧迅速，不需找正，生产效率高，普遍应用于成批和大量生产中。

342

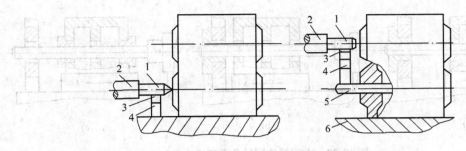

图 12-27 心轴量块找正法示意图
1、5—心轴 2—主轴 3—塞尺 4—量块 6—机床工作台

3）坐标法。坐标法镗孔是在普通镗床、立式铣床和坐标镗床上，借助测量装置，按孔系间相互位置的水平和垂直坐标尺寸，调整主轴的位置，来保证孔距精度的镗孔方法。孔距精度取决于主轴沿坐标轴移动的精度。采用光栅或磁尺的数显装置，读数精度可达 0.01mm，满足一般精度的孔系要求。坐标镗床使用的测量装置有精密刻线尺与光电瞄准、精密丝杠与光栅，感应同步器或激光干涉测量装置等，读数精度可达 0.001mm，定位精度可达

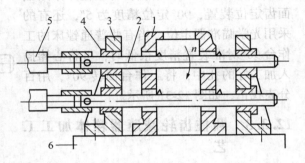

图 12-28 镗模法
1—工件 2—镗杆 3—镗模
4—导向套 5—主轴 6—工作台

± (0.001 ~ 0.003) mm，可加工孔距精度要求特别高的孔系，如镗模、精密机床箱体等零件的孔系。

(2) 同轴孔系的加工。同轴孔系的主要技术要求是孔的同轴度。为保证孔的同轴度通常采用如下加工方法。

1）镗模法。在成批生产中，采用镗模加工，其同轴度由镗模保证。如图 12-28 所示，可同时加工出同一轴线上的两个孔，孔的同轴度误差可控制在 0.015 ~ 0.02mm。

2）利用已加工过的孔作支承导向。这种方法是在前壁上加工完毕的孔内装入导向套，支承和引导镗杆加工后壁上的孔，如图 12-29 所示。该方法适用于加工箱壁相距较近的同轴孔。

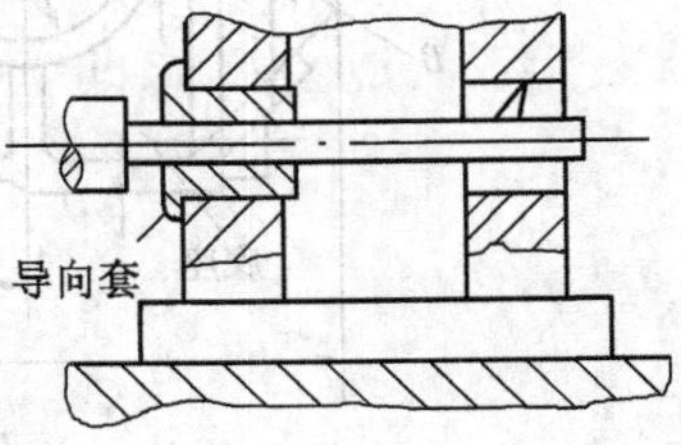

3）利用镗床后立柱上的导向套支承镗杆。用这种方法加工时镗杆为两端支承，刚度好，但后立柱导向套位置的调整复杂，且需较长的镗杆。该方法适用于大型箱体的孔系加工，如图 12-30 所示。

导向套

图 12-29 利用导向套加工同轴孔

4）采用调头镗法。当箱体箱壁距离较大时，可采用调头镗法。即工件一次安装完毕，镗出一端孔后，将工件台回转180°，再镗另一端的同轴孔。这种加工方法镗杆悬伸短，刚性好，但调整工作台的回转时，保证其回转精度较麻烦。

(3) 交叉孔系的加工。交叉孔系的主要技术要求是各孔的垂直度，在普通镗床上主要靠

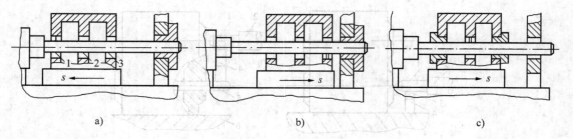

图 12-30　大型箱体同轴孔系加工

机床工作台上的回转精度。有些镗床采用端面齿定位装置，90°定位精度为 5″，还有的采用光学瞄准器定位。当有些普通镗床的工作台 90°对准装置精度很低时，可将心棒插入加工好的孔中，将工作台回转 90°，用百分表找正，如图 12-31 所示。

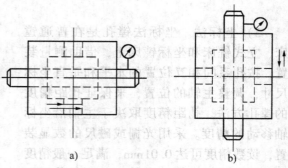

图 12-31　找正法加工交叉孔系

12.3.3　圆柱齿轮减速器箱体加工工艺

1. 结构与技术条件分析

圆柱齿轮减速器箱体为分离式箱体，如图 12-32 所示，其外形和结构与一般箱体相似，由箱盖和底座两部分组合在一起，轴承支承孔的轴心线在两部分的接合面上。

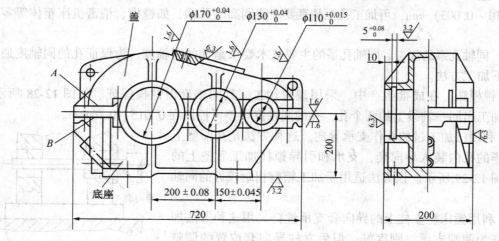

图 12-32　分离式箱体的结构简图

分离式箱体的主要加工部位有：轴承支承孔、接合面、端面及底面等。主要技术要求如下：

1）底座的底面与接合面的平行度为 0.5mm/1 000mm；

2）接合面的表面粗糙度值 R_a 小于 1.6μm，接合间隙不超过 0.03mm；

344

3）轴承支承孔的轴线必须在接合面上，误差不超过 0.2mm；

4）轴承支承孔的尺寸精度为 IT7 级，表面粗糙度值 R_a 小于 $1.6\mu m$，圆柱度误差不超过孔径公差的 1/2；

5）箱体机械加工前要经过时效处理。

2. 工艺过程分析

分离式箱体为小批量生产，材料为 HT200，毛坯为铸造毛坯，工艺过程如表 12-4 所示。分离式箱体的加工工艺过程分析如下。

表 12-4a　箱盖的工艺过程

序号	工　序　内　容	定位基准
1	铸造	
2	人工时效处理	
3	油漆底漆	
4	粗刨接合面	凸缘 A 面
5	刨顶面	接合面
6	磨接合面	顶面
7	钻接合面连接孔、螺纹底孔，锪沉孔，攻螺纹	接合面、凸缘的轮廓
8	钻顶面螺纹底孔、攻螺纹	接合面及二孔
9	检验	

表 12-4b　底座的工艺过程

序号	工　序　内　容	定位基准
1	铸造	
2	人工时效处理	
3	油漆底漆	
4	粗刨接合面	凸缘 B 面
5	刨底面	接合面
6	钻底面 4 孔、锪沉孔、铰其中二孔（工艺孔）	接合面、端面、侧面
7	钻侧面测油孔、放油孔、螺纹底孔，锪沉孔，攻螺纹	底面、二孔
8	磨接合面	底面
9	检验	

表 12-4c　箱体合箱后的工艺过程

序号	工　序　内　容	定位基准
1	将盖与底座对准合拢夹紧、配钻、铰二定位销孔，打入锥销，根据盖配钻底座接合面的连接孔、锪沉孔	
2	拆开盖与底座，清除接合面的毛刺和切屑后，重新装配箱体。打入锥销、拧紧螺栓	
3	铣两端面	底面及两销孔
4	粗镗轴承支承孔、割孔内槽	底面及两销孔
5	精镗轴承支承孔	底面及两销孔

序号	工 序 内 容	定位基准
6	去毛刺、清洗、打标记	
7	检验	

（1）加工路线的拟定。整个加工过程分为两个大的阶段，先对箱盖和底座分别进行加工，然后对装配好的箱体进行整体加工。第一阶段主要完成平面、连接孔、螺纹孔和定位孔的加工，为箱体的对合装配做准备。第二阶段为在对合装配后的箱体上加工轴承孔及端面，在两个阶段之间安排钳工工序，将箱盖与底座合成箱体，用锥销定位，使其保持一定的相互位置，以保证轴承孔的加工精度和拆装后的精度。这样安排符合箱体加工中的先加工平面、后加工支承孔的原则，也符合粗加工与精加工分开的原则，可以保证箱体轴承孔的加工精度和轴承孔的中心高等尺寸精度。

（2）定位基准的选择。

1）精基准的选择。分离式箱体的接合面与底面（安装基面）有一定的尺寸精度和相互位置精度。轴承孔轴心线应在接合面上，并与底面也有一定的尺寸精度和相互位置精度。为了保证达到这些要求，加工底座的接合面时，应以底面为精基准，这样可使接合面加工时的定位基准与设计基准重合，有利于保证接合面至底面的尺寸精度和位置精度。箱体对合装配后加工轴承孔时，仍以底面为主要定位基准，并与底面上的两定位销孔组成一面两孔的定位方式，既符合基准统一的原则，也符合基准重合的原则，有利于保证轴承孔轴心线与接合面的重合度和与安装基面的尺寸精度及位置精度。

2）粗基准的选择。分离式箱体加工的第一个面是箱盖或底座的接合面。由于分离式箱体轴承孔的毛坯孔分布在箱盖和底座两个部分上，且很不规则。因而在加工时，无法以轴承孔的毛坯面作基准，而采用凸缘的不加工面为粗基准，如箱盖以凸缘 A 面为粗基准，底座以凸缘 B 面为粗基准。这样，可以保证加工后的对合处两凸缘薄厚均匀，减小箱体装合时接合面的变形。

12.3.4 箱体类零件的检验

箱体类零件的检验项目主要有：各加工表面的粗糙度及外观，孔的尺寸精度，孔和平面的几何形状精度，孔系的相互位置精度。

1. 各加工表面的粗糙度及外观

表面粗糙度的检验通常采用与标准样板相比较或目测评定的方法。外观检查主要根据工艺规程检查工序完成情况及加工表面有无缺陷等。

2. 孔的尺寸精度

孔的尺寸精度一般采用塞规检验。

3. 孔的形状精度

孔的形状精度（如圆度、圆柱度等）用内径量具（如内径千分尺、内径百分表等）测量，对于精密箱体，需用精密量具来测量。

4. 平面的几何形状精度

平面的直线度可用水平仪、准直仪及平尺等检验。平面度可用平台及百分表等相互组合的方法进行检验。

5. 孔系的相互位置精度

（1）同轴度。一般检验同轴度使用检验棒。如果检验棒能自由地推入同一轴线的孔，则表明同轴度误差符合要求。若测定孔的同轴度值，可用检验棒和百分表检测，如图 12-33 所示。当测量孔径较大或孔间距较大时，使用准直仪进行检验。

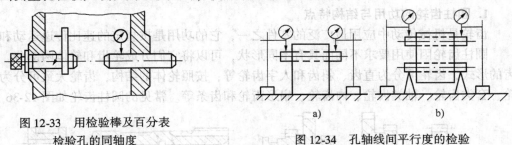

图 12-33　用检验棒及百分表
检验孔的同轴度

图 12-34　孔轴线间平行度的检验

（2）平行度。孔的轴线对基面的平行度检验如图 12-34a 所示，将被测零件直接放在平板上，被测轴心线由心轴模拟，用百分表测量心轴两端，其差值为测量长度内轴心线对基面的平行度。孔轴心线间的平行度的检验如图 12-34b 所示，将被测零件放在等高支承上。基准线与被测轴心线由心轴模拟，用百分表测量。

（3）垂直度。孔的轴线与端面垂直度的检验如图 12-35a 所示，在检验心棒上安装百分表，使百分表量头与端面接触，并保持表头与心棒轴线距离为 50mm，然后将心棒旋转一周，若百分表的最大值与最小值之差为 0.03mm，则表明孔的轴线与端面垂直度误差为 0.03mm/100mm，此值若小于规定的公差值，即为合格。

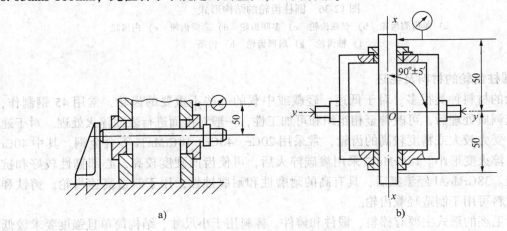

图 12-35　箱体孔垂直度的检验
a）孔轴线与孔端面垂直度的检验　b）两孔轴线垂直度的检验

两孔轴线垂直度的检验如图 12-35b 所示，通常在顶尖架上进行。在需检验的两孔内装入合适的检验套与心棒，并用顶尖顶住，使表触头与心棒接触。记下最高点读数后，使工件旋转 180°与心棒另一端同径处相接触，再记下最高点的读数，两次读数之差不超过允许值即为合格。

12.4 圆柱齿轮加工

12.4.1 概述

1. 圆柱齿轮的功用与结构特点

齿轮是机械传动中应用最广泛的零件之一，它的功用是按规定的速比传递运动和动力。

圆柱齿轮因使用要求不同而具有不同形状，可以将它们分成轮齿和轮体两部分。按照轮齿的形式，齿轮可分为直齿、斜齿和人字齿轮等；按照轮体的结构，齿轮大致可分为盘形齿轮、套类齿轮、轴类齿轮、内齿轮、扇形齿轮和齿条等。常见的圆柱齿轮如图 12-36 所示。

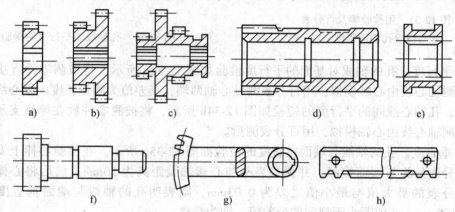

图 12-36　圆柱齿轮的结构形式

a）单齿圈齿轮　b）双联齿轮　c）多联齿轮　d）套类齿轮　e）内齿轮
f）轴齿轮　g）扇形齿轮　h）齿条

2. 圆柱齿轮的材料及毛坯

齿轮的材料种类很多。对于低速、轻载或中载的一些不重要的齿轮，常用 45 钢制作，经正火或调质处理后，可改善金相组织和可加工性，一般对齿面进行表面淬火处理。对于速度较高、受力较大或精度较高的齿轮，常采用 20Cr、40Cr、18CrMnTi 等合金钢。其中 40Cr 晶粒细，淬火变形小。18CrMnTi 采用渗碳淬火后，可使齿面硬度较高，心部韧性较好和抗弯性较强。38CrMoAl 经渗氮后，具有高的耐磨性和耐腐蚀性，用于制造高速齿轮。铸铁和非金属材料可用于制造轻载齿轮。

齿轮毛坯的形式主要有棒料、锻件和铸件。棒料用于小尺寸、结构简单且强度要求较低的齿轮。锻造毛坯用于强度要求高、耐磨、耐冲击的齿轮。直径大于 400～600mm 的齿轮，常用铸造毛坯。

3. 圆柱齿轮的技术要求

（1）齿轮传动精度。渐开线圆柱齿轮精度标准（GB10095—88）对齿轮及齿轮副规定了 12 个精度等级，第 1 级的精度最高，第 12 级的精度最低，按照误差的特性及对传动性能的主要影响，将齿轮的各项公差和极限偏差分成 Ⅰ、Ⅱ、Ⅲ 三个公差组，分别评定运动精度、工作平稳性精度和接触精度。运动精度要求能准确传递运动，传动比恒定；工作平稳性要求齿轮传递运动平稳，冲击、振动和噪声小；接触精度要求齿轮传递动力时，齿面载荷分布均匀。

(2) 齿侧间隙。齿侧间隙是指齿轮啮合时，轮齿非工作表面之间沿法线方向的间隙。为使齿轮副正常工作，必须有一定的齿侧间隙，以便贮存润滑油，补偿因温度、弹性变形所引起的尺寸变化和加工装配时的一些误差。

(3) 齿坯基准面的精度。齿坯基准表面的尺寸精度和形位精度直接影响齿轮的加工精度和传动精度，齿轮在加工、检验和安装时的径向基准面和轴向辅助基准面应尽量一致。对于不同精度的齿轮齿坯公差可查阅有关标准。

(4) 表面粗糙度。常用精度等级的轮齿表面粗糙度与基准表面的粗糙度值 R_a 的推荐值见表 12-5。

表 12-5　齿轮各表面的粗糙度 R_a 的推荐值　　　　（单位：μm）

齿轮精度等级	5	6	7	8	9
轮齿齿面	0.4	0.8	0.8~1.6	1.6~3.2	3.2~6.3
齿轮基准孔	0.32~0.63	0.8	0.8~1.6		3.2
齿轮轴基准轴颈	0.2~0.4	0.4	0.8	1.6	
基准端面	0.8~1.6	1.6~3.2		3.2	
齿顶圆	1.6~3.2	3.2			

注：当三个公差组的精度等级不同时，按最高的精度等级确定。

12.4.2　圆柱齿轮加工的主要工艺问题

1. 定位基准的选择与加工

齿轮加工时的定位基准应符合基准重合与基准统一的原则，对于小直径的轴齿轮，可采用两端中心孔为定位基准；对大直径的轴齿轮，可采用轴颈和一个较大的端面定位；对带孔齿轮，可采用孔和一个端面定位。

不同生产纲领下的齿轮定位基准面的加工方案也不尽相同。带孔齿轮定位基准面的加工可采用如下方案。

大批大量生产时，采用"钻—拉—多刀车"的方案。毛坯经过模锻和正火后在钻床上钻孔，然后到拉床上拉孔，再以内孔定心，在多刀或多轴半自动车床上对端面及外圆面进行粗、精加工。

中批生产时，采用"车—拉—车"的方案。先在卧式车床或转塔车床上对齿坯进行粗车和钻孔，然后拉孔，再以孔定位，精车端面和外圆。也可以充分发挥转塔车床的功能，将齿坯在转塔车床上一次加工完毕，省去拉孔工序。

单件小批生产时，在卧式车床上完成孔、端面，外圆的粗，精加工。先加工完一端，再调头加工另一端。

齿轮淬火后，基准孔常发生变形，要进行修正。一般采用磨孔工艺，加工精度高，但效率低。对淬火变形不大、精度要求不高的齿轮，可采用推孔工艺。

2. 齿轮齿形的加工

齿轮齿形的加工详见第 7 章的齿形加工一节。

滚齿与插齿是两种最基本的常用切齿方法，滚齿的周节累积误差比插齿低，即公法线长度的变动量小。这是因为齿轮的每个齿槽由滚刀上一圈多的齿参与切削，滚刀的周节累积误差对齿轮工件无影响。插齿时，插齿刀的全部齿都参与切削，其周节累积误差反映到齿轮工件上，降低了齿轮的周节精度。但插齿的表面粗糙度值比较低，齿形误差也较小。这是因为插齿时形成的齿面包络线的切线数量由圆周进给量确定，可以选择。而滚齿时形成的齿面包络线的切线数量与滚刀槽数、螺旋线头数和滚刀与工件的重合度有关，不能通过改变切削用量而改变。

加工较大模数齿轮时，因插齿机和插齿刀的刚性较差，切削时又有空行程存在，插齿生产率比滚齿低；但加工较小模数齿轮，尤其是宽度较小的齿轮时，其生产率不低于滚齿。

剃齿、珩齿和磨齿常用于齿轮齿形的半精加工与精加工。剃齿适用于非淬硬齿轮齿形的精加工或淬硬齿轮齿形的半精加工，能校正前工序留下的齿形误差、基节误差、相邻周节误差和齿圈的径向圆跳动。珩齿可修正齿形淬火后引起的变形，减小齿面粗糙度值，提高相邻周节的精度，并能修正齿轮的短周期分度误差。磨齿是精加工精密齿轮，特别是加工淬硬的精密齿轮的常用方法，对磨前齿轮的误差或热处理变形有较强的修正能力，但生产率比剃齿和珩齿低得多，加工成本较高。

12.4.3 圆柱齿轮的加工工艺

圆柱齿轮的加工工艺，因齿轮的结构形状、精度等级、生产批量及生产条件的不同而采用不同的加工方案。

图 12-37 为双联齿轮，其加工工艺过程见表 12-6；图 12-38 为高精度齿轮，其加工工艺过程见表 12-7。

表 12-6 双联齿轮加工工艺过程

序号	工 序 内 容	定位基准
1	毛坯锻造	
2	正火	
3	粗车外圆和端面，钻、镗花键底孔至尺寸	外圆和端面
4	$\phi28H12$ 拉花键孔	$\phi28H12$ 孔和端面
5	精车外圆、端面及槽至图样要求	花键孔和端面
6	检验	
7	滚齿 ($Z=39$)	花键孔和端面
8	插齿 ($Z=34$)	花键孔和端面
9	倒角	
10	去毛刺	
11	剃齿 ($Z=39$) 剃后公法线长度至尺寸上限	花键孔和端面
12	剃齿 ($Z=34$) 剃后公法线长度至尺寸上限	花键孔和端面
13	齿部高频淬火：G52	
14	推孔	花键孔和端面
15	珩齿	花键孔和端面
16	检验	

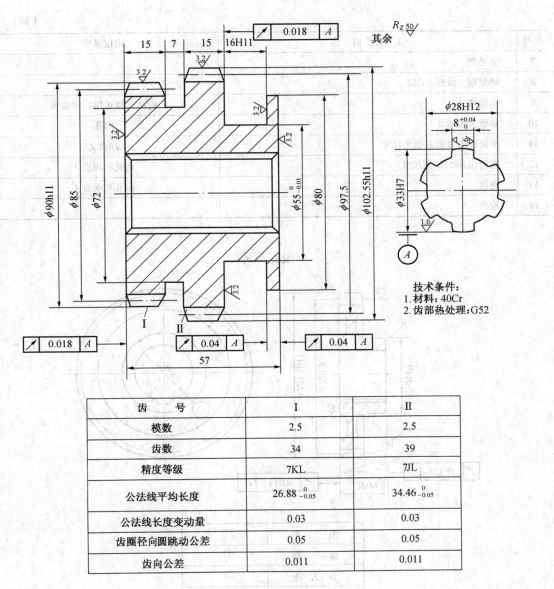

技术条件:
1. 材料: 40Cr
2. 齿部热处理: G52

齿 号	I	II
模数	2.5	2.5
齿数	34	39
精度等级	7KL	7JL
公法线平均长度	$26.88_{-0.05}^{0}$	$34.46_{-0.05}^{0}$
公法线长度变动量	0.03	0.03
齿圈径向圆跳动公差	0.05	0.05
齿向公差	0.011	0.011

图 12-37　双联齿轮

表 12-7　高精度齿轮加工工艺过程

序号	工 序 内 容	定位基准
1	毛坯锻造	
2	正火	
3	粗车外圆,各部留加工余量	外圆和端面
4	精车各部内孔至 ϕ84.8H7	外圆和端面
5	滚齿	内孔和端面 A
6	倒角	内孔和端面 A

序号	工 序 内 容	定位基准
7	去毛刺	
8	热处理 齿部：G52	
9	插键槽	内孔（找正用）和端面
10	靠磨大端面 A	内孔
11	平面磨削 B 面总长至尺寸	端面 A
12	磨内孔 $\phi85H5$ 至尺寸	内孔和端面 A
13	磨齿	内孔和端面 A
14	检验	

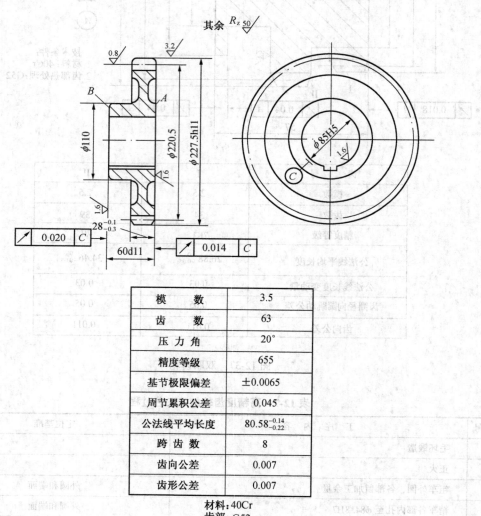

模　　数	3.5
齿　　数	63
压 力 角	20°
精度等级	655
基节极限偏差	±0.0065
周节累积公差	0.045
公法线平均长度	$80.58^{-0.14}_{-0.22}$
跨 齿 数	8
齿向公差	0.007
齿形公差	0.007

材料：40Cr
齿部：G52

图 12-38　高精度齿轮

这是常见的中小尺寸盘形齿轮在不同生产类型下的加工工艺过程，前者为大批生产的淬火齿轮加工工艺，后者是小批生产的高精度齿轮加工工艺。

从表 12-6 和表 12-7 可看到，齿轮加工的工艺路线一般为：毛坯制造与热处理—齿坯加工—轮齿加工—齿端加工—轮齿热处理—精基准修正—轮齿精加工—检验。

对 8 级精度以下的调质齿轮，用滚齿或插齿就能达到要求；对于淬火齿轮，可采用滚（或插）齿—齿端加工—热处理—修正内孔的方案，但淬火前应将精度相应提高一级，或在淬火后珩齿。

对 6~7 级精度的齿轮，可用剃-珩齿方案，即滚齿（或插齿）—齿端加工—剃齿—表面淬火—修正基准—珩齿。也可用磨齿方案，即滚齿（或插齿）—齿端加工—渗碳淬火—修正基准—磨齿。剃-珩方案生产率高，广泛用于 7 级精度齿轮的成批生产中；磨齿方案生产率较低，一般用于 6 级精度以上或低于 6 级精度但淬火后变形较大的齿轮。

对 5 级以上的高精度齿轮，一般应取磨齿方案。

12.4.4　圆柱齿轮的检验

齿轮检验一般可分为中间检验和最终检验两个阶段。

中间检验主要是根据各工序的工艺要求来进行，如齿坯加工后应注意检查基准孔的尺寸精度和端面圆跳动；滚插齿后检查留剃量（或留磨量）和齿圈径向圆跳动以及检查公法线长度变动量；剃齿后检查公法线长度及其变动量，抽查齿形和齿向精度；基准孔修正后检查孔径和端面圆跳动等。

齿轮最终检验项目，可根据齿轮的用途、工作要求、生产条件、精度等级、加工方法和实际检测条件，按照国家标准对各公差组规定的检验组，检验齿轮误差。

12.5　习题

12-1　顶尖孔在轴类零件加工中起什么作用？在什么情况下需进行顶尖孔的修研？有哪些修研方法？

12-2　主轴的机械加工工艺路线大致过程是怎样安排的？

12-3　分析主轴加工工艺过程中如何体现基准统一、基准重合、互为基准的原则？它们在保证主轴的精度要求中都起了什么重要作用？

12-4　精磨主轴内锥孔的工序是怎样进行的？

12-5　箱体零件的结构特点及主要技术要求有哪些？这些要求对保证箱体零件在机器中的作用和机器的性能有何影响？

12-6　孔系加工方法有哪几种？举例说明各加工方法的特点及其适用性。

12-7　举例说明安排箱体加工顺序时，一般应遵循哪些主要原则？

12-8　怎样防止薄壁套筒受力变形对加工精度的影响？

12-9　深孔加工中首先应解决哪几个主要问题，两种排屑方式的特点如何？

12-10　滚齿与插齿加工分别用于什么场合？

12-11　剃齿能提高齿轮工件哪些方面的精度？

12-12　分析珩齿与磨齿有什么异同点？

12-13　对不同精度的圆柱齿轮，其齿形加工方案如何选择？

第 13 章 装 配 工 艺

13.1　概述

任何机器都是由若干零件和部件组成的。按规定的技术要求，将零件结合成部件，并进一步将零件和部件结合成机器的工艺过程，称为装配。把零件装配成部件的过程称为部装；把零件和部件装配成最终产品的过程称为总装配。

结构较为复杂的产品，为保证装配质量和提高装配效率，可根据产品的结构特点，将其分解为可单独进行装配的装配单元，一般将装配单元划分为五个等级，即：零件、合件、组件、部件、机器。

装配是产品制造过程的最后阶段，产品的质量最终由装配来保证。一般的装配工作内容有以下几方面。

（1）清洗。装配工作中清洗零部件对保证产品的质量和延长产品的使用寿命有重要意义。常用的清洗剂有煤油、汽油、碱液和多种化学清洗剂等，常用的清洗方法有擦洗、浸洗、喷洗和超声波清洗等。经清洗后的零件或部件必须有一定的中间防锈能力。

（2）连接。装配过程中有大量的连接。常见的连接方式有两种，一种是可拆卸连接，如螺纹连接、键连接和销连接等；另一种是不可拆卸连接，如焊接、铆接和过盈配合联接等。

（3）校正。在装配过程中对相关零件、部件的相互位置要进行找正、找平和相应的调整工作。

（4）调整。在装配过程中对相关零件、部件的相互位置要进行具体调整，其中除了配合校正工作去调整零件、部件的位置精度外，还要调整运动副之间的间隙，以保证运动零件、部件的运动精度。

（5）配作。用已加工的零件为基准，加工与其相配的另一个零件，或将两个（或两个以上）零件组合在一起进行加工的方法叫配作。配作的工作有配钻、配铰、配刮、配磨和机械加工等，配作常与校正和调整工作结合进行。

（6）平衡。对转速较高、运动平稳性要求高的机械，为了防止在使用中出现振动，需要对有关的旋转零件、部件进行平衡工作，常用的有静平衡法和动平衡法两种。

（7）验收试验。机械产品装配完毕后，要按有关技术标准和规定，对产品进行全面检查和试验工作，合格后才能准许出厂。

13.2　装配方法

13.2.1　装配精度

机械产品的装配精度是指装配后实际达到的精度，对于各类机械产品的精度，有相应的国家标准和部颁标准，对于无标准可循的产品，可根据用户的要求，参照经过实践考验的类似产品的已有数据，采用类比法确定。

机械产品的装配精度一般包括：零件、部件间的距离精度，相互位置精度，相对运动精度和相互配合精度。各装配精度之间有密切的联系，相互位置精度是相互运动精度的基础，相互配合精度对距离精度、相互位置精度和相互运动精度的实现有一定的影响。

零件的精度是保证装配精度的基础。特别是关键件的精度，直接影响相应的装配精度。合理地规定和控制相关零件的制造精度，使它们在装配时产生的累积误差不超过装配精度，最好的方法是通过解装配尺寸链来解决。

13.2.2 装配尺寸链的建立

装配尺寸链是指在装配过程中，由相关零件的有关尺寸所组成的尺寸链。建立装配尺寸链的过程可分为如下三步：

（1）确定封闭环。装配尺寸链的封闭环都是装配后间接形成的，多为产品或部件的最终装配精度要求。

（2）列出组成环。组成环为与该装配精度有关的零部件的相应尺寸和相互位置关系。组成环的查找方法是：取封闭环两端的那两个零件为起点，沿着装配精度要求的位置方向，以相邻零件装配基准间的联系为线索，分别由近及远地去查找装配关系中影响装配精度的有关零件，直到找到同一个基准零件或同一基准表面为止。

（3）画尺寸链简图。标明封闭环、组成环，并区别组成环是增环还是减环。

在建立装配尺寸链时，还要遵循装配尺寸链最短路线原则，尽量使组成环的数目等于有关零、部件的数目，即"一件一环"。否则，会使装配精度降低或给装配和零件加工增加困难。

现以确定车床主轴锥孔中心线和尾座顶尖套锥孔中心线对床身导轨等高度的装配尺寸链为例（见图 13-1），说明装配尺寸链的建立过程。等高度的要求 A_0 是装配后得到的尺寸，为封闭环。与封闭环有直接联系的装配关系是：主轴以其轴颈装在滚动轴承内，轴承装在主轴箱的孔内，主轴箱装在车床床身之上；尾座套筒以外圆柱面装在尾座的导向孔内，尾座体以底面装在尾座底板上，尾座底板装在床身的导轨面上。

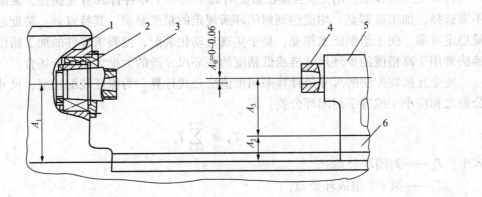

图 13-1 影响车床等高尺寸链相关零件联系简图

1—主轴箱 2—滚动轴承 3—主轴 4—尾座顶尖套 5—尾座体 6—尾座底板

根据装配关系查找影响等高度的组成环如下：

e_1——主轴锥孔对主轴箱孔的同轴度；

A_1——主轴箱孔轴线距箱体底平面的距离尺寸；

e_2——床身上安装主轴箱体的平面与安装尾座的导轨面之间的高度差；

A_2——尾座底板上下面间的距离尺寸；

A_3——尾座孔轴线距尾座体底面的距离尺寸；

e_3——尾座套筒与尾座孔配合间隙引起的向下偏移量；

e_4——尾座套筒锥孔与其外圆的同轴度。

车床前后顶尖孔等高度的装配尺寸链如图 13-2a 所示，通常由于 e_1、e_2、e_3、e_4 的数值相对 A_1、A_2、A_3 的误差是较小的，装配尺寸链可简化成图 13-2b 的情形。但在精密装配中，要考虑所有对装配精度有影响的因素，不能随意简化。

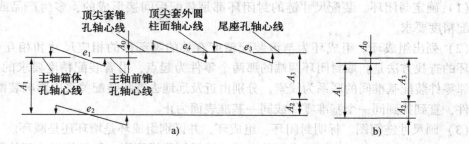

图 13-2　车床等高度装配尺寸链

13.2.3　保证装配精度的方法

根据产品的结构特点和装配精度的要求，在不同的生产条件下，应采用不同的装配方法。具体装配方法有四种：互换装配法、分组装配法、修配装配法和调整装配法。

1. 互换装配法

根据零件的互换程度不同，可分为完全互换法和不完全（概率）互换法。

（1）完全互换法。用完全互换法装配时其中每一个零件都具有互换性，装配时各组成环不需选择、加工或调整，均能达到封闭环所规定的精度要求。其特点是：装配过程简单，质量稳定可靠，便于组织流水作业，易于实现自动化装配，但要求零件的加工精度高。完全互换法常用于高精度的少环尺寸链或低精度的多环尺寸链的大批大量生产场合。

完全互换装配法的尺寸链计算采用极值法公式计算。为保证装配精度，尺寸链各组成环公差之和应小于或等于封闭环公差。即

$$T_0 \geqslant \sum_{i=1}^{n-1} T_i \tag{13-1}$$

式中　T_0——封闭环公差；

　　　T_i——第 i 个组成环公差；

　　　n——尺寸链总环数。

在装配尺寸链中，往往是已知封闭环的公差，即装配精度要求，求各有关组成环（零件）的公差，这是尺寸链反计算，通常采用等公差法，将封闭环的公差平均分配给各组成

环，然后，按各组成环尺寸的特点，进行适当调整。调整时应注意以下几点。

1）标准件有关尺寸的公差大小和分布位置按相应标准规定，是已确定值，如挡圈等。

2）尺寸相近、加工方法类同，可取相同的公差值。

3）组成环是几个不同尺寸链的公共环时，其公差值和分布位置应根据对其装配精度要求最严的那个装配尺寸链先行确定，对其余尺寸链的计算，也取此值。

4）对于难加工或难测量的尺寸，可取较大的公差值。

5）尺寸相差较大，可取同等级的公差值。

6）各组成环极限偏差的确定，采用"入体原则"标注。即被包容尺寸（轴类）上偏差为0，包容尺寸（孔类）下偏差取0，其他尺寸取公差带相对零线对称布置。

7）在标注各组成环公差时，在各组成环中选一个协调环，其公差值和分布位置待其他组成环标定后根据有关尺寸链计算确定，以便最后满足封闭环的公差值和公差带位置的要求。协调环的选择原则：

① 选不需用定尺寸刀具加工、不需用极限量规检验的尺寸作为协调环。

② 不能选标准件或尺寸链的公共环作为协调环。

③ 可选易于加工的尺寸为协调环，而将难加工的尺寸公差从宽选取；也可选取难加工的尺寸为协调环，而将易于加工的尺寸公差从严选取。

解完全互换法装配尺寸链的基本公式与第10章所述解工艺尺寸链的计算公式相同。

（2）不完全（概率）互换法。不完全互换法是指绝大多数的产品在装配中，各组成环不需挑选或改变其大小和位置，装配后即能达到封闭环的装配精度要求的一种装配方法，因其以概率论为理论依据，故又称为概率互换法。在正常生产条件下，零件加工尺寸成为极限尺寸的可能性是较小的，而在装配时，各零件、部件的误差同时为极大、极小的组合，其可能性更小。所以，在尺寸链环数较多、封闭环精度要求较高时，特别是在大批大量生产中，使用不完全互换法，有利于零件的经济加工，使绝大多数产品能保证装配精度要求。

下面着重讨论线性尺寸链中各组成环尺寸成正态分布情况下的概率计算法。

1）公差的确定。在直线装配尺寸链中，各组成环的尺寸是一些彼此相互独立的随机变量，根据概率论原理知，作为组成环合成量的封闭环也是一个随机变量，且它们的标准差有下列关系：

$$\sigma_0^2 = \sum_{i=1}^{n-1} \sigma_i^2$$

尺寸分散范围 ω 与标准差 σ 之间的关系为 $\omega = 6\sigma$，当尺寸公差 $T = \omega$ 时，$T_i = 6\sigma_i$，$T_0 = 6\sigma_0$，则有

$$T_0 = \sqrt{\sum_{i=1}^{n-1} T_i^2} \tag{13-2}$$

若按等公差法分配封闭环的公差，则各组成环的平均公差值 T_m 为

$$T_m = \frac{\sqrt{n-1}}{n-1} T_0$$

2）上、下偏差的确定。若各尺寸环对称分布，则封闭环中间尺寸即为基本尺寸，此时上下偏差为 $\pm \frac{1}{2} T_0$，若各组成环公差不为对称分布，则将其换算成对称分布的形式再按下式

计算。

$$A_{0m} = \sum_{z=1}^{m} A_{zm} - \sum_{j=m+1}^{n-1} A_{jm}$$

$$A_0 = A_{0m} \pm \frac{1}{2} T_0 \tag{13-3}$$

$$A_i = A_{im} \pm \frac{1}{2} T_i$$

式中 A_{0m}——封闭环平均尺寸；

A_{im}——组成环平均尺寸；

A_{zm}——增环平均尺寸；

A_{jm}——减环平均尺寸；

m——增环数；

n——总环数。

3）非正态分布情况。

① 若各组成环为不同分布形式，且组成环数目较多，不存在特大或特小相差悬殊的公差时，则封闭环仍接近于正态分布，此时可按下式计算封闭环的公差。

$$T_0 = \sqrt{\sum_{i=1}^{n-1} k_i^2 T_i^2} \tag{13-4}$$

式中 k——相对分布系数，常见的几种分布的 k 值见表 13-1。

表 13-1   一些尺寸分布曲线的 k 和 e 值

分布曲线的性质	正态分布	等腰三角形	等概率	平顶分布	偏态分布（轴）	偏态分布（孔）
k	1	1.22	1.73	1.1~1.5	1.17	1.17
e	0	0	0	0	0.26	0.26

② 若组成环存在偏态分布，则其分散中心与平均尺寸的中心不重合，见图 13-3。图中 $\mu = eT/2$，e 为相对不对称系数，其值见表 13-1。

③ 尺寸链计算公式为

$$\begin{cases} A_{0m} = \sum_{z=1}^{m} \left(A_{zm} + \frac{1}{2} e_z T_z \right) - \\ \quad \sum_{j=m+1}^{n-1} \left(A_{jm} + \frac{1}{2} e_j T_j \right) - \frac{1}{2} e_0 T_0 \\ A_0 = A_{0m} \pm \frac{1}{2} T_0 \\ A_i = A_{im} \pm \frac{1}{2} T_i \end{cases} \tag{13-5}$$

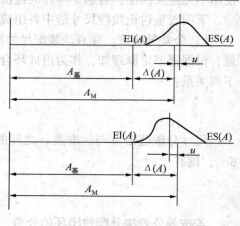

图 13-3   偏态分布及其偏离值

式中 T_0、T_z、T_j 分别为封闭环、增环、减环的公差；

e_0、e_z、e_j 分别为封闭环、增环、减环的相对不对称系数。

【例 13-1】   零件间的装配关系如图 13-4a 所示，轴为固定，齿轮在轴上回转，并要求齿轮与挡圈之间的轴向间隙为0.1～0.35mm。已知：$A_1 = 30$mm，$A_2 = 5$mm，$A_3 = 43$mm，$A_4 = 3_{-0.05}^{\ \ 0}$mm（标准件），$A_5 = 5$mm，现①采用完全互换法装配；②采用不完全互换法装配，试确定各组成环公差和上、下偏差。

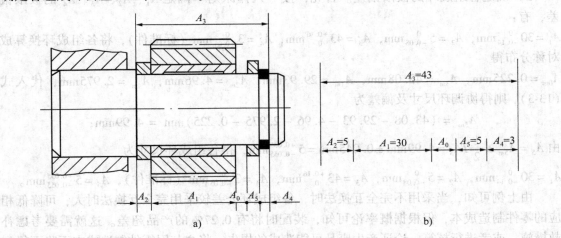

图 13-4　齿轮与轴的装配

解：画装配尺寸链图如图 13-4b 所示，A_3 为增环，A_1、A_2、A_4、A_5 为减环。依题意，封闭环的基本尺寸为：$A_0 = A_3 - A_1 - A_2 - A_4 - A_5 = 0$。由于轴向间隙为 0.1～0.35mm，则封闭环尺寸 $A_0 = 0_{+0.10}^{+0.35}$mm，封闭环公差为 $TA_0 = 0.25$mm。

（1）采用完全互换法装配。

1）确定各组成环的公差及其极限偏差。根据协调环的选择原则，选 A_5 为协调环。由等公差法，得

$$TA_m = TA_0 / (n-1) = 0.25\text{mm} / 5 = 0.05\text{mm}$$

按照各组成环的基本尺寸及零件加工的难易程度，确定各组成环公差如下：
$TA_1 = 0.06$mm、$TA_2 = 0.04$mm、$TA_3 = 0.07$mm、$TA_4 = 0.05$mm（标准件），然后按入体原则标注组成环上下偏差为

$$A_1 = 30_{-0.06}^{\ \ 0}\text{mm}, A_2 = 5_{-0.04}^{\ \ 0}\text{mm}, A_3 = 43_{0}^{+0.07}\text{mm}, A_4 = 3_{-0.05}^{\ \ 0}\text{mm}（标准件）$$

2）确定协调环的公差及上下偏差。

由式（13-1）得：$TA_5 = 0.03$mm

由第 10 章尺寸链极值法计算公式得：$ESA_5 = -0.1$mm，$EIA_5 = -0.13$mm，于是有

$$A_5 = 5_{-0.13}^{-0.10}\text{mm}$$

最后得各组成环尺寸为

$A_1 = 30_{-0.06}^{\ \ 0}$mm，$A_2 = 5_{-0.04}^{\ \ 0}$mm，$A_3 = 43_{0}^{+0.07}$mm，$A_4 = 3_{-0.05}^{\ \ 0}$mm（标准件）$A_5 = 5_{-0.13}^{-0.10}$。

（2）采用不完全互换法装配。

1）确定各组成公差。设各组成环为正态分布，并按等公差法分配封闭环公差。则有

$$TA_m = \frac{\sqrt{n-1}}{n-1} TA_0 = \frac{\sqrt{5}}{5} \times 0.25\text{mm} = 0.11\text{mm}$$

选 A_5 为协调环，根据各组成环基本尺寸与零件加工的难易程度，分配各组成环公差为

$TA_1 = 0.14mm$，$TA_2 = 0.08mm$，$TA_3 = 0.16mm$，$TA_4 = 0.05mm$（标准件），由式（13-2）得

$$TA_5 = \sqrt{TA_1^2 + TA_2^2 + TA_3^2 + TA_4^2 - TA_0^2} = 0.09mm \quad （只舍不进）$$

2）确定各组成环的极限偏差。首先，按"入体原则"确定 A_1、A_2、A_3、A_4 的极限偏差，有：

$A_1 = 30_{-0.14}^{0}mm$，$A_2 = 5_{-0.08}^{0}mm$，$A_3 = 43_{0}^{+0.16}mm$，$A_4 = 3_{-0.05}^{0}mm$（标准件），将各组成环换算成对称分布得

$A_{0m} = 0.225mm$，$A_{3m} = 43.08mm$，$A_{1m} = 29.93mm$，$A_{2m} = 4.96mm$，$A_{4m} = 2.975mm$，代入式（13-3），则得协调环尺寸及偏差为

$$A_{5m} = (43.08 - 29.93 - 4.96 - 2.975 - 0.225)mm = 4.99mm；$$

由 $A_5 = A_{5m} \pm \frac{1}{2}TA_5 = 4.99mm \pm 0.045mm = 5_{-0.055}^{+0.035}mm$，得各组成环尺寸为

$A_1 = 30_{-0.14}^{0}mm$，$A_2 = 5_{-0.08}^{0}mm$，$A_3 = 43_{0}^{+0.16}mm$，$A_4 = 3_{-0.05}^{0}mm$（标准件），$A_5 = 5_{-0.055}^{+0.035}mm$。

由上例可知，当采用不完全互换法时，各组成环公差较采用完全互换法时大，可降低相应的零件制造成本，但根据概率论可知，装配时将有 0.27% 的产品超差。这就需要考虑补救措施，或者进行核算，论证产生废品可能造成的损失，将之与因零件制造成本下降而得到的增益进行比较，从而判断采用什么装配方法。

2. 分组装配法

分组装配法是指将各组成环按实际尺寸大小分为若干组，各对应组进行装配，同组零件具有互换性。这种方法多用于大批量生产中，零件数少，装配精度要求较高，又不便于采用调整装配的情况下，可将零件的加工公差按装配精度要求放大数倍，或在零件的加工公差不变的情况下，通过选配来提高装配精度。分组装配法通常采用极值法计算公式进行计算。

下面以图 13-5 所示的内燃机按基轴制的活塞销孔 D 与活塞销 d 的装配情况来说明分组装配法的实质及应用。

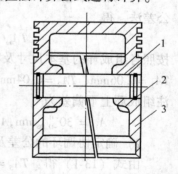

根据装配技术要求，活塞销直径 d 与活塞销孔 D 的基本尺寸为 $\phi 28mm$，在冷态装配时应有 $0.0025 \sim 0.0075mm$ 的过盈量，得 $T_0 = 0.005mm$，按等公差法进行分配，则有 $T_{销} = T_{孔} = 0.0025mm$，按基轴制标注销和孔的公差为 $d = \phi 28_{-0.0025}^{0}mm$，$D = \phi 28_{-0.0075}^{-0.0050}mm$，其公差等级为 IT2 级，显然，制造这样高精度的销和孔非常困难。实际生产中将活塞销和孔的公差同向放大 4 倍，即活塞销尺寸由 $d = \phi 28_{-0.0025}^{0}mm$ 变为 $d = \phi 28_{-0.01}^{0}mm$，活塞销孔尺寸由 $D = \phi 28_{-0.0075}^{-0.0050}mm$ 变为 $D = \phi 28_{-0.0150}^{-0.0050}mm$，这样可用

图 13-5　活塞与活塞销的装配
1—活塞销　2—挡圈　3—活塞

无心磨床加工活塞销外圆，用金刚镗床加工活塞销孔，然后用精密量仪测量，按尺寸大小分成四组涂上不同的颜色，以便进行分组装配。具体分组情况见表 13-2 所示。由表 13-2 可见，各组的配合性质和配合精度与原来的装配精度要求相同。

采用分组装配法应注意以下几点：

1）为保证分组后各组的配合性质与配合精度符合原装配精度要求，配合件的公差应相等，公差增大的方向要相同，增大的倍数应等于以后的分组数；

2）相配合零件的形位公差和表面粗糙度值不能随尺寸公差放大而放大，必须保持原设

计要求，以保证配合性质和配合精度；

表 13-2　活塞销与活塞销孔的分组尺寸　　　　　　（单位：mm）

组别	活塞销直径 $d = \phi 28^{\ 0}_{-0.01}$	活塞销孔直径 $D = \phi 28^{-0.0050}_{-0.0150}$	配合情况		标志颜色
			最小过盈	最大过盈	
1	$\phi 28^{\ 0}_{-0.0025}$	$\phi 28^{-0.0050}_{-0.0075}$			红
2	$\phi 28^{-0.0025}_{-0.0050}$	$\phi 28^{-0.0075}_{-0.0100}$	0.0025	0.0075	白
3	$\phi 28^{-0.0050}_{-0.0075}$	$\phi 28^{-0.0100}_{-0.0125}$			黄
4	$\phi 28^{-0.0075}_{-0.0100}$	$\phi 28^{-0.0125}_{-0.0150}$			绿

3）分组数不宜过多，以免增加零件的测量、分类和保管工作，造成组织生产的复杂化。

4）配合件的尺寸分布应尽可能一致，否则，将会产生某一组零件由于过多或过少无法配套而造成零件的积压和浪费。

3. 修配装配法

所谓修配装配法就是指各组成环都按经济加工精度制造，在组成环中选一修配环预先留有修配量，装配时通过修刮修配环的尺寸来达到装配要求。因此，解修配法装配尺寸链的关键在于：确定修配前修配环的尺寸；验算修配量是否合适。修配装配法适用于单件或成批生产中那些精度要求高，且组成环数目较多的部件的装配，通常采用极值公差公式计算，也可采用概率法公式计算。

确定修配环时，要考虑以下几点：

1）所选修配环装卸方便、修配面积小、结构简单、易于修配；

2）所选修配环不应为公共环；

3）不能选择进行表面处理的零件作为修配环。

修配环尺寸确定时，应考虑使其修配量足够和最小，因为修配工作一般都是通过后续加工（如锉、刮、研等）修去修配环零件表面上多余的金属层，从而满足装配精度要求。若修配量不够，则不能满足要求；修配量过大，又会使劳动量增大，工时难以确定，降低了生产率。由于所选修配环可能为增环或减环，而增环和减环的修配表面各有两个，所以共有四种情况，可将这四种情况归纳为两种，即：加工修配环时使封闭环尺寸减少，即封闭环越修越小；加工修配环时使封闭环尺寸增大，即封闭环越修越大。下面分别讨论之。

1）封闭环越修越小时。设原设计要求的装配精度为 $A_0^{TA_0}$，最大最小尺寸为 $A_{0\min}$、$A_{0\max}$。当各组成环按经济加工精度标注公差后，这时封闭环的尺寸变为 $A_0^{'TA_0}$，极值尺寸变为 $A'_{0\min}$、$A'_{0\max}$，如图 13-6 所示，可见在 $O-O$ 线下面的（即 OB 段内的）修配环已无法修配，因封闭环越修越小；即在没有修配时，封闭环尺寸已经小于原设计要求的最小尺寸 $A_{0\min}$。为了保证所有的修配环尺寸都能进行修配，此时必须改变修配环的基本尺寸（修配环为增环时增加修配环基本尺寸，为减环时减少修配环基本尺寸），使 $A'_{0\min} \geqslant A_{0\min}$。由于修配环在装配时要进行最终加工，如果不修配或修配时修配量过小，就不能保证被修配表面的质量，影响装配精度；因此，还必须使修配环有一个最小修配量，设最小修配量为 $K_{\min}$，可通过改变修配环的基本尺寸（改变方法同上）来保证，使封闭环尺寸有

$$A''_{0\min} = A_{0\min} + K_{\min} \tag{13-6}$$

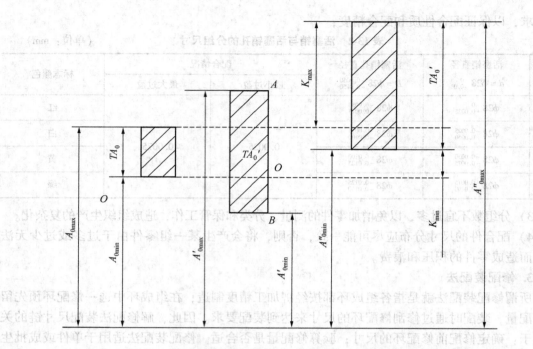

图 13-6　封闭环越修越小时封闭环公差带要求值与实际公差带相对关系

这时在解尺寸链时，各组成环可按经济加工精度取相应的公差，然后按"入体原则"标注除修配环外的各组成环上下偏差，修配环的尺寸可按式（13-6）求得：设修配前修配环尺寸为 A_K，当修配环为增环时，由极值法可求出修配前修配环的最小尺寸 $A_{K\min}$（由极值法计算公式进行计算）；当修配环为减环时，由极值法可求出修配前修配环的最大尺寸 $A_{K\max}$。此时最大修配量由图 13-6 得

$$K_{\max} = K_{\min} + (TA'_0 - TA_0) \tag{13-7}$$

2）封闭环越修越大时。设原设计要求的装配精度为 $A_0^{TA_0}$，最大最小尺寸为 $A_{0\min}$、$A_{0\max}$。当各组成环按经济加工精度标注公差后，这时封闭环的尺寸变为 $A_0'^{TA'_0}$，其极值尺寸变为 $A'_{0\min}$、$A'_{0\max}$，如图 13-7 所示，可见在 $O-O$ 线上面的（即 OA 段内的）修配环已无法修配，因封闭环越修越大；即在没有修配时，封闭环尺寸已经大于原设计要求的最大尺寸 $A_{0\max}$。为了保证所有的修配环尺寸都能进行修配，此时必须改变修配环的基本尺寸（修配环为增环时减少修配环基本尺寸，为减环时增大修配环基本尺寸），使 $A'_{0\max} \leqslant A_{0\max}$。若要求有一个最小修配量，设最小修配量为 $K_{\min}$，可通过改变修配环的基本尺寸来保证，使封闭环尺寸有

$$A''_{0\max} = A_{0\max} - K_{\min} \tag{13-8}$$

解尺寸链时，各组成环可按经济加工精度取相应的公差，然后按"入体原则"标注除修配环外的各组成环上下偏差，修配环的尺寸可按式（13-8）求得：当修配环为增环时，由极值法可求出修配前修配环的最大尺寸 $A_{K\max}$；当修配环为减环时，由极值法可求出修配前修配环的最小尺寸 $A_{K\min}$。此时，最大修配量由图 13-7 得仍为式（13-7）。

在实际生产中，通过修配达到装配精度的方法较多，常见的有以下三种。

362

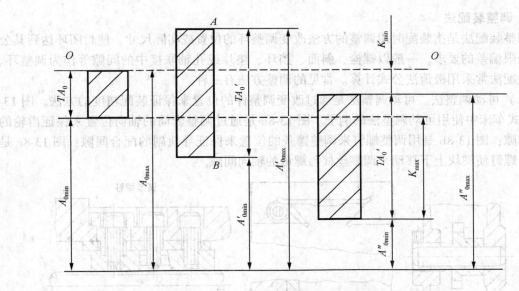

图 13-7　封闭环越修越大时封闭环公差带要求值与实际公差带相对关系

1）单件修配法。选择一固定的零件为修配环，装配时通过修配来改变其尺寸，以保证装配精度。

2）合件加工修配法。将两个或多个零件合并在一起进行加工修配，合并后的尺寸可看做是一个组成环。这样既减少了组成环的环数，也减少了修配的工作量。

3）自身加工修配法。在机床的总装时用自己加工自己的方法来保证装配精度比较方便，这种方法称为自身加工修配法。例如，在平面磨床上用砂轮磨削工作台面等等。该法用于成批生产的机床装配中。

【例 13-2】　图 13-1 所示卧式车床装配时，要求尾座中心线比主轴中心线高 0.03 ～ 0.06mm。已知：$A_1 = 160$mm，$A_2 = 30$mm，$A_3 = 130$mm。用修配法装配，确定各组成环公差和极限偏差。

解：1）画装配尺寸链图（图 13-2），校验各环基本尺寸。A_1 为减环，A_2、A_3 为增环。封闭环尺寸 $A_0 = 0^{+0.06}_{+0.03}$mm。

2）确定修配环。根据装配体各组成环实际情况，选尾座垫板厚度尺寸 A_2 为修配环。

3）按经济加工精度确定各组成环公差。

$$TA_1 = TA_3 = 0.1\text{mm}\quad（镗模精镗），\quad TA_2 = 0.15\text{mm}（半精磨）$$

4）确定各组成环（除修配环外）的上下偏差。

$$A_1 = 160\text{mm} \pm 0.05\text{mm}，\quad A_3 = 130\text{mm} \pm 0.05\text{mm}$$

5）确定修配环的尺寸。因修配环为增环且封闭环为越修越小的情况，取 $K_{min} = 0.1$mm，由式（13-6）得：$A''_{0min} = A_{0min} + K_{min} = (0.03 + 0.1)\text{mm} = 0.13\text{mm}$

由极值法：$A''_{0min} = A_{2min} + A_{3min} - A_{1max} = A_{2min} + (130 - 0.05)\text{mm} - (160 + 0.05)\text{mm} = 0.13\text{mm}$，得 $A_{2min} = 30.23\text{mm}$，则 $A_{2max} = A_{2min} + TA_2 = (30.23 + 0.15)\text{mm} = 30.38\text{mm}$，即 $A_2 = 30^{+0.38}_{+0.23}\text{mm}$。

4. 调整装配法

调整装配法是指装配时用调整的方法改变调整环的位置或实际尺寸，使封闭环达到其公差或极限偏差的要求。一般以螺栓、斜面、挡环、垫片或孔轴联接中的间隙等作为调整环。调整装配法常采用极值法公式计算。常见的调整方法有三种。

（1）可动调整法。可动调整法是通过改变调整件的位置来保证装配精度的方法。图 13-8 是卧式车床中使用可动调整法的例子。图 13-8a 是通过调整套筒的轴向位置来保证齿轮的轴向间隙；图 13-8b 是用调整螺钉来调整镶条的位置来保证导轨副的配合间隙；图 13-8c 是用调节螺钉使楔块上下移动来调整丝杠与螺母的轴向间隙。

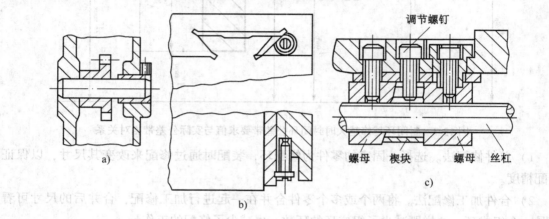

图 13-8　可动调整法的应用

用可动调整法能获得比较理想的装配精度。在产品的使用中，还能通过调整来补偿由于磨损、热变形等引起的误差，使产品恢复原来的精度。

（2）误差抵消调整法。误差抵消调整法是指在产品装配时，通过调整有关零件的相互位置，使其加工误差互相抵消一部分，以提高装配精度。例如，在组装机床主轴时，通过调整前后轴承径向圆跳动和主轴锥孔径向圆跳动的大小和方位，来控制主轴的径向圆跳动。这种方法是精密主轴装配中的一种基本装配方法，得到广泛的应用。

（3）固定调整法。固定调整法是指在组成装配尺寸链的组成环中选一零件或增加一个零件作为调整环，其他组成环按照经济加工精度制造，装配前做一系列数量大小不同的调整环，装配时选择合适的调整环装入结构中，以满足装配精度要求。常选的调整环有垫圈、垫片和轴套等。

解算固定调整法装配尺寸链时要解决以下三个问题：调整范围大小；需要几组调整环；每组调整环的尺寸大小。下面就通过一个实例来分析固定调整法装配尺寸链解算过程。

【例 13-3】　图 13-9 为车床主轴大齿轮装配简图。要求隔套（尺寸 A_2）、齿轮（尺寸 A_3）、垫圈（尺寸 A_K）、弹性挡圈（尺寸 A_4）装在轴上之后，双联齿轮的轴向间隙为 $A_0 = 0.05 \sim 0.2\text{mm}$，各组成环基本尺寸为 $A_1 = 115\text{mm}$，$A_2 = 8.5\text{mm}$，$A_3 = 95\text{mm}$，$A_4 = 2.5^{~0}_{-0.12}\text{mm}$（标准件），$A_K = 9\text{mm}$。采用固定调整法装配，试确定各组成环的尺寸及调整环的分组数、尺寸系列。

解： 1）建立装配尺寸链。如图 13-9b 所示，其中封闭环为 A_0、增环为 A_1、减环为 A_2、

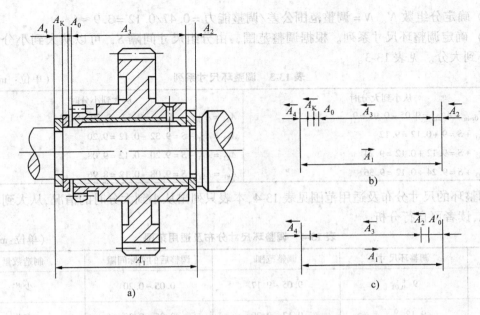

图 13-9　车床主轴箱大齿轮轴向装配简图及装配尺寸链图

A_3、A_4、A_K。

2）校验各组成环基本尺寸。$A_0 = A_1 - A_2 - A_3 - A_4 - A_K = 0$，所以有封闭环尺寸 $A_0 = 0$。

3）确定调整环。选容易加工、测量和装卸方便的垫圈（A_K）为调整环。

4）确定各组成环公差及偏差。按照经济加工精度或其他方法确定各组成环公差并按"入体原则"进行标注。

$TA_1 = 0.15$mm、$TA_2 = 0.1$mm、$TA_3 = 0.1$mm、$TA_4 = 0.12$mm（标准件）、$TA_K = 0.03$mm（调整环取较小的公差，避免影响调整能力）。并选 A_1 为协调环，其余环按入体原则标注，有 $A_2 = 8.5_{-0.10}^{\ 0}$mm、$A_3 = 95_{-0.10}^{\ 0}$mm、$A_4 = 2.5_{-0.12}^{\ 0}$mm（标准件）、$A_K = 9_{-0.03}^{\ 0}$mm。为保证 $A_{0min} = 0.05$mm，由极值法确定尺寸 A_1，得

0.05 = EIA_1 － （0 + 0 + 0 + 0），$EIA_1 = 0.05$mm，则有

$$A_1 = 115_{+0.05}^{+0.20}\text{mm}$$

5）确定调整范围。调整范围即为空位尺寸 A'_0，如图 13-9c 所示，它是在未装入垫圈 A_K 前实测的间隙大小，其变动范围为

$$A'_{0max} = \sum_{z=1}^{m} A_{zmax} - \sum_{j=m+1}^{n-1} A_{jmin}$$
$$= (115 + 0.2)\text{mm} - (8.5 + 95 + 2.5 - 0.1 - 0.1 - 0.12)\text{mm} = 9.52\text{mm}$$

$$A'_{0min} = \sum_{z=1}^{m} A_{zmin} - \sum_{j=m+1}^{n-1} A_{jmax}$$
$$= 115\text{mm} + 0.05\text{mm} - 8.5\text{mm} - 95\text{mm} - 2.5\text{mm} = 9.05\text{mm}$$

即：$A'_0 = 9.05 \sim 9.52$mm，调整范围公差为 $TA'_0 = 0.47$mm。

6）确定调整能力 S。每级调整环所能调整的空位尺寸变动范围称为调整能力。

$$S = TA_0 - TA_K = 0.15\text{mm} - 0.03\text{mm} = 0.12\text{mm}$$

7）确定分组数 N。$N =$ 调整范围公差/调整能力 $= 0.47/0.12 = 3.9 \approx 4$

8）确定调整环尺寸系列。根据调整范围，由分组尺寸间隔 S，可以从大到小分，也可以从小到大分。见表13-3。

表13-3 调整环尺寸系列 （单位：mm）

从小到大分时	从大到小分时
$A_{k1} = A'_{0min} - A_{0min} = 9.05 - 0.05 = 9$	$A_{k4} = A'_{0max} - A_{0max} = 9.52 - 0.20 = 9.32$
$A_{k2} = A_{k1} + S = 9 + 0.12 = 9.12$	$A_{k3} = A_{k4} - S = 9.32 - 0.12 = 9.20$
$A_{k3} = A_{k2} + S = 9.12 + 0.12 = 9.24$	$A_{k2} = A_{k3} - S = 9.20 - 0.12 = 9.08$
$A_{k4} = A_{k3} + S = 9.24 + 0.12 = 9.36$	$A_{k1} = A_{k2} - S = 9.08 - 0.12 = 8.96$

调整环的尺寸分布及适用范围见表13-4，本表只列出从小到大分时的情况，从大到小分时的情况，读者可自行分析。

表13-4 调整环尺寸分布及适用范围 （单位：mm）

组号	调整环尺寸	调整范围	调整后的实际间隙	制造数量
1	$9_{-0.03}^{\ 0}$	$9.05 \sim 9.17$	$0.05 \sim 0.20$	少些
2	$9.12_{-0.03}^{\ 0}$	$9.17 \sim 9.29$	$0.05 \sim 0.20$	多些
3	$9.24_{-0.03}^{\ 0}$	$9.29 \sim 9.41$	$0.05 \sim 0.20$	多些
4	$9.36_{-0.03}^{\ 0}$	$9.41 \sim 9.52$	$0.05 \sim 0.19$	少些

13.3 装配工艺规程的制定

装配工艺规程是指导装配工作的技术文件,其内容包括产品和部件的装配顺序、装配方法、装配技术要求和检验方法、装配所需的设备及工具和装配时间定额等。

13.3.1 装配工艺规程的制定原则和所需的原始资料

1. 制定原则

1）保证并力求提高装配质量,且要有一定的精度储备,以延长产品的使用寿命。

2）合理安排装配工序,尽量减少钳工的装配工作量,以提高装配效率,缩短装配周期。

3）所占车间生产面积要小,以提高单位面积的生产率。

2. 所需原始资料

1）产品的总装配图和部件装配图。为了在装配时进行补充机械加工和核算装配尺寸链,还需有关零件图。

2）产品装配技术要求和验收的技术条件。

3）产品的生产纲领及生产类型。

4）现有生产条件,包括现有的装配装备、车间的面积、工人的技术水平、时间定额标准等。

13.3.2 装配工艺规程制定的步骤

1. 产品分析

1）研究产品装配图，审查图样的完整性和正确性。

2）明确产品的性能、工作原理和具体结构。

3）对产品进行结构工艺性分析，明确各零件、部件间的装配关系。

4）研究产品的装配技术要求和验收技术要求，以便制定相应的措施予以保证。

5）必要时进行装配尺寸链的分析与计算。

在产品的分析过程中，如发现存在问题，要及时与设计人员研究予以解决。

2. 确定装配的组织形式

装配的组织形式可分为固定式和移动式。

固定式装配是将产品或部件的全部装配工作安排在一个固定的工作地进行。装配过程中产品的位置不变，所需的零件、部件全汇集在工作地附近，由一组工人来完成装配过程。

移动式装配是将产品或部件置于装配线上，通过连续或间歇的移动使其顺次经过各装配工作地以完成全部装配工作。

装配的组织形式主要取决于产品的结构特点、生产纲领和现有生产技术条件及设备状况。装配的组织形式确定后，也就相应确定了装配方式。各种生产类型装配工作的特点如表 13-5 所示。

表 13-5　各种生产类型装配工作的特点

生产类型	大量生产	成批生产	单件小批生产
装配工作特点	产品固定，生产活动经常重复，生产周期一般较短	产品在系列化范围内变动，分批交替投产或多品种同时投产，生产活动在一定时期内重复	产品经常变换，不定期重复生产，生产周期一般较长
组织形式	多采用流水装配线，有连续移动、间隔移动及可变节奏等移动方法，还可采用自动装配机或自动装配线	产品笨重，批量不大的产品多采用固定流水装配，批量较大时采用流水装配，多品种平行投产时用多品种可变节奏流水装配线	多采用固定装配或固定式流水装配进行总装配，同时对批量较大的部件亦可采用流水装配
装配工艺方法	按互换法装配，允许有少量简单调整，精密偶件成对供应或分组供应装配，无任何修配工作	主要采用互换法，但灵活运用其他保证装配精度的装配工艺方法，如调整法、修配法等，以节约加工费用	以修配法及调整法为主，互换件比例较少
工艺过程	工艺过程划分很细，力求达到高度的均衡性	工艺过程的划分须适合于批量的大小，尽量使生产均衡	一般不订详细工艺文件，工序可适当调整，工艺也可灵活掌握
工艺装备	专业化程度高，宜采用专用高效工艺装备，易于实现机械化、自动化	通用设备较多，但也采用一定数量的专用工、夹、量具，以保证装配质量和提高工效	一般为通用设备及通用工、夹、量具
手工操作要求	手工操作比重小，熟练程度容易提高，便于培养新工人	手工操作比重大，技术水平要求较高	手工操作比重大，要求工人有高技术水平和多方面的工艺知识
应用实例	汽车、拖拉机、内燃机、滚动轴承、手表、缝纫机等	机床、机动车辆、中小型锅炉、矿山机械等	重型机床、重型机器、汽轮机、大型内燃机等

3. 确定装配顺序

一个产品的装配单元可分为零件、合件、组件、部件和产品。其中合件是由两个或两个以上零件合成的不可拆卸的整体件；组件是若干零件与合件的组合体；部件是若干零件、合件和组件的组合体。

在确定除零件以外的每一级装配单元的装配顺序时，要先选定一个零件（或合件、部件）作为装配基准件，其他装配单元按一定顺序装配到基准件上，成为下一级的装配单元。装配基准件一般应是产品的基体或主干零件、部件，应具有较大的体积与重量和足够的支承面，以利于装配和检测的进行。

然后安排装配顺序。一般是按照先上后下、先内后外、先难后易、先精密后一般、先重大后轻小的原则，来确定零件或装配单元的装配顺序，最后用装配系统图表示出来，如图13-10 所示。装配系统图是表明产品零件、部件间相互装配关系和装配流程的示意图。在装配系统图中，装配单元均用长方格表示，并注明名称、代号和数量。画图时，先画一条水平线，左边画出表示基准件的长方格，右边画出表示装配单元的长方格。将装入装配单元的零件或组件引出，零件在横线上方，合件、组件或部件在横线下方。当产品结构复杂时，可分别绘制各级装配单元的装配系统图。

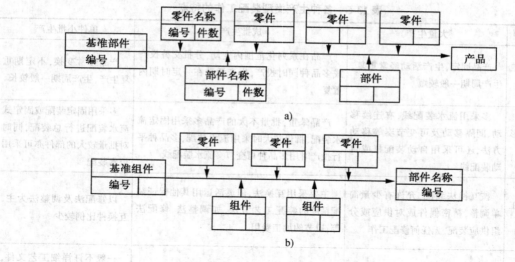

图 13-10 装配单元系统图

4. 装配工序的划分与设计

装配工序的划分主要是确定工序集中与工序分散的程度。工序划分常与工序设计一起进行。

装配工序设计的主要内容有：制定工序的操作规范，选择所需设备和工艺装备，确定工时定额等。装配工序还包括检验和试验工序。

5. 填写装配工艺文件

单件小批生产时，仅绘制装配系统图即可。中批生产时，要制定装配工艺过程卡，在工艺过程卡上写有工序次序、工序内容、所需设备和工艺装备、工时定额等，关键工序有时需要制定装配工序卡。大批大量生产时，要为每一工序制定工序卡，详细说明该工序的工艺内容，直接指导工人操作。

6. 制定产品检测与试验规范

产品装配后，要进行检测与试验，应按产品图样要求和验收技术条件，制定检测与试验规范。其内容有：检测与验收的项目、质量标准、方法和环境要求；检测与试验所需的装备；质量问题的分析方法和处理措施。

13.4 习题

13-1 什么叫装配？装配的基本内容有哪些？

13-2 装配的组织形式有几种？各有何特点？

13-3 保证装配精度的工艺方法有几种？它们的特点如何？

13-4 装配尺寸链共有几种？有何特点？

13-5 装配尺寸链的建立通常分几步？

13-6 制定装配工艺规程大致有哪些步骤？

13-7 如图 13-11 所示，在溜板与床身装配前有关组成零件的尺寸分别为：$A_1 = 46mm$，$A_2 = 30mm$，$A_3 = 16mm$。装配间隙 $A_0 = 0.03 \sim 0.06mm$。试用完全互换法、不完全互换法、修配法分别确定各组成环的公差和极限偏差，并分析如何解决因导轨磨损造成的间隙过大？

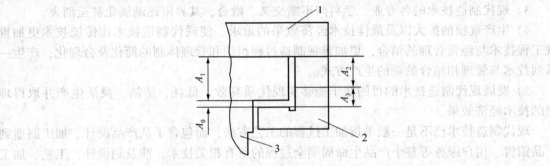

图 13-11 习题 13-7 图
1—溜板 2—溜板压板 3—床身

第14章 现代制造技术简介

所谓的制造技术是按照人们所需的目的，运用知识和技能，利用客观物质工具，使原材料变成产品的技术总称。现代制造技术是传统制造技术不断吸收机械、电子、信息、材料、能源及现代管理等技术成果，将其综合应用于产品设计、制造、检测、管理、售后服务等机械制造全过程，实现优质、高效、低耗、清洁、灵活生产，取得理想技术经济效果的制造技术的总称。

现代制造技术具有下列特征：

1）计算机技术、传感技术、自动化技术、新材料技术以及管理技术等诸技术的引入，与传统制造技术相结合，使制造技术成为一个能驾驭生产过程的物质流、信息流和能量流的系统工程。

2）现代制造技术贯穿了从产品设计、加工制造到产品销售及使用维护等全过程，成为"市场——产品设计——制造——市场"的大系统。

3）现代制造技术的各专业、学科间不断交叉、融合，其界限逐渐淡化甚至消失。

4）生产规模的扩大以及最佳技术经济效果的追求，使现代制造技术比传统技术更加重视工程技术与经营管理的结合，更加重视制造过程组织和管理体制的简化及合理化，产生一系列技术与管理相结合的新的生产方式。

5）发展现代制造技术的目的在于能够实现优质高效、低耗、清洁、灵活生产并取得理想的技术经济效果。

现代制造技术已不是一般单指加工过程的工艺方法，而包含了从产品设计、加工制造到产品销售、用户服务等整个产品生命周期全过程的所有相关技术，涉及到设计、工艺、加工自动化、管理以及特种加工等多个领域。它不仅需要数学、力学基础科学，还需要系统科学、控制技术、计算机技术、信息科学、管理科学乃至社会科学。现代制造业已不仅仅是一个原有的古老工业，而是一个用现代制造技术进行了改造、充实和发展的多学科交叉和综合的充满生命力的工业。

14.1 计算机辅助设计与制造（CAD/CAM）

14.1.1 计算机辅助设计（CAD）概述

计算机辅助设计（Computer Aided Design）简称 CAD，是在计算机硬件与软件的支撑下，通过对产品的描述、造型、系统分析、优化、仿真和图形处理的研究，使计算机辅助完成产品的全部设计过程，最后输出满意的设计结果和产品图形。采用计算机进行辅助设计，有可能改变传统的经验设计方法，使设计由静态和线性分析向动态和非线性分析过渡，由可行性设计向优化设计方法过渡。

1. CAD 的作业内容

（1）建立产品设计数据库。产品设计数据库是用来存储设计某类产品时所需要的各种信息，如有关的标准、线图、表格、计算公式等。所建立的数据库可供 CAD 作业时检索和调用，也便于数据的管理及数据资源的共享。

（2）建立多功能图形库。利用图形程序库可以进行二维及三维图形信息的处理，在此基础上绘制工程设计图样，建立标准零件图形库等图形处理工作。

（3）建立应用程序库。也就是汇集解决某一类工程设计问题的通用及专用的设计程序，如通用的数学计算方法、检索程序、常规机械设计程序、优化设计程序、有限元分析程序等。

在建立了上述图形库、数据库、程序库的基础上，便可从事如下作业：

1）向 CAD 系统输入设计要求，以及根据设计要求建立产品模型，包括几何模型和非几何模型，并将所建模型储存于数据库；

2）利用程序库中已编制的各种应用程序，进行设计计算和优化分析，确定设计方案及产品零部件的主要参数；

3）应用交互式图形程序库，以人机交互作业方式对初步设计的图形进行实时修改，最后由设计人员确认设计结果；

4）利用图形处理和动画技术，对产品模型进行仿真，为评估设计方案提供逼真和直接的依据；

5）输出设计结果，其中包括设计结果的数据、图形和文档等，甚至还能提供 CAPP 和 CAM 所需的信息。从广义来讲，也可为 CIMS 提供生产制造和管理的一切必需的信息。

2. CAD 系统的类型

（1）检索型 CAD 系统。主要用于三化（标准化、通用化、系统化）程度较高的产品设计，专用性强，运行效率高，但适应性较差。

（2）派生型 CAD 系统。派生型 CAD 是在成组技术基础上建立的，可以较为方便地完成相似结构产品的设计，其适用范围较检索型 CAD 系统要宽。

（3）交互型 CAD 系统。是将设计人员的智慧和创造力与计算机的高准确运算能力、严格的判断能力以及巨大的信息存储量结合起来，充分发挥人与计算机的特长。这类设计系统可以完成较大范围内的各类产品的设计，具有运用范围广、功能灵活的特点。

（4）智能型 CAD 系统。智能型 CAD 系统是将专家系统技术与 CAD 技术融为一体而建立起来的系统。如果在人机交互过程中引入专家系统技术，由计算机给出智能化提示，有可能使缺乏经验的设计师做出专家级水平的设计来，提高设计质量和速度。

14.1.2 计算机辅助制造（CAM）概述

计算机辅助制造（Computer Aided Manufacturing），简称 CAM，是指计算机在产品制造方面有关应用的统称。可分为广义 CAM 和狭义 CAM。

广义 CAM 是指应用计算机去完成与制造系统有关的生产准备和生产过程等方面的工作。如图 14-1 所示，它包括工艺准备、生产作业计划、物流过程的运行控制、生产控制、质量控制等工作。

狭义 CAM 常指工艺准备或其中的某个活动应用计算机辅助工作。如数控程序编制。

控制计算机是否与物流系统有硬件"接口"联系，CAM 可分为直接应用与间接应用。

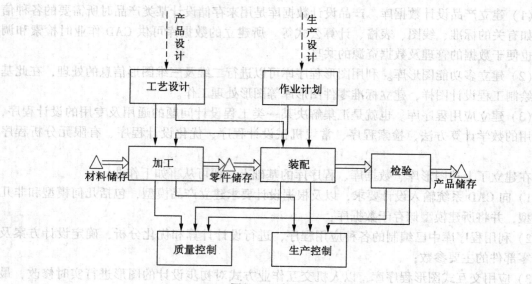

图 14-1 广义 CAM

1. CAM 的直接应用

计算机通过接口与物流系统相连接，用以控制、监视和协调物流过程。

（1）物流运行控制。根据生产作业计划的生产进度信息控制物流的流动。

（2）生产控制。随时收集和记录物流过程的数据，当发现工作情况偏离作业计划时，予以协调和控制。

（3）质量控制。通过现场检测随时记录质量数据，当发现偏离或即将偏离预定质量指标时，向工序作业级发出命令，予以校正。

2. CAM 的间接应用

计算机相对于物流系统是"离线"工作的，用以支持制造活动，并提供物流过程所需的数据与信息。

（1）计算机辅助工艺过程设计。用计算机辅助工艺过程设计，可大大缩短生产准备周期，提高工作效率，给出合理的工艺过程文件、工时定额和材料消耗定额。

（2）计算机辅助数控程序编制。根据计算机辅助工艺过程设计所制定的工艺路线和所选用的数控机床，可用计算机编制数控机床的加工程序，即自动编程。

（3）计算机辅助工装设计。用计算机辅助工装设计，可极大地节省工艺人员的设计、计算和绘图的时间。

（4）计算机辅助作业计划。计算机辅助作业计划可用来确定哪台设备、由谁何时进行何种作业以及完工时间等。

14.1.3 CAD/CAM 集成系统

CAM 所需的信息和数据很多来自于 CAD，也有许多数据和信息对 CAD 和 CAM 来说是共享的。实践证明，CAD 的效率最终也多半是通过 CAM 体现出来的，将 CAD 和 CAM 作为一个整体来规划和开发，使这两个不同的功能模块的数据和信息相互传递和共享，这就是所谓的 CAD/CAM 集成系统。理想的 CAD/CAM 集成系统如图 14-2 所示。所有的 CAD/CAM 功能都与一个公共数据库相联接，用户利用图形终端与计算机交互从事 CAD 作业，完成产品造型、设计分析、模型仿真和图形处理等工作，其结果存放于公共数据库；CAM 作业时，从公共数据库中提取 CAD 的设计结果从事工艺设计、数控编程、工装设计和设备控制等各项生产准备和生产作业。

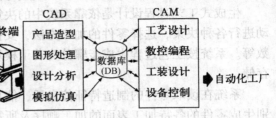

图 14-2　CAD/CAM 集成系统模式

CAD/CAM 集成技术是解决多品种、小批量、高效率生产的最有效的途径，是实现自动化生产的基本要素，也是提高设计制造质量和生产率的最佳方法。

14.2　计算机辅助工艺规程设计（CAPP）

14.2.1　计算机辅助工艺规程设计的基本原理

计算机辅助工艺规程设计（Computer Aided Process Planning），简称 CAPP，它是使用计算机来编制零件的机械加工工艺规程，能缩短生产准备时间，促进工艺规程的标准化和最优化，并且还是连接计算机辅助设计与计算机辅助制造的纽带，在机械制造的高度自动化中起重要作用。

计算机辅助工艺规程设计按其工作原理可分为三大类型：派生式、生成式及知识基系统。

1. 派生式 CAPP 系统

派生式工艺设计系统的工作原理是根据相似的零件具有相似的工艺过程，通过对相似零件的工艺检索，并加以筛选而编辑成一个待加工零件的工艺规程。

通过成组技术，可将工艺相似的零件汇集成零件组，并对零件进行编码。利用成组工艺设计方法为每个零件组设计出可供全组零件使用的复合工艺，存储在计算机系统的数据库中。当输入一个新零件的代码时，系统可以从数据库中调用相应的复合工艺，根据输入零件的结构，工艺特征和加工要求，对该复合工艺进行修改和编辑，便可获得零件的加工工艺规程。派生式 CAPP 系统工作原理框图见图 14-3。

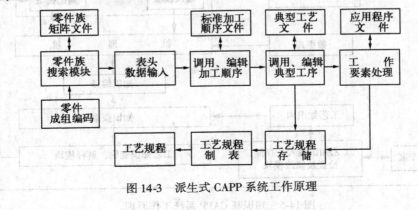

图 14-3　派生式 CAPP 系统工作原理

2. 生成式 CAPP 系统

生成式工艺过程设计是依靠系统中的决策逻辑生成的。让计算机模仿人的逻辑思维，自动进行各种决策，选择零件的加工方法，安排工艺路线，选择机床和工艺装备，计算切削参数等。系统按工艺过程生成步骤分为若干模块，各模块工作时所需的数据以数据库文件形式存储。

系统在读取零件的制造特征信息后，能自动识别和分类，系统中其它模块按决策逻辑分别生成零件的各待加工表面的加工顺序及所需机床、夹具、刀具、切削层参数等。最后，系统自动编辑并输出工艺规程。

由于工艺过程设计的复杂性，目前生成式 CAPP 系统发展还不很成熟，有时还需用户用交互方式进行修改。生成式 CAPP 系统工作原理框图如图 14-4 所示。

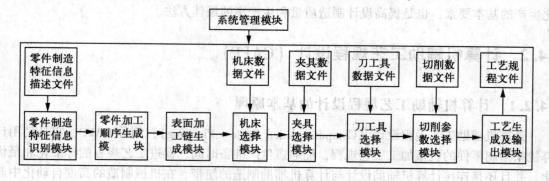

图 14-4　生成式 CAPP 系统工作原理

3. 知识基 CAPP 系统工作原理

由于生成式系统决策逻辑嵌套在应用程序中，结构复杂且不易修改，研究已转向知识基系统（专家系统）。该系统将工艺专家编制工艺的经验和知识存在知识库中，可方便地通过专用模块进行增删和修改，使得系统的通用性和适用性大为提高。知识基 CAPP 系统工作原理框图如图 14-5 所示。

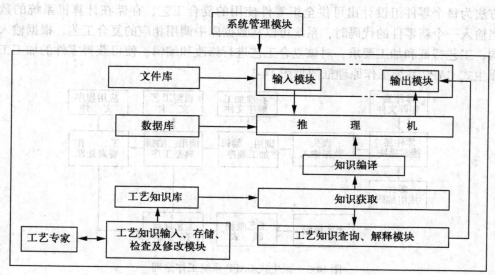

图 14-5　知识基 CAPP 系统工作原理

14.2.2 各种类型计算机辅助工艺规程设计系统的适用范围

各种类型计算机辅助工艺规程设计系统的适用范围，主要与零件组的数量、零件组中零件的品种数及其相似程度有关。

当零件组数量不多，且在每个零件组中有许多相似的零件时，派生式系统是一种最经济的自动设计方法。如果零件组数量比较大、零件组中零件品种数不多且相似性较差时，宜采用生成式系统。

14.3 柔性制造系统（FMS）概述

14.3.1 柔性制造系统的产生和发展

柔性制造系统（Flexible Manufacture System——FMS）指具有柔性且自动化程度高的制造系统。它是集数控技术、计算机技术、机器人技术及现代生产管理技术为一体的现代制造技术。在我国的有关标准中，FMS 被定义为："柔性制造系统是由数控加工设备、物料运储装置和计算机控制系统等组成的自动化制造系统。它包括多个柔性制造单元，能根据制造任务或生产环境的变化迅速进行调整，以适应多品种、中小批量生产"。

自 1967 年英国 Molins 公司建成第一条 FMS 以来，随着社会对产品多样化、低制造成本及缩短制造周期等需求日趋迫切，FMS 发展颇为迅速，并且由于微电子技术、计算机技术、通信技术、机械与控制设备的进步，柔性制造技术日趋成熟。到 20 世纪 70 年代末 80 年代初，FMS 开始从实验阶段达到实用阶段，开始走出实验室而成为先进制造企业的主力装备，并且逐渐商品化，而且从起初单纯机械加工领域向焊接、装配、检验及无屑加工等综合领域发展。进入 80 年代后，制造业自动化进入一个崭新时代，即基于计算机的集成制造（CIM）时代，FMS 已成为各个工业化国家机械制造自动化的研究发展重点。FMS 之所以获得迅猛发展，是因其集高效、高质量及高柔性三者于一体，解决了近百年来中小批量和中大批量、多品种和生产自动化之技术难题，故认为 FMS 的问世与发展确实是机械制造业生产及管理上的历史性变革。

目前，随着全球化市场的形成和发展，无论是发达国家还是发展中国家都越来越重视柔性制造技术的发展，FMS 已成为当今乃至今后若干年机械制造自动化发展的重要方向。

14.3.2 柔性制造系统的分类

按 FMS 的规模级别大小可分为如下 4 类：

（1）柔性制造单元（FMC）。FMC 的问世并在生产中使用约比 FMS 晚 6～8 年，它是由 1～2 台加工中心、工业机器人、数控（NC）机床及物料运输存贮设备构成，具有适应加工多品种产品的灵活性。可将其视为一个规模最小的 FMS，是 FMS 向廉价化及小型化方向发展的一种产物。其特点是实现单机柔性化及自动化，迄今已达到普及应用程度。

（2）柔性制造系统（FMS）。通常包括 4 台或更多台全自动数控机床（加工中心与车削中心等），由集中的控制系统及物料搬运系统连接起来，可在不停机的情况下实现多品种、中小批量的加工及管理。

（3）柔性制造线（FML）。它是处于单一或少品种大批量非柔性自动线与中小批量多品种 FMS 之间的生产线。其加工设备可以是通用的加工中心、CNC 机床，亦可采用专用的机床或 NC 专用机床，对物料搬运系统柔性的要求低于 FMS，但生产率更高。它是以离散型生产中的 FMS 和连续性生产过程中的分散型控制系统（DCS）为代表，其特点是实现生产线柔性化及自动化，其技术已日臻成熟，迄今已达到实用阶段。

（4）柔性制造工厂（FMF）。也有将其称为工厂自动化（FA）。FMF 是将多条 FMS 连接起来，配以自动化立体仓库，用计算机系统进行有机的联系，采用从订货、设计、加工、装配、检验、运送至发货的完整 FMS。它也包括了计算机辅助设计（CAD）、计算机辅助制造（CAM），并使计算机集成制造系统（CIMS）投入实际使用。实现全厂范围的生产管理、产品加工及物料贮运过程的全盘自动化。FMF 是自动化生产的最高水平，反映出世界上最先进的自动化应用技术。它是将制造、产品开发及经营管理的自动化连成一个整体，以信息流控制物质流的智能制造系统（IMS）为代表，其特点是实现生产系统柔性化及自动化，进而实现工厂柔性化及自动化。

14.3.3　柔性制造系统的构成

FMS 的基本组成随待加工工件及其它条件而变化，但系统的扩展必须以模块结构为基础。用于切削加工的 FMS 主要由如下几部分组成：

（1）加工系统。包括由两台以上的数控机床、加工中心或柔性制造单元（FMC）、工业机器人以及其它的加工设备所组成，例如测量机、清洗机、动平衡机和各种特种加工设备等，用以自动化地完成多种工序的加工。

（2）运储系统。包含有传送带、有轨小车、无轨小车、搬运机器人、自动化立体仓库系统、刀具库系统、夹具系统、上下料托盘，交换工作台，随行工作台等机构，能对刀具、工件和原材料等物料进行自动装卸和运储。

（3）计算机控制系统。能够实现对 FMS 的运行控制、刀具管理、质量控制，以及 FMS 的数据管理和网络通信。计算机控制系统接收来自工厂主计算机的指令并对整个 FMS 实施监控，对每一个数控机床或制造单元的加工实施控制，协调各控制装置之间的动作。FMS 的控制系统一般采用多级递阶计算机控制系统，如图 14-6 所示。这种控制系统，各层的处理相对独立，易于实现模块化，从而增加了整个系统的柔性和开放性，充分利用了计算机的资源。

（4）系统软件。用以确保 FMS 有效地适应中、小批量多品种生产过程的管理、控制及优化工作。系统软件一般包括设计规划软件、生产过程分析软件、生产计划调度软件与系统管理及监控软件等。

除了上述的四个主要组成部分外，FMS 还包括冷却系统、排屑系统等附属系统。

图 14-7 是一个典型的柔性制造系统示意图。它是 CIMS 实验工程中 FMS 组成及平面布局，是国家 863 高科技计划在"七五"期间的重点建设项目。该 FMS 系统由加工中心、车削中心、清洗机、粗铣机、自动导向小车、机器人等设备组成，此外还包括自动仓库、托盘站和装卸站等。在装卸站由人工将毛坯安装在托盘夹具上；然后由物料传送系统把毛坯连同托盘夹具输送到第一道工序的加工机床旁边，排队等候加工；一旦该加工机床空闲，就由自动上下料装置立即将工件送上机床进行加工；当每道工序加工完成后，物料传送系统便将该机

床加工完成的半成品取出，送至执行下一道工序的机床等候。如此不停地运行，直至完成最后一道加工工序为止。在整个运行过程中，除了进行切削加工之外，若有必要还需进行清洗、检验等工序，最后将加工结束的零件入库储存。

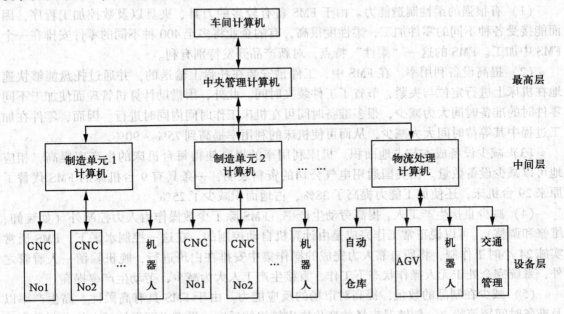

图 14-6　FMS 多级递阶控制系统

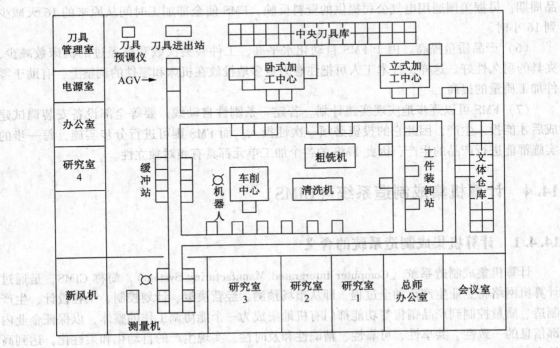

图 14-7　FMS 的组成及平面布局

14.3.4 柔性制造系统的效益

从 FMS 的构成可以看出，FMS 具有下列的优点和效益：

（1）有很强的柔性制造能力。由于 FMS 备有较多的刀具、夹具以及数控加工程序，因而能接受各种不同的零件加工，柔性度很高，有的企业将多至 400 种不同的零件安排在一个 FMS 中加工。FMS 的这一"柔性"特点，对新产品开发特别有利。

（2）提高设备利用率。在 FMS 中，工件是安装在托盘上输送的，并通过托盘能够快速地在机床上进行定位与夹紧，节省了工件装夹时间。此外，因借助计算机管理而使加工不同零件时的准备时间大为减少，很多准备时间可在机床工作时间内同时进行。因而，零件在加工过程中其等待时间大大减少，从而可使机床的利用率提高到 75% ~ 90%。

（3）减少设备成本与占地面积。机床利用率的提高使得每台机床的生产率提高，相应地可以减少设备数量。据美国通用电气公司的资料表明，一条具有 9 台机床的 FMS 代替了原来 29 台机床，还使加工能力提高了 38%，占地面积减少了 25%。

（4）减少直接生产工人，提高劳动生产率。FMS 除了少数操作由人力控制外（如装卸、维修和调整），可以说正常工作完成是由计算机自动控制的。在这一控制水平下，FMS 通常实施 24 小时工作制，将所有靠人力完成的操作集中安排在白班进行，晚班除留一人看管之外，系统完全处于无人操作状态下工作，直接生产工人大为减少，劳动生产率提高。

（5）减少在制品的数量，提高对市场的反应能力。由于 FMS 具有高柔性、高生产率以及准备时间短等特点，能够对市场的变化作出较快的反应，没有必要保持较大的在制品和成品库存量。据日本 MAZAK 公司报道，使用 FMS 可使库存量减少 75%，可缩短 90% 的在制品周期；另据美国通用电气公司提供的资料反映，FMS 使全部加工时间从原来的 16 天减少到 16 小时。

（6）产品质量提高。由于 FMS 自动化水平高，工件装夹次数和要经过的机床数减少，夹具的耐久性好。这样，技术工人可把注意力更多地投放在机床和零件的调整上，有助于零件加工质量的提高。

（7）FMS 可以逐步地实现实施计划。若建一条刚性自动线，要等全部设备安装调试建成后才能投入生产，因此它的投资必须一次性投入。而 FMS 则可进行分步实施，每一步的实施都能进行产品的生产，因此 FMS 的各个加工单元都具有相对独立性。

14.4 计算机集成制造系统（CIMS）

14.4.1 计算机集成制造系统的含义

计算机集成制造系统（Computer Intergrated Manufacturing System），简称 CIMS，是通过计算机网络将企业生产活动全过程，即从市场预测、经营决策、计划控制、工程设计、生产制造、质量控制到产品销售等功能部门有机地集成为一个能协调工作的整体，以保证企业内部信息的一致性、共享性、可靠性、精确性和及时性，实现生产的自动化和柔性化，达到高效率、高质量、低成本和灵活生产的目的。

计算机集成制造系统是一种综合性的应用技术，并且是发展中的高技术，它把孤立的、局部的自动化子系统，在新的管理模式和生产工艺的指导下，综合应用制造技术、信息技术、自动化技术，通过计算机及其软件，灵活而有机地综合起来而构成一个完整系统。随着科学技术的发展，人们的认识在深化，概念在拓宽或变化，新思路、新技术将不断引入计算机集成制造系统中，使其不断深化和完善。

14.4.2 计算机集成制造系统的组成

如图 14-8 所示，一般机械制造工厂是多层次、多环节的离散型生产系统，各子系统既要调用其它子系统的数据和信息，又要处理本系统特有的数据和信息，实施计算机集成制造系统的关键之一是如何划分层次结构，正确处理集中和分散的关系，使各子系统成为一个集成系统。

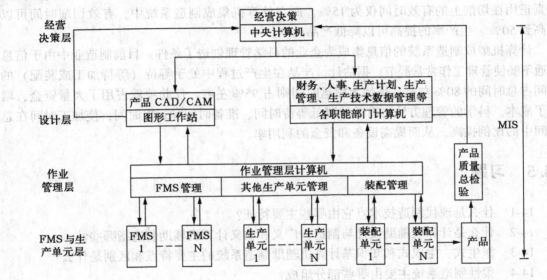

图 14-8 CIMS 简要结构

一般地，不论企业大小或产品复杂程度如何，实施 CIMS 都要包含计算机管理信息系统、计算机辅助设计与制造、柔性制造系统三部分。其中计算机管理信息系统贯穿包括最高的经营决策子系统的各个层次。第二层的财务、人事管理、经营管理、生产计划、物料供应、生技术管理、数据采集、生产控制、质量管理与办公系统等，集成企业绝大部分信息和数据，是工厂信息集成的最重要环节。实施计算机管理，除硬件外，还需功能齐全的数据库软件和系统管理软件。

14.4.3 计算机集成制造系统的效益

计算机集成制造系统的效益主要体现为信息集成的效益，可进一步改善产品质量，提高设备的使用率特别是关键设备的使用率，使管理科学化，提高企业对市场的响应能力。

美国科学院 1985 年对计算机集成制造系统处于领先地位的五家公司的调查和分析，认为：

产品质量提高　　　　　　　　　　200% ~500%

生产率提高　　　　　　　　　　　40% ~70%

生产周期缩短	30%～60%
在制品减少	30%～60%
工程设计费用减少	15%～30%
人力费用减少	5%～20%
提高工程师的工作能力	300%～350%

　　计算机集成制造系统采用系统的方法控制产品的质量，所有质量控制工作都集中到一个系统中，并形成有反馈功能的质量控制网络。从产品设计就开始考虑用户提出的质量要求，使质量问题在生产周期中能及早发现，产品在各环节包括生产过程中的质量问题及时反映到设计、工艺及原料供应部门，使相关部门的质量问题可得到及时纠正。

　　在计算机集成制造系统中，设备的利用率显著提高。据有关资料表明，通用金属切削机床真正用在切削上的有效时间仅为15%，而在计算机集成制造系统中，有效切削时间可以提高到50%。生产率的提高可以降低产品成本。

　　计算机集成制造系统的信息集成为企业的科学管理创造了条件。目前制造业中由于信息流通不畅使管理工作常常脱节。据估计，产品在生产过程中处于等待（等待加工或装配）的时间占总时间的80%左右，再加上搬运时间则占95%左右，仅此项就占用了大量资金，增加了成本。科学的管理方法可有效地降低等待时间、准备时间和运输时间，使加工时间在总时间中的比例提高，从而提高设备和资金的利用率。

14.5　习题

14-1　什么是现代制造技术？它由哪些主要特征？

14-2　什么是计算机辅助设计与制造？广义和狭义计算机辅助制造指哪些？

14-3　派生式、生成式和知识基计算机辅助制造系统的主要特点和区别是什么？

14-4　柔性制造系统主要由哪些部分组成？

14-5　柔性制造系统有几种类型？

14-6　什么是计算机集成制造系统？

14-7　计算机集成制造系统可体现出哪些效益？

参 考 文 献

1 孙平主编. 机械制造基础. 北京：国防工业出版社，1998

2 张至丰编. 金属工艺学（机械工程材料）. 北京：机械工业出版社，1989

3 任嘉卉. 公差配合. 北京：机械工业出版社，1990

4 王有先等编. 金属材料与热处理. 北京：中国劳动出版社，1993

5 廖念钊等编. 互换性与技术测量. 北京：计量出版社，1985

6 黄云清主编. 公差配合与测量技术. 北京：机械工业出版社，1984

7 王雅然主编. 金属工艺学. 北京：机械工业出版社，1998

8 郑章耕主编. 工程材料及热加工基础. 重庆：重庆大学出版社，1997

9 陈日曜. 金属切削原理. 北京：机械工业出版社，1992

10 吴道金等编. 金属切削原理及刀具. 重庆：重庆大学出版社，1993

11 杨仲冈编. 机械制造基础. 北京：中国轻工业出版社，1999

12 李敏，苏建修主编. 金属切削刀具. 北京：兵器工业出版社，1996

13 苏建修. 调整滚齿机时工件附加运动方向的确定. 机械研究与应用，1999（4）：22～24

14 苏建修. 滚斜齿时工件附加运动方向的判定. 机械制造，2000（1）：55～56

15 顾维邦主编. 金属切削机床概论. 北京：机械工业出版社，1992

16 李华等编. 机械制造技术. 北京：机械工业出版社，1997

17 周楠等编. 机械加工. 北京：机械工业出版社，1997

18 黄鹤汀，吴善元主编. 机械制造技术. 北京：机械工业出版社，1997

19 机械制造工艺与设备编写组编. 机械制造工艺与设备. 北京：中国劳动出版社，1999

20 金庆同主编. 特种加工. 北京：航空工业出版社，1998

21 孟少农等编. 机械加工工艺手册：1，2，3卷. 北京：机械工业出版社，1991

22 贾亚洲主编. 金属切削机床概论. 北京：机械工业出版社，1994

23 陈日曜主编. 金属切削原理. 第2版. 北京：机械工业出版社，1993

24 王正君，段秀敏主编. 金属切削原理. 北京：兵器工业出版社，1996

25 于骏一等编. 机械制造工艺学. 长春：吉林教育出版社，1985

26 王先逵主编. 机械制造工艺学. 北京：机械工业出版社，1996

27 王先逵编. 机械制造工艺学：上册. 北京：清华大学出版社，1992

28 王季琨等主编. 机械制造工艺学. 天津：天津大学出版社，1998

29 齐世恩主编. 机械制造工艺学. 哈尔滨：哈尔滨工业大学出版社，1989

30 安承业主编. 机械制造工艺基础. 天津：天津大学出版社，1999

31 顾维邦编. 金属切削机床：上册. 北京：机械工业出版社，1984

32 龚安定，蔡建国编著. 机床夹具设计原理. 西安：陕西科学技术出版社，1981

33 薛源顺主编. 机床夹具设计. 北京：机械工业出版社，1999

34 苏建修. 装配尺寸链中修配法装配的公式推导. 机械研究与应用，1999（1）：25～28

35 单人伟，周绵国. 机械制造实习教程. 北京：科学技术出版社，1994

36 吴国华主编. 金属切削机床. 北京：机械工业出版社，1999

37 殷志介主编. 金属切削机床. 西安：西北电讯工程学院出版社，1984

38 张政兴主编. 机械制造基础（上册）北京：中国农业出版社，2000

39 刘飞等编著. CIMS制造自动化. 北京：机械工业出版社，1997

40 王隆太主编. 现代制造技术. 北京：机械工业出版社，1998

41 张根保等编著. 先进制造技术. 重庆：重庆大学出版社，1996

42 杨运勤. 现代集成制造技术应用初探. 机械制造，2000（4），8

43 冯辛安主编. CAD/CAM 技术概论. 北京：机械工业出版社，1995

44 许兆丰编. 车工工艺学. 北京：中国劳动出版社，1996

45 朱焕池主编. 机械制造工艺学. 北京：机械工业出版社，1999

46 田维贤主编. 机械加工中的热变形. 武汉：华中理工大学出版社，1992

47 王先逵. 超精密加工切削和磨削机理研究. 焦作大学学报，2002（2）：1～5

48 蔡光起，冯宝富，赵恒华. 磨削磨料加工技术的最新发展. 航空制造技术，2003（4）：31～36

49 袁哲俊，王先逵主编. 精密与超精密加工技术. 北京：机械工业出版社，1999

50 鞠鲁粤主编. 机械制造基础. 上海：上海交通大学出版社，1998

51 陈仪先，梅顺齐主编. 机械制造基础：上册. 北京：中国水利水电出版社，2005

52 肖华，王国顺主编. 机械制造基础：下册，北京：中国水利水电出版社，2005

53 齐宝森，李莉，吕静主编. 机械工程材料. 哈尔滨：哈尔滨工业大学出版社，2003

54 张连凯编. 机械制造工程实践. 北京：化学工业出版社，2004

55 李碧容，雍岐龙，张国亮. 功能梯度材料的发展、制备方法与应用前景综述、云南工业大学学报，1999，15（4）：56～58

56 朱信华，孟中岩. 梯度功能材料的研究现状与展望. 功能材料，1998，29（2）：122

57 黄旭涛，严密. 功能梯度材料：回顾与展望. 材料科学与工程，1997，15（4）：35～38

58 郑慧雯，茹克也木·沙吾提，章娴君. 功能梯度材料的研究进展. 西南师范大学学报（自然科学版），2002，27（5）：788～793

59 S. Suresh, A. Mortensen. 功能梯度材料基础——制备及热机械行为. 李守新等译. 北京：国防工业出版社，2000

60 郭东明，王晓明，贾振元等. 新型材料零件数字化设计制造的理论和方法. 中国机械工程，1999，10（6）：601～605

61 郭东明，王晓明，贾振元等. 理想材料零件数字化设计制造方法及内涵. 机械工程学报，2001，37（5）：7～11